国家科学技术学术著作出版基金资助出版

大跨空间结构屋面雪荷载

Snow Loads on Large-span Spatial Structures

范 峰 张清文 莫华美 张国龙 著

内 容 简 介

本书系统总结了作者及其团队10余年来在大跨空间结构屋面雪荷载领域取得的研究成果，展示了大跨空间结构屋面积雪分布和雪荷载特性的最新研究进展。本书第1章为绪论，主要介绍了雪致工程灾害、各国相关规范、研究现状等内容，其余章节共分三篇展开：第一篇（第2～4章）基于气象台站的多年实测数据，对我国基本雪压估算过程中概率分布模型的选择、小样本效应的弱化以及积雪密度的不确定性等问题进行了详细介绍；第二篇（第5～8章）细致介绍无人机倾斜摄影技术和实测案例数据库，以及风雪联合试验系统、改进试验相似准则和屋面积雪分布试验案例；第三篇（第9～12章）重点介绍改进混合流数值模型和典型大跨屋面积雪分布模拟案例。

本书可供土木工程专业的科研、设计和施工人员参考，也可作为高等院校土木工程专业研究生和高年级本科生的参考用书。

图书在版编目(CIP)数据

大跨空间结构屋面雪荷载/范峰等著. —哈尔滨：哈尔滨工业大学出版社，2023.7
（现代土木工程精品系列图书）
ISBN 978－7－5603－9766－5

Ⅰ.①大… Ⅱ.①范… Ⅲ.①大跨度结构－空间结构－雪载荷－研究 Ⅳ.①TU312

中国版本图书馆CIP数据核字(2021)第211437号

策划编辑 王桂芝 甄淼淼
责任编辑 张 荣 陈雪巍 林均豫
出版发行 哈尔滨工业大学出版社
社 址 哈尔滨市南岗区复华四道街10号 邮编150006
传 真 0451－86414749
网 址 http://hitpress.hit.edu.cn
印 刷 哈尔滨市石桥印务有限公司
开 本 787 mm×1 092 mm 1/16 印张19 字数440千字
版 次 2023年7月第1版 2023年7月第1次印刷
书 号 ISBN 978－7－5603－9766－5
定 价 116.00元
审 图 号 GS(2022)1614号

序

大跨空间结构是我国近30年来发展最快的结构形式，被广泛应用于各类大型公共建筑。以2008年北京奥运会、2010年上海世博会和2022年北京冬奥会的许多体育建筑、展览建筑以及各地不断涌现的交通枢纽、航站楼为代表的大跨度空间结构，作为我国建筑科技进步的象征之一，在国际上取得了重要影响。

大跨空间结构覆盖面积大，屋面形状复杂多样，雪荷载作用往往对结构安全具有较为重要的影响。近年来，随着全球极端低温天气频发，雪致工程灾害发生频次不断增加，其中大跨空间结构受灾尤为突出。全球中高纬度范围内出现的若干影响十分恶劣的大跨度建筑雪毁事故引起了相关学者及工程人员的广泛重视，屋面雪荷载已经成为大跨空间结构设计中的关键问题。遗憾的是，由于缺乏相关研究，我国相关荷载规范尚未能对各类大跨空间结构屋面雪荷载分布进行系统、明确的说明，也缺乏必要的指导性条款。为满足日益繁复的大跨空间结构屋面形式对雪荷载取值准确性的需求，亟须开展系统、深入的研究。

基于上述需求，范峰教授及其团队10余年来针对大跨空间结构屋面雪荷载这一课题开展了全方位的研究，分别从基本雪压的概率统计和屋面雪荷载的实测、试验与数值模拟等多个方面进行了深入探索。基本雪压方面，基于对气象台站多年实测数据的分析，确定了我国年最大雪深(雪压)的概率分布优选模型，并分析了积雪密度的时空变异性对基本雪压的影响，据此重新给出了我国基本雪压估算结果。实测方面，针对各种典型屋面及其缩尺模型的积雪分布开展了多年的观测，并创新性地引入无人机倾斜摄影技术，对屋面积雪分布进行了原位测量，积累了大量宝贵数据。试验方面，提出了基于降雪模式的风雪运动相似理论，研制了低温环境下风雪联合试验系统，并成功应用于多项重大工程。数值模拟方面，考虑雪颗粒非平衡漂移过程，开发了风雪运动在建筑屋面复杂流场环境中的精细化数值模型，并以此对典型大跨屋面雪荷载分布特征进行了分析研究。

本书是对上述研究成果的系统总结，它具有两个特点：一是研究手段丰富，从实测、试验、数值模拟等不同手段得出的研究结果可相互印证，具有较强的可靠性；二是重视基本理论的研究，每篇/章所讨论的内容均具有坚实的理论基础，也使全书形成较完整的理论框架体系。相信本书的出版能够对大跨空间结构屋面雪荷载的合理确定起到必要的指导作用，为我国相关规范和标准的修订提供技术和理论参考，并进一步推动该领域的研究发展。乐为之序。

沈世钊

2023年4月

前　　言

近年来，暴风雪等极端天气频繁发生，因雪荷载超载引起的结构坍塌事故也时有报道。考虑到大跨空间结构等雪荷载敏感建筑的广泛建设应用，加强对雪荷载的研究具有十分重要的现实意义。

我国现行《建筑结构荷载规范》(GB 50009—2012)通过定义地面基本雪压和屋面积雪分布系数来考虑屋面雪荷载分布。然而，目前没有文献对规范基本雪压的估算过程进行全面介绍，且《建筑结构荷载规范》对屋面积雪分布系数的规定也存在屋面形式单一和考虑因素不足的问题。在此背景下，作者带领其研究团队开展了长期的关于建筑屋面雪荷载的研究工作，并将其研究成果提炼成书。

本书分为三篇：第一篇主要对我国基本雪压估算过程中概率分布模型的选择、小样本效应的弱化以及积雪密度的不确定性等问题进行详细介绍；第二篇细致介绍无人机倾斜摄影技术和实测案例数据库，以及风雪联合试验系统、改进试验相似准则和屋面积雪分布试验案例；第三篇重点介绍改进混合流数值模型和典型大跨屋面积雪分布模拟案例。本书的特色之处在于研究方法的多样性与可靠性，利用现场实测、风雪联合试验及数值模拟等多种研究方法针对大跨屋面雪荷载开展了大量研究工作，各方法相互印证，得出了翔实可靠的结论。

全书在沈世钊院士指导下撰写完成，范峰教授负责全文统稿，张清文副教授负责撰写第一篇，莫华美博士负责撰写第二篇，张国龙博士负责撰写第三篇。本书的工作集合了哈尔滨工业大学空间结构研究中心刘盟盟、章博睿、殷子昂、李睿、李源远和任默涵等众多博士、硕士研究生的科研成果，在此对他们辛勤严谨的工作表示感谢。

希望本书的出版对学习屋面雪荷载的基本概念，进一步开展大跨空间结构屋面雪荷载研究，并对学习如何利用实测、试验和模拟方法正确地开展大跨屋面雪荷载分析的广大读者有所帮助。

由于作者水平有限，疏漏及不足之处在所难免，请读者不吝指正。

作　者

于哈尔滨工业大学

2023 年 5 月

目　录

第二篇 风雪联合试验方法与积雪分布特性

第三篇 大跨度屋面积雪漂移数值模拟方法与雪荷载特性

第1章　绪　论

1.1　雪致工程灾害概述

1.1.1　我国雪灾分布与受灾统计

雪灾亦称白灾，是长时间大范围巨量降雪引起的自然灾害。雪灾发生的根本原因是长时间内的巨量降雪。由于我国地域广阔，地貌复杂，降雪区域的分布也呈现出一定特征，其中新疆北部、东北地区、川西滇北山区、长江中下游及淮河流域均是雪量丰沛地域。具体来说，我国新疆北部受北冰洋冬季冷湿气流侵袭，降雪量丰富，加之温度较低，积雪可保持整个冬季不融化，新雪覆盖老雪，形成特大降雪；东北地区由于气旋活动频繁，且伴随大兴安岭山脉对气流的抬升作用，冬季降雪天气多，同时因气温偏低，更有利于积雪存储；川西、滇北山区因海拔高，温度低，湿度大，降雪较多且不易融化；长江中下游及淮河流域的冬季降雪情况不太稳定，有些年份无雪，而有些年份在特定气候条件下则会形成特大降雪，例如当来自西伯利亚的寒潮南下，并与此处暖湿气流僵持时，便会形成较大降雪，若冷暖气流长时间内交替作用，则会出现大范围长时间的雨雪冰冻天气。1955 年元旦，江淮地区突降大雪，南京降雪深度达 51 cm；1961 年元旦，浙江中部遭遇暴雪，东阳雪深达 55 cm。

长期降雪天气的密集出现必然对建筑、交通、畜牧业和人们的生产生活构成严重威胁，其中以我国 2008 年南方地区冰雪灾害最为典型。灾害期间，上海、河南、江苏、安徽、浙江、湖南、贵州、青海、新疆、甘肃等 20 个省(区、市) 均不同程度受到影响。截至当年 2 月，因灾死亡 120 余人；农作物受灾面积达 1 亿多亩(1 亩 $\approx 666.7\ m^2$)；倒塌房屋 48.5 万间，损坏房屋 168.6 万间；因灾直接经济损失 1 516.5 亿元人民币。近几年，雪灾的影响也未减弱。2014 年冬，新疆发生雪灾，致房屋大量倒塌；2015 年和 2018 年，我国中部地区遭受长时间暴雪侵害，多地出现建筑倒塌事故。由此可见，雪灾的严重不利影响正越来越多地威胁着人们的生活与安全。

1.1.2　雪致建筑工程灾害统计分析

雪灾的发生一般伴随着各类次生灾害，如交通堵塞、线路损毁、粮食减产、牧场封闭和建筑倒塌等。其中，建筑倒塌因直接危及人们的生命和财产安全，受到社会的普遍关注。例如，2006 年 1 月 2 日，德国东南部与奥地利接壤地区的巴特赖兴哈尔镇一家溜冰馆突然发生屋顶坍塌事故(图 1.1),约 50 人埋身瓦砾当中,造成至少 15 人死亡。事发溜冰馆建于 20 世纪 70 年代,长 60 m,宽 30 m,四周墙壁基本由大型玻璃窗构成。事发时,当地正降大雪,溜冰馆屋顶积雪厚度约 20 cm,大雪压顶是事故的罪魁祸首。2006 年 1 月 28 日,波兰卡托维茨贸易大厅的屋顶发生坍塌,如图 1.2 所示。坍塌造成 65 人死亡,170 多人受伤。波兰政府的调查结果显示:建筑物上未被及时清除的积雪和融冰以及设计和施工上存在的缺陷是导致建筑结构迅速崩溃的主要原因。事故之后,波兰政府修订了建筑法,要求大型建筑物必须每年进行两次技术调查(冬季前后),以确保结构安全。2010 年,美国明尼苏达州遭遇暴雪侵害,局部地区的积雪深度达 2.4 m,气温也降至零下十几度。赛事即将举行的数小时前,明尼苏达维京人队体育馆顶棚不堪暴雪重压而坍塌,如图 1.3 所示。该体育场屋面为聚四氟乙烯充气顶棚,顶棚先在积雪作用下向下凹陷,最后被撕裂而发生毁坏。

图 1.1　德国巴特赖兴哈尔镇溜冰馆屋顶坍塌事故

图 1.2　波兰卡托维茨贸易大厅屋顶坍塌事故

由上分析可知,降雪突增导致建筑屋面荷载远超设计值是雪致建筑倒塌事故发生的主要原因之一。此外,当气流流过建筑物时会发生复杂的分离和再附,同时改变空中飘落雪颗粒的运动轨迹,并带动屋面已存积雪发生漂移运动;风雪相互作用下会引起屋面积雪的重新分布,形成局部积雪堆积,致使局部雪荷载超载,诱发建筑倒塌。大跨空间结构由于屋面结构自重轻、面积大和体型复杂等特点,更易形成局部积雪堆积,属于雪荷载敏感型结构。加之大跨空间结构多应用于体育场馆、机场航站楼和火车站站房等人员密集、影响重大的公共建筑,因此,大跨空间结构的雪致工程灾害后果往往十分严重,正确掌握其屋面雪荷载设计方法的意义更为突出。

图 1.3　美国明尼苏达维京人队体育馆膜结构屋面坍塌事故

1.2　荷载规范中的屋面雪荷载

我国现行的《建筑结构荷载规范》(GB 50009—2012)(本书中简称《规范》)是在 GB 50009—2001(2006 年版)规范的基础上,经修订后于 2012 年发布实施的。在修订过程中,《规范》在原规范的基础上,补充了全国各台站 1995 ～ 2008 年间的年最大雪压数据。而原规范的基本雪压是"根据全国 672 个地点的气象台(站),从建站起到 1995 年的最大雪压或雪深资料"经统计后得到的。可见,现行《规范》的基本雪压是在全国 672 个气象台站自建站以来至 2008 年的年最大雪压或雪深资料的基础上估算而得。

一方面,根据《规范》的定义,基本雪压为雪荷载的基准压力,是"按当地空旷平坦地面上积雪自重的观测数据,经概率统计得出 50 年一遇最大值确定"。《规范》规定,当气象台有雪压记录时,应直接以雪压数据作为计算基本雪压的基础;当气象台没有雪压记录时,则可采用当地积雪深度和密度,按 $s=\rho g d$ 计算雪压 s,其中 d 为积雪深度(m),ρ 为积雪密度(t/m^3),g 为重力加速度,取 9.8 m/s^2。《规范》指出,我国大部分气象台站收集的都是雪深数据,而相应的积雪密度数据并不齐全;此时,均以当地的平均积雪密度来估算雪压值。《规范》建议的地区平均积雪密度为:东北及新疆北部地区取 150 kg/m^3;华北及西北地区取130 kg/m^3(但青海取 120 kg/m^3);秦岭 — 淮河一线以南地区取 150 kg/m^3,但其中江西、浙江两省取 200 kg/m^3(图 1.4,其中各大区域的划分参考本书参考文献[15])。年最大雪压或雪深应为当年 7 月份至次年 6 月份间的最大观测值。

另一方面,根据我国的行业规范《地面气象观测规范　雪深与雪压》(GB/T 35229—2017)的要求,每月 5 日、10 日、15 日、20 日、25 日和最后一天为雪压的观测日期;此时,如果积雪深度达到 5 cm 或以上,则应进行雪压观测。如果在规定的观测日期外有新降积雪,且降雪后积雪深度超过 5 cm,则也应进行雪压观测;雪压观测取 3 个样本,并取其均值作为该次观测的雪压值,以克每平方厘米(g/cm^2)为单位。积雪深度观测则是在气象站周围地面的积雪覆盖率超过一半时进行;在符合观测雪深条件的日子,每天 8:00 在观测地点进行雪深观测,每次观测应做 3 次测量,以平均值作为此次观测的雪深值,3 次测量的地点彼此应相距 10 m 以上。雪深以厘米(cm)为单位,取整数,平均雪深不足

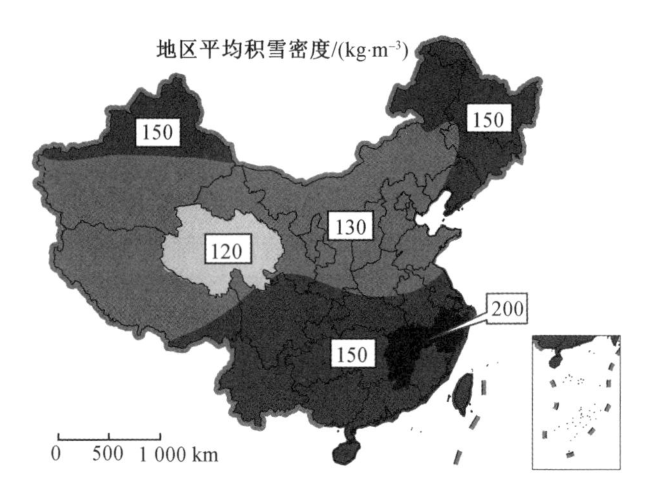

图 1.4　我国《规范》建议的各地区平均积雪密度

0.5 cm 时记为 0。雪压观测采用体积量雪器或称雪器，雪深观测则用量雪尺或普通米尺，具体的测量方法可参见《地面气象观测规范 雪深与雪压》中相关要求。

《规范》采用极值 I 型概率分布模型对年最大雪压或雪深资料进行统计分析，其分布函数为

$$F(x)=\exp(-\exp(-\alpha(x-u)))\tag{1.1}$$

式中，x 为年最大雪压或雪深的样本值；u 与 α 分别为该分布的位置参数和尺度参数。

理论上，根据矩法，u 与 α 可由下式计算得出：

$$\begin{cases}\alpha=\dfrac{1.282\ 55}{\sigma}\\ u=\mu-\dfrac{0.577\ 22}{\alpha}\end{cases}\tag{1.2}$$

式中，μ 与 σ 分别为样本的平均值与标准差。但《规范》指出，当使用有限样本的平均值 $\bar{x}$ 和标准差 σ_1 作为 μ 与 σ 的近似时，u 与 α 应按下式计算得出：

$$\begin{cases}\alpha=\dfrac{C_1}{\sigma_1}\\ u=\bar{x}-\dfrac{C_2}{\alpha}\end{cases}\tag{1.3}$$

式中，C_1、C_2 为系数，根据样本量 n 的不同而不同，《规范》列出了其具体取值情况，详情见表 1.1。

确定 u 与 α 后，重现期为 R 的最大雪压 s_R 可按下式计算：

$$s_R=u-\frac{1}{\alpha}\ln\left(\ln\frac{R}{R-1}\right)=u+\frac{A}{\alpha}\tag{1.4}$$

其中，$A=-\ln(\ln(R/(R-1)))$。

表1.1　系数 C_1 与 C_2 的取值

n	C_1	C_2	n	C_1	C_2
10	0.949 7	0.495 2	60	1.174 65	0.552 08
15	1.020 57	0.518 2	70	1.185 36	0.554 77
20	1.062 83	0.523 55	80	1.193 85	0.556 88
25	1.091 45	0.530 86	90	1.206 49	0.558 6
30	1.112 38	0.536 22	100	1.206 49	0.560 02
35	1.128 47	0.540 34	250	1.242 92	0.568 78
40	1.141 32	0.543 62	500	1.258 8	0.572 40
45	1.151 85	0.546 30	1 000	1.268 51	0.574 50
50	1.160 66	0.548 53	∞	1.282 55	0.577 22

然而,《规范》并没有阐述表1.1中所示 C_1、C_2 的取值是如何确定的,也没有给出相应的参考文献;因此,该表所隐含的物理意义不得而知。注意到使用有限样本的平均值 $\bar{x}$ 和标准差 σ_1 作为 μ 与 σ 的近似时,$\bar{x}$ 与 σ_1 的不确定性会导致式(1.4)计算结果的不确定性,其标准差 σ_{sR} 为

$$\sigma_{sR} \approx \sigma_1\left(\frac{1}{n}+\frac{1.14}{n}B+\left(\frac{0.60}{n}+\frac{0.50}{n-1}\right)B^2\right) \tag{1.5}$$

其中,$B=\sqrt{6}(A-0.577\ 2)/\pi$。

通过对 $n=10,20,30,40,50,100$,$\bar{x}=0.1,0.2,0.3,0.4,0.5,1.0$ kPa 以及 $\sigma_1=\text{cov}\cdot\bar{x}$,其中 cov=0.2,0.3,0.4,0.5,0.6 等共180种工况的计算发现,式(1.3)与式(1.4)计算的结果,几乎等于式(1.2)与式(1.4)计算的结果与其标准差(式(1.5))之和,其中,在应用式(1.2)时,直接让 $\mu=\bar{x}$,$\sigma=\sigma_1$。两种方法估算结果之间的最大相对误差见表1.2。可见,式(1.3)与表1.1的应用,意味着其计算结果为正常矩法(式(1.2))估算结果与其标准差之和,此即表1.1所隐含的物理意义。

表1.2　两种方法估算结果之间的最大相对误差

样本量 n	10	20	30	40	50	100
最大相对误差 /%	3.4	−0.2	−1.1	−1.4	−1.5	−1.4

在上述统计方法下,根据全国672个气象台站自建站以来至2008年的年最大雪压或雪深资料,《规范》在表E.5中列出了全国539个地点(城市)的基本雪压值,同时给出的还有10年一遇最大雪压值和100年一遇最大雪压值,并在图E.6.1给出了全国基本雪压分布图。需注意的是,《规范》表E.5里的雪压是以0.05 kPa为间隔向上取近似值的,如0.03 kPa近似为0.05 kPa,0.56 kPa近似为0.60 kPa等。

《规范》给出的基本雪压分布图经数字化后如图1.5(a)所示,图1.5(b)则给出了基于《规范》表E.5中列出的基本雪压值经普通克里金法插值得到的基本雪压分布图。由图1.5可见,两种方法得到的基本雪压分布图的分布规律并非完全一致。数字化得到的分布图上的等值线较为平滑,而插值得到的分布图能提供更多细节。仔细观察可发现,尽

管两者并非完全一致，但确有很多相似之处，表明两者的区别仅是由插值方法的不同所引起。由于《规范》并没有指出其基本雪压分布图是由何种插值方法得到，为方便对比，本书将以图 1.5(b) 作为对比的基础，以保证进行对比时双方的插值方法一致。图 1.6 是图 1.5(b) 的另一个版本，除采用填充云图代替等值线云图外，图 1.6 的图例也与图 1.5(b) 有所区别，使之更均匀，且更专注于覆盖占据我国绝大多数地区的 0 ～ 1.0 kPa 的范围。

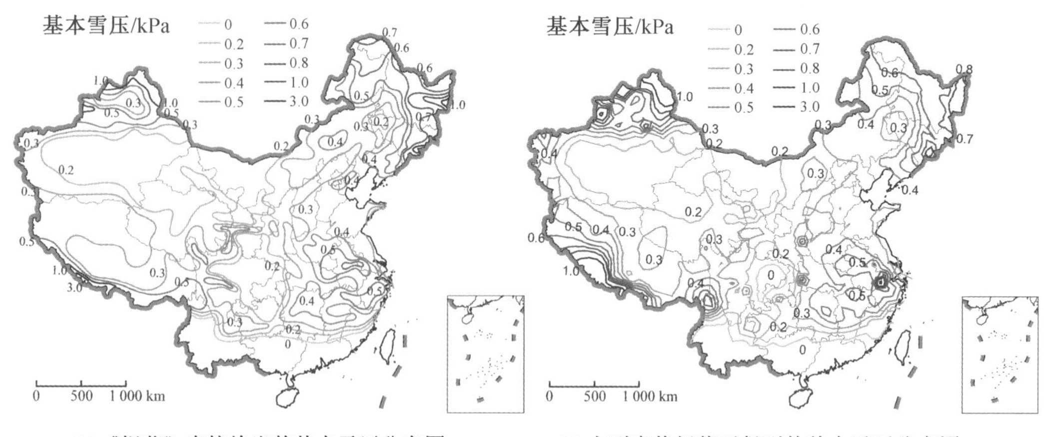

(a)《规范》直接给出的基本雪压分布图　　(b) 由列表值插值后得到的基本雪压分布图

图 1.5　我国《规范》建议的基本雪压值(彩图见附录 2)

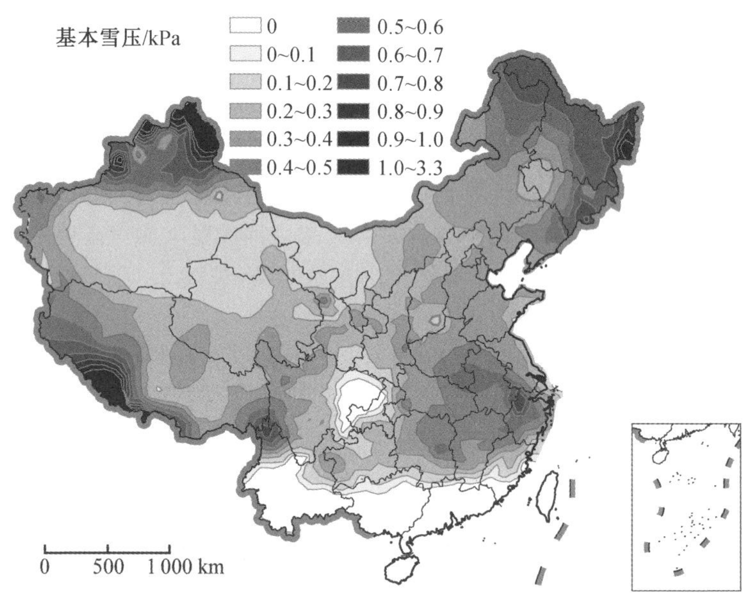

图 1.6　由《规范》列表给出的基本雪压值经插值后得到的我国基本雪压分布图(彩图见附录 2)

由图 1.6 可以看到，我国雪压较高的地区主要分布在东北、新疆北部以及西藏南部的喜马拉雅地区，长江中下游的江西、浙江与安徽三省交界地区以及川、滇、藏交界地区雪压也较高，其余广大地区雪压均较小，大多在 0.4 kPa 以下。此外还可发现，除华南地区因为冬季气温较高，导致雪压为 0 以外，四川东部以及重庆西部部分地区雪压也基本可忽略，这大概是因为该地区为盆地地形，气流有下沉作用，导致不易降雪。

《规范》还特别指出，对大跨度、轻质屋盖等雪荷载敏感的结构，应采用100年一遇最大雪压值进行设计。山区等复杂地形处的雪荷载应通过实际调查后确定，但如果没有实测资料，则可按附近空旷地面基本雪压的1.2倍采用。

1.3　屋面雪荷载研究现状

为避免雪致建筑倒塌事故发生，深受雪灾侵害的国家和地区纷纷投入大量人力物力开展雪灾预测、防控和治理等方面研究工作，相继颁布了建筑屋面雪荷载设计规范。我国于2012年颁布了最新修订的《建筑结构荷载规范》(GB 50009—2012)。《规范》对单坡屋面、双坡屋面、拱形屋面和高低跨屋面等10类建筑屋面雪荷载分布分别进行了规定，但对体型巨大、外形复杂的大跨空间结构却简单采用统一计算方法估算。相比之下，我国《索结构技术规程》(JGJ 257—2012)根据索结构普遍采用的外形样式，提出了矩形单曲下凹屋面、碟形屋面、伞形屋面和椭圆平面马鞍形屋面上雪荷载的分布形式，虽一定程度上细化了大跨空间结构雪荷载的分布样式，但仍杯水车薪。美国规范(ACSE/SEI 7－05 *Minimum Design Loads for Buildings and Other Structures*)在充分考虑屋面外形、积雪融化和滑落作用后，给出了简单屋面上雪荷载分布的计算公式，而对具有复杂体型的大跨空间结构则指出需通过特殊研究(风洞试验或数值模拟)来确定屋面上雪荷载分布。类似地，日本规范(*AIJ Recommendations for Loads on Buildings*，本书简称为AIJ规范)也指出需经过特殊研究确定复杂形状屋面雪荷载分布系数。

目前，我国荷载规范尚未能对各类大跨空间结构屋面雪荷载分布进行系统、详尽的说明，且缺乏必要指导性条款，为满足日益繁杂的大跨空间结构屋面形式对雪荷载取值的需求，亟须对此开展深入研究。目前可行的屋面雪荷载研究方法包括实地观测、风洞试验和数值模拟，这3种方法各有优劣、互相支持。实地观测是获取数据最真实可靠的来源，但工作量大、周期长，易受环境条件制约；风洞试验是揭示风雪运动内在规律最高效的手段，但周期长，耗资大，同时受限于相似准则的制约；数值模拟是研究屋面雪荷载最经济高效的方法，其成本低、周期短，近年来成为学者们的研究热点。3种方法的研究现状和具体优缺点如下所述。

1.3.1　实地观测研究

风雪实测是在户外结合研究内容利用真实冰雪环境进行的观测，是获取风雪运动信息最直接、可靠的基础性研究工作。通过实测，可对风致雪漂移的运动机理有更清晰的认识，同时可帮助验证试验方法和数值模型。

例如，Bagnold和Kind通过实测指出近地面风雪运动包含3个子过程：蠕移、跃移和悬移。蠕移过程中，雪颗粒在近壁面(约0.01 m)通过滚动、滑动或爬行的方式在雪面移动，如图1.7所示；跃移过程中，雪颗粒在气动力作用下从雪面跃起，并沿雪面跳跃前进，颗粒跳跃高度在0.01 m和0.1 m之间；当风速更高时，雪颗粒会被湍流带入空中，在气动力作用下向下游移动，即悬移过程。随后，Iverson等学者通过平坦地面上风雪运动边界层的实测对雪颗粒输运过程的内部结构进行了更深入研究,提出了一系列颗粒传输率的计算公式和沉积/侵蚀模型。

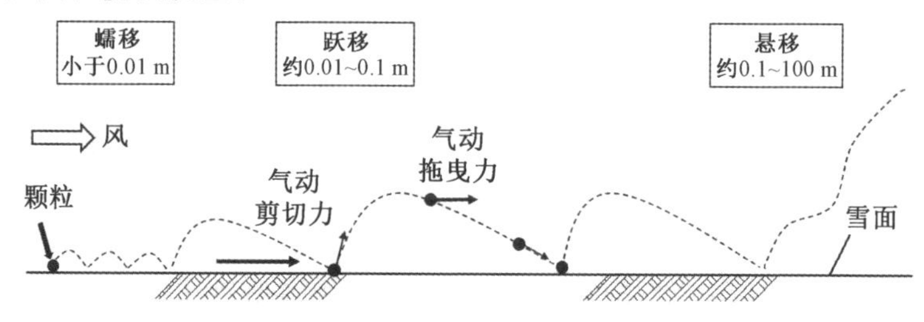

图 1.7　地面风致雪漂移过程

由于在真实建筑环境中流场会发生复杂变化,导致漂移雪层内部结构改变,因此学者们开始利用缩尺模型对雪层内部结构的变化规律,建筑物周边及上部积雪分布进行户外实测研究。Thiis 于 2003 年利用模型实测,对两个相邻放置的缩尺立方体建筑周边的积雪分布及干扰效应进行了研究,如图 1.8 所示。通过实测发现,建筑周边不同区域内的雪颗粒阈值摩擦速度不同。Beyers 等于 2003 年基于南极地区风雪运动实测结果,修正了入流风速剖面,以考虑积雪漂移对风场的影响。此外,通过对足尺和缩尺条件下科考站周边积雪分布的对比实测,证明了可以利用缩尺模型实测对真实建筑周边积雪分布进行研究。Oikawa 等于 1999 年以立方体建筑为原型,对缩尺后模型周边的积雪分布和风场环境进行了细致观测,如图 1.9 所示,该研究详细描述了模型周边积雪分布和风速间的关系。由于每个观测日结束后,模型周边积雪均被清理,即其观测结果为单次降雪条件下的吹雪过程,因此该结果被广泛应用于数值和试验方法的验证。

国内方面,莫华美、王世玉和张国龙等通过对缩尺单坡屋面(图 1.10)和高低跨屋面上积雪分布的测量指出:影响单坡屋面积雪分布的上、下临界坡度分别为 70° 和 30°。当高跨屋面坡度小于 30° 时,其对下层屋面积雪分布的影响可忽略;当高跨屋面坡度超过 45° 时,下层屋面雪深会增大,且高跨屋面会发生明显积雪滑落,如图 1.11 所示。

图 1.8　缩尺立方体建筑群周围积雪实测 1

图 1.9　缩尺立方体模型周围积雪实测 2

图 1.10　缩尺单坡屋面积雪分布实测研究（左 50°，右 60°）

图 1.11　缩尺高低跨屋面积雪分布实测研究

由此可见，利用缩尺模型实测可对建筑周边及上部的积雪分布特征进行有效分析，然而需要指出，由于采用的是真实雪颗粒和环境条件的限制，缩尺条件下的相似准则相比风洞试验更难得到满足，因此实测得到的积雪分布规律较难直接应用于实际建筑屋面雪荷载计算。

为避免相似准则的干扰，获取真实的屋面积雪分布信息，部分学者对足尺建筑屋面积雪分布进行了实测研究。1965 年，Høibø 率先针对足尺建筑屋面雪荷载分布进行了观测。随后，Taylor 等学者对加拿大多地不同类型建筑屋面（拱形屋面、高低跨屋面、双坡屋面和多跨屋面等）积雪分布进行了长期观测，观测结果被大量收录于加拿大荷载规范 NBCC（*National Building Code of Canada*，1980）中。O'Rourke 等学者通过对美国全境 199 座建筑屋面雪荷载实测结果的整理分析，归纳得到了各类屋面雪荷载分布形式，分析结果大大推动了美国荷载规范 ASCE 的发展。Tsutsumi 等于 2010 年对由集装箱排列组成的建筑群周围积雪分布进行了长期观测，观测结果极大促进了建筑干扰效应和城市地区积雪分布的研究。在国内，莫华美、张国龙等于 2019 年在哈尔滨地区率先开展了对实际带女儿墙平屋面雪荷载的实测工作，女儿墙屋面积雪分布剖面如图 1.12 所示。测量发现，女儿墙处三角形堆积荷载的总量大于我国《规范》规定值，堆雪长度约为女儿墙高度的 4 倍。

由上可知，目前国内关于实际建筑屋面雪荷载的实测研究较少，研究主要针对平坦雪面上的积雪漂移机理和缩尺建筑周围积雪分布；实测模型也以标准几何形体为主，尚无复杂曲面建筑模型实测案例。此外，由于气象条件存在较大不确定性和随机性，相关研究需经大量观察和积累才能归纳总结得到实用性结论。

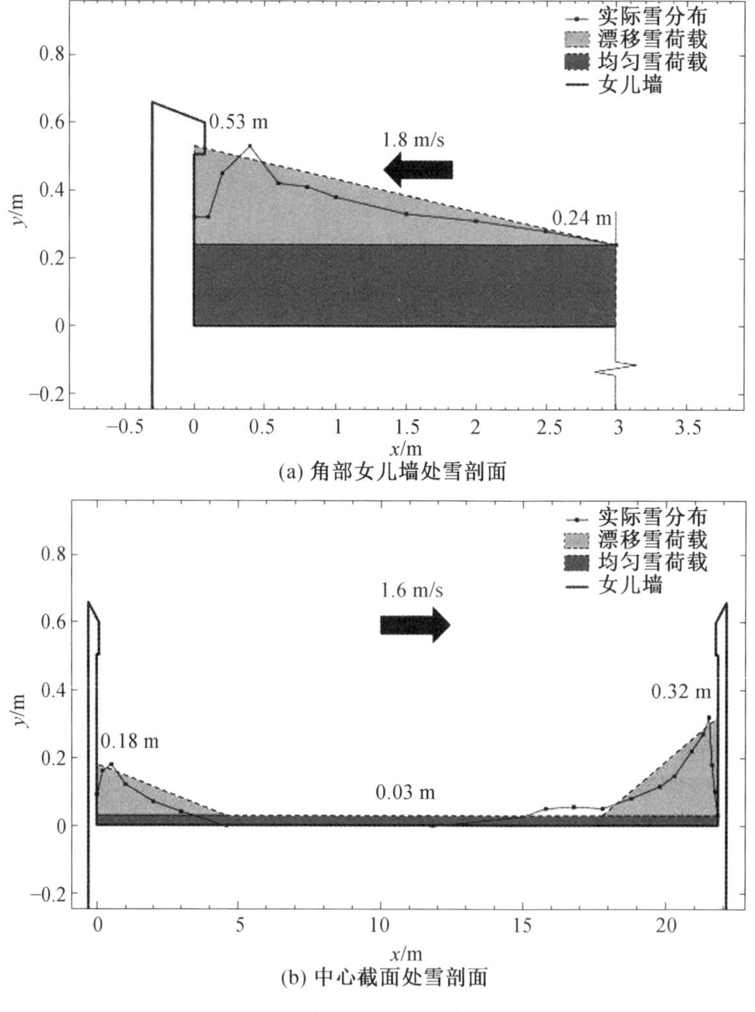

(a) 角部女儿墙处雪剖面

(b) 中心截面处雪剖面

图 1.12　女儿墙屋面积雪分布剖面

1.3.2　风洞试验研究

由于实地观测受自然条件制约，且存在偶然性，短期内难以得到足量观测数据，因此风洞试验成为研究风致雪漂移运动机理和屋面雪荷载的另一手段。由于风雪运动风洞试验是通过建立雪颗粒与模拟颗粒之间的运动相似关系，利用风洞流场环境还原风雪运动过程，因此学者们首先对试验相似准则进行了研究。国外方面，Kind 于 1976 年通过对风雪运动风洞试验相似数的讨论指出：模拟颗粒与真实雪颗粒的休止角应相同，且模拟颗粒的尺寸和密度对预测精度的影响相对较小；由于试验中无法同时满足 Froude 数（Fr）和 Reynold 数（Re）的相似要求，可根据试验目的适当放宽 Fr 或 Re 要求。Anno 于 1984 年通过进行不同缩尺比栅栏周围堆雪形式的风洞模拟指出：模拟颗粒的休止角须和真实雪颗粒一致；当选用活性黏土作为模型颗粒时，模型尺寸须达到颗粒粒径 20 倍以上；此外地貌须保持足够粗糙以保证地表与模拟颗粒间具有足够摩擦力。Kim 等于 1989 年测试了 12 种模拟雪颗粒，得出较经济的方案是采用碳酸氢钠（小苏打）来模拟真实雪颗粒。

Isyumov 等于 1990 年对高低跨屋面积雪分布进行了风洞试验(图 1.13),对地貌条件的影响、堆雪形成的时间、传输率对风速的依赖性以及低跨屋面积雪的沉积形式等进行了讨论。Delpech 等于 1998 年提出了跃移层颗粒传输率一致的相似准则,基于该准则在风洞中利用人造冰粒对法国南极洲康科迪亚科考站周边积雪分布进行了缩尺试验研究(图 1.14),研究结果被成功应用于科考站外形设计。

图 1.13　高低跨屋面积雪分布风洞试验

图 1.14　康科迪亚科考站周边积雪分布的缩尺试验

通过学者们的理论和试验分析,在充分考虑空气相或雪相不同状态运动过程的前提下,风洞试验相似准则的研究取得了重大成果。然而由于风雪运动涉及两相流,参数众多,相似数种类高达 40 种以上,且彼此存在矛盾,故试验时需根据试验目的进行必要的取舍。

基于上述相似准则,学者们采用模拟颗粒对建筑周边及屋面积雪分布开展了一系列研究。Smedley 等于 1993 年采用碳酸氢钠(小苏打)对戴维斯科考站周围堆雪情况进行了试验研究。为避免积雪大量拥积于建筑周围,Smedley 设计了两套屋檐外形以实现气动除雪。通过对比发现,圆形屋檐的除雪效果更加明显。Tsuchiya 等于 2002 年在风洞中对缩尺高低跨建筑周边风场进行了测量,并与户外实测原型的积雪分布进行了联合分析。分析发现,积雪分布和气流的加速性能存在紧密联系。Kimbar 等于 2008 年利用波兰克拉科夫工业大学风洞,根据从降雪到吹雪全过程的雪颗粒迁移扩散相似准则,选用轻质聚苯乙烯泡沫球作为模拟颗粒,对两座体育馆屋面的雪荷载分布进行了试验预测。Zhou 等于 2016 年采用细硅砂对平屋面积雪重分布进行了研究,指出随着屋面跨度的增加,屋面积雪传输率不断减小。总结发现:上述基于模拟颗粒的试验可一定程度还原积雪漂移机制,预测建筑周边及屋面积雪分布,然而由于无法完全模拟真实雪颗粒的内聚力等性质,因此结果上仍存在些许差异。

为正确揭示屋面积雪的堆积、演变机理,学者们陆续建立起专业气候风洞对拟真条件下屋面积雪的堆积－演变过程进行模拟。目前已投入使用的试验设施仅有法国的 Jules Verne(JV) 气候风洞(图 1.15(a))和日本的冰雪环境模拟实验室(Cryospheric Environment Simulator,CES)(图 1.15(b))。法国 JV 气候风洞由内外两个环流风洞组成,内环为热力环(Thermal Circuit),内部设有热交换设备,可保证试验段内最低气温为 －32 ℃,最高气温为 55 ℃。试验段截面尺寸为 10 m×7 m,长度为 25 m,最大风速可达 140 km/h。降雪模拟方面,JV 气候风洞利用造雪枪喷洒的方式实现颗粒播撒。日本

CES 实验室设有一座试验段截面尺寸为 1 m×1 m、长度为 14 m 的风洞，可维持－10 ℃的低温环境。不同于法国JV气候风洞，CES风洞可人工制造六棱树状雪颗粒与球形雪颗粒，并可通过振动播撒装置模拟降雪过程。然而由于风洞试验段截面尺寸过小，流场壁面效应显著，对三维建筑模型进行试验时，其阻塞率无法满足要求，更无法开展大跨空间结构屋面风致雪漂移研究。因此日本学者主要利用 CES 风洞对风雪运动机理进行研究。Okaze 等于 2009 年通过试验指出雪颗粒的跃移运动会降低入流风速，而 Pomeroy 的经验计算公式会高估跃移层内雪浓度（本文中实际指的是雪颗粒的质量浓度，即单位体积中雪颗粒的质量，kg/m^3）。Tominaga 等于 2012 年在 CES 风洞中对漂移雪颗粒的空间分布和速度场进行了测量，分析指出雪颗粒的跃移速度仅为风速的 20% ～ 50%。

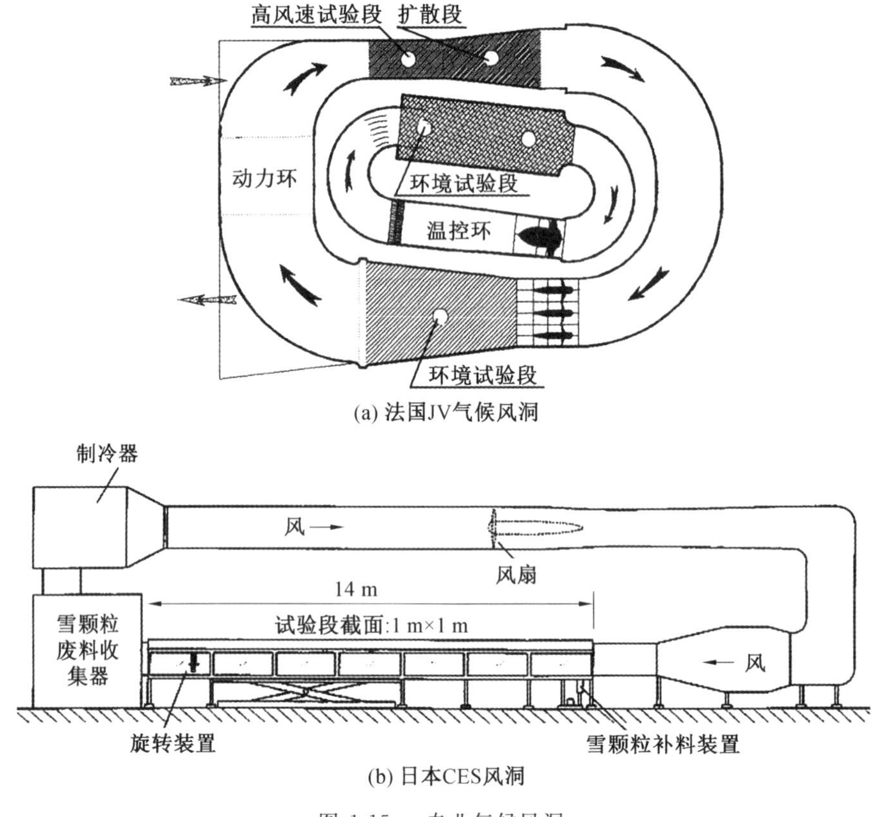

(a) 法国JV气候风洞

(b) 日本CES风洞

图 1.15　专业气候风洞

国内方面，为临时满足建筑屋面雪荷载试验研究需求，哈尔滨工业大学科研团队研制了一套简易的户外风雪联合试验系统。系统可借助哈尔滨冬季低温环境，采用真实雪颗粒模拟积雪漂移发展过程。其中试验段截面尺寸为 4.5 m × 3 m，流场由风机矩阵提供，通过调节试验段顶部振动筛振动频率来还原不同降雪情况。张国龙等学者采用此系统对不同风向下铜仁奥体中心体育馆膜结构屋面积雪分布进行了试验研究，如图 1.16 所示。研究发现复杂屋面雪荷载可根据屋面特征分解为若干简单屋面雪荷载。实际屋面设计时，可根据《规范》已有条文，通过组合对复杂屋面雪荷载进行估算或校验；亦可通过对若干简单屋面雪荷载的数值模拟来间接研究复杂屋面雪荷载。相较传统风洞，专业气候风洞可最大限度地还原积雪漂移堆积机理和颗粒属性，成为新的发展趋势，助力风雪运动研究进入更深层次；然而由于此类设备数量有限，耗资巨大，因此极大限制了其推广应用。

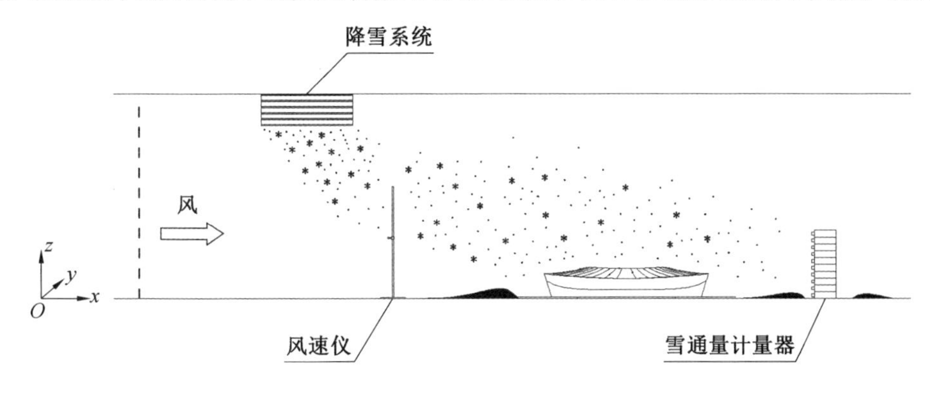

图 1.16　体育馆屋面风雪联合试验

1.3.3　数值模拟研究

近几十年来，计算机运算能力的显著提高和软件技术的进步使学者们能够更准确地模拟并解决各类工程领域中的诸多难题。其中，基于计算流体力学(Computational Fluid Dynamics，CFD) 技术的数值模拟方法由于克服了实地观测中气象条件不可控和风洞试验中相似准则矛盾的难题，现已成为解决工程流体问题最有力的手段。早在 20 世纪 80 年代，数值模拟方法便被应用于建筑风工程研究领域，取得了丰富的研究成果；而雪工程相关的模拟研究则开始于 20 世纪 90 年代初。表 1.3 列出了风致雪漂移数值模拟研究的发展历程。最初人们通过广泛的研究建立了模拟方法的基本框架，后来在此框架的基础上扩大了其应用范围，提高了预测精度。

风致雪漂移涉及两相流运动，根据雪相的处理方式，风雪运动数值模型可分为基于欧拉－拉格朗日框架和基于欧拉－欧拉框架两种。其中，欧拉－拉格朗日框架内，雪颗粒被视为离散介质，通过受力分析，并结合牛顿运动定律获得颗粒的运动轨迹，进而得到积雪的分布情况。由于欧拉－拉格朗日框架内的颗粒追踪对计算量要求巨大，故学者们更多采用将雪相作为连续介质处理的欧拉－欧拉方法。目前，基于欧拉－欧拉框架的风雪运动数值模拟方法主要分为两类：浓度扩散方法(Transport of Drifting Snow Density) 和 VOF(Volume of Fluid) 方法。

表 1.3　风致雪漂移数值模拟研究发展历程

作者	研究内容	空气相模型	雪相模型	验证
Uematsu(1991)	3D/ 建筑周边	RANS(0－eq)	浓度扩散	实测
Liston(1993)	2D/ 栅栏周边	RANS(SKE)	浓度扩散	无
Naaim(1998)	2D/ 栅栏周边	RANS(MKE)	浓度扩散	风洞
Tominaga、Mochida(1999)	3D/ 建筑周边	RANS(MKE)	浓度扩散	无
Tominaga(2011)	3D/ 建筑周边	RANS(MKE)	浓度扩散	实测

续表1.3

作者	研究内容	空气相模型	雪相模型	验证
Okaze(2015)	3D/建筑周边	RANS(MKE)	浓度扩散	风洞
Bang(1994)	3D/建筑周边	RANS(SKE)	VOF	实测
Sundsbø(1998)	2D/建筑屋面	RANS(1－eq)	VOF	无
Thiis(2000)	3D/建筑周边	RANS(SKE)	VOF	实测
Beyers(2004)	3D/建筑周边	RANS(SKE)	VOF	实测

注：RANS指雷诺时均模拟方法；0－eq指零方程模型；1－eq指一方程模型；SKE指标准$k-\varepsilon$湍流模型；MKE指改进$k-\varepsilon$湍流模型；浓度扩散指扩散方程；VOF指Volume of Fluid(多相流模型)。

浓度扩散方法最早于1991年由日本东北大学Uematsu等提出。该方法首先利用湍流模型计算流体域内的风速场，基于风速和雪浓度扩散方程对悬移层雪浓度的空间分布进行预测；跃移层雪浓度则利用Pomeroy经验公式计算。模拟结果如图1.17所示。Liston等(1993)采用标准$k-\varepsilon$湍流模型，分析了二维栅栏两侧的堆雪情况，该模拟忽略了悬移层中雪颗粒的运动，仅对跃移层颗粒的传输进行了求解。Naaim等(1998)在前人基础上重建了沉积/侵蚀模型，并将沉积、侵蚀造成的雪质量交换与空气湍流、阈值摩擦速度和雪浓度关联起来，在湍动能k和湍流耗散率ε的扩散方程中引入附加项来考虑雪颗粒对湍流的影响。Tominaga和Mochida等于1999年采用Uematsu基本模拟框架和改进的$k-\varepsilon$湍流模型对实际公寓大楼周围的飘雪情况进行了分析，如图1.18所示。由于模拟重点考虑建筑电梯厅处雪颗粒的吹入情况，故仅对空气中悬浮雪颗粒的输运方程进行了求解。Zhou等进一步改进了Tominaga的方法，在充分考虑雪颗粒休止角、重力压实作用和热辐射对积雪分布影响的基础上，对各类屋面雪荷载分布形式进行了模拟研究。

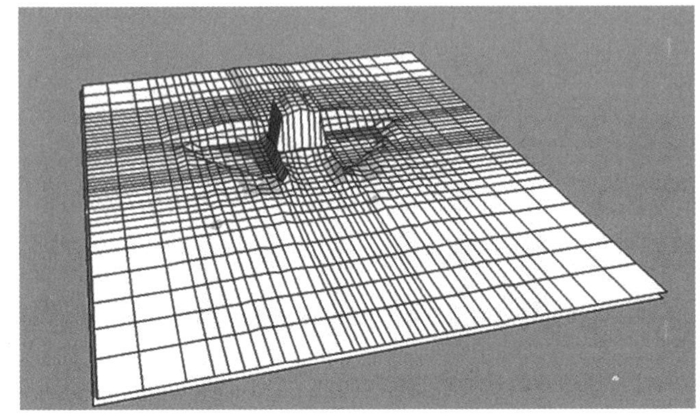

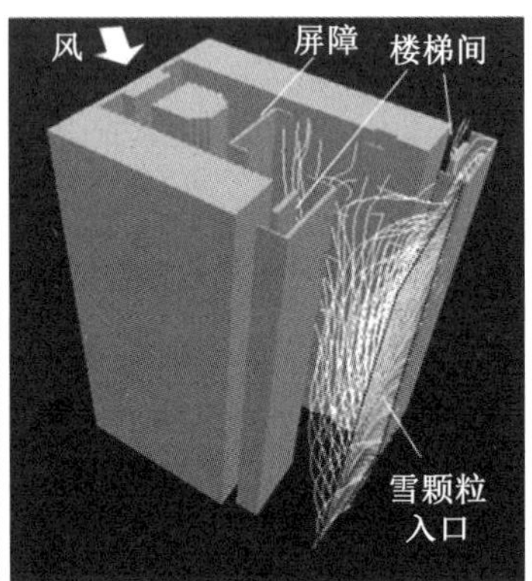

图1.17　钝体周边积雪分布模拟结果

图1.18　建筑周边雪颗粒轨迹

相较于浓度扩散方法中将雪作为浓度标量，通过扩散方程求解，VOF方法则将雪视为连续流体介质，通过额外引入风雪混合相连续、动量方程和雪相动量方程来分别捕捉空气相和雪相运动。VOF方法首先被Bang等于1994年引入雪工程研究领域，并利用其对一组房屋周围积雪三维分布进行了模拟，但原始模型中没有考虑跃移过程的影响。Sundsbø于1998年采用VOF方法对二维平坦地面上阶梯形建筑屋面积雪分布进行了瞬态模拟，通过对带风翼和不带风翼条件下建筑屋面积雪分布的对比，详细阐述了风翼的气动除雪作用。基于Bang的吹雪模型，Thiis于2000年模拟了简单建筑模型周围积雪漂移情况，并将数值结果与户外实测结果进行了对比验证。模拟中并未直接计算积雪深度，而是将混合相摩擦速度的计算结果外推到积雪区域进行沉积量估算。随后，Thiis和Jaedick等于2000年将该方法应用于两个不同间距立方体模型周围的积雪分布预测，并与实测结果进行了对比。吹雪模型能较好地再现实测中观察到的立方体之间的大量积雪堆积。Beyers在前人基础上，试图在模拟中引入更多影响因素，以更准确地还原立方体周边雪颗粒的运动过程，如图1.19所示。首先，利用Fortran语言对商用FLOW－3D软件进行二次开发，采用不同的跃移层和悬移层雪浓度入流；其次，利用Humphrey的经验公式对雪颗粒碰撞引起的积雪侵蚀进行考虑；除此之外，为真实反映雪颗粒跃移运动对地貌粗糙度的影响，Beyers等于2004年对入流风速剖面函数进行了修正。

(a) 实测模型周边积雪分布

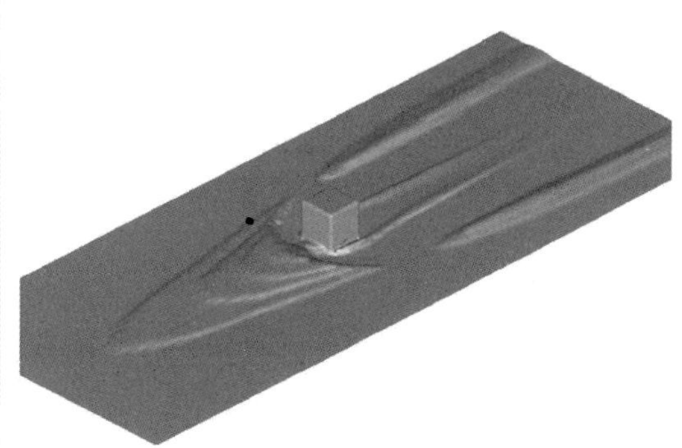

(b) CFD模拟流体浓度

图1.19　立方体模型周边积雪分布云图

经过近30年的不懈努力，风雪运动数值模拟方法已日渐成熟，然而现有数值模型主要针对的是空旷地面平衡状态下的风雪混合流。由于受实际建筑物阻挡，建筑四周流场环境会发生显著变化，风雪运动平衡状态被打破，因此亟须开发针对非平衡状态风雪运动的数值模型。此外，当前验证原型主要为标准几何模型周边积雪分布，缺乏建筑屋面积雪分布的验证原型，较难对屋面雪荷载预测精度进行验证。

1.4　本书概要和宗旨

雪荷载是多雪地区结构设计过程中必须要考虑的自然荷载之一，对于大跨度屋面及轻型钢结构屋面等雪荷载敏感的结构，雪荷载的正确设计尤为重要。近些年来，暴风雪等极端天气频繁发生，雪致结构坍塌事故也时有报道，再考虑到大跨度建筑及轻型钢结构建筑的广泛建设应用，加强对雪荷载的研究具有十分重要的现实意义。

基本雪压是屋面雪荷载设计的基础。我国现行的《建筑结构荷载规范》(GB 50009—2012)列出了全国500多个城市的基本雪压值，同时也明确指出了进行基本雪压估算所使用的概率分布模型及拟合估算方法。然而，目前尚没有文献对《规范》中基本雪压的估算过程进行全面介绍，因此读者对其所蕴含的不确定性缺少认识，难以找到判断依据。近年来，学术界在极值分析领域的一些新进展为基本雪压的估算提供了新的视角和方法。在此背景下，作者及其领导的团队对我国各地区的基本雪压进行了估算，并在本书中对估算过程与方法进行了细致介绍。

与此同时，研究团队对大跨屋面雪荷载分布形式开展了大量的实测、试验和数值研究。实测方面，研究团队通过长期的模型和足尺屋面积雪分布实测，积累了巨量积雪分布数据；为解决传统积雪深度测量方法投入大、耗时长、效率低和危险性高等问题，基于SfM(Structure from Motion)技术提出一种无接触式的高精度摄影测量技术，利用无人机倾斜摄影获取大跨度屋面三维积雪分布；基于实测结果，建立了我国首个典型大跨度屋面雪荷载的案例数据库，对我国荷载规范的完善和相似工程的结构设计等具有重大参考意义。试验方面，研究团队利用哈尔滨地区冬季多雪、低温环境持续时间长等气候特点，发明了以存储自然雪与人造雪颗粒为试验颗粒，利用振动控制播撒降雪模式的低温环境风雪联合试验系统；基于颗粒跃移轨迹相似、积雪堆积速率相似与积雪堆积形状比例相似的准则，通过摩擦速度比下限值改进弗劳德数相似参数，提出了降雪模式的风雪运动相似理论；采用充分验证的相似准则和试验系统，对各类屋面雪荷载分布进行了研究。数值研究方面，研究团队通过考虑雪颗粒在非平衡发展状态下的受力机理，雪颗粒运动对流场的影响和跃移层内雪浓度的变化，开发了风雪运动在建筑屋面复杂大气环境中的精细化数值模型；采用验证的数值模型，对典型大跨度屋面雪荷载分布进行了研究。

研究团队利用所提出的基于真实雪颗粒播撒模拟降雪的风雪联合试验方法、基于非平衡过程的改进风雪混合流数值模拟方法、长周期大跨空间结构建筑原位雪荷载现场实测技术和积雪雪压估算方法，以大跨度典型平面类和典型曲面类屋面为研究对象，针对屋面雪荷载的分布规律及雪灾演化机理开展系列研究。该系列研究探究了不同形式屋面积雪分布规律与形成机理，得到各种典型平面类和曲面类屋面积雪分布的特征形式，为建筑屋面抗雪灾害设计与我国相关荷载规范的修订提供了重要依据。研究成果应用于铜仁奥体中心体育场、某煤场超大跨干煤棚和亚布力永久会址中心等重大空间结构工程中。

本书将重点针对以上研究内容中基本雪压概率统计方法与结果、风雪联合试验方法与积雪分布特征、大跨度屋面积雪漂移数值模拟方法与雪荷载分布特征等方面，将其详细地介绍给读者，希望能帮助广大研究和设计人员进一步了解大跨空间结构屋面雪荷载的分布特征和计算分析方法，为相关工程实践活动提供设计理论和方法上的参考。

第一篇　基本雪压的概率统计

第 2 章　我国年最大雪深的概率分布模型

2.1　引　言

在基本雪压的估算过程中，概率模型的选择是一个最基础、最重要的问题，不同概率分布模型的选择会直接影响估算得到的基本雪压大小。我国《规范》建议使用极值 Ⅰ 型概率分布模型对年最大雪压（或雪深）进行建模。与我国《规范》类似，欧洲规范（*Eurocode* 1:*Actions on Structures*:*Part* 1－3:*General actions*:*Snow Loads*，2003，简称 EU 规范）和加拿大国家建筑规范（*National Building Code of Canada*，2015）也采用极值 Ⅰ 型概率分布作为估算基本雪压的概率分布模型。其中，欧洲规范是在综合考虑极值 Ⅰ 型、极值 Ⅲ 型和对数正态分布的拟合优度的基础上做出的优化选择。与上述国家和地区的规范不同，在对比了极值 Ⅰ 型分布和对数正态分布的拟合优度后，美国 ASCE 规范采用对数正态分布对年最大雪压（或雪深）进行统计分析。

可见，各国规范在年最大雪压（或雪深）的概率分布模型的选择上并非完全一致。考虑到我国《规范》在确定使用极值 Ⅰ 型分布的过程中并未考虑其他概率分布模型，为选出可能存在的更优模型，有必要对我国年最大雪压（或雪深）的概率分布模型重新做一详细分析。

由于雪压数据数量有限，本章采用雪深数据进行概率分布模型的拟合。如绪论所述，基于我国《规范》的相关规定，雪压的概率分布模型可被认为与雪深的概率分布模型一致。

2.2　常用的概率分布模型及拟合方法

2.2.1　常用的概率分布模型

根据极值理论，独立同分布的随机变量在各个区间内的极大或极小值（如年最大雪深或年最大雪压），服从如下 3 种极值分布模型之一：

$$F_X(x)=\exp(-\exp(-(x-u)/a)) \tag{2.1}$$

$$F_X(x)=\begin{cases}0, & x\leqslant u\\ \exp(-((x-u)/a)^{-k}), & x>u\end{cases} \tag{2.2}$$

$$F_X(x)=\begin{cases}\exp(-(-((x-u)/a)^{-k})), & x<u\\ 1, & x\geqslant u\end{cases} \tag{2.3}$$

上述3种模型分别称为极值Ⅰ型、Ⅱ型以及Ⅲ型概率分布模型，也分别称为Gumbel模型（耿贝尔模型）、Frechet模型（弗雷谢模型）和Weibull模型（威布尔模型）。三者的概率分布函数具有不同的尾部特征；其中，极值Ⅲ型分布有上确界，极值Ⅰ型和Ⅱ型分布则没有上边界。

如果假设某一极值序列符合上述3种分布模型中的一种，则普遍面临两个问题：首先，需要一项技术，用以确定上述3种模型中的哪一种更符合当前的数据；其次，一旦从3种模型中做出了选择，则需要证明该选择是正确的，并且需要忽略该选择所带来的不确定性。因此，更直截了当的做法是将上述3种极值模型合并成一个单独的表达形式，形成广义极值分布（Generalized Extreme Value Distribution，GEV）：

$$F_X(x)=\exp(-(1-k((x-u)/a))^{1/k}),\quad k\neq 0 \tag{2.4}$$

式中，u为位置参数；a为尺度参数；k为形状参数。

当k趋近于0时，GEV分布退化为极值Ⅰ型分布；当$k<0$及$k>0$时，GEV模型分别演化为极值Ⅱ型和极值Ⅲ型分布。GEV模型的出现简化了极值序列的统计分析，根据估算得到的k值自动体现了数据的尾部特性，从而避免了事先从3种极值模型中选用一种的局限性。

如前文所述，我国《规范》和加拿大国家建筑规范NBCC在对基本雪压进行估算时，建议采用极值Ⅰ型概率分布模型对年最大雪压（或雪深）数据进行拟合分析，而美国荷载规范ASCE则应用了对数正态分布。对数正态分布并不是极值分布的一种，因此与年最大雪压（雪深）并无理论上的逻辑关系。但是，Ellingwood等1983年的研究认为对数正态分布的拟合效果更好，因此从实用的角度出发，建议采用对数正态分布对年最大雪压进行建模。欧洲规范认为极值Ⅰ型分布、极值Ⅲ型分布和对数正态分布均可考虑作为年最大雪压（雪深）统计分析的模型，但最终采用极值Ⅰ型分布作为概率模型，对整个欧洲地区的基本雪压进行估算，以获得统一的基本雪压分布图。可见，对数正态分布也是年最大雪压（雪深）的统计分析中较为常用的概率分布模型，其概率分布函数为

$$F_X(x)=\Phi((\ln x-u)/a) \tag{2.5}$$

式中，$\Phi(\cdot)$表示标准正态分布函数；$u=m_{\ln x}$表示对x取对数后的平均值；$a=\sigma_{\ln x}$表示对x取对数后的标准差。

2.2.2 模型参数估计方法

由上文可知，极值Ⅰ型分布与对数正态分布在各国荷载规范中均有广泛应用；此外，广义极值分布因其具有普适性与灵活性，近来也受到部分文献的关注和应用。因此本书考虑上述3种概率模型，对年最大雪压（雪深）进行建模分析。

对于上述常用的几种概率分布模型，较常用的拟合方法包括矩法（Method of Moments，MOM）、线性矩法（Method of L-Moments，MLM）和最大似然法（Method of Maximum Likelihood，MML）3种。

1.矩法

对随机变量 X,若其 k 次方的期望

$$E(X^k),\quad k=1,2,\cdots \tag{2.6}$$

存在,则称之为 X 的 k 阶原点矩,简称 k 阶矩。若期望

$$E((X-E(X))^k),\quad k=2,3,\cdots \tag{2.7}$$

存在,则称之为 X 的 k 阶中心距。通常所说的随机变量的平均值和方差,分别为该随机变量的一阶原点矩和二阶中心矩,标准差为方差的平方根。

在现实中,人们往往只能获取随机变量的有限个样本,而无从获得其总体,因此对概率模型参数的估计也只能基于样本进行。矩法即是基于样本矩的一种点估计方法,其基本思想是替换原则。随着样本数量的增加,样本矩收敛于总体矩,因此矩法的应用背景是以样本矩作为总体矩的估计,从而以样本矩为基础,对模型参数进行估计。

根据式(2.6)与式(2.7)可推算,极值 Ⅰ 型分布(式(2.1))的平均值 μ_x 与标准差 σ_x 分别为

$$\begin{cases}\mu_x=u+0.577\,2a\\ \sigma_x=\pi a/\sqrt{6}=1.282\,6a\end{cases} \tag{2.8}$$

因此,根据矩法估计,其模型参数 a 与 u 分别为

$$\begin{cases}a=\sigma_x/1.282\,6\\ u=\mu_x-0.577\,2a\end{cases} \tag{2.9}$$

若随机变量 X 服从对数正态分布,则其对数 $\ln X$ 服从正态分布,因此,只需对 X 的样本值取对数,再对其计算平均值和标准差,则可得到其模型参数 $u=m_{\ln x}$ 与 $a=\sigma_{\ln x}$。

广义极值分布有 3 个参数,因此需要用到前三阶矩(一阶原点矩,二阶中心矩,三阶中心矩)进行估计。三阶矩对应的常用变量为偏度 g,其定义为 X 的标准化变量 $(X-\mu)/\sigma$ 的三阶矩,数值上等价于 X 的三阶中心矩与标准差的立方之比:

$$\gamma=\frac{E(X-E(X))^3}{\sigma^3} \tag{2.10}$$

以样本的平均值 μ_x、标准差 σ_x 与偏度 g_x 为估计基础,广义极值分布的 3 个参数分别为

$$\begin{cases}\gamma_x=\operatorname{sgn}(k)\cdot\dfrac{-\Gamma(1+3k)+3\Gamma(1+k)\Gamma(1+2k)-2(\Gamma(1+k))^3}{(\Gamma(1+2k)-(\Gamma(1+k))^2)^{3/2}}\\ a=\dfrac{\sigma_x\,|k|}{(\Gamma(1+2k)-(\Gamma(1+k))^2)^{1/2}}\\ u=\mu_x-\dfrac{a}{k}(1-\Gamma(1+k))\end{cases} \tag{2.11}$$

其中,$\operatorname{sgn}(k)$ 在 k 为正数时取正,k 为负数时取负。

$\Gamma(\cdot)$ 表示伽马函数:

$$\Gamma(x)=\int_0^{\infty}t^{x-1}\mathrm{e}^{-t}\,\mathrm{d}t \tag{2.12}$$

g_x 的表达式没有显式解，因此需要采用迭代法求其数值解得到 k，然后代入式(2.11)中的后面两个等式求得 a 与 u。上述求解公式仅限于 $k>-1/3$ 的情况，因为只有在此情况下，广义极值分布的前三阶矩才是有限的。

广义极值分布的矩法估计较为复杂，本书暂不考虑采用矩法对其模型参数进行估计。

2.线性矩法

线性矩法与矩法相似，但采用的统计量为线性矩而非前述原点矩或中心矩（为与线性矩区分，本书统称原点矩和中心矩为普通矩）。线性矩是顺序统计量的线性组合；与普通矩相比，线性矩对样本中异常值的敏感度较低，受抽样变异性的影响较小，因此更能反映数据的整体特征。对于按升序排列的样本序列 $x_{1:n} \leqslant x_{2:n} \leqslant \cdots \leqslant x_{n:n}$，其前四阶线性矩 λ_1、λ_2、λ_3 和 λ_4 的无偏估计 l_1、l_2、l_3 和 l_4 可分别表示为

$$\begin{cases} l_1 = b_0 \\ l_2 = 2b_1 - b_0 \\ l_3 = 6b_2 - 6b_1 + b_0 \\ l_4 = 20b_3 - 30b_2 + 12b_1 - b_0 \end{cases} \tag{2.13}$$

一阶线性矩 λ_1 为位置参数，与传统的平均值相等；二阶线性矩 λ_2 为尺度参数($\lambda_2 \geqslant 0$)。

b_i 由式(2.14)计算：

$$b_i = n^{-1} \sum_{j=i+1}^{n} \frac{(j-1)(j-2)\cdots(j-i)}{(n-1)(n-2)\cdots(n-i)} x_{j:n}, \quad i = 0,1,2,3 \tag{2.14}$$

为便利起见，常对二阶及二阶以上的线性矩进行无量纲化，无量纲化后得到的变量称为线性矩比(L-moment Ratios)。其中，$\tau = \lambda_2/\lambda_1$ 与变异系数(cov)意义相似，称为线性变异系数(L-cov)；$\tau_3 = \lambda_3/\lambda_2$ 和 $\tau_4 = \lambda_4/\lambda_2$ 分别称为线性偏度(L-skewness)和线性峰度(L-kurtosis)，表征样本频数分布曲线的非对称性和陡峭（或扁平）程度。上述3个线性矩比的无偏估计分别记为 t、t_3 和 t_4。一般情况下，对大部分两参数分布模型而言（如极值Ⅰ型分布），其线性偏度和线性峰度为固定值，与模型参数无关；而三参数分布模型（如广义极值分布）的线性偏度与线性峰度只与该模型的形状参数有关，而与位置参数和尺度参数无关。

极值Ⅰ型分布（式(2.1)）的前两阶线性矩分别为

$$\begin{cases} \lambda_1 = u + 0.577\,2a \\ \lambda_2 = a \ln 2 \end{cases} \tag{2.15}$$

因此其模型参数 a 与 u 分别为

$$\begin{cases} a = \lambda_2 / \ln 2 \\ u = \lambda_1 - 0.577\,2a \end{cases} \tag{2.16}$$

对数正态分布（式(2.5)）的前两阶线性矩分别为

$$\begin{cases} \lambda_1 = \exp(u + a^2/2) \\ \lambda_2 = \exp(u + a^2/2) \cdot \mathrm{erf}(a/2) \end{cases} \tag{2.17}$$

其中

$$\mathrm{erf}(x)=\frac{2}{\sqrt{\pi}}\int_0^x \mathrm{e}^{-t^2}\,\mathrm{d}t \tag{2.18}$$

为误差函数(亦称高斯误差函数),数值上与标准正态分布函数有如下等价关系:

$$\mathrm{erf}(x)=2\Phi(x\sqrt{2})-1 \tag{2.19}$$

因此,对数正态分布的两个模型参数 a 与 u 分别为

$$\begin{cases} a=\sqrt{2}\,\Phi^{-1}(1+\lambda_2/\lambda_1)/2 \\ u=\ln(\lambda_1)-\sigma^2/2 \end{cases} \tag{2.20}$$

对广义极值分布(式(2.4)),其线性矩仅在 $k>-1$ 时可定义,且有

$$\begin{cases} \lambda_1=u+a(1-\Gamma(1+k))/k \\ \lambda_2=a(1-2^{-k})\Gamma(1+k)/k \\ \tau_3=2(1-3^{-k})/(1-2^{-k})-3 \end{cases} \tag{2.21}$$

式(2.21)中的第三个等式没有显式解,根据 Hosking 等人提出的近似方法(式(2.2)),在 $-0.5\leqslant\tau_3\leqslant 0.5$ 范围内的相对精度可达到 9×10^{-4}:

$$\begin{cases} k\approx 7.8590c+2.9554c^2 \\ c=\dfrac{2}{3+\tau_3}-\dfrac{\ln 2}{\ln 3} \end{cases} \tag{2.22}$$

另外两个参数 a 和 u 则分别为

$$\begin{cases} a=\lambda_2 k/((1-2^{-k})\Gamma(1+k)) \\ u=\lambda_1-a(1-\Gamma(1+k))/k \end{cases} \tag{2.23}$$

3.**最大似然法**

假设随机变量 X 的概率分布模型为已知(如极值 Ⅰ 型),但参数 θ 未知(θ 泛指模型参数,其个数随概率模型的不同而可能不同),在此情况下,X 的样本取值为 x 的概率记为 $f_X(x\mid\theta)$。由于对于同一变量,各个事件之间被认为独立同分布,因此在 n 次事件中,$X_1,X_2,\cdots,X_n$ 分别取值为 $x_1,x_2,\cdots,x_n$ 的概率为

$$P(x_1,x_2,\ldots,x_n\mid\theta)=\prod_{i=1}^{n}f(x_i\mid\theta) \tag{2.24}$$

记式(2.24)为 $L(\theta)$,即

$$L(\theta)=\prod_{i=1}^{n}f(x_i\mid\theta) \tag{2.25}$$

则称 $L(\theta)$ 为样本 $x_1,x_2,\cdots,x_n$ 的似然函数。似然函数值随着模型参数 θ 的变化而变化。由于似然函数 $L(\theta)$ 代表的是 $X_1,X_2,\cdots,X_n$ 分别取值为 $x_1,x_2,\cdots,x_n$ 的概率,而 $x_1,x_2,\cdots,x_n$ 是已经观察到的值,其出现概率自然应该在其可能范围内最大。求 θ 使似然函数 $L(\theta)$ 最大,此即最大似然函数法。

由于似然函数取对数值后能使连乘运算转化成连加运算,从而大大简化求解过程且不影响求解结果,因此在应用过程中常常通过最大化似然函数的对数:

$$\ln (L(\theta)) = \sum_{i=1}^{n} \ln f(x_i \mid \theta) \tag{2.26}$$

来对模型参数 θ 进行估计。

上述 3 种参数估计方法各有特点，估算得到的模型参数值也略有差异。Hong 等学者 2013 年的研究表明，在将年最大风速拟合到极值 Ⅰ 型概率分布模型时，若以均方根误差为评判标准，最大似然法的表现要优于线性矩法，同时线性矩法优于矩法；若以偏离误差为准，则线性矩法优于矩法，同时矩法优于最大似然法。尽管如此，由于极值 Ⅰ 型分布的矩法形式较为简单，因此也常有应用，比如，我国《规范》即建议采用矩法，对年最大风速和年最大雪压（或雪深）进行概率模型拟合。

2.2.3 回归周期值的计算

在估算得到模型参数后，T 年回归周期值（也称 T 年一遇最大值）可以通过令分布函数 $F_X(x) = 1 - 1/T$ 后推算而得。

对极值 Ⅰ 型分布（式(2.1)），其 T 年回归周期值为

$$x_T = u - a \ln (-\ln (1 - 1/T)) \tag{2.27}$$

广义极值分布（式(2.4)）的 T 年回归周期值为

$$x_T = u + \frac{a}{k}(1 - (-\ln (1 - 1/T))^k), \quad k \neq 0 \tag{2.28}$$

注意，当 $k = 0$ 时广义极值分布退化为极值 Ⅰ 型分布，此时应使用式(2.27) 进行计算。

对数正态分布的 T 年回归周期值则为

$$x_T = \exp(u + a\Phi^{-1}(1 - 1/T)) \tag{2.29}$$

2.3 我国年最大雪深的概率分布模型研究

2.3.1 数据概况

本章所用数据收集自文献，为 1951 ～ 2010 年间我国气象台站的积雪深度逐日观测记录。为避免样本过少导致的不确定性，本章仅选用年最大积雪深度样本数量 $n \geqslant 40$ 的台站进行分析，符合要求的台站共有 120 个，其地理位置如图 2.1 所示，可见符合要求的台站主要分布在我国东北和华北地区，西南地区的四川以及西北地区的青海和甘肃。除了新疆和西藏（这些地区的积雪主要集中在高山地区，人烟稀少），所选用台站基本覆盖了我国降雪较常见的区域，能充分代表我国年最大积雪深度的统计特征。

根据我国《地面气象观测规范 雪深与雪压》(GB/T 35229—2017)，积雪深度应在气象站周围地面的积雪覆盖率超过一半时进行观测，每次观测分 3 次测量，取其平均值作为本次观测的结果，观测结果以厘米(cm) 为单位，当平均雪深不足 0.5 cm 时记为 0。当年最大积雪深度的序列中出现 0 值时，本章只采用非 0 值进行概率模型拟合。

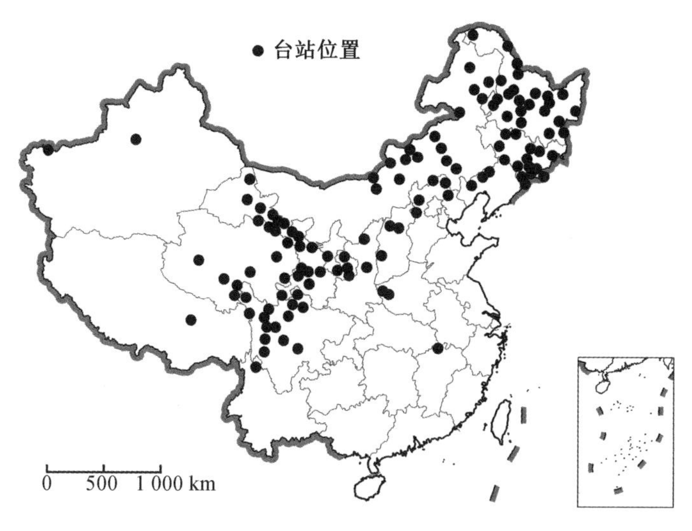

图 2.1 气象台站的地理位置示意图

2.3.2 概率分布模型拟合

在进行概率模型拟合前，研究人员首先对年最大积雪深度数据进行了检查，以排除其中可能存在的错误，检查重点在离群值上。检查后发现，有些台站存在明显的离群值，且该离群值的数值为10的整数倍，极有可能是数据记录过程中记录人员多写了一个0导致的。一个典型的例子是图2.2(a)所示的林西站原始数据。从图中可以看到，在其他年份，林西站的年最大积雪深度均小于20 cm，唯独在1984年，最大积雪深度达100 cm，这是极不正常的。由于该数值为10的整数倍，有理由怀疑是记录人员在真实数据后面多写了一个0。在检查了该数值出现当天及前后3天内的积雪深度值后，发现这些天的积雪深度分别为1 cm，1 cm，4 cm，100 cm，10 cm，6 cm和6 cm。可见，积雪深度从前一天的4 cm一下升到了100 cm，而后又从100 cm急剧降到了10 cm，这在现实中几乎是不可能的，可以断定数值100 cm为人工失误。因此，对该年最大值予以删除，并从删除了该数据的逐日资料中再次提取最大值作为递补。调整后林西站的年最大积雪深度如图2.2(b)所示，可见调整后的年最大积雪深度序列变得十分平稳，满足概率模型拟合对数据的平稳性要求。

将上述检查应用于所有台站(120个)，共检查出3处数据错误。以检查过后的数据为基础，采用2.2节所述的线性矩法(MLM)和最大似然法(MML)，将120个台站的年最大积雪深度数据分别拟合到极值Ⅰ型分布、对数正态分布和广义极值分布模型中，并采用K－S检验法对拟合结果进行检验，对应的原假设分别为年最大积雪深度服从极值Ⅰ型分布、对数正态分布和广义极值分布。

K－S检验的基本思想：设随机变量X的概率分布函数为$F_0(x)$，如果样本x_1，x_2，…，x_n来自该总体(原假设)，则其经验分布函数$F_n(x)=k/n$(其中k为小于等于x_i的样本个数)应"足够"接近总体的概率分布函数$F_0(x)$；否则，就不能接受$F_0(x)$为该样本的概率分布函数。为衡量$F_n(x)$与$F_0(x)$的接近程度，K－S理论提出统计量$D_n=$

$\max(|F_n(x)-F_0(x)|)$(图 2.3)，则 D_n 为独立于 $F_0(x)$ 的随机变量，其概率分布函数为已知。给定样本个数 n 与显著性水平 α，Massey(1951)给出了接受原假设的 D_n 临界值 C_α，若计算得到的 $D_n \leqslant C_\alpha$，则接受原假设，反之则拒绝原假设。

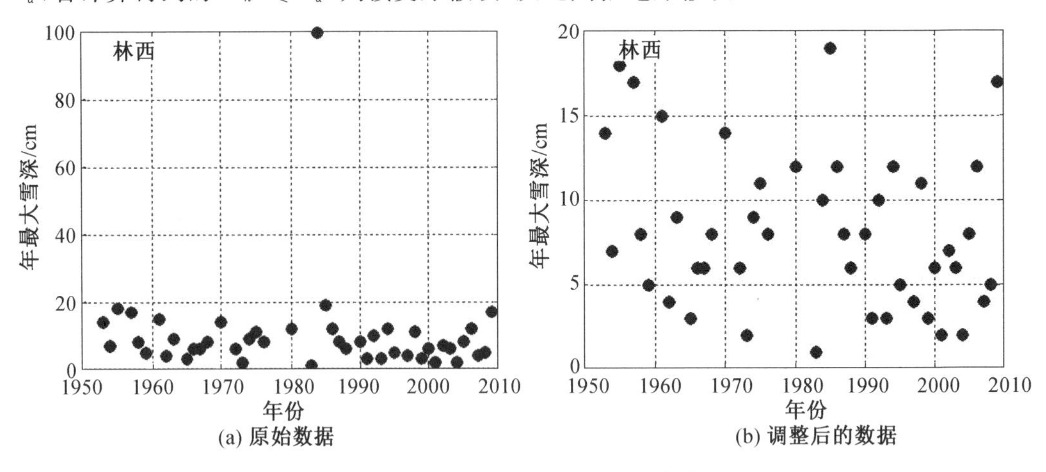

图 2.2　林西站的年最大积雪深度序列

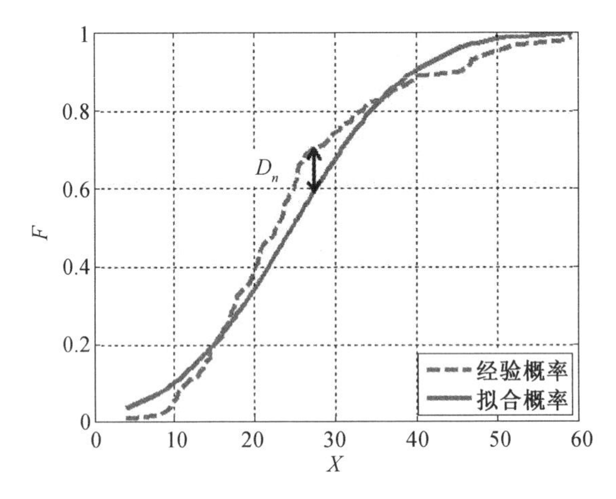

图 2.3　K－S检验统计量示意图

检验结果表明，在 5% 显著性水平下，当采用线性矩法时，拒绝上述 3 项原假设的台站分别有 6 个、5 个和 2 个；当采用最大似然法时，拒绝上述 3 项原假设的台站数量分别为 7 个、7 个和 2 个。因此，从接受原假设的台站数量的角度而言，广义极值分布优于极值 Ⅰ 型分布和对数正态分布，极值 Ⅰ 型分布和对数正态分布被接受的情况则较接近。

值得注意的是，如果一个台站拒绝广义极值分布，则该台站也同时拒绝极值 Ⅰ 型和对数正态分布，反之则不然。拒绝极值 Ⅰ 型分布和拒绝对数正态分布之间则没有必然联系。图 2.4 给出了 3 个模型都被拒绝的两个台站(内蒙古那仁宝力格和青海玉树)的年最大积雪深度的概率分布情况，以及由最大似然法拟合得到的概率分布模型曲线。由图中可以看到，经验概率分布函数与拟合得到的模型分布函数差距最大的地方出现在年最大雪深较小时，且该差距主要是由于相同的年最大积雪深度出现多次，导致在同一雪深处，经验概率分布函数有较大的跃升，使之与模型概率之间的差距大于 K－S 检验的临界值，从而拒绝了相应的原假设，这主要是由经验概率分布曲线的局限性造成的。而在概率分布的尾部，拟合效果较好，可以认为不会影响对年最大积雪深度回归周期值的估算。

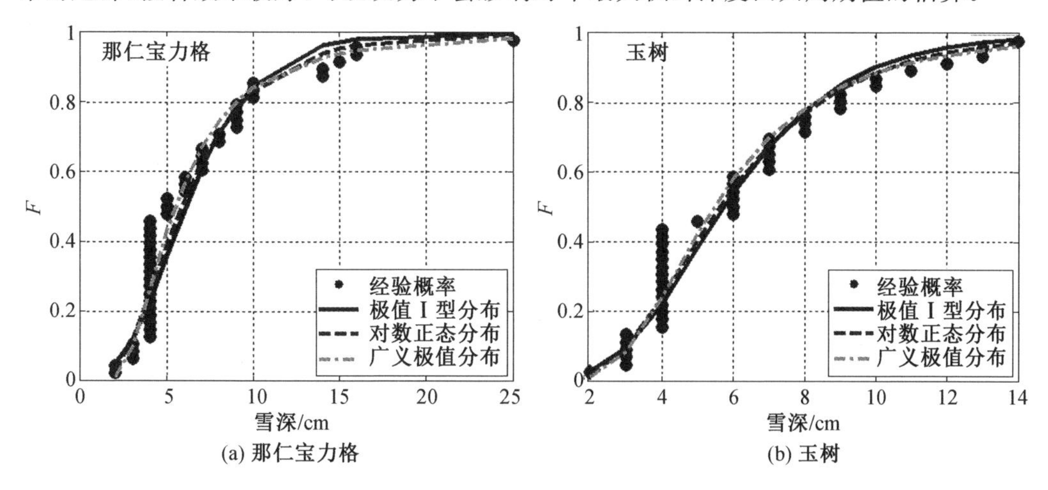

图 2.4　拒绝广义极值分布的两个台站年最大积雪深度的概率分布情况

在全部 120 个台站中，共有 9 个台站拒绝了至少一个概率分布模型，对这 9 个台站观察后发现，这种现象是普遍的。因此，尽管 K－S 检验在部分台站上拒绝了 3 种概率分布模型中的一种或多种，但考虑到拟合得到的概率模型不会影响对回归周期值的估算，因此认为这 120 个台站均不拒绝上述 3 种概率分布模型。

为了从 3 种概率分布模型中判别出拟合效果更佳的一种，本书采用如下两种评判标准：一是基于最大似然函数值的 AIC 指标；二是基于经验概率分布函数与拟合模型概率分布函数之间的相关系数。

AIC 指标的计算方法为

$$\mathrm{AIC}=2n_{\mathrm{p}}-2\ln\left(\max(L(\theta))\right) \tag{2.30}$$

式中，n_{p} 为模型参数个数(极值 Ⅰ 型分布和对数正态分布的参数个数为 2，广义极值分布为 3)；$L(\theta)$ 为式(2.25) 定义的似然函数，在采用最大似然法对模型参数进行估计时，可在参数估计过程中自然获得最大似然函数值。

AIC 指标以较小者为优，它是综合考虑拟合优度(最大似然函数值越高，拟合优度越佳) 和拟合过程的复杂程度(参数个数越多，拟合越复杂) 的折中方案。AIC 指标只有在采用最大似然法进行拟合时才可计算。

计算结果显示，在全部的 120 个台站中，极值Ⅰ型分布、对数正态分布和广义极值分布拟合效果更佳的台站数量分别为 36、74 和 10。可见基于此标准，对数正态分布为最优模型。

基于 AIC 指标，广义极值分布占优的台站数量远远少于极值 Ⅰ 型分布及对数正态分布，并且在应用过程中，广义极值分布的计算往往较为复杂(见 2.2.2 节)；此外，当采用最大似然法进行参数估计时，如果样本量太小，则容易遇到求解过程无法收敛的问题。因此，从拟合效果和方便工程应用的角度而言，广义极值分布并非理想选择。如果排除广义极值分布，则极值Ⅰ型分布和对数正态分布占优的台站数量分别为41和79，前者仅约为后者的一半。

考虑到《规范》建议采用的是极值Ⅰ型概率分布，而AIC指标显示对数正态分布更符合大多数台站年最大积雪深度的概率分布，本书拟采用相关系数对极值Ⅰ型及对数正态分布的拟合效果做进一步对比，相关系数也是Sanpaolesi于1998年在地面雪荷载研究中选择概率分布模型的主要依据。

相关系数是回归分析中常用到的拟合优度指标，相关系数越高，表示拟合值与观测值的吻合程度越高。两个随机变量Y_1、Y_2之间的相关系数r定义为

$$r=\frac{\mathrm{cov}(Y_1,Y_2)}{\sigma(Y_1)\sigma(Y_2)}=\frac{E((Y_1-E(Y_1))\cdot(Y_2-E(Y_2)))}{\sqrt{E((Y_1-E(Y_1))^2)}\cdot\sqrt{E((Y_2-E(Y_2))^2)}} \tag{2.31}$$

式中，$\mathrm{cov}(\cdot)$表示协方差；$\sigma(\cdot)$表示标准差。

在本书中，Y_1、Y_2分别代表年最大积雪深度经验分布函数的转换概率（Reduced Probability）和拟合得到的模型分布函数的转换概率。转换概率是指为了使累积概率$F(x)$与变量X（或X的转换变量）在概率纸中呈线性关系，而对概率$F(x)$做相应转换后的变量。对于极值Ⅰ型分布，其转换概率为$z=-\ln(-\ln(F(x)))$，其与X的线性关系为$z=(x-u)/a$；对数正态分布的转换概率为$z=\Phi^{-1}(F(x))$，X的转换变量为$\ln X$，则z与$\ln X$的线性关系为$z=(\ln x-u)/a$。u与a在各自模型内的意义分别见式(2.1)与式(2.5)。

相关系数的计算结果显示，极值Ⅰ型分布和对数正态分布分别在58和62个台站中为最优模型；虽然两者数量较为接近，但对数正态分布比极值Ⅰ型分布略多，表明对数正态分布仍然占优。

以上结果中，采用AIC指标或者相关系数作为判别标准时的结果有较大不同。经核查，AIC指标认为极值Ⅰ型分布更佳，而相关系数认为对数正态分布更佳的台站数量有6个（在此称此类台站为Ⅰ类结果冲突台站）；反之，AIC指标认为对数正态分布更佳、而相关系数认为极值Ⅰ型分布更佳的台站数量有23个（在此称为Ⅱ类结果冲突台站）。这两类台站的AIC指标以及相关系数分别列于表2.1与表2.2中。

表2.1　Ⅰ类结果冲突台站的AIC指标与相关系数

台站号	台站名	AIC指标			相关系数		
		极值Ⅰ型	对数正态	占优模型	极值Ⅰ型	对数正态	占优模型
52633	托勒	190.21	190.32	极值Ⅰ型	0.978 5	0.980 8	对数正态
52787	乌鞘岭	302.12	302.74	极值Ⅰ型	0.936 2	0.970 6	对数正态
53673	原平	233.50	234.27	极值Ⅰ型	0.976 1	0.980 5	对数正态
54186	敦化	301.60	302.18	极值Ⅰ型	0.944 7	0.978 5	对数正态
54236	彰武	260.90	262.48	极值Ⅰ型	0.965 3	0.970 1	对数正态
56067	久治	215.25	215.70	极值Ⅰ型	0.977 2	0.981 6	对数正态

表 2.2　Ⅱ 类结果冲突台站的 AIC 指标与相关系数

台站号	台站名	AIC 指标			相关系数		
		极值 Ⅰ 型	对数正态	占优模型	极值 Ⅰ 型	对数正态	占优模型
50557	嫩江	246.65	246.38	对数正态	0.987 0	0.985 5	极值 Ⅰ 型
50639	扎兰屯	265.25	262.89	对数正态	0.988 4	0.983 4	极值 Ⅰ 型
50656	北安	301.24	301.17	对数正态	0.990 0	0.989 9	极值 Ⅰ 型
50727	阿尔山	345.94	345.64	对数正态	0.990 8	0.987 7	极值 Ⅰ 型
50788	富锦	302.88	302.50	对数正态	0.992 4	0.987 5	极值 Ⅰ 型
50978	鸡西	335.34	335.01	对数正态	0.995 5	0.992 0	极值 Ⅰ 型
51701	吐尔尕特	319.73	319.55	对数正态	0.984 3	0.984 0	极值 Ⅰ 型
52657	祁连	199.00	197.81	对数正态	0.976 4	0.974 3	极值 Ⅰ 型
52661	山丹	243.72	243.01	对数正态	0.989 0	0.985 8	极值 Ⅰ 型
52765	门源	250.40	250.34	对数正态	0.992 9	0.992 8	极值 Ⅰ 型
54094	牡丹江	324.67	324.07	对数正态	0.992 3	0.991 7	极值 Ⅰ 型
54208	多伦	325.44	325.36	对数正态	0.990 0	0.985 8	极值 Ⅰ 型
54284	东岗	354.77	354.44	对数正态	0.989 3	0.987 8	极值 Ⅰ 型
54363	通化	315.45	314.76	对数正态	0.993 6	0.993 2	极值 Ⅰ 型
56029	玉树	221.28	219.15	对数正态	0.982 3	0.977 4	极值 Ⅰ 型
56033	玛多	193.17	192.27	对数正态	0.979 3	0.971 9	极值 Ⅰ 型
56065	河南	217.93	217.71	对数正态	0.989 0	0.987 0	极值 Ⅰ 型
56079	若尔盖	260.92	260.64	对数正态	0.987 9	0.986 8	极值 Ⅰ 型
56093	岷县	223.31	222.68	对数正态	0.992 1	0.987 3	极值 Ⅰ 型
56144	德格	239.11	238.04	对数正态	0.988 7	0.982 8	极值 Ⅰ 型
56167	道孚	192.57	189.56	对数正态	0.983 5	0.983 5	极值 Ⅰ 型
56257	理塘	325.08	324.74	对数正态	0.994 6	0.991 2	极值 Ⅰ 型
56385	峨眉山	329.69	329.52	对数正态	0.993 2	0.992 6	极值 Ⅰ 型

由表 2.1、表 2.2 可以看到，不管是 Ⅰ 类还是 Ⅱ 类结果冲突台站，两种概率分布模型的 AIC 指标差异、相关系数差异都很小；表 2.1 中，AIC 指标最大相差 0.60%（彰武），平均相差 0.27%，相关系数最大相差 3.68%（乌鞘岭），平均相差 1.48%；表 2.2 中最大相差值则分别为 1.59%（道孚）与 0.76%（玛多），平均相差值分别为 0.30% 与 0.27%。可以发现，当极值 Ⅰ 型概率分布占优时，其优势都较小，而当对数正态分布占优时，其优势相对较大。

为分析 AIC 指标与相关系数判别结果产生差异的原因，对表 2.2 中的 23 个 Ⅱ 类结果冲突台站的概率分布图做了检视。结果发现，对数正态分布拟合结果的相关系数比极值 Ⅰ 型分布小的主要原因是其在分布曲线的下半部分拟合效果太差，但在曲线的上半部分，对数正态分布的拟合效果普遍比极值 Ⅰ 型分布好。作为例子，图 2.5 给出了表 2.2 中的两个台站(阿尔山与道孚)的极值Ⅰ型分布与对数正态分布拟合效果。从图2.5中可以看到,极值Ⅰ型分布主要是在分布的下半部分拟合效果较好;相反,对数正态分布则主要在上半部分拟合效果更佳。考虑到极值雪深主要受分布的尾部影响,在分布的上半部分拟合效果的好坏直接影响对极值雪深的估算准确度,因此有理由认为即使是在Ⅱ类结果冲突台站中,对数正态分布也更适合用来对年最大雪深进行建模,为此对拟合结果的相关系数重新进行了计算,但此时只考虑上半部分的数据。结果显示,在全部的120个台站中,极值Ⅰ型分布占优和对数正态分布占优的台站数量分别为36和84,该比例与AIC指标的判别结果(41和79)较为接近。

至此,综合AIC指标和相关系数的判别结果,本书认为相对于极值Ⅰ型分布,对数正态分布更适合用来对我国年最大积雪深度进行建模。这是基于本书中数据及方法背景下的统计分析结果,其中所隐含的机理目前尚不可知。

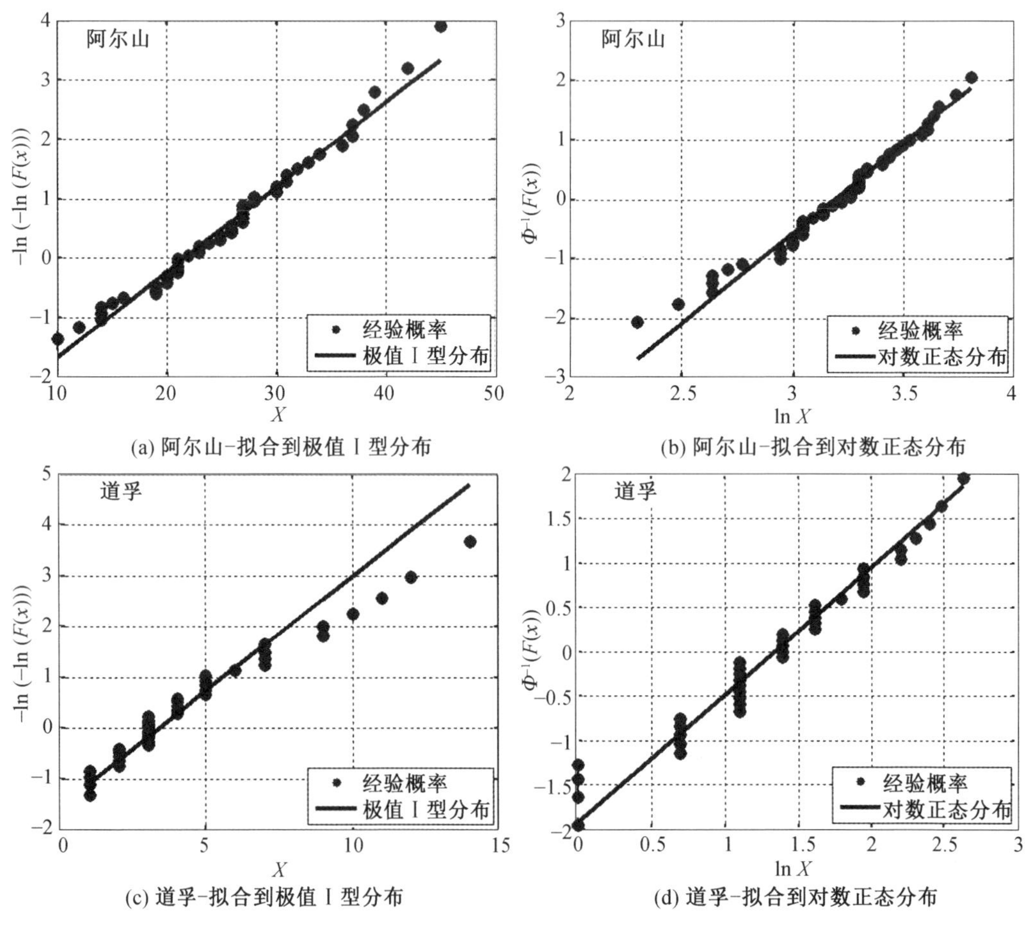

(a) 阿尔山-拟合到极值Ⅰ型分布

(b) 阿尔山-拟合到对数正态分布

(c) 道孚-拟合到极值Ⅰ型分布

(d) 道孚-拟合到对数正态分布

图 2.5 极值Ⅰ型分布与对数正态分布拟合效果的两个例子

2.4　概率分布模型对极值雪深的影响

2.4.1　对所考虑台站的影响

众所周知，不同的概率分布模型有不同的统计特性，其概率分布曲线的尾部亦有不同特征。具体就极值Ⅰ型与对数正态分布而言，对数正态分布的尾部更长、更平；因此，在同一分位数下，所对应的分位值就越大。以图 2.4 中的两个台站为例，可见对数正态分布的尾部较之极值Ⅰ型分布更平直：当取累积概率 $F=0.98$ 时（对应年超越概率 2%，回归周期为 50 年，即我国《规范》中基本雪压对应的回归周期），那仁宝力格站极值Ⅰ型分布与对数正态分布所对应的积雪深度分别为 15.8 cm 与 18.6 cm，后者比前者高 17.6%；玉树站则分别对应 13.6 cm 和 14.9 cm，后者比前者高 9.8%，这么高的增长比例，是不可忽视的。

事实上，假设随机变量 X 服从极值Ⅰ型分布，其平均值与标准差分别为 m_x 与 σ_x，变异系数 $\delta_x=\sigma_x/m_x$，则分布函数式(2.1)中，$a=\sigma_x/1.2826$，$u=m_x-0.5772a$，则 X 的 T 年回归周期值 x_{T_gum} 可通过令 $F_X(x)=1-1/T$，代入式(2.1)中可得：

$$x_{T\_gum}=u-a\ln(-\ln(1-1/T))=u+A_G a \tag{2.32}$$

式中，$A_G=-\ln(-\ln(1-1/T))$。

将 a 与 u 代入式(2.32)可得：

$$\begin{aligned}x_{T\_gum}&=m_x-0.5772\sigma_x/1.2826+A_G\sigma_x/1.2826\\&=m_x(1+(A_G-0.5772)\cdot\delta_x/1.2826)\end{aligned} \tag{2.33}$$

若 X 服从的是对数正态分布，则式(2.5)中，$a=\sigma_{\ln x}$，$u=m_{\ln x}$，而 $m_{\ln x}$、$\sigma_{\ln x}$ 与 m_x、σ_x 之间有如下关系：

$$\begin{cases}m_x=\exp(m_{\ln x}+\sigma_{\ln x}^2/2)\\ \sigma_x^2=(\exp(\sigma_{\ln x}^2)-1)\exp(2m_{\ln x}+\sigma_{\ln x}^2)\end{cases} \tag{2.34}$$

则变异系数 δ_x 为

$$\delta_x=\sigma_x/m_x=\sqrt{\exp(\sigma_{\ln x}^2)-1} \tag{2.35}$$

由式(2.35)可得：

$$a=\sigma_{\ln x}=\sqrt{\ln(\delta_x^2+1)} \tag{2.36}$$

将 $\sigma_{\ln x}$ 的上述表达式代入式(2.34)的第一行可得：

$$u=m_{\ln x}=\ln m_x-\sigma_{\ln x}^2/2=\ln m_x-\ln(\delta_x^2+1)/2 \tag{2.37}$$

令式(2.5)左侧 $F_X(x)=1-1/T$，则 T 年回归周期值 x_{T_logn} 为

$$x_{T\_logn}=\exp(u+a\Phi^{-1}(1-1/T))=\exp(u+A_{LN}a) \tag{2.38}$$

式中，$A_{LN}=\Phi^{-1}(1-1/T)$；$\Phi^{-1}(\cdot)$ 为标准正态分布函数的逆函数。

将式(2.36)与式(2.37)代入式(2.38)后可得：

$$\begin{aligned}x_{T\_logn}&=\exp(\ln m_x-\ln(\delta_x^2+1)/2+A_{LN}\sqrt{\ln(\delta_x^2+1)})\\&=m_x\exp(A_{LN}\cdot\sqrt{\ln(\delta_x^2+1)})/\sqrt{\delta_x^2+1}\end{aligned} \tag{2.39}$$

因此，平均值与变异系数相同的对数正态分布函数与极值 Ⅰ 型分布函数，其 T 年回归周期值之间的比值 $R_{L/G}=x_{T\_\mathrm{logn}}/x_{T\_\mathrm{gum}}$ 为

$$R_{L/G}=\left(\exp\left(A_{\mathrm{LN}}\sqrt{\ln\left(\delta_x^2+1\right)}\right)/\sqrt{\delta_x^2+1}\right)/\left(1+\left(A_G-0.577\ 2\right)\delta_x/1.282\ 6\right) \tag{2.40}$$

可见，$R_{L/G}$ 仅与变异系数 δ_x 有关。表 2.3 列出了变异系数从 0.2 逐渐变化到 0.8、$T=50$ 年和 100 年时 $R_{L/G}$ 的变化情况。由该表可以看出，当变异系数小于 0.4 时，对数正态分布的 50 年回归周期值小于极值 Ⅰ 型分布；而变异系数大于等于 0.4 时，对数正态分布的 50 年回归周期值大于极值 Ⅰ 型分布。

表 2.3 体现的是理想情况下、随机变量 X 分别服从对数正态分布和极值 Ⅰ 型分布时，两者回归周期值的对比情况。但如果对概率分布模型未知的、数量有限的样本，分别采用对数正态分布与极值 Ⅰ 型分布进行极值估算，则两者估算结果的比值就较为复杂。

表 2.3 $R_{L/G}$ 随变异系数的变化情况

回归周期 T	变异系数 δ_x						
	0.2	0.3	0.4	0.5	0.6	0.7	0.8
50 年	0.97	0.98	1.01	1.03	1.05	1.06	1.08
100 年	0.96	0.98	1.01	1.05	1.08	1.11	1.14

现分别采用极值 Ⅰ 型分布和对数正态分布，对本章所考虑的120个台站的50年一遇和 100 年一遇最大积雪深度进行估算，拟合方法分别采用矩法(MOM)、线性矩法(MLM) 和最大似然法(MML)。结果发现，在采用相同拟合方法的前提下，对数正态分布的估算结果普遍比极值 Ⅰ 型分布要高。记两者的差值百分比为 $R_{\mathrm{inc}}=(d_{\mathrm{logn}}-d_{\mathrm{gum}})/d_{\mathrm{gum}}\times100\%$(其中 d_{logn} 与 d_{gum} 分别代表对数正态分布与极值 Ⅰ 型分布估算得到的 50 年一遇或 100 年一遇最大积雪深度值)，表 2.4 给出了 R_{inc} 的相关统计情况。由表可见，如果采用对数正态分布对我国年最大积雪深度进行建模，则较之采用极值 Ⅰ 型分布，50 年一遇和 100 年一遇最大积雪深度均有较大幅度的上升；其中，若采用最大似然法，上升幅度可分别高达 46.6% 和 60.5%，这是十分巨大的升幅，不可忽视。该最大值发生在延吉站(台站号 54292)，图 2.6 给出了极值 Ⅰ 型分布和对数正态分布在该台站的拟合效果。可以发现，上述巨大差异主要是由极值 Ⅰ 型分布在分布曲线上半部分的极大误差造成的，而对数正态分布采用 3 种拟合方法时的拟合效果均十分优秀。因此，采用正确的概率分布模型十分重要。

表 2.4 R_{inc} 的统计情况

回归周期 T	50 年			100 年		
拟合方法	矩法	线性矩法	最大似然法	矩法	线性矩法	最大似然法
最大值 /%	39.3	20.7	46.6	49.7	30.4	60.5
最小值 /%	−8.6	0.0	0.0	−7.1	−4.3	−4.3
平均值 /%	9.4	5.9	13.3	12.6	8.4	16.8

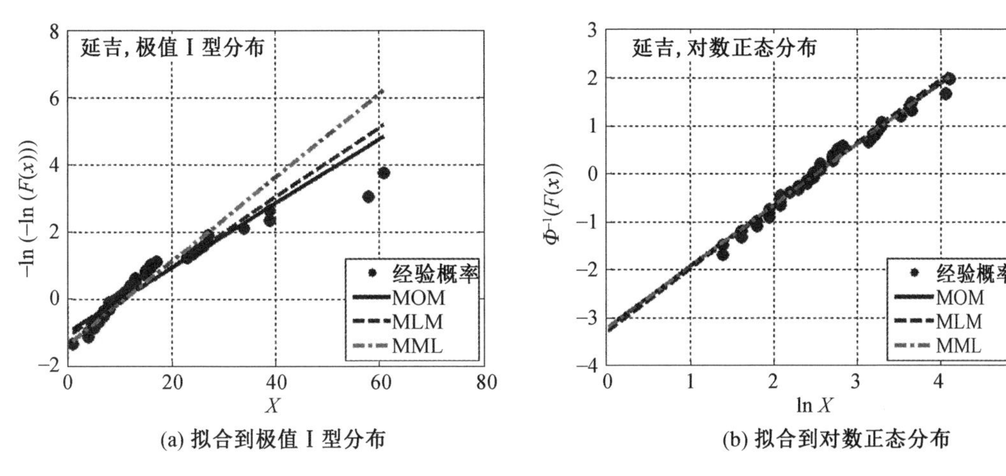

(a) 拟合到极值 I 型分布　　(b) 拟合到对数正态分布

图 2.6　延吉站年最大积雪深度的概率模型拟合结果

由表 2.4 还可看出,线性矩法的拟合结果较之矩法和最大似然法更显稳定,因为其对应的 R_{inc} 的最大值与最小值之间的差值最小。该现象验证了其"对样本中异常值的敏感度较低,受抽样变异性的影响较小"(见 2.2.2 节)的统计特点。结合 Hong 等学者 2013 年的研究结果,本书推荐采用线性矩法对概率模型进行拟合,以获取更稳定、更准确的估算结果。

2.4.2　数值模拟试验

为进一步分析概率模型对极值雪深的影响,本书对年最大积雪深度进行蒙特卡洛数值模拟。模拟中考虑如下 4 项参数的不同取值:样本量大小、总体的概率分布模型、总体平均值与总体变异系数。即,假设数据总体符合某一概率分布模型(极值 Ⅰ 型或对数正态分布,则总体的各分位值已知),每一轮模拟中产生给定数量的总体平均值与总体变异系数样本,并以所产生的样本为基础,分别采用极值 Ⅰ 型分布与对数正态分布模型,对 50 年一遇与 100 年一遇最大积雪深度进行估算;对每一组参数组合,共进行 10 000 次模拟,然后以模拟结果的平均值为基础,对极值 Ⅰ 型分布与对数正态分布的估算结果进行对比。模拟中考虑的各项参数取值见表 2.5,则假设总体来自极值 Ⅰ 型分布和对数正态分布时,两者各有 210 组($5\times7\times6$) 参数组合。

表 2.5　模拟中考虑的各项参数取值

参数名称	参数取值
总体的概率分布模型	极值 Ⅰ 型分布,对数正态分布
总体平均值 /cm	10,20,30,40,50
总体变异系数	0.2,0.3,0.4,0.5,0.6,0.7,0.8
样本量大小	20,30,40,50,75,100

模拟过程中分别采用极值Ⅰ型分布和对数正态分布对产生的样本进行拟合，并根据AIC指标对两者的拟合优度进行对比，对比结果列于表2.6。由表2.6可以看出，不管总体来自极值Ⅰ型分布还是对数正态分布，当拟合模型为总体的分布模型时，其占优比例均大于50%，且该比例随着样本量大小的上升而逐渐增加，这是可以预期的，因为在理想情况下，当样本量足够大时，其分布模型必定会趋向于总体的分布模型。随着样本量大小从20增加到100，当总体来自极值Ⅰ型分布时，极值Ⅰ型分布对样本的拟合优度占优比例从56.3%逐渐增加到78.0%；当总体来自对数正态分布时，对数正态分布对样本的拟合优度占优比例则从71.2%逐渐增加到83.1%；若将来自极值Ⅰ型分布和对数正态分布的所有样本合并到一起且不区分样本量大小，则极值Ⅰ型分布和对数正态分布拟合优度占优的比例分别为45.0%和55.0%，可见对数正态分布的适应性更强。考虑到2.3节所述的120个台站中，极值Ⅰ型分布和对数正态分布的拟合优度占优比为41∶79，结合上述对表2.6的观察结果，进一步确认了我国大多数台站的年最大积雪深度更符合对数正态分布的推论，因为如果这些样本来自极值Ⅰ型分布，则AIC指标结果应显示极值Ⅰ型分布占优的台站数量更多。

表2.6　基于AIC指标的模拟样本拟合优度对比情况

样本量大小	总体为极值Ⅰ型分布		总体为对数正态分布	
	极值Ⅰ型分布占优比例/%	对数正态分布占优比例/%	极值Ⅰ型分布占优比例/%	对数正态分布占优比例/%
20	56.3	43.7	28.8	71.2
30	61.3	38.7	25.9	74.1
40	65.3	34.7	23.6	76.4
50	68.4	31.6	22.1	77.9
75	74.1	25.9	18.9	81.1
100	78.0	22.0	16.9	83.1

利用模拟产生的样本进行极值雪深估算，估算结果与极值雪深真实值的对比统计情况见表2.7，极值Ⅰ型分布与对数正态分布估算结果的对比统计情况见表2.8。由表2.7可以看到，当数据总体来自极值Ⅰ型分布时，极值Ⅰ型分布的估算结果与真实值较为接近，但总体偏低；对数正态分布的估算结果在变异系数较小时(0.2、0.3)比真实值偏低，在变异系数较大时(大于等于0.4)比真实值偏高，偏高幅度最大可达16.0%(50年回归周期值)或23.4%(100年回归周期值)；反之，当总体来自对数正态分布时，对数正态分布的估算结果与真实值较为接近，但总体偏高；而极值Ⅰ型分布的估算结果在变异系数较小时(0.2、0.3)比真实值偏高，在变异系数较大时(大于等于0.4)比真实值偏低，最大偏低幅度可达14.6%(50年回归周期值)或19.9%(100年回归周期值)。

表 2.7　模拟试验中极值雪深估算值与真实值的差异统计(百分比)

总体模型	拟合模型	回归周期 T	变异系数 δ_x						
			0.2	0.3	0.4	0.5	0.6	0.7	0.8
极值Ⅰ型	极值Ⅰ型	50 年	0.0	0.0	0.0	0.0	−0.4	−0.9	−1.2
		100 年	0.0	0.0	0.0	0.0	−0.5	−1.1	−1.7
	对数正态	50 年	−4.0	−2.1	1.3	5.7	10.0	13.4	16.0
		100 年	−5.6	−2.9	1.8	8.1	14.5	19.6	23.4
对数正态	极值Ⅰ型	50 年	4.2	2.2	−0.9	−4.5	−8.1	−11.5	−14.6
		100 年	5.9	3.1	−1.3	−6.2	−11.1	−15.7	−19.9
	对数正态	50 年	0.1	0.1	0.2	0.3	0.4	0.4	0.5
		100 年	0.1	0.2	0.3	0.4	0.6	0.7	0.9

由上可知,如果总体来自极值Ⅰ型分布,采用对数正态分布进行极值估算,其结果是偏于安全的(估算结果比真实值高);但如果总体来自对数正态分布,而采用了极值Ⅰ型分布进行极值分析,则估算结果比真实值大幅偏低,相对不安全。因此,采用对数正态分布进行基本雪压的建模与估算是合适的。

表 2.8 的规律与表 2.7 类似,不管总体来自极值Ⅰ型分布还是来自对数正态分布,对数正态分布的估算结果在变异系数较小时低于极值Ⅰ型分布的估算结果,在变异系数较大时高于极值Ⅰ型的估算结果,50 年和 100 年回归周期值的最大偏高幅度分别约为 17% 和 26%。可以发现,表 2.8 与表 2.3 的对比结果并不一致。这主要是因为表 2.3 统计的是总体分别服从对数正态分布和极值Ⅰ型分布时的情况,也就是对应数值模拟中“真实值”之间的差异;而表 2.8 统计的则是对于同一样本,采用不同概率分布模型进行极值分析时的对比情况。

表 2.8　模拟试验中对数正态分布与极值Ⅰ型分布极值雪深估算值的差异统计(百分比)

总体模型	回归周期 T	变异系数 δ_x						
		0.2	0.3	0.4	0.5	0.6	0.7	0.8
极值Ⅰ型	50 年	−4.0	−2.1	1.2	5.7	10.4	14.4	17.4
	100 年	−5.6	−2.9	1.8	8.1	15.0	21.0	25.6
对数正态	50 年	−3.9	−2.0	1.1	5.0	9.2	13.5	17.7
	100 年	−5.5	−2.8	1.6	7.1	13.1	19.5	26.1

2.3 节所考虑的 120 个台站,其年最大积雪深度的变异系数平均值为 0.50;当总体来自极值Ⅰ型分布时,极值Ⅰ型分布的 50 年一遇最大雪深估算结果与真实值基本相当,对数正态分布的估算结果比真实值偏高 5.7%;当总体来自对数正态分布时,极值Ⅰ型分布的 50 年一遇最大雪深估算结果比真实值偏低 4.5%,对数正态分布的估算结果比真实值偏高 0.3%。

应指出的是，模型估算值与真实值之间的差异，以及两种模型估算值之间的差异主要随变异系数的变化而变化；虽然也随着样本量大小或者平均值的变化有细微变化，但幅度不大。作为例子，图 2.7 ～ 2.10 分别给出了当样本量大小为 50 且总体来自极值 Ⅰ 型分布时、变异系数为 0.5 且总体来自对数正态分布时模型估算值与真实值之间的差异；样本量大小为 50 且总体来自极值 Ⅰ 型分布时、变异系数为 0.5 且总体来自对数正态分布时极值 Ⅰ 型分布与对数正态分布极值雪深估算结果的差异。可见当样本容量一定时，上述各差异值随变异系数的变化有较大变化；当变异系数一定时，各差异值随样本容量大小的变化而有细微变化，变化幅度均在 1% 之内。

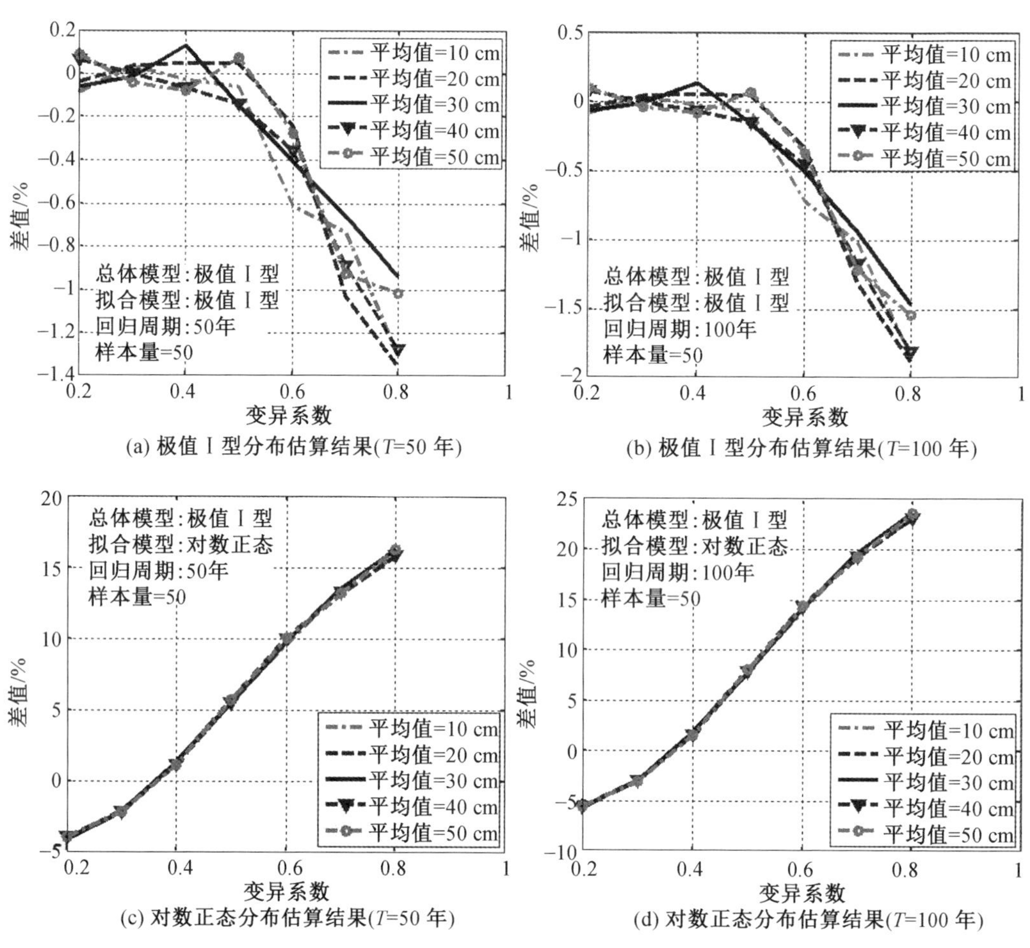

(a) 极值Ⅰ型分布估算结果(T=50 年)　(b) 极值Ⅰ型分布估算结果(T=100 年)

(c) 对数正态分布估算结果(T=50 年)　(d) 对数正态分布估算结果(T=100 年)

图 2.7　样本量大小为 50 且总体来自极值 Ⅰ 型分布时极值雪深估算值与真实值的差异

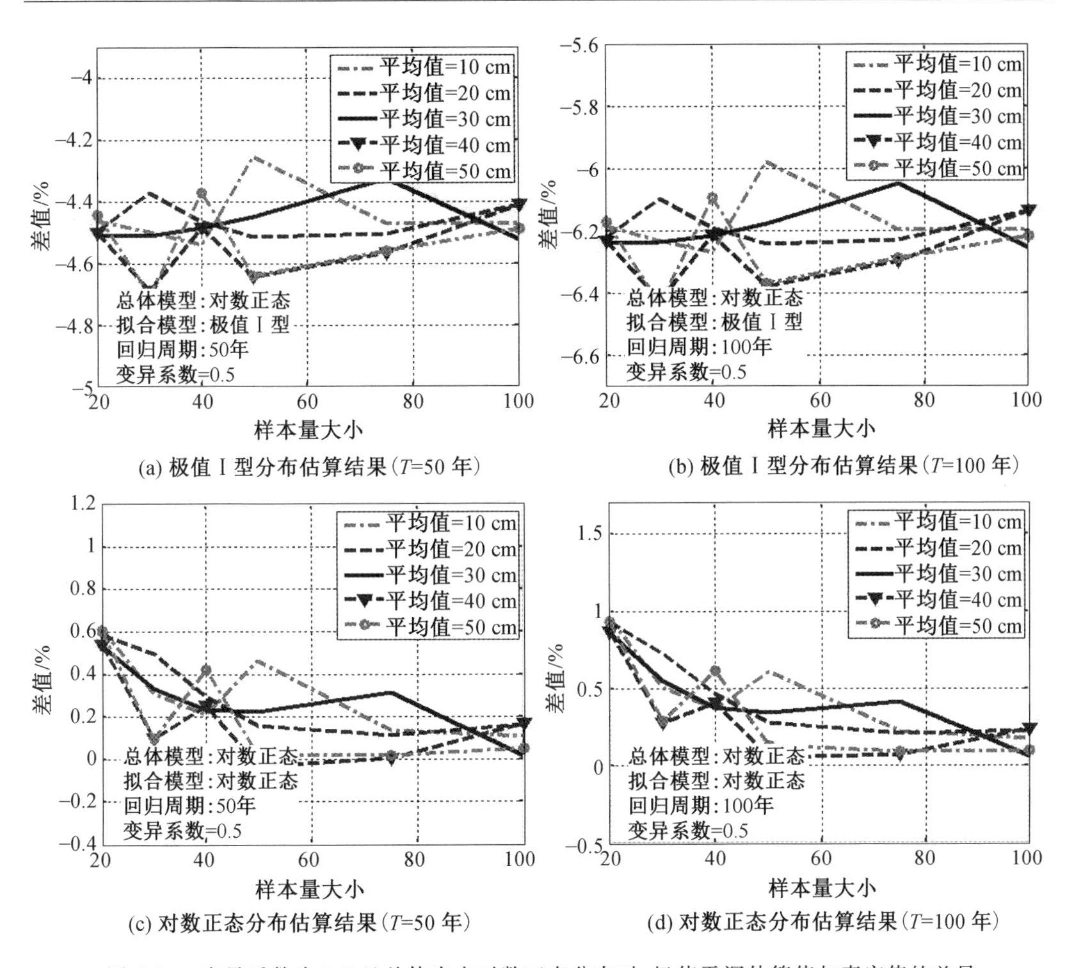

(a) 极值Ⅰ型分布估算结果(T=50 年)　(b) 极值Ⅰ型分布估算结果(T=100 年)

(c) 对数正态分布估算结果(T=50 年)　(d) 对数正态分布估算结果(T=100 年)

图 2.8　变异系数为 0.5 且总体来自对数正态分布时,极值雪深估算值与真实值的差异

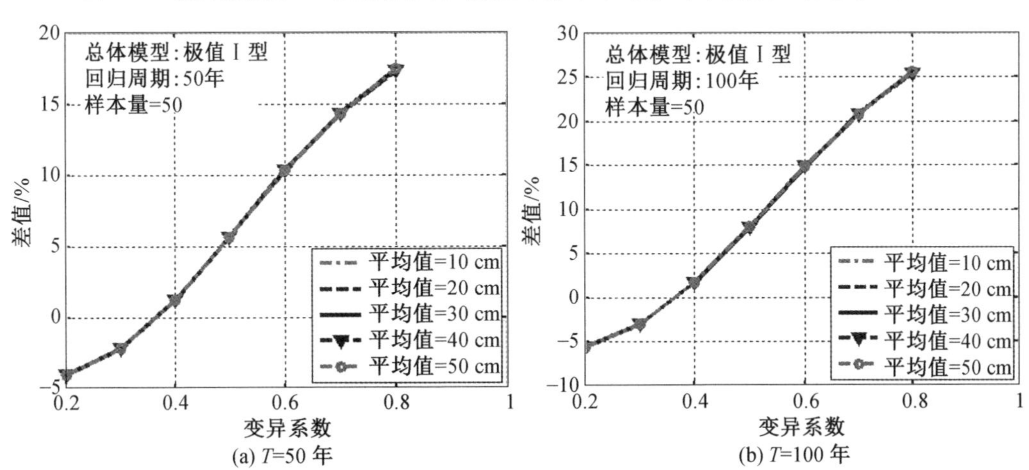

(a) T=50 年　(b) T=100 年

图 2.9　样本量大小为 50 且总体来自极值Ⅰ型分布时,极值Ⅰ型分布与对数正态分布极值雪深估算结果的差异

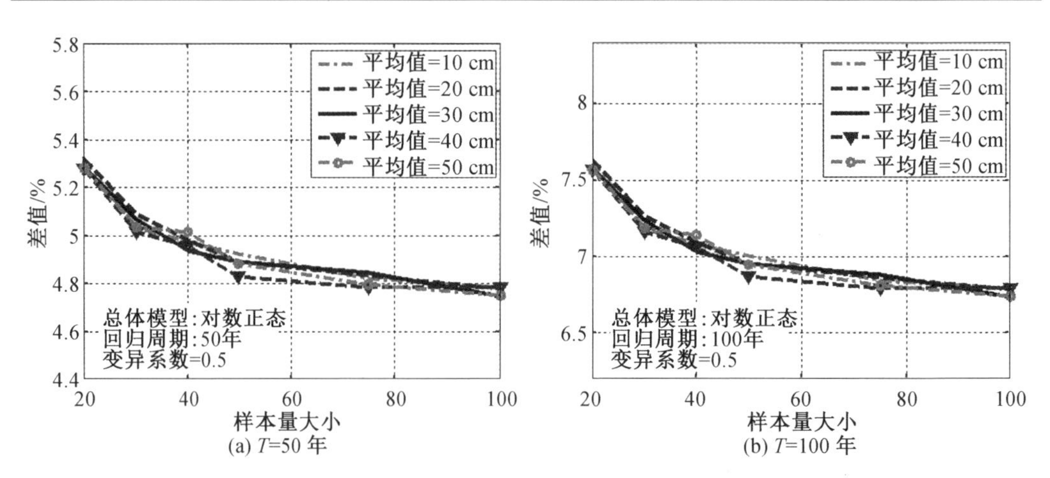

图 2.10　变异系数为 0.5 且总体来自对数正态分布时极值 Ⅰ 型分布与对数正态分布极值雪深估算结果的差异

综上可见,即使总体来自极值 Ⅰ 型分布,基于有限样本,极值 Ⅰ 型分布对极值雪深的估算结果仍然偏低;若总体来自对数正态分布,则极值 Ⅰ 型分布的估算结果严重偏低(偏低幅度可超过 10%)。因此,从安全的角度出发,宜采用对数正态分布对我国年最大积雪深度进行统计建模。

第3章　基本雪压的区域化分析方法

3.1　引　　言

如本书绪论所述，当变量的样本量过小时，对其回归周期值的估算存在很大的不确定性，估算值有可能与真实值相差很远，称之为小样本效应。若过低估算基本雪压值，会给我国建筑结构带来不可接受的安全隐患。我国较早开展气象观测业务的气象台站，其观测记录一般从1951年开始，截至目前最多也仅有65年的观测记录。而从国家气象科学数据中心下载的中国地面气候资料日值数据集(V3.0)显示，我国很多气象台站的记录是从1971年前后开始的，因此到目前为止最多只有45年的记录，部分台站的记录可能更短。当记录长度较短时(比如小于20年)，极值估算的结果就可能变得十分不可靠。

区域频率分析与影响区域法作为弱化小样本效应的技术手段，在水文科学领域已有广泛应用，但在基本雪压估算方面的应用仍然少见。本章拟采用基于线性矩的区域频率分析和影响区域法，基于我国黑龙江省83个气象台站1981～2010年的年最大积雪深度数据，对黑龙江省各地区的极值雪深进行分析，并通过蒙特卡洛模拟技术，对这两种区域分析方法的性能进行评估，从而对其在我国基本雪压估算中的适用性进行验证。

3.2　区域频率分析法

如上所述，区域频率分析作为区域化分析方法中的一种，其主要目的是减小单点分析中的小样本效应，获得更可靠的估算结果。该方法已被广泛应用于水文科学领域，在风速极值分析和风灾害评估方面亦有应用。该方法将目标区域的某一变量(如年最大雪压或雪深)根据一定原则划分为若干统计意义上的均匀子区域(即该子区域内各个台站的同一变量应在某种特定准则下具有相似性，区域频率分析的区域划分示意图如图3.1所示)，并假设该子区域内的变量符合同一概率分布模型；然后根据该概率模型的统计特征，分析得到该变量在子区域内各个台站的回归周期值。该方法的主要内容包括数据的筛查、区域划分、区域的均匀性检验和概率模型的选择与拟合等。区域频率分析有多种实施依据，其中线性矩(L-Moments)在区域频率分析中的应用十分普遍。

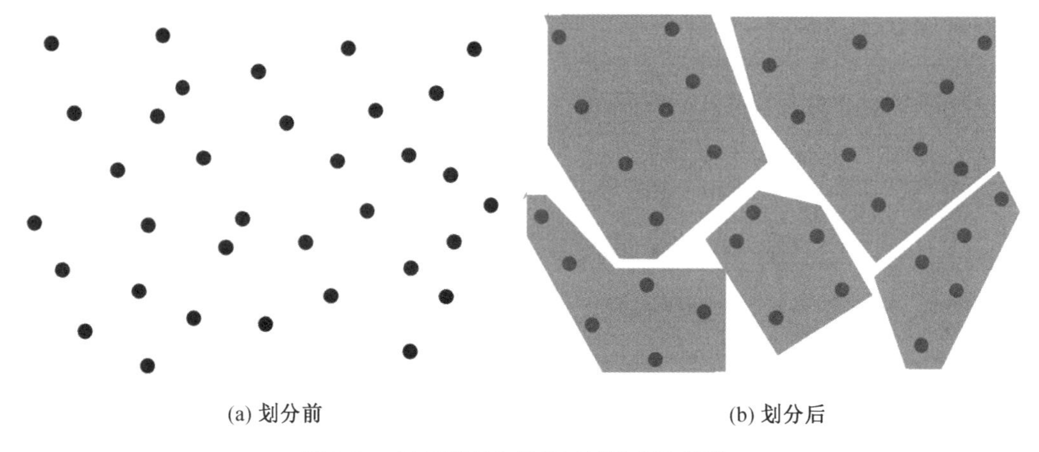

图 3.1 区域频率分析的区域划分示意图

3.2.1 线性矩比及其估计

线性矩是顺序统计量的线性组合；与普通矩相比，线性矩对样本中异常值的敏感度较低，受抽样变异性的影响较小，因此更能反映数据的整体特征。对于按升序排列的样本序列 $x_{1:n} \leqslant x_{2:n} \leqslant \cdots \leqslant x_{n:n}$，其前四阶线性矩 λ_1、λ_2、λ_3 和 λ_4 的无偏估计 l_1、l_2、l_3 和 l_4 可分别表示为

$$l_1 = b_0 \tag{3.1}$$

$$l_2 = 2b_1 - b_0 \tag{3.2}$$

$$l_3 = 6b_2 - 6b_1 + b_0 \tag{3.3}$$

$$l_4 = 20b_3 - 30b_2 + 12b_1 - b_0 \tag{3.4}$$

式中，一阶线性矩 λ_1 为位置参数，与传统的平均值相等；二阶线性矩 λ_2 为尺度参数($\lambda_2 \geqslant 0$)，b_i 由下式计算：

$$b_i = n^{-1}\sum_{j=i+1}^{n}\frac{(j-1)(j-2)\cdots(j-i)}{(n-1)(n-2)\cdots(n-i)}x_{j:n}, \quad i=0,1,2,3 \tag{3.5}$$

为便利起见，常对二阶及二阶以上的线性矩进行无量纲化，无量纲化后得到的变量称为线性矩比(L-moment Ratios)。其中，$\tau = \lambda_2/\lambda_1$ 与变异系数(cov) 意义相似，称为线性变异系数(L-cov)；$\tau_3 = \lambda_3/\lambda_2$ 和 $\tau_4 = \lambda_4/\lambda_2$ 分别称为线性偏度(L-skewness) 和线性峰度(L-kurtosis)，表征样本频数分布曲线的非对称性和陡峭(或扁平) 程度；上述 3 个线性矩比的无偏估计分别记为 t、t_3 和 t_4。一般情况下，对大部分两参数分布模型而言(如极值Ⅰ型分布)，其线性偏度和线性峰度为固定值，与模型参数无关；而三参数分布模型(如广义极值分布和三参数对数正态分布模型) 的线性偏度与线性峰度只与该模型的形状参数有关，而与位置参数和尺度参数无关。

根据上述定义，计算黑龙江省 83 个气象台站年最大雪深的线性矩比，结果如图 3.2 所示。其中，图 3.2(a) 所示为各台站的线性变异系数，图 3.2(b) 所示为线性偏度与线性峰度的数据对。图 3.2(a) 中线性变异系数的估算值随着台站号的增大有明显的上升趋势，而台站号以各气象台站的区站号(升序) 为基础确定。观察发现，黑龙江省各气象台站的区站号命名顺序大体为从北到南、从西到东递增；如最北方的漠河与北极村的区站号分别为 50136 和 50137，而南边的鸡西、牡丹江则分别为 50978 和 54094。因此，图3.2(a) 中的上升趋势表明，黑龙江省各气象台站年最大雪深的线性变异系数从西北到东南大体呈上升趋势，表明黑龙江省北部的年最大雪深在年际间相对稳定，而南部则变化较大，该现象与人们的直观认识基本吻合。

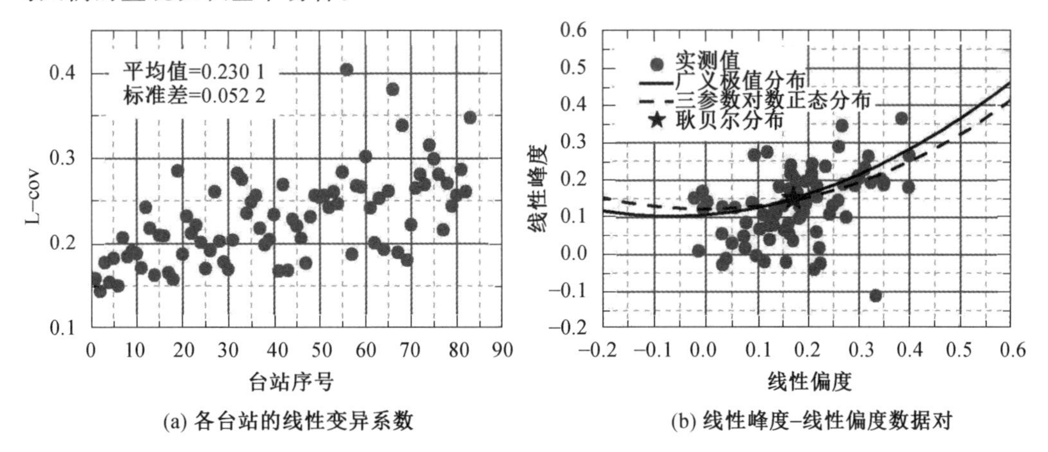

(a) 各台站的线性变异系数　　(b) 线性峰度–线性偏度数据对

图 3.2　黑龙江省 83 个气象台站年最大积雪深度的线性矩比

除各个台站线性偏度与线性峰度的数据对外，图 3.2(b) 还同时显示了广义极值分布、三参数对数正态分布和极值 Ⅰ 型分布 3 种模型的线性偏度与线性峰度的分布情况。可以看到，实测值与模型值的吻合情况并非十分理想，这是抽样误差的体现。

3.2.2　区域划分及均匀性检验

1.区域划分

区域划分的本质是数据的分类，因此，区域划分更强调的是数据的聚类分析，而非地理分割。数据的聚类分析技术有很多，根据其思路的不同大体可分为分层法、分割法、最近相邻法、模糊分类法和人工神经网络法等。本书选用较为常见的 Hierarchical 方法(层次聚类法)，K − means 方法(分割法的一种) 和 SOM 方法(Self-Organizing Map，自组织映射，人工神经网络法的一种) 对黑龙江省各气象台站的年最大雪深进行区域划分。

Hierarchical方法将每个台站作为“树叶”节点(单点聚类)，通过距离最小的原则进行节点的合并，将合并后的整体作为下一级结构中的一个节点，逐级进行下去直至所有节点均包含在同一节点(根节点) 中，最终形成一个树状结构；树状结构中的每一个节点，都代表一个聚类(区域)，节点的纵向距离即聚类之间的距离；因此，在不同阈值高度处进行截断，即可获得相应的目标分类总数。

K − means 方法是最简单、也是最常用的基于平方误差准则的方法，它首先指定目标分类总数 K，并随机选取 K 个点作为初始的区域中心，计算每个台站到各个区域中心的距离，根据距离总和最小的原则，确定各个台站的从属。调整区域中心后，重复上述过程，直至总距离不再减小时停止迭代，得到最终的区域中心和区域划分结果。

SOM 方法是人工神经网络方法中的一种，它通过无监督的竞争学习过程，将高维度的数据空间映射到低维度空间（通常是二维），实现高维数据的低维可视化。其映射层由有序节点（神经元）组成，每个节点拥有自己的权值向量；根据与节点的权值向量的距离大小，输入样本被分配到特定节点中，再根据已分配样本的特征，调整该节点及其邻域内各节点的权值向量，开始下一轮学习过程。训练完成后，所有输入样本根据其特征被分到不同节点，从而完成区域划分。

区域划分中，每个台站的属性均由其地理信息与年最大雪深的统计特性给出。为此，本书考虑如下几种不同的属性组合：① 经度与纬度；② 经纬度＋变异系数；③ 经纬度＋线性变异系数；④ 经纬度＋线性偏度；⑤ 经纬度＋线性峰度；⑥～⑩ 是在组合 ①～⑤ 的基础上分别加上海拔。考虑到上述组合中各个变量的尺度并不相同，而区域划分对变量尺度的差异较为敏感，因此本书根据各个变量的最大值或分布范围对其进行了无量纲化处理。划分结果与区域均匀性分析（见下一小节）结果显示，使用 Hierarchical 方法时，组合 ③ 得到的结果优于其他组合；使用 K－means 方法和 SOM 方法时，组合 ② 与组合 ③ 表现接近，且优于其他组合。因此，下文只讨论基于组合 ③ 的分析结果。

对以上 3 种划分方法，本书考虑了区域总数 $N_C=3,4,5,6$ 共 4 种情况。未考虑其他数量是因为当 $N_C<3$ 时难以形成均匀区域，而 $N_C>6$ 则会导致部分区域内的台站数量 N_S 过少（$N_S<5$），影响后续计算的可靠性。表 3.1 给出了 3 种方法划分得到的各区域台站数量 N_S；作为例子，图 3.3 给出了 $N_C=6$ 时 3 种方法给出的区域划分结果的地理分布情况。从图 3.3 可以看到，Hierarchical 方法划分得到的部分区域之间有较大的交叉，而 K－means 方法和 SOM 方法划分得到的各个区域之间则有较清晰的界限。

表 3.1　区域划分结果

N_C	序号	Hierarchical 方法				K－means 方法				SOM 方法			
		N_S	N_D	H	均匀性	N_S	N_D	H	均匀性	N_S	N_D	H	均匀性
3	1	6	0	−0.56	AH	41	2	0.85	AH	8	0	0.15	AH
	2	41	1	0.50	AH	31	0	4.52	DH	45	2	1.11	PH
	3	36	1	1.32	PH	11	0	−0.69	AH	30	0	3.51	DH
4	1	9	0	0.59	AH	38	2	0.19	AH	7	0	0.53	AH
	2	27	1	2.14	DH	20	0	1.82	PH	17	0	−1.43	AH
	3	6	0	−0.58	AH	8	0	0.15	AH	28	1	0.44	AH
	4	41	1	0.51	AH	17	0	3.67	DH	31	0	3.96	DH
5	1	14	0	−0.92	AH	15	0	2.18	DH	7	0	0.53	AH
	2	27	1	0.90	AH	19	0	−1.66	AH	20	1	0.57	AH
	3	9	0	0.62	AH	27	1	−0.02	AH	19	0	0.33	AH
	4	27	1	2.07	DH	15	0	−0.38	AH	8	1	−1.75	AH
	5	6	0	−0.56	AH	7	0	0.51	AH	29	0	3.09	DH

续表3.1

N_C	序号	Hierarchical 方法				K－means 方法				SOM 方法			
		N_S	N_D	H	均匀性	N_S	N_D	H	均匀性	N_S	N_D	H	均匀性
6	1	7	0	0.22	AH	15	0	2.18	DH	7	0	－1.73	AH
	2	20	1	－2.36	AH	8	0	－1.81	AH	15	0	－0.35	AH
	3	14	0	－0.92	AH	21	1	0.41	AH	7	0	0.53	AH
	4	27	1	0.89	AH	7	0	0.54	AH	15	0	2.18	DH
	5	9	0	0.58	AH	15	0	－0.36	AH	20	1	0.60	AH
	6	6	0	－0.56	AH	17	1	－0.15	AH	19	0	0.35	AH

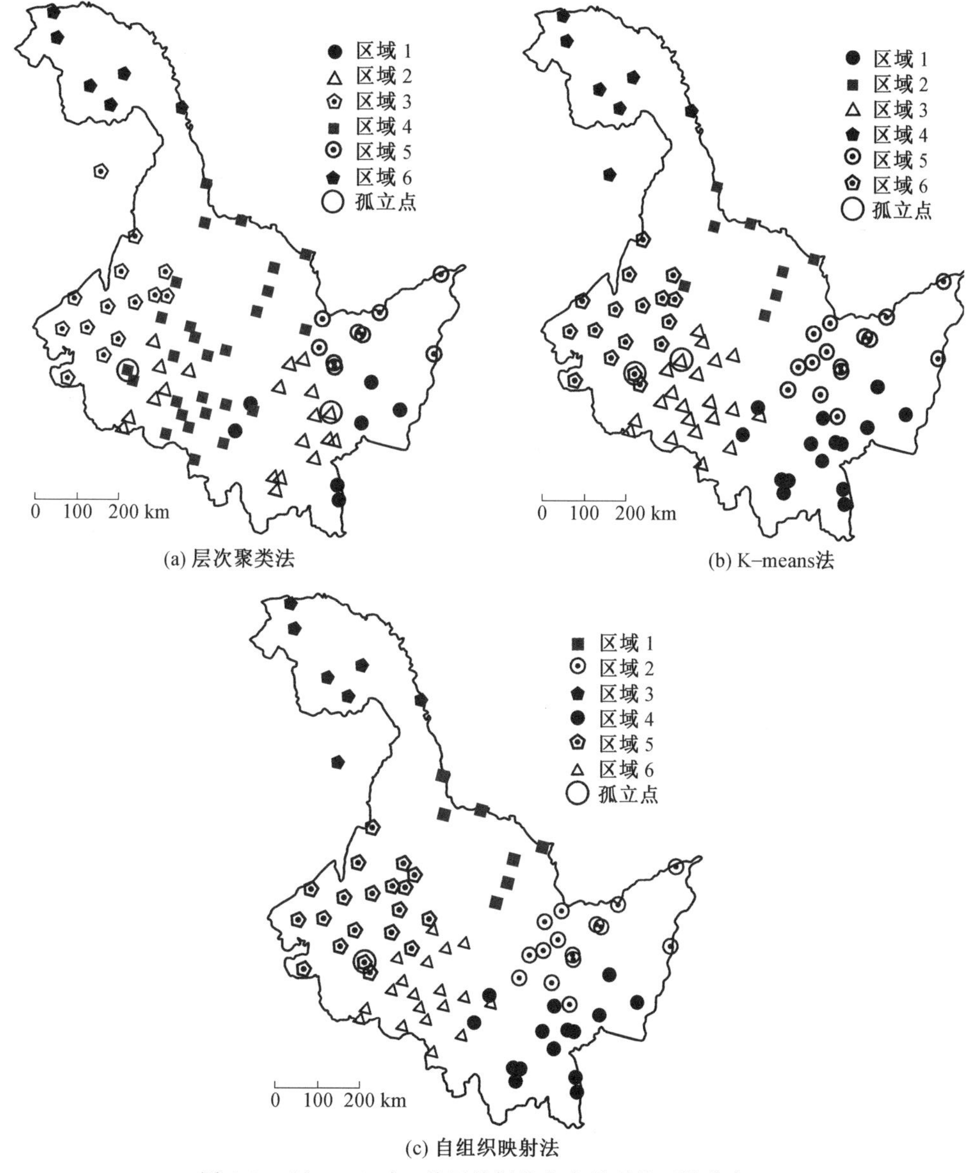

(a) 层次聚类法

(b) K-means法

(c) 自组织映射法

图 3.3　$N_C=6$ 时 3 种区域划分方法得到的区域分布

2.区域均匀性检验

完成区域划分后，需要对区域均匀性进行评估，以确定其是否有意义。评估内容包括判断划分得到的区域是否均匀，两个或以上的均匀区域能否进一步合并。考虑到划分的区域总数并不多($N_C \leqslant 6$)，本书不考虑对均匀区域的合并，仅对区域均匀性进行检验。为此，首先需要将区域里的孤立点排除。所谓孤立点，是指在以(t，t_3，t_4) 为坐标轴定义的空间上“远离” 区域中心的站点。在此空间上，站点与区域中心的距离指标为

$$D_i = \frac{N_S}{3}(\boldsymbol{u}_i - \bar{\boldsymbol{u}})^T \boldsymbol{A}^{-1} (\boldsymbol{u}_i - \bar{\boldsymbol{u}}) \tag{3.6}$$

式中，$\boldsymbol{u}_i$ 为第i 个台站的线性矩比向量，$\boldsymbol{u}_i = [t_i \quad t_{3,i} \quad t_{4,i}]^T$；$\bar{\boldsymbol{u}}$ 为线性矩比的区域平均值向量，$\bar{\boldsymbol{u}} = N_S^{-1} \sum_{i=1}^{N_S} \boldsymbol{u}_i$；矩阵 $\boldsymbol{A}$ 定义为

$$\boldsymbol{A} = \sum_{i=1}^{N_S} (\boldsymbol{u}_i - \bar{\boldsymbol{u}})(\boldsymbol{u}_i - \bar{\boldsymbol{u}})^T \tag{3.7}$$

D_i 值越大，表明该站点与区域中心的距离越远。判断孤立点的距离临界值 D_t 随区域内台站总数 N_S 的不同而不同。当 $N_S \geqslant 15$ 时，$D_t = 3$，N_S 为其他数量时的距离指标临界值见表 3.2。根据该原则分析得到各区域内的孤立点数量 N_D，结果见表 3.1，图 3.3 亦标示了孤立点所在位置。由表 3.1 和图 3.3 可以看到，孤立点一般只有 1 ～ 2 个；进一步分析发现，其中一个台站(大庆) 总是被辨别为孤立点，表明该站点的数据可能有问题，应在仔细审查后谨慎使用。考虑到孤立点的数量极少，将不考虑孤立点的数据，而将其直接舍弃。

表 3.2　孤立性判断的距离指标临界值

区域内台站数量	临界值	区域内台站数量	临界值	区域内台站数量	临界值
5	1.333	9	2.329	13	2.869
6	1.648	10	2.491	14	2.971
7	1.917	11	2.632	$\geqslant 15$	3
8	2.140	12	2.757	—	—

理想情况下，均匀区域内各个台站的年最大雪深应符合同一概率分布模型，各台站的数据为该分布模型的样本。受抽样变异性的影响，样本之间存在离散性，区域均匀性检验即建立在对该离散性的评价上。离散性越小，说明区域的均匀性越好。为此，首先计算区域内各个台站线性矩比的标准差V。V 可针对 3 种线性矩比 t、t_3 和 t_4 中的任意一个进行计算，亦可针对它们之间的组合进行计算。在此，本书只计算线性变异系数 t 的标准差：

$$V = \sqrt{\sum_{i=1}^{N_S} n_i (t_i - \bar{t})^2 / \sum_{i=1}^{N_S} n_i} \tag{3.8}$$

式中，$\bar{t}$ 为区域(加权) 平均线性变异系数，$\bar{t} = \sum_{i=1}^{N_S} n_i t_i / \sum_{i=1}^{N_S} n_i$；$n_i$ 为台站 i 的记录长度。

区域均匀性指标定义为

$$H=(V-\mu_V)/\sigma_V \tag{3.9}$$

式中，μ_V 和 σ_V 分别为 V 的平均值和标准差，可通过模拟技术求得。具体方法为：假设区域内各台站的年最大雪深来自某一概率分布模型，根据区域平均线性矩比 $[1,\bar{t},\bar{t}_3,\bar{t}_4]$ 的值及该模型线性矩比的理论值，估算得到该模型的各项参数，然后根据区域内各个台站的雪深记录长度 n_i，随机生成相应数量的样本，并计算各台站的线性矩比和区域平均线性矩比，再根据式(3.8)计算 V 值。重复足够次数后，即可计算 V 的平均值 μ_V 与标准差 σ_V。

模拟时，由于数据符合的概率分布模型尚未确定，1997 年 Hosking 等人研究建议使用四参数的 Kappa 分布：

$$F_{\mathrm{Ka}}(x)=(1-h(1-k(x-\xi)/\alpha)^{1/k})^{1/h} \tag{3.10}$$

进行拟合，以避免过早假设某一特定的两参数或三参数分布模型所带来的不确定性。

根据计算得到的 H 值，可以把区域分为均匀区域($H<1$，标记为 AH)、可能均匀区域($1\leqslant H<2$，标记为 PH)或非均匀区域($H\geqslant 2$，标记为 DH)。计算得到的各区域的均匀性指标分别列于表 3.1。从表 3.1 中可以发现，本书所考虑的所有划分方案中，只有采用 Hierarchical 方法且划分区域总数 $N_C=6$ 时得到的区域全属于均匀区域，因此下文以该划分方案为基础，对基本雪压进行估算。

3.概率模型拟合及拟合优度检验

如前文所述，除我国《规范》建议采用的极值Ⅰ型分布外，两参数对数正态分布和广义极值分布在年最大雪压(或雪深)的研究上均有应用，因此为对基本雪压做出更好的估算，本书将同时考虑上述 3 种概率分布模型，以拟合效果最佳者作为基本雪压估算的基础(其中对数正态分布采用更精确的三参数模型，此时概率分布函数为 $F_{\mathrm{LN}}(x)=\Phi((\ln(x-\xi)-m_{\ln x})/\sigma_{\ln x})$。3 种概率模型的概率分布函数详见 2.2.1 节。

利用上述 3 种概率模型对区域平均线性矩比 $[1,\bar{t},\bar{t}_3,\bar{t}_4]$ 进行拟合，得到该区域年最大雪深(无量纲化的)T 年回归周期值 q_T，区域内各个台站相应的回归周期值则可表示为

$$d_{T,i}=\mu_i q_T \tag{3.11}$$

式中，μ_i 为该台站年最大雪深的平均值。

拟合优度检验基于某一统计量的样本值与模型值之间的距离。在区域频率分析中，该统计量可选择线性偏度或线性峰度，本书采用的拟合优度指标如下：

$$Z_{r,\mathrm{dist}}=(\bar{t}_r-\tau_{r,\mathrm{dist}})/\sigma_r,\quad r=3\text{ 或 }4 \tag{3.12}$$

式中，$\bar{t}_r$ 为 t_r 的区域(加权)平均值；$\tau_{r,\mathrm{dist}}$ 为 τ_r 的模型值；σ_r 为 $\bar{t}_r$ 的标准差，可通过模拟求得。当 $|Z_{r,\mathrm{dist}}|\leqslant 1.64$ 时，该模型可被接受。

对两参数和三参数模型，分别使用 $Z_{3,\mathrm{dist}}$ 和 $Z_{4,\mathrm{dist}}$ 值对其拟合优度进行检验。计算得到的拟合优度指标见表 3.3。由表 3.3 可见，3 种分布模型分别被 5 个、4 个和 4 个区域所接受，三者表现较为接近，没有明显的优胜者。因此，为与《规范》统一，下文只讨论基于极值Ⅰ型分布的计算结果。

表 3.3　3 种概率分布模型的拟合优度指标

序号	$Z_{3,\text{Gumbel}}$	$Z_{4,\text{Log-normal}}$	$Z_{4,\text{GEV}}$
1	4.25	−0.91	−1.41
2	0.74	−1.24	−1.62
3	−1.53	1.17	1.17
4	−1.06	1.52	1.34
5	1.26	−2.42	−2.69
6	−0.32	−2.06	−2.14

估算得到年最大雪深的 50 年回归周期值 d_{50}(cm) 后，基本雪压 s_{50}(kPa) 可由下式计算：

$$s_{50}=10^{-5}\rho_s g d_{50} \tag{3.13}$$

式中，ρ_s 为积雪密度，kg/m^3；g 为重力加速度，$g=9.8\ \text{m/s}^2$。

注意：积雪密度是受积雪深度、积雪龄期和大气温度等多种因素影响的复杂函数，因此，在基本雪压估算中如何选取积雪密度还应进行专门研究(类似本书第 4 章，但需要更多数据)。在此，本书采用《规范》建议的东北地区平均积雪密度 $\rho_s=150\ \text{kg/m}^3$ 来计算黑龙江省各气象台站的基本雪压。

3.2.3　性能评估与对比

1.评估方法

为评估区域频率分析方法的性能，本节对基本雪压进行了计算机数值试验模拟(蒙特卡洛模拟)。模拟中考虑如下 3 种方案对基本雪压进行估算：① 本书所述区域频率分析；②《规范》建议的估算方法(式(1.3))，通过 C_1 和 C_2 的不同取值考虑了小样本效应；③ 普通矩法(式(1.2))，C_1 和 C_2 取固定值 1.282 6 和 0.577 2(即不考虑小样本效应)。

模拟中考虑图 3.3(a) 所示区域 6 中的 6 个站点。根据各气象台站的年最大雪深资料，按方案 ③ 拟合得到极值 Ⅰ 型分布的各项参数，并假设该分布为各台站的“真实”分布，由此模型计算得到的 50 年回归周期雪压值为其“真实”基本雪压。表 3.4 列出了该 6 个台站的基本信息。模拟时，首先根据各个台站的“真实”模型参数和记录长度 n_i，生成相应数量的样本，然后分别采用上述 3 种方案对基本雪压进行估算(方案 ① 假设各气象台站仍属于同一均匀区域)，考察各自估算结果与“真实”基本雪压的差异。经过初步分析，确定模拟总次数 $N=10\ 000$ 次。

表 3.4　用于模拟的 6 个台站的基本信息

站名	记录长度	平均值 /cm	变异系数	d_{50}/cm	s_{50}/kPa
漠河	30	29.4	0.27	50.4	0.74
北极村	9	34.4	0.26	57.2	0.84
塔河	30	23.8	0.31	42.6	0.63

续表3.4

站名	记录长度	平均值 /cm	变异系数	d_{50}/cm	s_{50}/kPa
呼中	30	25.2	0.27	42.9	0.63
新林	30	23.6	0.33	44.0	0.65
呼玛	30	23.7	0.27	40.4	0.59

2.模拟结果与对比

模拟结果根据均方根误差(RMSE)和平均偏差(ME)进行评价,均方根误差越小、平均偏差越接近于0,说明估算结果越准确:

$$\text{RMSE}=\left(\frac{1}{N}\sum_{i=1}^{N}(s_T^i-s_T)^2\right)^{1/2} \tag{3.14}$$

$$\text{ME}=\frac{1}{N}\sum_{i=1}^{N}\left(\frac{s_T^i-s_T}{s_T}\right) \tag{3.15}$$

式中,N 为模拟总次数;s_T^i 为第 i 次模拟得到的基本雪压值;s_T 为假设的真实基本雪压值。

结果如图 3.4 所示。

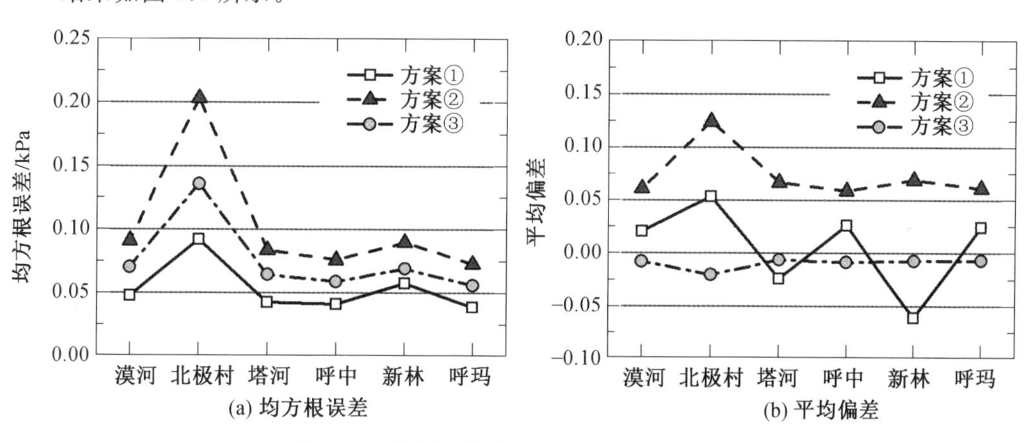

图 3.4　模拟结果的均方根误差与平均偏差

由图 3.4 可以看出,在均方根误差方面,方案 ① 全面优于另外两种方案,其均方根误差仅为方案 ② 的 45% ~ 64% 和方案 ③ 的 66% ~ 83%。值得注意的是,由于北极村站的记录长度较短($n=9$),3 种方案在该站的均方根误差均明显高于其他台站,体现了小样本效应对极值分析的不利影响;方案 ① 在该站的均方根误差分别为方案 ② 和方案 ③ 的 45% 和 68%,表明区域频率分析方法能在记录长度较小时有效改善极值分析的估算精度。

在平均偏差方面,由于模拟中假设的各个站点的真实值是由方案 ③ 确定的,因此方案 ③ 的表现最佳,在所有 6 个站点中均接近于 0。方案 ② 由于在方案 ③ 的基础上引入了回归周期值的标准差,因此其平均偏差几乎是方案 ③ 的平行上移,每个站点均高于 5%;方案 ① 的平均偏差在不同站点间呈现出一定的波动性,介于 −6% 和 5% 之间,但整体平均值接近于0。

考虑到式(3.15)定义的平均偏差会导致负值与正值之间的相互抵消，不能很好地反映估算方法的优劣，因此有必要考察偏差的整体分布情况。图3.5给出了模拟中3种方案各自偏差的5%、25%、50%、75%和95%分位数的箱线图分布。可以看出，在所有6个台站中，方案①的偏差分布均为最集中，其偏差的95%分位数在所有6个台站中均为最低，而5%分位数在其中4个站点中属最高，在另两个台站中只比方案②略低。可见，方案①在极值分析中较之方案②与方案③更为稳定，区域内其他台站观测数据的引用有效提高了极值分析的准确性和稳定性。

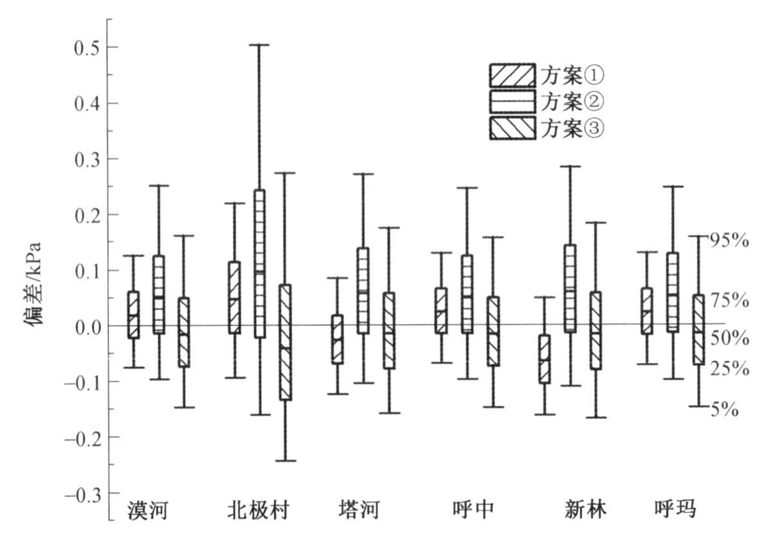

图3.5　模拟结果偏差的箱线图分布

北极村站的记录长度为$n=9$年，而3种方法在该台站的偏差分布均明显比其他台站离散，再一次体现了小样本量对极值分析的不利影响，而方案①在此情况下的优势也再次得以体现。

综上，从均方根误差和平均偏差的角度而言，区域频率分析方法在基本雪压估算时的表现优于《规范》建议的方法，能有效提高对基本雪压估算的准确性和稳定性，值得予以应用和推广。

3.3　影响区域法

区域化分析方法的另一种方案为影响区域法，该方法最初也是应用于水文科学领域。与区域频率分析将目标区域划分为若干相互独立、互不相交的均匀子区域不同的是，影响区域法是为每一个目标台站建立一个“影响区域”，影响区域内所有台站的数据均被认为对目标台站有影响，在根据距离大小分别给予不同权重后均被目标台站所采用，以提高目标台站对其极值的估算精度。因此，各个台站的影响区域并不一定相互独立，而大概率是相互重叠的；同一个台站有可能被包含在多个其他台站的影响区域中(图3.6)。

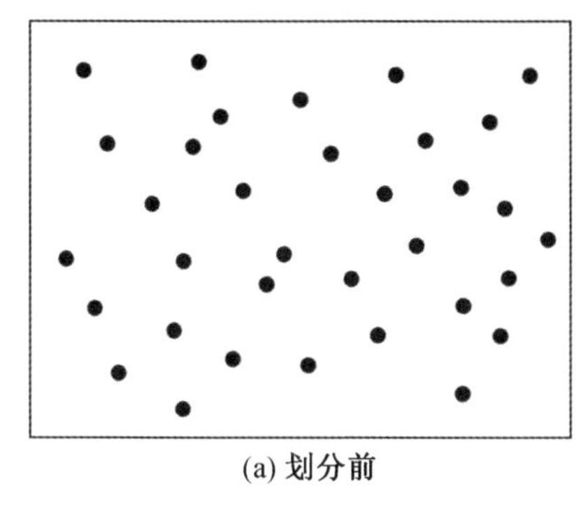

(a) 划分前

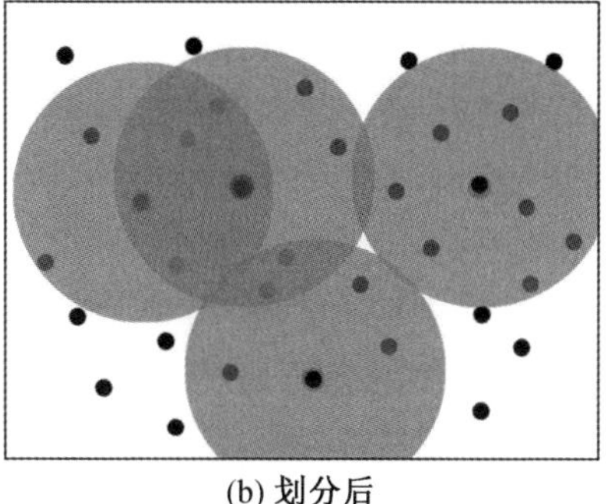

(b) 划分后

图 3.6　影响区域法的区域划分示意图

3.3.1　实施步骤

影响区域法的实施过程主要包括 4 个步骤：首先，定义台站之间的距离，用以表征台站之间的相似度；其次，需要定义一个适当的临界距离，所有在该临界距离之内的台站，都将被囊括进目标台站的影响区域之内，这些台站共同组成目标台站的影响区域；再次，在影响区域形成后，需要定义一个权重函数来对影响区域内各个台站进行加权，加权后的数据才可用于极值分析；最后，利用加权过后的数据对影响区域内的数据进行极值分析。

1.距离的定义

除了传统的地理距离，台站之间的距离还可以有多种定义方式。比如，我们可以把两个台站之间的距离定义为其年最大积雪深度的平均值之间的差，因此，距离越小，表明两个台站之间的年最大积雪深度的平均值越接近，反之则相差越大。本书采用加权欧几里得距离如下：

$$D_{ij}=\left(\sum_{m=1}^{M}W_m(A_m^i-A_m^j)^2\right)^{1/2} \tag{3.16}$$

式中，D_{ij} 为台站 i 和台站 j 之间的加权距离；M 是用于定义距离的属性的数量；W_m 是第 m 个属性在计算距离时的权重；A_m^i 则是第 m 个属性在台站 i 上的取值。

在式(3.16) 中，用于计算距离的属性可以是台站的物理属性，如台站的经度、纬度坐标，也可以是台站数据的统计值，如年最大积雪深度的平均值或者变异系数；另外还可以是物理属性和数据属性的组合。因此，在实际应用中，各种属性之间可以有多种组合，用以计算式(3.16) 中定义的距离。针对台站属性的选择和优化，目前还没有非常明确的建议，需要根据实际情况酌情考虑。由于本章的研究目标是基本雪压或雪深，而极值与样本的平均值及变异系数有很直接的关系，因此我们考虑使用各个台站年最大积雪深度的平均值和变异系数，作为计算台站之间距离的属性，地理距离将不是我们考虑的因素。

2.临界距离

在定义了台站之间的距离之后，需要定义一个临界距离 θ_i 来组建目标台站的影响区域，与目标台站之间的距离小于临界距离的台站均将包括在目标台站的影响区域之内。

因此，第 i 个台站影响区域内的台站的集合 R_i 为

$$R_i = \{j : D_{ij} \leqslant \theta_i\} \tag{3.17}$$

在此，本书采用下列临界距离(式(3.18))，作为组建影响区域的依据：

$$\theta_i = \begin{cases} \theta_L, & N_{Li} \geqslant N_D \\ \theta_L + (\theta_U - \theta_L)\left(\dfrac{N_D - N_{Li}}{N_D}\right), & N_{Li} < N_D \end{cases} \tag{3.18}$$

式中，θ_L 为组建 R_i 的下临界值；N_{Li} 为 θ_i 设定为 θ_L 时，影响区域 R_i 内台站的数量；N_D 为 R_i 内期望的台站数量；θ_U 为当 $N_{Li} < N_D$ 时采用的上临界值。

式(3.18) 隐含的逻辑是：与台站 i 的距离小于 θ_L 的所有台站，均应包括进台站 i 的影响区域 R_i 内；当满足该条件的台站数量小于期望值 N_D 时，则采用放松后的临界距离 θ_U。在本书中，θ_L 与 θ_U 分别取为全部台站两两之间的距离 D_{ij} 升序序列的 25% 和 75% 分位数，N_D 取为台站总数的 1/4(即取 21 个)。

3.权重函数

台站 i 的影响区域 R_i 组建完成后，需要定义一个权重函数，对影响区域内与台站 i 距离不同的台站施以不同的权重，加权后将该台站的数据应用于台站 i 的极值分析中。因此，我们希望距离越远的台站，其权重越小，但在影响区域外沿(最远) 的台站，其权重不能是 0，否则其存在是无意义的。因此，本书采用下列权重函数：

$$h_{ij} = 1 - (D_{ij}/C)^n \tag{3.19}$$

式中，C 与 n 是权重函数的模型参数，分别设为 D_{ij} 升序序列的 85% 分位数和 2.5。

4.影响区域的极值分析

影响区域创建完成后，影响区域内所有台站的年最大积雪深度经过加权处理后的整体可以假设为服从同一概率分布，因此可根据该概率分布模型的概率分布函数进行极值分析。在此，本书仅考虑我国《规范》所建议的极值 Ⅰ 型概率分布(式(2.1))，对影响区域内的年最大积雪深度进行建模。与区域频率分析一样，由于线性矩法在区域化分析中的广泛应用和优异表现，模型的参数估算采用线性矩法(见 2.2.2 节或 3.2.1 节)。

对台站 i 的影响区域 R_i，其线性矩比为

$$\bar{t}_r^i = \sum_{j=1}^{N_i} (n_{S,j} h_{ij} t_{r,j}) / \sum_{j=1}^{N_i} n_{S,j} \tag{3.20}$$

式中，N_i 为台站 i 的影响区域内台站的数量；$n_{S,j}$ 为影响区域内第 j 个台站的年最大积雪深度的记录长度；h_{ij} 为式(3.19) 定义的权重；$t_{r,j}$ 为第 j 个台站的线性矩比。

计算得到影响区域的线性矩比 $\bar{t}_r^i$ 后，极值 Ⅰ 型概率分布模型的模型参数可由下式进行估算：

$$a = \bar{t}_r^i / \ln 2 \tag{3.21}$$

$$u = 1 - 0.577\,2a \tag{3.22}$$

则台站 i 的年最大积雪深度的 T 年回归周期值 $d_{T,i}$ 为

$$d_{T,i} = l_{1,i}(u - a\ln(-\ln(1 - 1/T))) \tag{3.23}$$

式中，$l_{1,i}$ 为台站 i 的年最大积雪深度的第一阶线性矩，即平均值。

由于我国《规范》建议可使用地区平均积雪密度来计算雪压，因此在得到积雪深度的 T 年回归周期值后，雪压的 T 年回归周期值 s_T(kPa) 可由下式计算：

$$s_T = 10^{-5}\rho_s g d_T \tag{3.24}$$

式中，$\rho_s = 150\ \mathrm{kg/m^3}$ 为我国《规范》建议的东北地区平均积雪密度；$g = 9.8\ \mathrm{m/s^2}$ 为重力加速度；10^{-5} 是用来做单位转换的常数；d_T 的单位为 cm。

3.3.2　性能评估

在应用影响区域法对基本雪压(或雪深)进行估算前，需对其估算性能进行评估。与区域频率分析一致，该评估主要由蒙特卡洛数值模拟试验进行，通过与其他估算方法的对比，对影响区域法的表现性能进行评价。

为此，首先利用各个台站的实测数据估算各自的线性矩，然后将其拟合到极值 Ⅰ 型分布，估算得到各个台站 50 年一遇的最大积雪深度；上述过程估算得到的模型参数或结果，被假设为各个台站的真实值(而非估算值)。在数值模拟试验中的每一轮，首先根据各个台站年最大积雪深度的“真实”概率分布模型，随机产生数量与该台站实际观测数据样本量大小一致的样本，利用这些样本数据，采用如下 3 种方法对 50 年一遇最大雪压 s_{50} 进行估算：① 上文所述影响区域法；② 利用线性矩法进行的单点估算(所假设“真实值”的产生方法)；③ 我国《规范》建议的估算方法(采用矩法的单点估算，通过 C_1、C_2 的取值考虑小样本效应)。模拟总共进行 10 000 次。

模拟结束后，采用式(3.14) 与式(3.15) 定义的均方根误差和平均偏差对上述 3 种估算方法进行性能评价，结果如图 3.7 所示，其中图 3.7(a) 所示为均方根误差，图 3.7(b) 所示为平均偏差。在图 3.7(a) 中，由于 3 个方案的均方根误差较为接近，为方便阅读，仅给出方案 ② 的均方根误差作为基准，方案 ① 与方案 ③ 给出的是其均方根误差与方案 ② 均方根误差的比值。可以发现，方案 ① 的均方根误差为方案 ② 的 60% ～ 120%，但大多数情况下小于 100%，平均比值约为 80%；方案 ③ 由于加了一倍标准差的缘故，其与方案 ② 的比值较为固定，约为 140%。因此，从模拟结果的均方根误差可以发现，在估算精度方面，影响区域法较之单点估算有了相当程度的提高。

在平均偏差方面，如图 3.7(b) 所示，由于各个台站 50 年一遇最大雪压的“真实”值是由方案 ② 估算产生的，因此，方案 ② 的平均偏差在每个台站上均十分接近于 0；方案 ③ 则由于加了一倍标准差的缘故，其平均偏差几乎相当于方案 ② 的偏差的整体上移，上移幅度约为 7.5%；方案 ① 平均偏差在各个台站之间有较大差异，但总体平均值接近于 0。

与区域频率分析方法一样，考虑到正偏差与负偏差之间的相互抵消效应，平均偏差为 0 不代表在每一轮模拟中其偏差都接近于 0，因此，为更好地对 3 种方案的估算性能进行评价，图 3.8 给出了各个台站全部 10 000 次模拟结果中偏差的 5% 和 95% 分位数。由图 3.8 可以看出，方案 ① 的 95% 分位数在绝大多数情况下是最小的，5% 分位数在多数情况下也比方案 ② 要大，在将近一半的台站中，甚至比加了一倍标准差的方案 ③ 的 5% 分位数还大，表明方案 ① 在极值估算中较之另外两种方案更稳定。

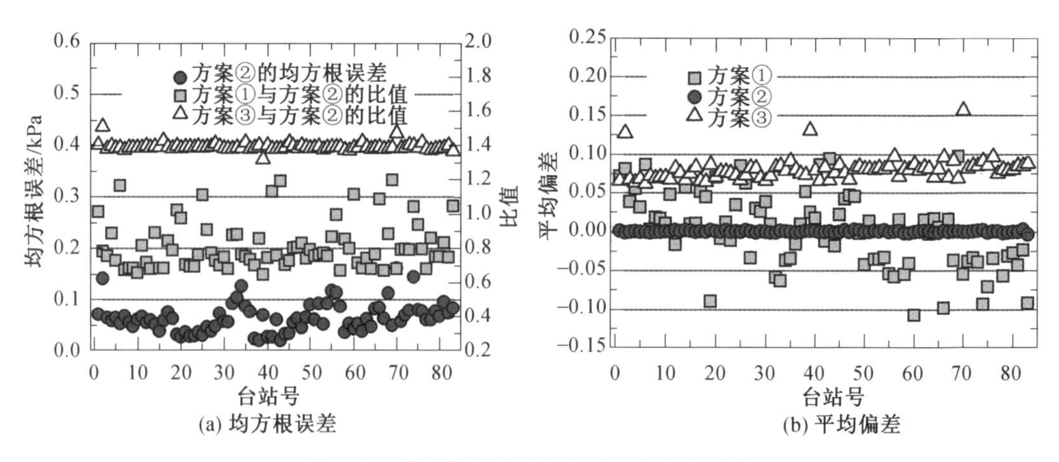

图 3.7　模拟结果的均方根误差与平均偏差

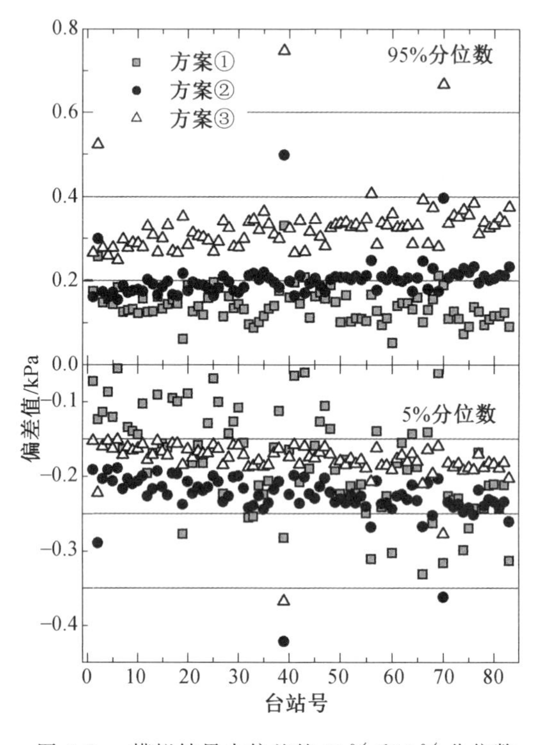

图 3.8　模拟结果中偏差的 95% 和 5% 分位数

应注意到,在图 3.8 中有 3 个台站的 95% 分位数远大于其他台站,同时其 5% 分位数远小于其他台站,这 3 个台站分别是记录长度为 9 年、5 年和 8 年的北极村站、大庆站和七台河站。可见,当记录长度过小时,对基本雪压的估算变得十分不稳定。由图 3.8 可以看到,在该 3 个台站中,方案 ① 均远远优于另外两种方案,进一步表明影响区域法的优越性,尤其是在记录长度较小时,其优越性体现得更加明显。因此,影响区域法在减小小样本效应方面是十分有效的。

第 4 章　我国的基本雪压估算

4.1　引　　言

在荷载规范中，屋面雪荷载是基于地面雪荷载而制定的；因此，地面雪荷载的正确估算是屋面雪荷载正确设计的必要前提。

Sack 于 2015 年对美国基于可靠度设计的雪荷载规范进行了概述，对其使用的气象数据、积雪密度的取值方法以及雪压的极值分析等进行了详细介绍；尽管极值 Ⅰ 型分布和对数正态分布都被考虑过用来对美国的年最大雪压（或雪深）进行建模，但美国荷载规范 ASCE 中的地面雪荷载是基于对数正态分布的假设而制定的。加拿大建筑规范 NBCC 中地面雪荷载的制定方法则可参见文献中 Newark 等于 1989 年 Hong 等于 2014 年的研究，他们均采用极值 Ⅰ 型分布对加拿大各地区的年最大积雪深度进行建模分析，并利用积雪深度的回归周期值以及地区平均积雪密度来计算获得地面雪荷载的回归周期值。

我国《规范》最近一次修订的有关说明可参见文献中金新阳等于 2011 年的研究。文献显示，我国《规范》采用了我国气象台站截至 2008 年的积雪观测数据进行基本雪压的估算。尽管没有相应的文献对我国《规范》的基本雪压估算方法进行详细说明，但《规范》的条文说明指出，基本雪压应由年最大雪压按极值 Ⅰ 型概率分布进行估算；当无雪压数据时，则可使用年最大积雪深度以及当地的地区平均积雪密度对基本雪压进行估算。由于地区平均积雪密度是常数，因此上述规定表明，年最大积雪深度也可按极值 Ⅰ 型概率分布进行建模。

为对我国地面雪荷载进行深入研究，提升对我国地面雪荷载的认识，本章对我国基本雪压进行估算，并绘制相应的空间分布图，研究内容主要包括如下几个方面：① 对积雪密度进行统计建模；② 对年最大积雪深度的最优概率分布模型进行统计分析；③ 对极值雪深和基本雪压的空间分布图进行绘制；④ 对我国雪荷载规范的下一次修订提出相应的建议。

4.2　数据概况

本章所用数据收集自文献，包括积雪深度和雪压的逐日观测数据。其中，雪压数据为我国 733 个气象台站 1999 ～ 2008 年（公历年）的逐日观测数据，积雪深度数据为我国 734 个气象台站 1951 ～ 2010 年的逐日雪深记录。在对数据进行分析前，首先根据 2.3.2 节所述的方法，对数据进行了质量检查与纠正，发现并纠正了13处数据错误。

雪压数据集内733个台站的地理位置如图4.1(a)所示。根据我国《地面气象观测规范 雪深与雪压》的要求，雪压在每个积雪年(即每年的7月1日到次年的6月30日。以下所用年份均为积雪年)地面雪深第一次达到5 cm时开始观测，直至积雪不再超过5 cm时为止，期间的观测日期为每月的5日、10日、15日、20日、25日及最后一天；在规定的观测日期之外如果有新降雪且地面雪深超过5 cm时，也应进行雪压观测。

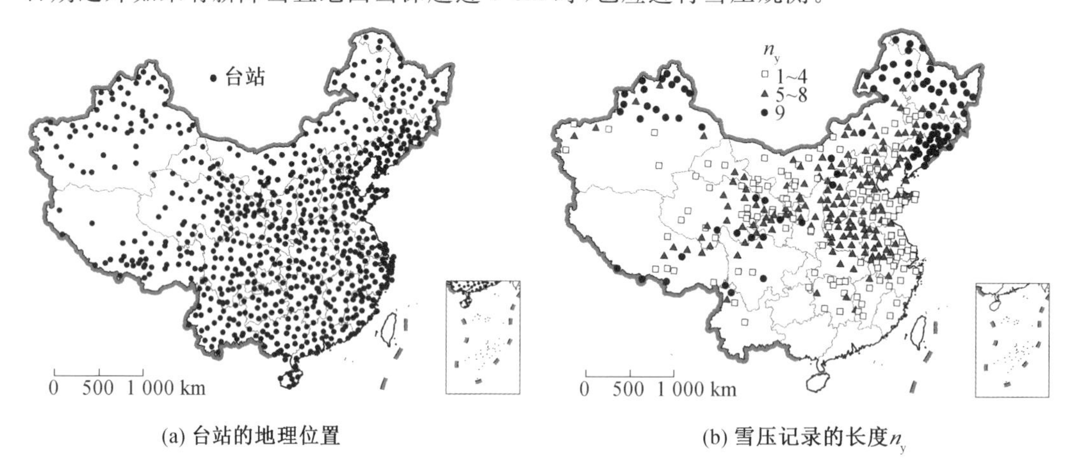

(a) 台站的地理位置　　(b) 雪压记录的长度n_y

图4.1　雪压资料中气象站点的地理位置及雪压记录的长度

记每个台站每年至少有一个非0雪压记录的年份数为n_y(即雪压的记录长度)，则n_y的分布情况见表4.1。可以看到，在全部733个台站中，只有91个台站的$n_y=9$(即：在1999～2008年之间每个积雪年都有非0的雪压观测记录)，有354个台站的$n_y=0$，表明这些台站在1999～2008年的积雪深度从未达到过5 cm，这些台站主要分布在我国南方地区。为更直观地展示n_y的空间分布情况，图4.1(b)给出了我国$n_y>0$的台站的空间分布情况。由图可知，我国雪压观测较为频繁的地区为东北及新疆北部地区，也是我国积雪较大的区域。

表4.1　各气象台站n_y的统计情况

n_y	0	1	2	3	4	5	6	7	8	9	总计
台站数量	354	39	21	31	36	48	36	41	36	91	733

对于$n_y=9$的91个台站，其每年的雪压观测记录数量n_{SWE}也不尽相同，各台站年平均雪压观测数量及空间分布情况如图4.2所示，显示年平均雪压观测数量大于10的台站主要集中于我国东北与新疆北部地区。为进一步分析n_{SWE}的变化情况，图4.3(a)与图4.3(b)给出了各年雪压观测数量的整体平均值与标准差，发现这91个台站每年每站平均有15个左右的观测数据，标准差为8个，表明这91个台站的雪压观测数据是较为充足的，可以作为进一步分析的可靠基础。

图4.3(b)则给出了不同的n_y值所对应的台站的年平均雪压观测数量。由此可见，当n_y从9减小到7时，平均每年每站的雪压观测数量从15迅速减小到4，n_y继续减小时，n_{SWE}变化较小。平均而言，对于$n_y<7$的台站，从1999～2008年的9个完整积雪年时间

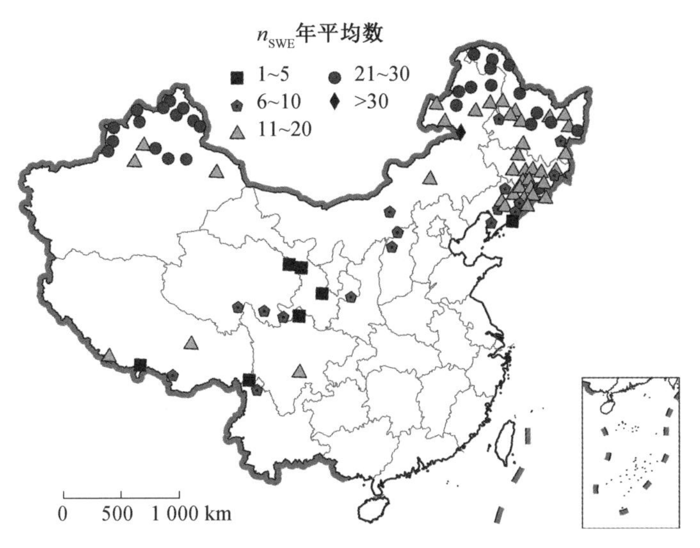

图 4.2　$n_y = 9$ 的 91 个台站年均 n_{SWE} 及空间分布情况

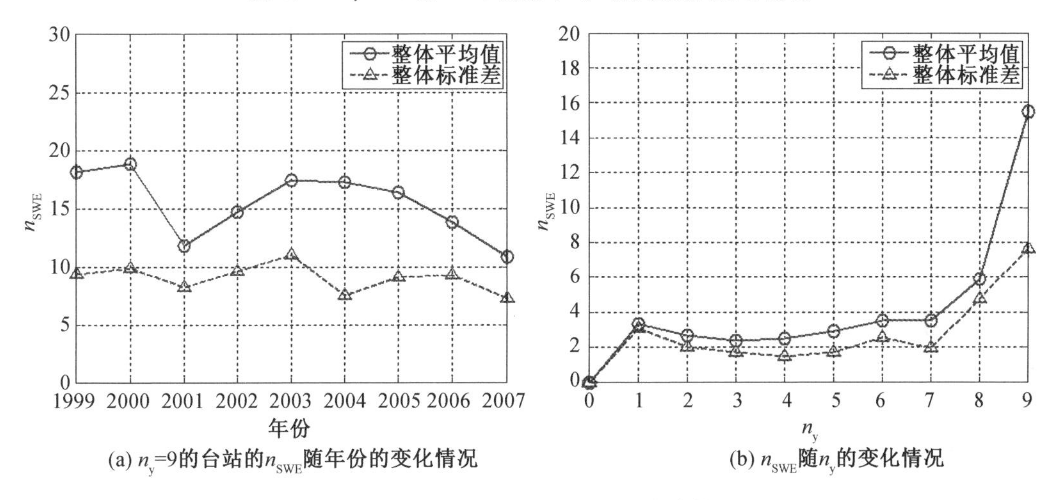

图 4.3　雪压观测数量 n_{SWE} 的统计情况

里，其雪压观测的总数量均小于 24(4 × 6)。

积雪深度资料中气象台站的地理位置如图 4.4(a) 所示。记 n_D 为各台站拥有至少一个非 0 积雪深度记录的年份数，则 $n_D = 0$ 表示该台站没有雪深记录或者雪深一直为 0，对这样的台站，我们认为其积雪深度的回归周期值为 0。对于 n_D 不为 0 的台站，其 n_D 的空间分布情况如图 4.4(b) 所示。可见我国南方地区的积雪深度数据明显比北方少，这是符合大众预期的。

在提取用于极值分析的年最大积雪深度之前，首先对各个台站年最大积雪深度最可能发生的月份进行了统计。为此，仅考虑每年 10 月 1 日到次年 5 月 31 日之间无任何缺测记录的年份，考虑这个时期是因为在此时期之外的时间不太可能观测到年最大积雪深度。通过分析，统计出了 628 个台站的年最大积雪深度最可能发生月份，结果如图 4.5(a) 所示。由图 4.5(a) 可见，我国大部分台站的年最大积雪深度的最可能发生月份是 1 月份，

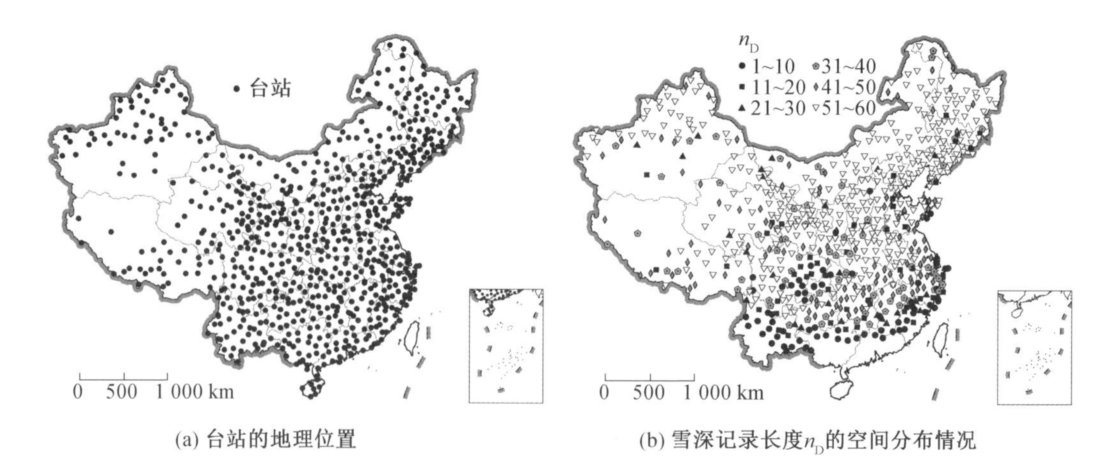

(a) 台站的地理位置　　(b) 雪深记录长度n_D的空间分布情况

图 4.4　积雪深度资料中气象台站的地理位置及雪深记录长度

其次是 2 月份、3 月份以及 12 月份，该最可能月份在空间上没有明显的分布规律，这与加拿大的情况不尽相同。加拿大年最大积雪深度最可能发生月份基本上呈随纬度增加、从 2 月份递推至 4 月份的规律（Hong 等，2014）。

当要求每年 10 月 1 日到次年 5 月 31 日之间无缺测记录时，提取得到的年最大积雪深度的记录长度 n_{AS} 的空间分布情况如图 4.5(b) 所示。整体而言，n_{AS} 的空间分布呈北多南少、东多西少的趋势。统计显示，在全部 628 个符合要求的台站中，$n_{AS} < 10$ 的有 39 个，$10 \leqslant n_{AS} < 20$ 的有 259 个，余下的 330 个台站的 n_{AS} 均大于等于 20。应注意的是，对于部分台站，尤其是我国南方的台站，年最大积雪深度是有可能等于 0 的，这些数值为 0 的年最大积雪深度在极值分析中的处理方法，将在下文中进行介绍。

如果只要求在年最大积雪深度最可能发生月份里没有缺测记录，则相应的年最大积雪深度的记录长度 n_{AS} 的空间分布情况如图 4.5(c) 所示。此时，绝大部分台站的记录长度均大于等于 20，只有 6 个台站的记录长度小于 10，52 个台站的记录长度介于 10 与 20 之间，余下的 570 个台站则有 $n_{AS} \geqslant 20$。

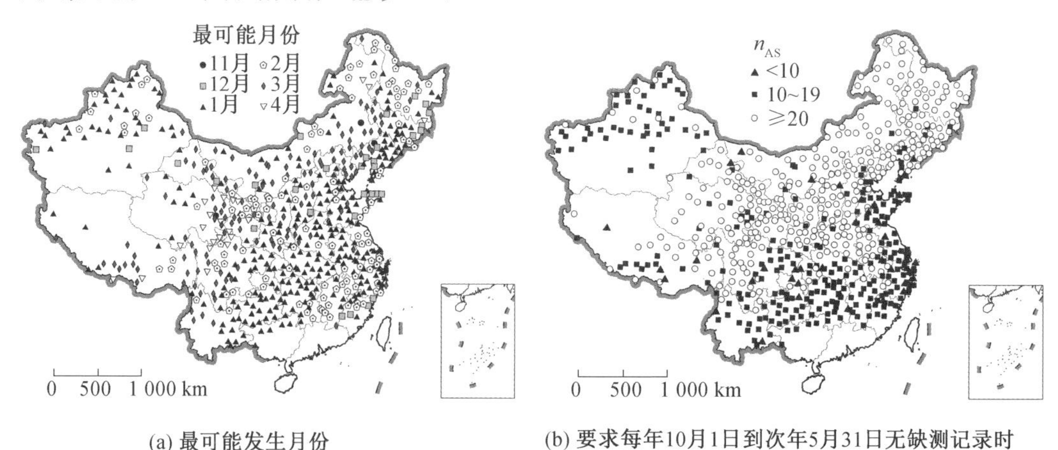

(a) 最可能发生月份　　(b) 要求每年10月1日到次年5月31日无缺测记录时的n_{AS}的空间分布情况

图 4.5　年最大积雪深度最可能发生月份及记录长度 n_{AS} 的空间分布

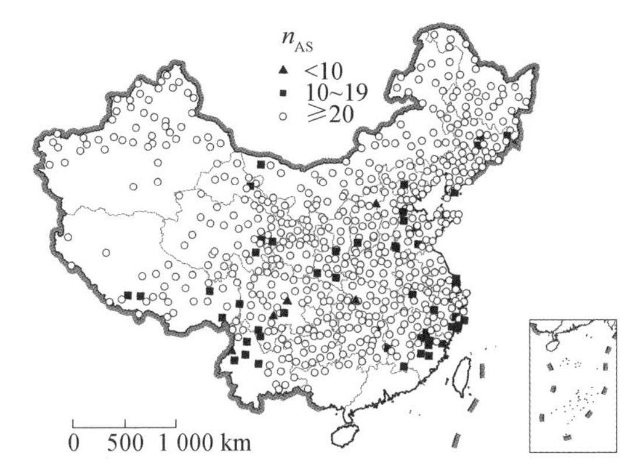

(c) 要求最可能发生月份无缺测记录时的n_{AS}的空间分布情况

续图 4.5

4.3　基于雪压记录的基本雪压估算

如前文所述，我国《规范》建议使用极值Ⅰ型概率分布对年最大雪压（或年最大雪深）数据进行建模，而广义极值分布与对数正态分布在相关文献中也有所应用。因此，本书将同时考虑上述 3 种概率分布模型，对年最大雪压数据进行建模。

首先，利用极值Ⅰ型分布与《规范》建议的矩法估计，对 $n_y=9$ 的 91 个台站的年最大雪压数据进行了概率拟合，估算得到 50 年一遇的最大雪压。注意到按照《规范》建议的矩法估计方法进行基本雪压估算，得到的结果为普通矩法估计的直接估算结果与其一倍标准差之和，为加以区别，采用《规范》建议的方法得到的估算结果记为 s_{c50}，采用普通矩法估算得到的结果记为 s_{50}。估算得到的 s_{c50} 与《规范》建议的基本雪压值的对比如图 4.6(a) 所示。可以发现，此时大部分台站估算得到的 50 年一遇最大雪压均比《规范》建议的基本雪压值高。两者之间的比值 R_{c50} 的平均值与标准差也示于图 4.6(a) 中（同时也示于表 4.2

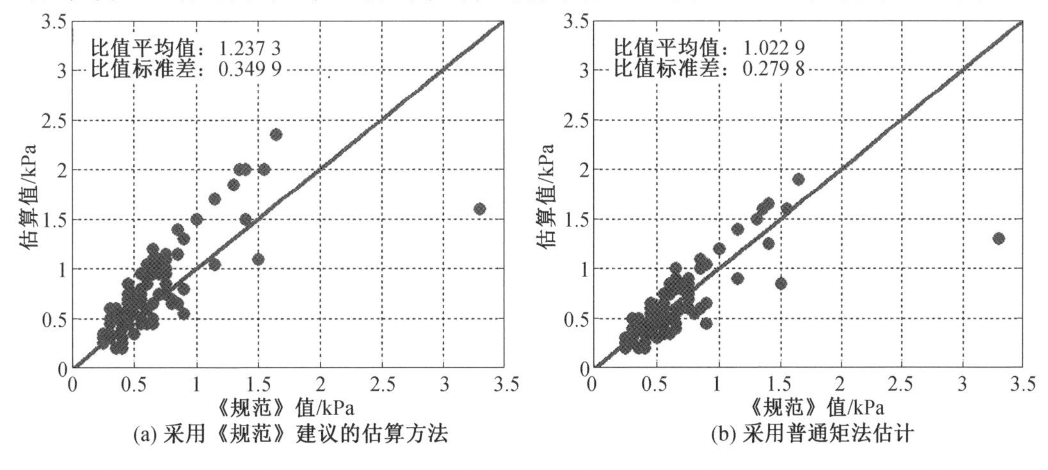

(a) 采用《规范》建议的估算方法　　(b) 采用普通矩法估计

图 4.6　$n_y=9$ 的 91 个台站估算得到的 50 年一遇最大雪压值与《规范》建议值的对比

中)，显示估算值比《规范》值平均高出24%；估算值与《规范》值之间的相关系数为0.75，表明两者的分布在一定程度上是一致的。

表4.2　考虑 $n_y=9$ 的91个台站估算得到的50年一遇最大雪压值与《规范》建议值的比值 R_{50} 的统计情况

拟合模型	极值Ⅰ型分布				(两参数)对数正态分布	
拟合方法	R_{c50}，MOM	R_{50}，MOM	R_{50}，MML	R_{50}，MLM	R_{50}，MML	R_{50}，MLM
平均值	1.24	1.03	0.98	1.05	1.18	1.15
标准差	0.35	0.28	0.26	0.28	0.38	0.35

应注意，图4.6(a)中有一个点远离其他各点，该点对应的是坐落在喜马拉雅山北麓的西藏聂拉尔站(台站号:55655)。《规范》建议的该站的基本雪压为3.3 kPa，而本书根据年最大雪压数据估算得到的50年一遇最大雪压仅为1.6 kPa，两者差距较大，这可能是1999～2008年该站观测到的地面雪压较往年偏小而导致的。

上述现象表明，只使用9年的雪压数据对50年一遇最大雪压进行估算是不足的，估算结果并不可靠。

为更全面地进行对比，图4.6(b)对比了普通矩法的估算结果与《规范》建议的基本雪压，两者的比值 R_{50} 也示于表4.2中。可见，在此情况下，估算结果平均比《规范》值高3%。此外，本书还分别采用线性矩法和最大似然法将年最大雪压数据拟合到极值Ⅰ型分布、(两参数)对数正态分布及广义极值分布中。在对广义极值分布进行参数估算时，最大似然法在部分台站内会面临无法收敛的问题，此时的估算结果并不可信。当采用最大似然法进行估算时，同时也对AIC指标(见式(2.30))进行了估算，结果发现，在全部91个台站中，年最大雪压数据更偏向于服从极值Ⅰ型分布、(两参数)对数正态分布和广义极值分布的台站分别有32个、44个和15个。因此，表4.2只给出了基于极值Ⅰ型分布和(两参数)对数正态分布的估算结果与《规范》值的比值 R_{50} 的统计情况。由表4.2可见，R_{50} 的标准差在所有情况下都大于0.25，表明各个台站之间估算值与《规范》值之间的比值是很离散的；此外，当采用极值Ⅰ型分布时，R_{50} 的平均值皆在1.0附近，而当采用对数正态分布时，其平均值皆大于1.15，表明当采用对数正态分布时，估算结果有了较大的上升，这是可以预期的，因为《规范》建议的基本雪压也是基于极值Ⅰ型分布估算得到的，而对数正态分布的概率分布曲线的尾部较之极值Ⅰ型分布更长、更平，因此在相同的非超越概率下，对应的雪压值更高。

如图4.2所示，$n_y=9$ 的91个台站的空间分布是非常有限的，且9年的观测记录也并不充足，因此直接基于这些台站已有的雪压数据进行基本雪压估算、绘制我国基本雪压的分布图并不可行。为此，本书考虑使用积雪深度数据与积雪密度来估算我国的基本雪压。

4.4　年最大积雪深度的极值分析

4.4.1　单点分析

如图 4.5(b) 所示，各个台站从积雪深度的逐日资料中提取的年最大积雪深度的记录长度 n_{AS} 的空间分布情况并不均匀。为了尽量减小小样本效应的影响，先考虑图 4.5(b) 中 $n_{AS} \geqslant 20$ 的 330 个台站的年最大积雪深度数据，分别采用最大似然法和线性矩法将其拟合到极值 Ⅰ 型分布、(两参数) 对数正态分布以及广义极值分布中进行极值分析。其中，当年最大雪深的序列中有 0 值出现时，其累积概率分布函数调整为

$$F_A(x) = p + (1 - p)F(x) \tag{4.1}$$

式中，$F_A(x)$ 为调整后的累积概率分布函数；$F(x)$ 为极值 Ⅰ 型分布、对数正态分布或广义极值分布的概率分布函数；p 为 $d = 0$ 的发生频率。

这些台站的年最大积雪深度的平均值，在东北地区和西北地区大约为 15 cm ～ 30 cm，在喜马拉雅山北麓部分地区可达 40 cm 以上，在剩余的广大区域则仅为15 cm 以下。年最大雪深的变异系数在除了南方部分地区和内蒙古西部地区以外的大多数地区均在0.6 以下。计算得到的 AIC 指标显示，在 330 个台站中，年最大积雪深度更偏向服从(两参数) 对数正态分布的有 172 个，偏向服从极值 Ⅰ 型分布的有 114 个，余下的 44 个台站更偏向于服从广义极值分布。

采用线性矩法(MLM) 和最大似然法(MML)，将 330 个台站的年最大积雪深度数据拟合到大多数台站服从的极值 Ⅰ 型分布和对数正态分布，估算得到各个台站 50 年一遇的最大积雪深度 d_{50} 如图 4.7 所示。除上述 330 个台站外，图中还考虑了积雪深度一直为 0 的台站并将其 50 年一遇最大积雪深度设为 0。由图 4.7 可以看到，对于同一概率分布模型，不同的拟合方法得到的结果较为接近；而对同一估算方法，对数正态分布估算得到的结果比极值 Ⅰ 型分布高。

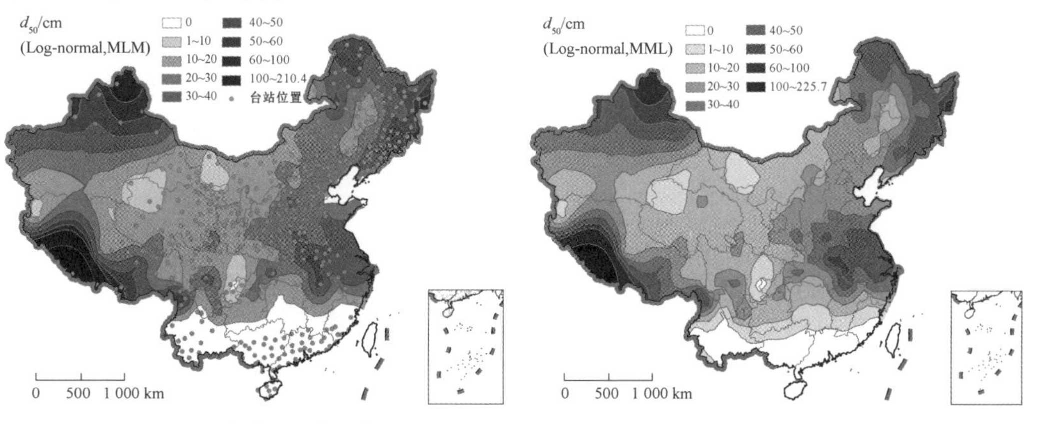

(a) 采用MLM方法拟合到对数正态分布　　(b) 采用MML方法拟合到对数正态分布

图 4.7　考虑 $n_{AS} \geqslant 20$ 的台站并将数据拟合到对数正态分布(Log-normal) 和极值 Ⅰ 型分布(Gumbel)，估算得到的 50 年一遇最大积雪深度 d_{50}(彩图见附录 2)

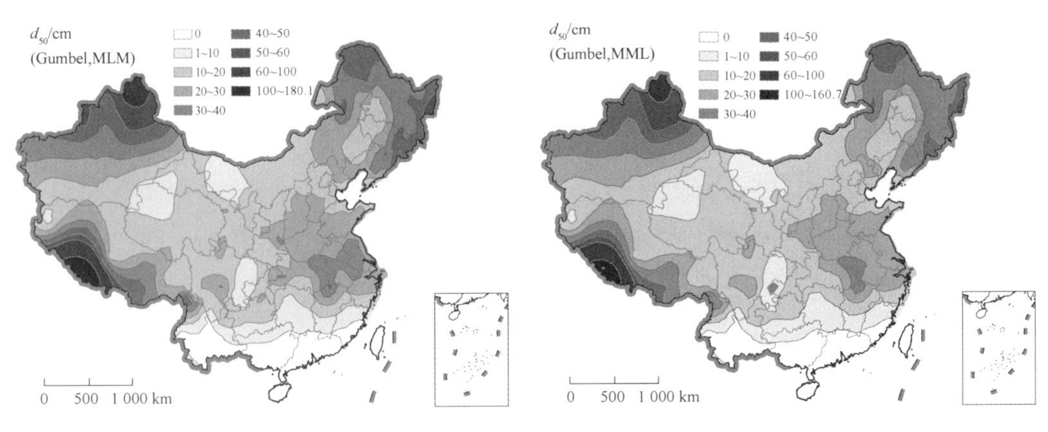

(c) 采用MLM方法拟合到极值Ⅰ型分布

(d) 采用MML方法拟合到极值Ⅰ型分布

续图 4.7

将图 4.7 与《规范》建议的基本雪压分布图(图 1.5)进行对比可以发现,图 4.7 在空间上与图 1.5 并不能完全吻合,这是符合预期的,因为雪压值还与积雪密度有关,而积雪密度在各个地区不尽相同,从而导致雪压的空间分布与雪深有一定程度的差异。

为考察样本量 n_{AS} 小于 20 的台站的观测结果对极值积雪深度空间分布情况的影响,考虑所有 $n_{AS} \geqslant 10$ 的 589 个台站并重复上述分析过程,对积雪深度进行极值分析。此时,概率模型拟合结果显示,以对数正态分布、极值 Ⅰ 型分布和广义极值分布为更优模型的台站分别占 49%、36% 和 15%。考虑 $n_{AS} \geqslant 10$ 的台站并将数据拟合到对数正态分布(Log-normal) 和极值 Ⅰ 型分布(Gumbel),估算得到的 50 年一遇最大积雪深度 d_{50} 如图 4.8 所示。

与图 4.7 相似,由图 4.8 可以看到,对于同一概率分布模型,不同的拟合方法得到的结果较为接近,而对同一估算方法,对数正态分布估算得到的结果比极值 Ⅰ 型分布高。

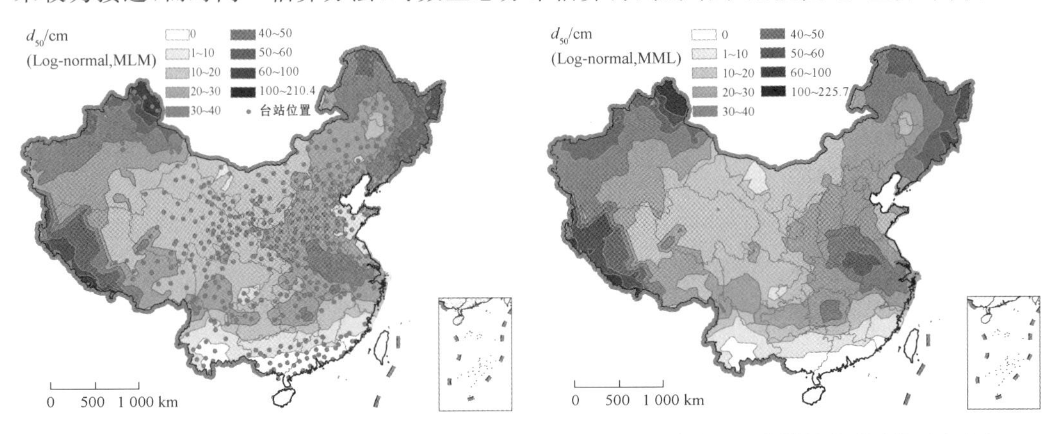

(a) 采用MLM方法拟合到对数正态分布

(b) 采用MML方法拟合到对数正态分布

图 4.8　考虑 $n_{AS} \geqslant 10$ 的台站并将数据拟合到对数正态分布(Log-normal) 和极值 Ⅰ 型分布(Gumbel),估算得到的 50 年一遇最大积雪深度 d_{50}(彩图见附录 2)

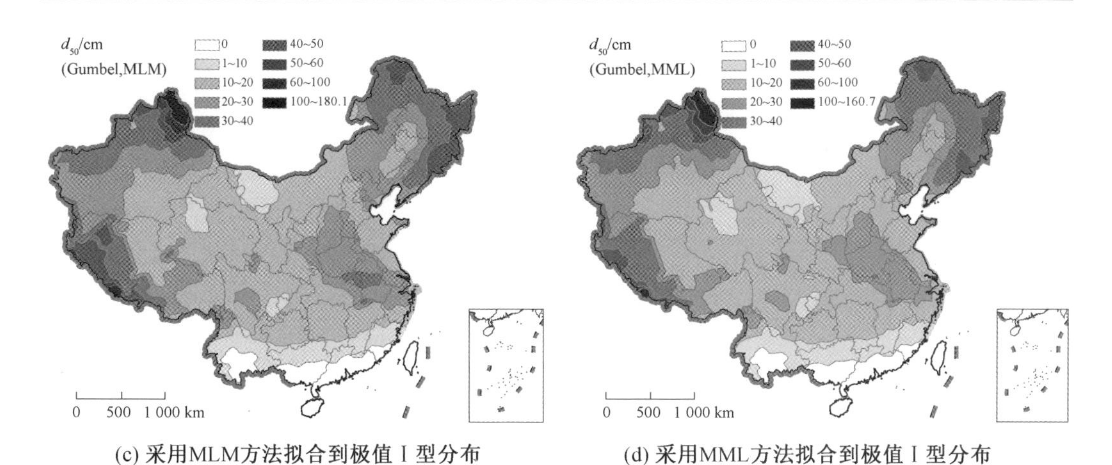

(c) 采用MLM方法拟合到极值Ⅰ型分布　　(d) 采用MML方法拟合到极值Ⅰ型分布

续图 4.8

4.4.2　影响区域法分析

图 4.8 所示的 50 年一遇最大积雪深度是在未考虑小样本效应时的估算结果，因此受小样本效应的影响，与“真实”的 50 年一遇最大积雪深度有一定的差异。本书第 3 章介绍了弱化小样本效应的两种区域化分析方法，其中区域频率分析法将所有台站分成若干相互独立、互不相交的子集，并假设各子集内各个台站的年最大积雪深度服从同一概率分布模型；影响区域法则针对每一个台站建立其各自的影响区域，区域内各个台站的观测数据被赋予一定的权重后被用于目标台站的极值分析。影响区域法在概念上更符合区域化分析的初衷，因此，本节拟采用 3.3 节所介绍的影响区域法，对我国上述所有 $n_{\mathrm{AS}} \geqslant 10$ 的 589 个台站进行区域化分析，对其 50 年一遇最大积雪深度进行估算。

在分析中，取每个影响区域期望的台站数量 N_{D} 为 50，构建影响区域的下临界距离 θ_{L}，θ_{L} 取所有台站两两之间距离 D_{ij} 的升序序列的 20% 分位数，上临界距离 θ_{U} 取 D_{ij} 升序序列的 40% 分位数，权重函数中的参数 C 和 n 分别取 D_{ij} 升序序列的 50% 分位数和 2.5（上述各变量详见式(3.18) 与式(3.19)）。

基于影响区域法，对 $n_{\mathrm{AS}} \geqslant 10$ 的 589 个台站估算得到的 50 年一遇最大雪深如图 4.9 所示，其中图 4.9(a) 是假设年最大积雪深度服从（三参数）对数正态分布时的估算结果，图 4.9(b) 则为考虑广义极值分布的结果。对比结果发现，图 4.9(a) 与图 4.9(b) 几乎是一致的，表明在本书研究的范畴内，影响区域法在极值分析中对概率分布模型的选择并不十分敏感。图 4.9(a) 中基本雪深的具体取值已列于附表 1 中。

对比图 4.8 与图 4.9 则可发现，两者的整体趋势十分接近，仅在个别区域有细微区别。因此，在绘制极值雪深空间分布图的过程中，可以认为单站分析和影响区域法分析的估算结果都是可以接受的。

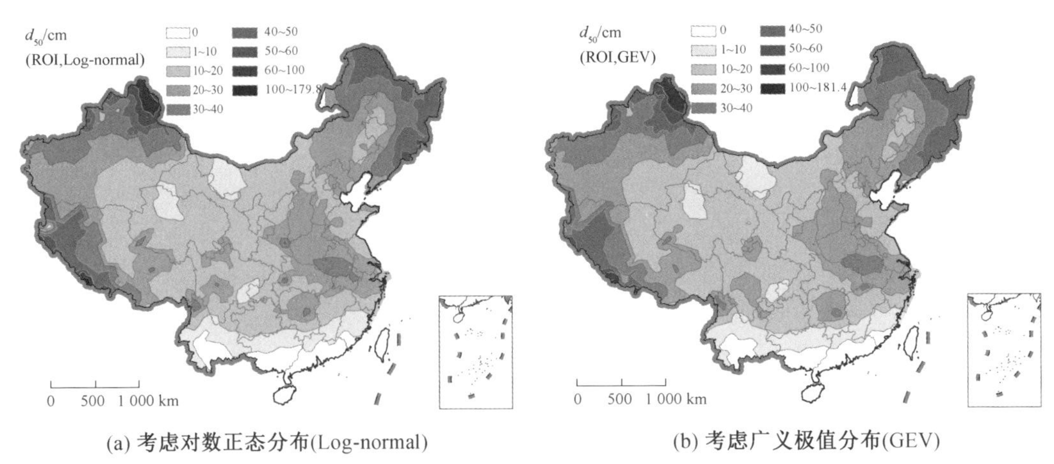

(a) 考虑对数正态分布(Log-normal)

(b) 考虑广义极值分布(GEV)

图 4.9 由影响区域法(ROI)估算得到的50年一遇最大积雪深度 d_{50}(彩图见附录2)

4.5 积雪密度与基本雪压

4.5.1 积雪密度评估

积雪密度可由雪压观测数据与积雪深度的观测数据相除而得。应指出的是,即使在同一个地点,积雪密度也是随机的,具有显著的变异性。它与积雪深度、积雪内部温度、积雪沉积历史以及各层积雪的初始密度等因素有关,是上述因素(及更多其他相关因素)的复杂函数。

由于已有Sturm、Sack、Tobiasson等学者针对各自关注的地区提出了相应积雪密度的经验公式,为了总结与其类似、但适用于我国的经验公式,本书首先对由观测数据计算得到的积雪密度数据进行了统计分析。在此分析中,考虑雪压观测中 $n_y=9$ 的91个台站,并假设积雪密度独立于积雪深度,利用最大似然法对积雪密度的观测值进行了概率模型拟合并计算AIC指标,考虑了若干常用的概率分布模型(正态分布、对数正态分布、极值Ⅰ型分布,广义极值分布、威布尔分布与伽马分布等),发现对数正态分布对积雪密度数据拟合得最好,由此计算得到的积雪密度的平均值与变异系数(cov)如图4.10所示。由于91个台站的空间分布较为稀疏,不能覆盖我国的全部区域,因此图中的插值云图被做了相应的裁剪。通过与我国《规范》建议的各地区平均积雪密度(图1.4)进行对比发现,在我国东北地区,积雪密度平均值的计算值比《规范》建议值偏低,在新疆西北部地区则比《规范》建议值偏高。产生差异的原因可能是《规范》建议的地区平均积雪密度考虑的是基本雪压与极值雪深的统计,而非逐日资料的统计。图4.10(b)显示,对我国大部分地区,积雪密度的变异系数(cov)介于0.2和0.4之间。

考虑到图4.10中台站数量过少,不足以覆盖足够的区域,为提高空间覆盖率,再分别考虑 $n_y \geqslant 5$ 的所有252个台站与 $n_y \geqslant 1$ 的所有379个台站(表4.1)的观测数据,计算积雪密度值 ρ_s。当考虑 $n_y \geqslant 5$ 的台站时,基本可以保证平均每个台站有大约15个观测数据(图4.3),而考虑 $n_y \geqslant 1$ 的台站时,是考虑了所有能用的观测数据。两种情况下计算得到

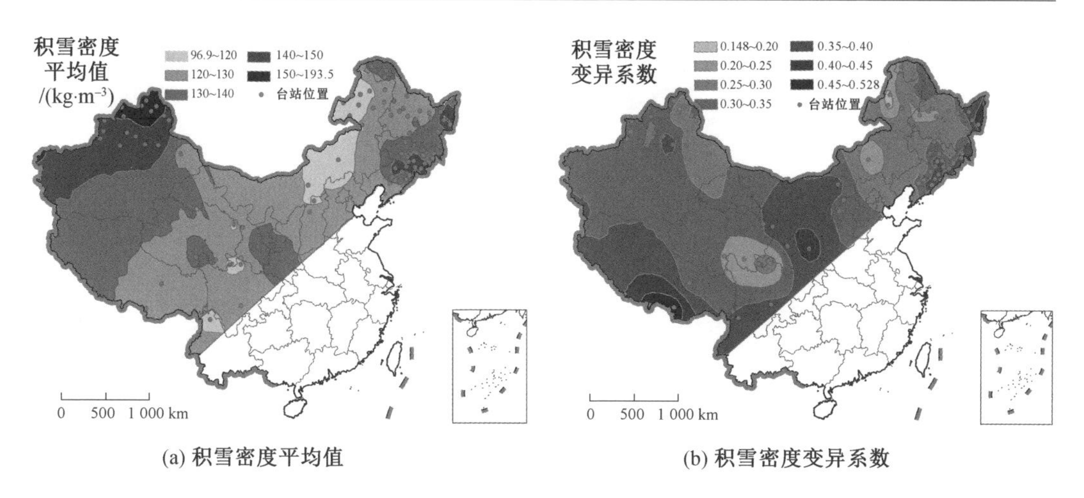

(a) 积雪密度平均值　　(b) 积雪密度变异系数

图 4.10　考虑 $n_y=9$ 的 91 个台站计算得到的积雪密度 ρ_s 的平均值与变异系数(彩图见附录 2)

的积雪密度平均值与变异系数的情况分别如图 4.11(a)、图 4.11(b)、图 4.11(c)、图 4.11(d) 所示。通过与图 4.10 的对比发现,当考虑 $n_y \geqslant 5$ 的台站时,在两者都覆盖的区域,积雪密度平均值的空间分布与仅考虑 $n_y=9$ 的台站时基本一致,而当考虑的 n_y 下限值递减时,积雪密度的空间分辨率随之递增。对于大部分台站,计算得到的积雪密度平均值小于 140 kg/m^3;但在江西、湖南、浙江及安徽交界地区,以及河北与山东的部分交界地区,积雪密度可以高达 180 ~ 202.2 kg/m^3。上述观察结果与国内学者戴礼云、马丽娟等的结论一致。此外,图 4.10 中与《规范》建议值的对比情况,也适用于图4.11,图 4.11 中显示的变异系数与图 4.10 接近,大部分台站的变异系数都介于 0.25 与 0.40 之间;图中变异系数过高的情况,很可能是由样本量过小而引起,在使用过程中应予以注意。

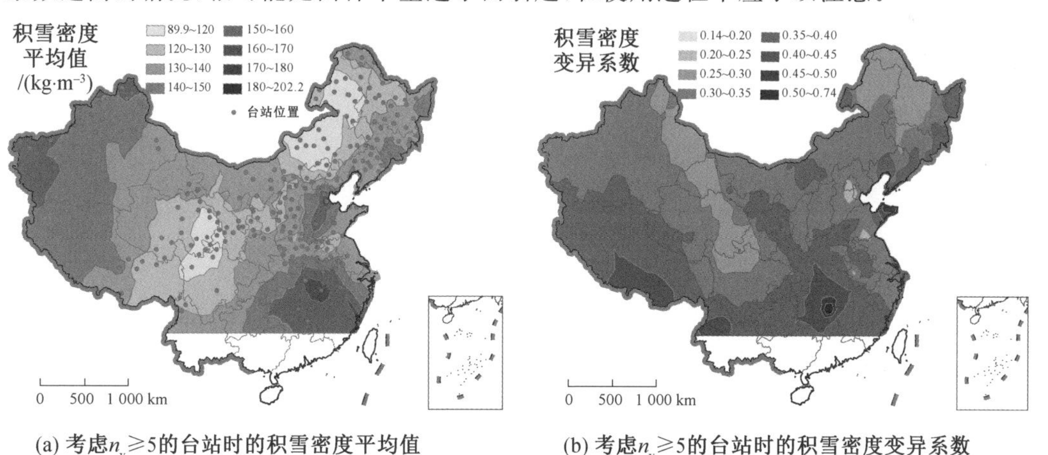

(a) 考虑 $n_y \geqslant 5$ 的台站时的积雪密度平均值　　(b) 考虑 $n_y \geqslant 5$ 的台站时的积雪密度变异系数

图 4.11　积雪密度 ρ_s 的平均值与变异系数(彩图见附录 2)

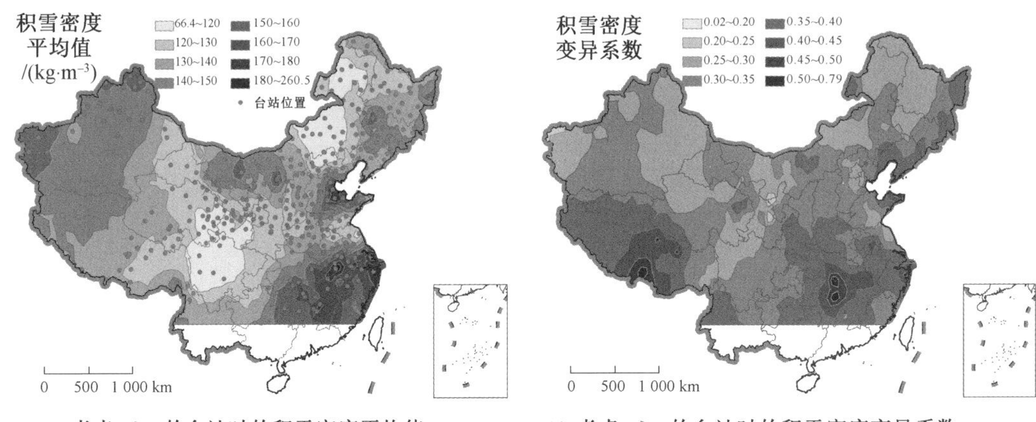

(c) 考虑$n_y \geqslant 1$的台站时的积雪密度平均值

(d) 考虑$n_y \geqslant 1$的台站时的积雪密度变异系数

续图 4.11

为了归纳积雪密度与积雪深度的经验回归关系，首先考虑 $n_y = 9$ 的 91 个台站的积雪密度及其对应的积雪深度数据。由于本书关注的是基本雪压，因此，在分析过程中仅考虑积雪深度大于50年一遇最大积雪深度 d_{50} 的 ξ 倍时的数据，其中，ξ 取 0.7 ～ 1.0 的常数(以 0.1 递增)。在回归分析中，考虑如下两种模型：

$$\rho_s = \alpha_1 d^{\alpha_2} \tag{4.2}$$

$$\rho_s = \rho_0 + (\rho_{max} - \rho_0) \times (1 - \exp(-\beta d)) \tag{4.3}$$

式中，α_1、α_2、ρ_0、ρ_{max} 与 β 为模型参数，由非线性回归分析确定。

式(4.2) 是 Tobiasson 等于 1997 年采用的模型，用以联系 50 年一遇最大积雪深度与 50 年一遇最大地面雪压，式(4.3) 则是 Sturm 等于 2010 年考虑使用的模型。在拟合过程中，发现能用的数据十分有限，模型拟合的结果也显示本书所采用的数据并不服从上述两个模型。

为了克服样本过少的问题，参考第 3 章所描述的区域化分析方法，尝试将 91 个台站进行分组，将每一组台站的数据集中在一起后再拟合到上述两个经验模型中。对台站进行分组，符合我国《规范》对积雪密度进行分区的思想。分组采用 3.2.2 节中介绍的 K－means 方法，并尝试分成不同的组团数目。作为例子，图 4.12(a) 给出了其中一次分组分析中得到的分组结果。在图 4.12(a) 中，仅考虑积雪深度大于 $0.8 \times d_{50}$ 时的积雪密度数据，以各台站的经度、纬度坐标以及积雪密度的平均值作为 K－means 分析的基准。通过与图 1.4 对比可以发现，该 4 个分组与《规范》建议的几个区域并不吻合。与上一次分析一样，此时的非线性回归分析也没能获得可靠的积雪密度与积雪深度的经验回归模型。

基于上述结果以及图 4.10、图 4.11 所示的结果，参考《规范》中建议的 6 个积雪密度分组(图 1.4)，本书将各气象台站分为如图 4.12(b) 所示的 6 个组团，以分析积雪密度可能的概率分布模型，对应的 6 个分区如图 4.12(c) 所示。图 4.13 给出了图 4.12(b) 中的每一个组团内所有台站的所有积雪密度 － 深度数据。回归分析结果显示，式(4.2) 与式(4.3) 所示两个模型对该 6 个组团均不适用(回归分析的 R^2 值小于 0.05)。

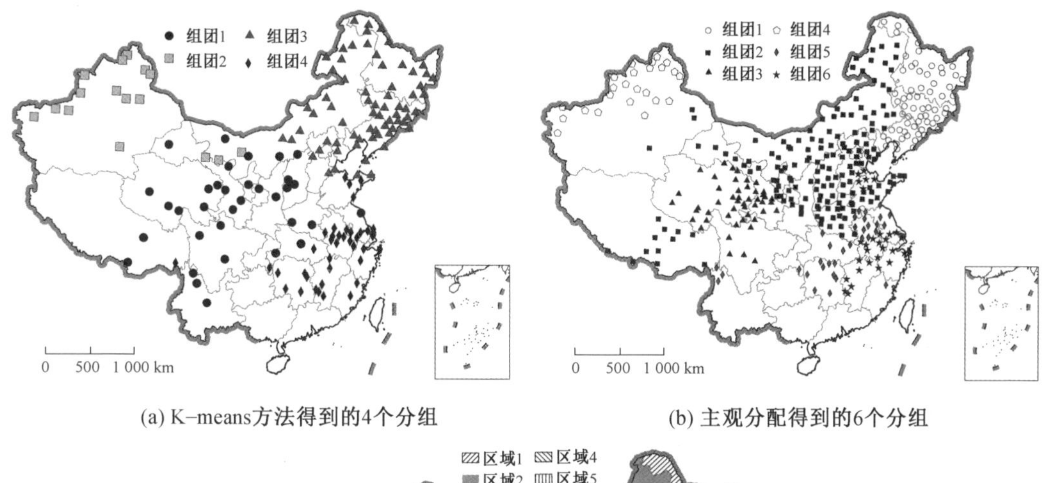

(a) K-means方法得到的4个分组　　(b) 主观分配得到的6个分组

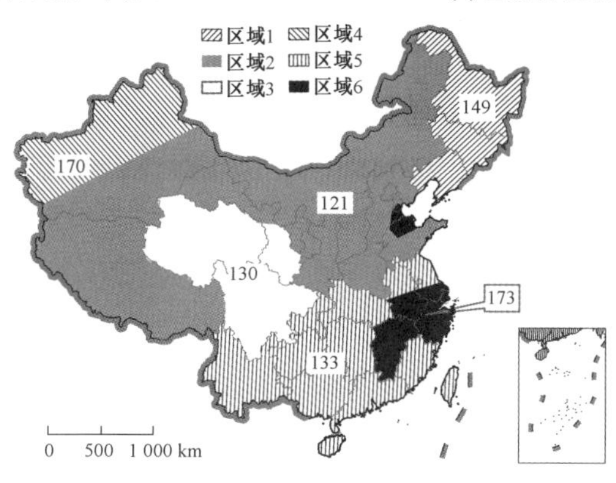

(c) 本书建议的积雪密度分区图

图 4.12　积雪密度的分区情况

考虑到当积雪深度较小时，积雪密度的变异性较大，且此时的雪压较小，影响本书所关心的年最大雪压的可能性较小，因此下文只对积雪深度大于某下限值时的积雪密度数据进行分析。综合各个组团内积雪密度－深度数据的分布情况，各个组团的下限值从第一组到第六组分别设定为 20 cm，10 cm，10 cm，20 cm，10 cm 与 10 cm。基于上述假设，各个组团内积雪密度的平均值与标准差也已标示于图 4.13 中。忽略积雪深度的影响而直接采用平均积雪密度，此做法与我国《规范》的思想一致。

如图 4.12(c) 与图 4.13 所示，6 个组团的平均积雪密度分别为 149，121，130，170，133 与 173 kg/m^3。可见对于东北地区，本书估算的平均积雪密度与我国《规范》建议的平均积雪密度值基本一致，但是对于其他区域，本书结果与《规范》建议值有所不同，并且部分区域差异较大。譬如，对于我国新疆部分地区，本书估算结果比《规范》建议的 150 kg/m^3 高 20 kg/m^3，在江西、浙江省区域附近，本书估算结果比《规范》建议的200 kg/m^3 低 27 kg/m^3。

需指出的是，不管是图 4.12(c) 还是图 1.4，都存在积雪密度的不连续性问题，即各个分区的交界处分属于不同区域的两个地点，即使距离很近，但由于属于不同的分区，它们的积雪密度也可能相差较大，这是按区域指定地区平均积雪密度的弊端所在。当有充足的雪压观测数据时，可采用类似图 4.11(a) 那样的分布图，来对积雪密度进行取值。

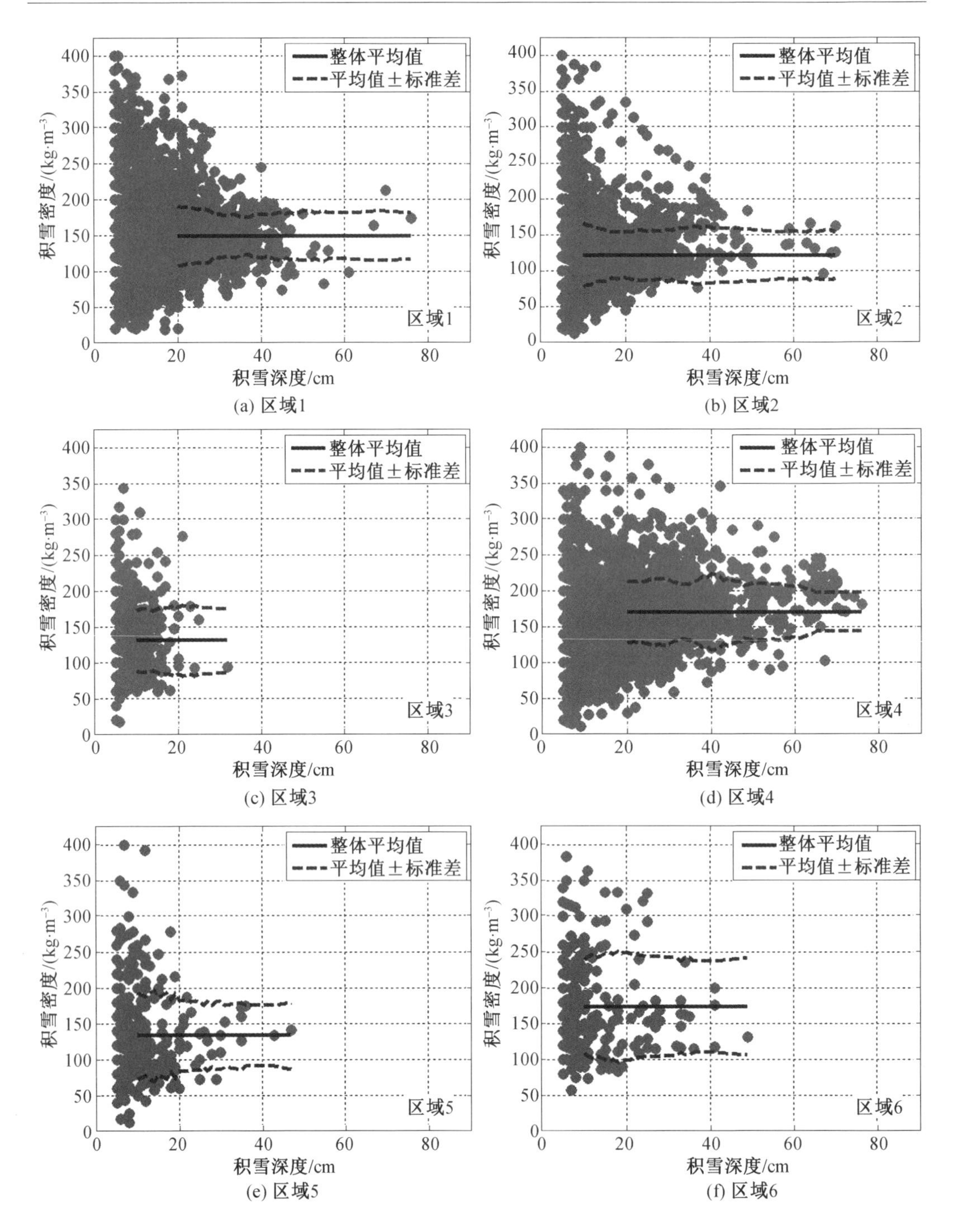

图 4.13　各个组团内的积雪密度－深度数据

图 4.13 所示的积雪密度标准差是随积雪深度的变化而变化的；对于每一个积雪深度值，用于计算与其对应的积雪密度标准差的带宽也是变化的（带宽的选择标准是确保在该带宽范围内有至少 50 个样本）。结果显示，积雪密度的标准差可以近似认为与积雪深度无关。基于该假定，计算得到各个区域内积雪密度标准差的平均值分别为 33 kg/m^3，

36 kg/m³，46 kg/m³，39 kg/m³，51 kg/m³ 和 70 kg/m³，对应的变异系数为 0.22～0.40。其中变异系数较小的区域为东北地区及新疆部分地区（区域 1 与区域 4），而南方地区的积雪密度变异系数较大（区域 5 与区域 6）。

为了评估积雪密度的概率分布模型，将各个区域的积雪密度值标示在对数正态分布的概率纸上并对其进行概率模型拟合，结果如图 4.14 所示。K－S 检验结果显示，在 5%

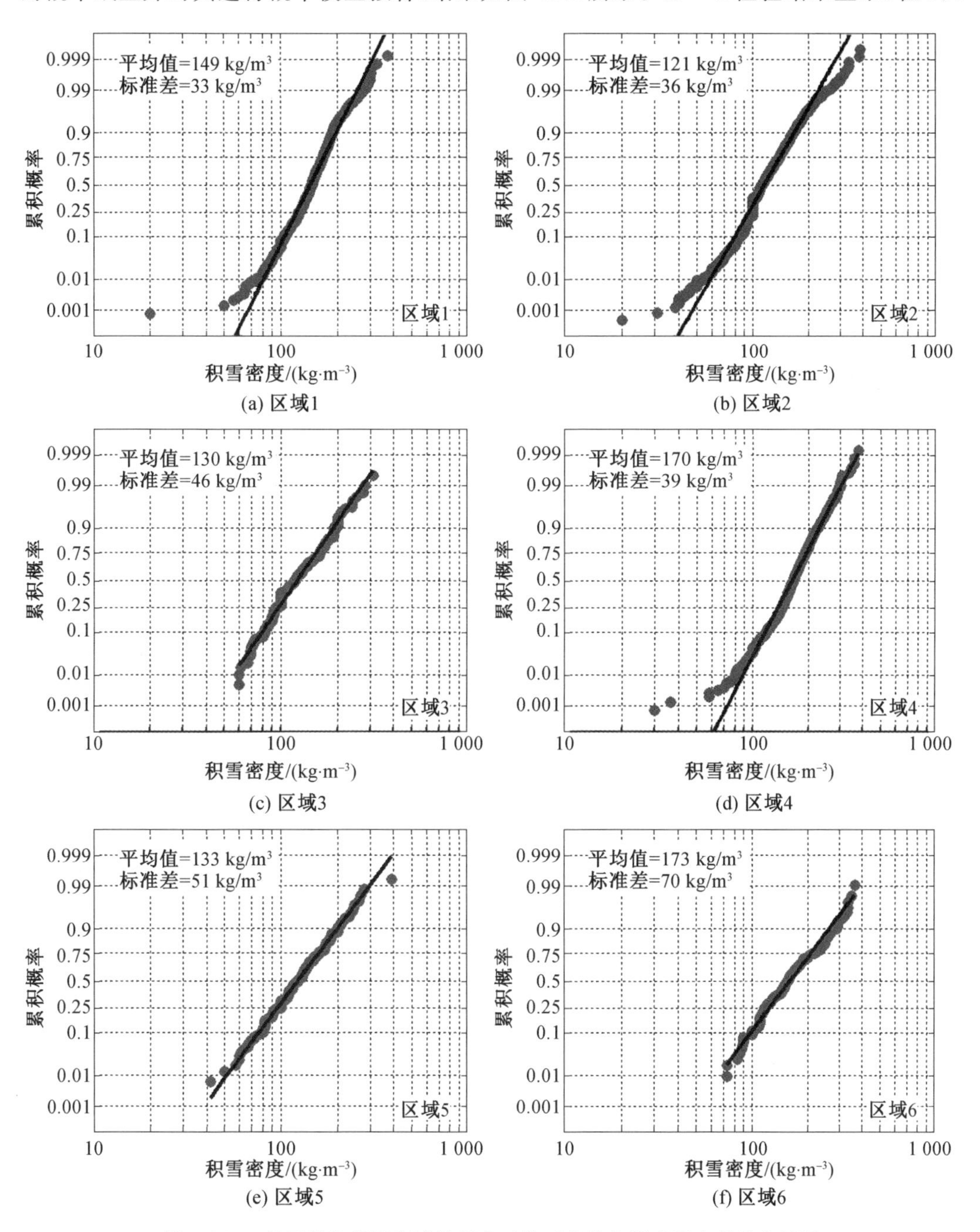

(a) 区域1　(b) 区域2　(c) 区域3　(d) 区域4　(e) 区域5　(f) 区域6

图 4.14　各区域的积雪密度数据在对数正态分布概率纸上的分布情况

显著性水平下，只有区域5与区域6的拟合结果可以接受；在1％显著性水平下，区域3的拟合结果也可接受。然而，从图4.14可以看出，对于区域1、区域2和区域4，拟合结果与实测数据不吻合的区域主要集中在分布函数的下端，而在该范围内的数据基本不会影响本书所关心的年最大雪压值，因此，仍假设各个区域内的积雪密度数据均服从图4.14所示的对数正态分布。

4.5.2 基本雪压分布图

年最大雪压 S 的 T 年回归周期值 s_T，可简单地根据我国《规范》建议的方法，按下式进行计算：

$$s_T = 10^{-5}\rho_s g d_T \tag{4.4}$$

式中，s_T 为地面雪压的 T 年回归周期值，kPa；ρ_s 为《规范》建议的地区平均积雪密度（图1.4），kg/m^3；d_T 为如图4.7～4.9所示的年最大积雪深度的 T 年回归周期值。

由于地区平均积雪密度在各个地区不尽相同，因此，基本雪压分布图与图4.7～4.9所示的基本雪深分布也不完全一致。以图4.9(a)所示的基本雪深为例，根据式(4.4)估算得到的基本雪压如图4.15(a)所示。可以看到，在空间趋势上，图4.15(a)与我国《规范》建议的基本雪压分布图(图1.5)吻合较好。统计发现，图1.6所示基本雪压值的平均值为0.38 kPa，变异系数为0.666；而在图4.15(a)中，这两个数值分别为0.37 kPa与0.591。因此，从统计意义上讲，图4.15(a)较之图1.6更加均匀。

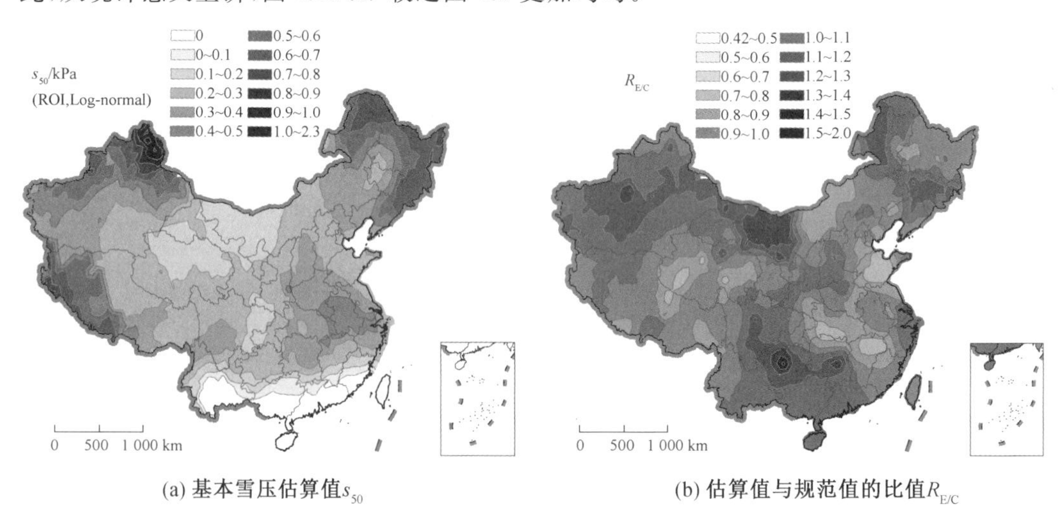

(a) 基本雪压估算值s_{50}　　(b) 估算值与规范值的比值$R_{E/C}$

图4.15　基于50年一遇最大雪深(图4.9(a))及《规范》建议的平均积雪密度估算得到的基本雪压分布图及其与《规范》建议值的比值(彩图见附录2)

为更好地将估算得到的基本雪压与《规范》建议的基本雪压进行对比，本书计算了两者之间的比值 $R_{E/C}$，并示于图4.15(b)中。可以看到，图4.15(b)中大多数地区的 $R_{E/C}$ 值为0.8～1.2，总体平均值为0.98，而变异系数为0.238。可见，采用积雪深度与平均积雪密度进行基本雪压估算，可使估算结果较直接采用雪压数据估算的结果略微偏低。这主要是由积雪密度的不确定性所引起的。

若仍然采用式(4.4)和图 4.9(a)所示的基本雪深,考虑本书所计算得到的地区平均积雪密度(图 4.12(c)),计算得到的基本雪压及其与《规范》建议值的比值如图 4.16 所示。其中,图 4.16(a)的平均值与变异系数分别为 0.36 kPa 与 0.625,图4.16(b)则分别为 0.96 与 0.260。较之图 4.15(a),图 4.16(a)的平均值更低,但变异系数更接近《规范》给出的基本雪压分布图。这主要是由地区平均积雪密度的不同而引起的。在我国大多数地区,本书计算的地区平均积雪密度比《规范》建议值偏低,仅在新疆西北部和青海地区,本书计算值比《规范》建议值高。

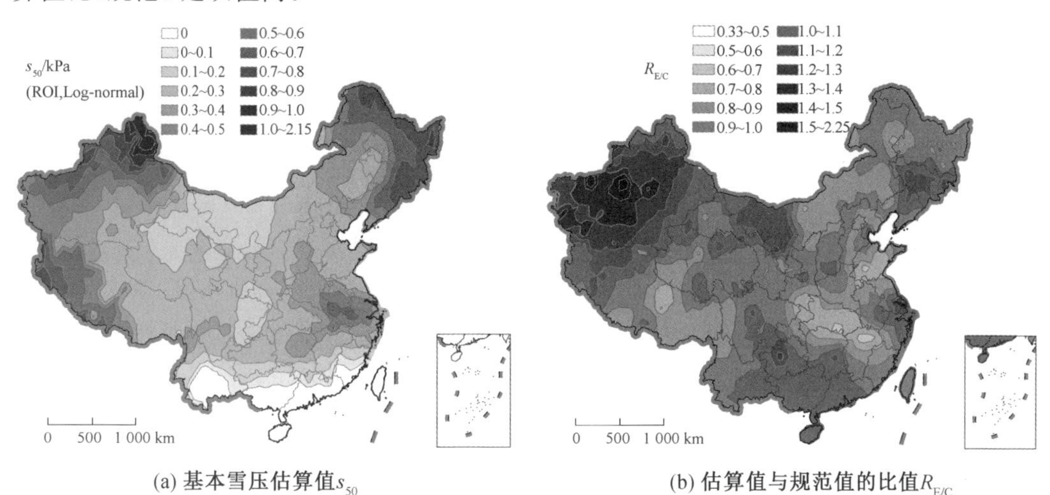

(a) 基本雪压估算值s_{50}　　(b) 估算值与规范值的比值$R_{E/C}$

图 4.16　基于50年一遇最大雪深(图 4.9(a))及本书计算得到的平均积雪密度估算得到的基本雪压分布图及其与《规范》建议值的比值(彩图见附录 2)

应指出的是,采用积雪深度和地区平均积雪密度进行基本雪压估算是在雪压观测数据不足的情况下退而求其次的做法。由于积雪密度的复杂性,该方法估算得到的基本雪压与直接基于雪压数据的估算结果的差异在所难免。为对本书计算的地区平均积雪密度与《规范》建议值进行对比,图 4.17 以图 4.2 中 $n_y=9$ 的 91 个台站的年最大雪压数据为基准,对基于年最大雪深与平均积雪密度的计算结果进行比较。其中,图 4.17(a)采用的是《规范》建议的地区平均积雪密度,图 4.17(b)则采用了本书计算的地区平均积雪密度。可以看到,不论是图 4.17(a)还是图 4.17(b),年最大雪压计算值与观测值总体比较吻合,但是在雪压较大的地区,计算值比观测值小。这是因为当雪压较大时,对应的积雪密度也往往大于地区平均积雪密度。相对图 4.17(a)而言,图 4.17(b)中年最大雪压的计算值与观测值更接近,尤其是在雪压较大时,图 4.17(b)的优势更为明显。这主要是因为本书的计算结果是基于最新的观测数据计算得到的,而《规范》建议值继承自 2002 年版《规范》,自 2002 年以来并未调整;2002 年版《规范》采用的是截至 1995 年的观测数据,具体如何估算地区平均积雪密度,则没有相应介绍。

需要注意的是,图 4.15(a)与图 4.16(a)所示的基本雪压并没有考虑积雪密度 ρ_s 的不确定性,该不确定性对基本雪压的估算有较大影响。为考虑该不确定性的影响,本书采用蒙特卡洛模拟,根据下式产生年最大雪压 S 的样本值:

$$S=10^{-5}\rho_s g d \tag{4.5}$$

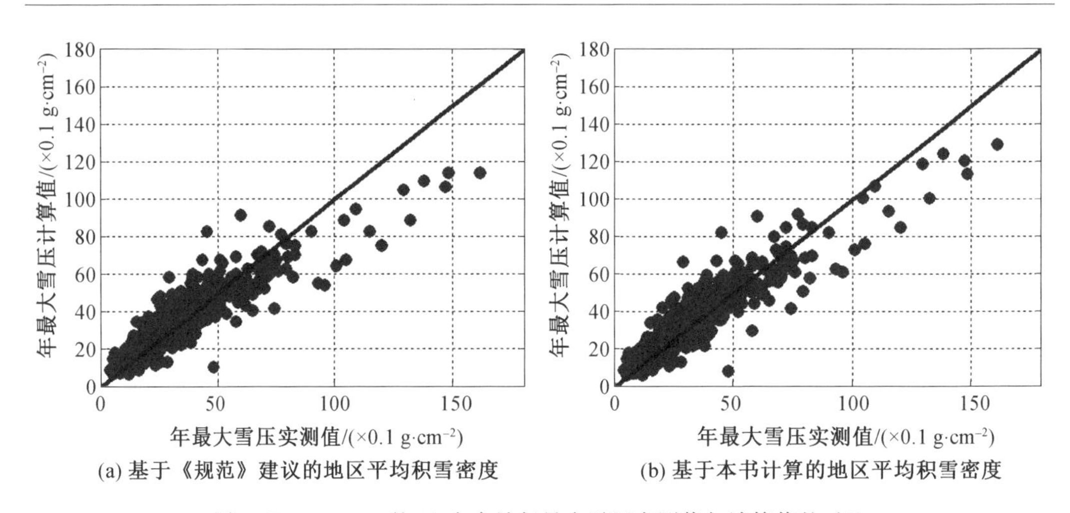

图 4.17　$n_y = 9$ 的 91 个台站年最大雪压实测值与计算值的对比

其中，ρ_s 假设符合图 4.14 所示的对数正态分布，年最大雪深 d 假设符合图 4.8 或图 4.9 所示的概率分布模型，且两者相互独立，无相关关系。产生足够多的样本值后，基本雪压 s_T 可从样本的经验分布中直接提取。注意，如果两个相互独立的变量均服从对数正态分布，则其乘积也同样服从对数正态分布，此时两者乘积的分布有解析解，可直接给出其概率分布函数。

考虑图 4.9 所示的概率分布模型并根据上述方法模拟得到的 50 年一遇最大雪压值 s_{50} 如图 4.18(a) 所示，其与《规范》建议值的比值则如图 4.18(b) 所示。图 4.18(a) 较之图 4.16(a) 的对比情况见表 4.3。由表 4.3 可见，考虑积雪密度的不确定性后，估算得到的基本雪压平均上升了 0.042 kPa 或 12.9%，表明了考虑积雪密度不确定性的重要性。注意，表 4.3 中"最大值"一列中 100% 的增长比例对应的增长量为 0.05 kPa(即基本雪压从 0.05 kPa 增长到 0.10 kPa)；而 0.25 kPa 的增长量对应的增长比例为 11.63%(即基本雪压从 2.15 kPa 增长到 2.40 kPa)。因此，表 4.3 中的平均值更能反映基本雪压的整体变化情况。

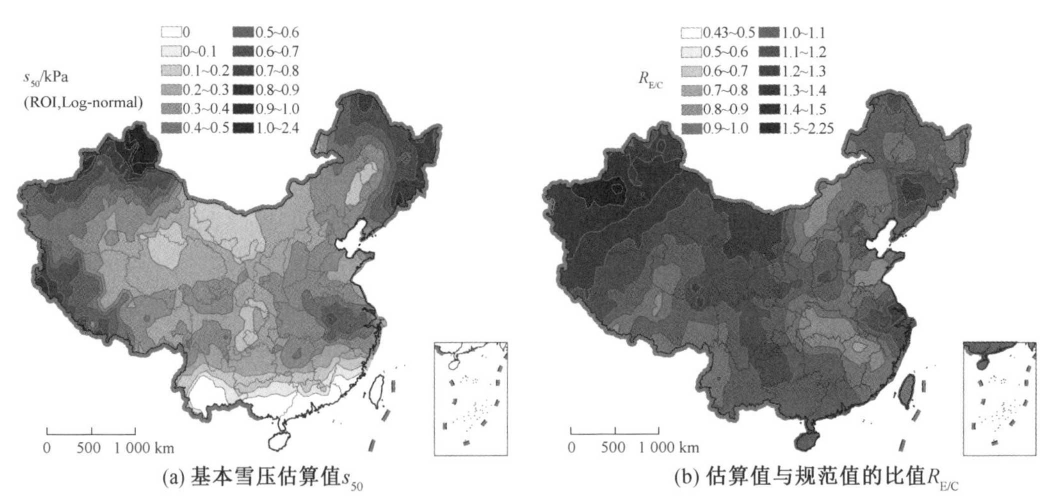

图 4.18　考虑积雪密度的不确定性模拟得到的基本雪压及其与《规范》建议值的比值(彩图见附录 2)

由图 4.18(b) 可见，考虑积雪密度的不确定性后，除了新疆大部分地区和内蒙古西部地区外，估算得到的基本雪压值与《规范》建议值的比值基本为 0.8 ～ 1.2。在新疆大部分地区和内蒙古西部地区，该比值超过了 1.2，甚至高达 1.5 或更高。

表 4.3　考虑积雪密度的不确定性后(图 4.18(a)) 与考虑前(图 4.16(a)) 基本雪压的对比情况

统计量	最大值	最小值	平均值	标准差	变异系数
增长量	0.25	0.00	0.042	0.037	0.87
增长比例 /%	100.00	0.00	12.90	12.10	0.94

综上所述，图 4.15 ～ 图 4.18 显示的估算结果表明，基于本书所使用的观测数据，估算得到的 50 年一遇最大雪压值在大多数地区与《规范》建议值存在差异，表明采用地区平均积雪密度来对基本雪压进行估算还存在一定的不确定性。图 4.15(a)、图 4.16(a) 和图 4.18(a) 所示的基本雪压值亦已列于附表 1 中。

应指出的是，本书给出的基本雪压分布图是基于气象台站的观测数据所绘制的，在未设气象台站的山区等某些特殊地区可能并不适用。此时，基本雪压应根据当地的实测值，并综合考虑地形走向、海拔等因素后再评估确定。

第二篇　风雪联合试验方法与积雪分布特性

第5章　大跨空间结构屋面雪荷载实测

5.1　引　言

实测研究指对足尺实体建筑或缩尺模型开展户外实际观测，在户外结合研究内容利用真实冰雪环境进行的观测，是真实数据获取的最可靠来源，属于最直接的基础性工作。相较数值和实验方法，实地观测是获取风雪运动信息最直接、可靠的方法。通过实地观测，可以对风致积雪的运动机理有清晰的认识，同时实地测量到的结果可以对其他研究手段进行验证。

考虑到我国在建筑屋面雪荷载领域的研究开展相对较晚，可用数据较为稀缺，以及完善荷载规范中雪荷载条文的紧迫性，本章根据现有的实测技术对一系列的缩尺模型以及足尺模型进行了户外实测研究。得到的实测结果除为我国荷载相关规范提供修订建议外，还可为今后的雪荷载方面的基础研究探索一些更好的方法，尤其是在数值模拟以及风洞试验等方面。建立一套完整的方法理论体系将有力推进今后的雪荷载研究。

5.2　雪荷载实地测量技术

大跨屋面是对雪荷载较为敏感的结构，准确地测量雪荷载的空间分布对于研究大跨屋面雪荷载有着重要的意义。想要描述屋面风致雪漂移的不均匀分布，需要的测点数量众多，但目前普遍测量积雪厚度的办法是将钢尺或者雪探头插入雪中进行测量。此类测量方法虽然能进行较高准确度的测量，但是每次测量只能获取一个点的数据，这对于大面积屋面的积雪分布测量无疑是非常耗时耗力的；同时此类方法在测量一些无法上人的屋面的积雪分布时存在困难；再者，在测量过程中需要人立于屋面并将探头或者钢尺插入雪中，不可避免地会对雪面造成不同程度的破坏。若屋面的形式非常复杂或雪下有被覆盖的冰时，基于钢尺或者雪探头的测量结果必将造成十分大的误差，这对测量是十分不利的。

目前有少数学者利用 LiDAR 技术测量雪荷载分布。LiDAR 技术能获取高精度的雪面位置数据，但是其高运营成本限制了 LiDAR 的大众化应用。对于需要获取大量数据进行统计分析的雪荷载而言，长期运营该技术是有所困难的；且由于雪面是由颗粒状的雪组成，新下的雪面会十分松散，有时会导致激光透过雪面，造成测量的误差。

为了改善上述情况并提高效率，本节引入近景数字摄影测量技术(SfM) 用于屋面雪荷载的识别，希望能利用现代的、易于获取的设备和技术来建立一套用于测量屋面雪荷载分布和厚度的方法，并通过一系列模型实验，将这种方法与传统方法进行对比，对其可行性与精确度进行评估。

5.2.1 数字摄影测量背景理论介绍

SfM 是一项将一系列有互相重叠部分的 2D 图片，通过识别特征点、匹配照片并估计相机运动位置还原出照片中的三维场景或物体的技术。

整个利用 SfM 技术建立三维实体可以看作从一组二维图像中的特征点提取三维坐标的信息，并对比每张图片的特征点的变化，拼接、对齐不同图片中的三维点坐标，最后生成由 xyz 三维坐标点组成的点云这一过程。整个过程可以用如下数学模型来表达。

如图 5.1 所示，为了还原一个三维物体，围绕着整个物体一共拍摄了 m 张照片，空间中一共有 n 个点。我们可以建立如下方程：

$$\boldsymbol{X}_{ij}=\boldsymbol{P}_i\boldsymbol{X}_j,\quad i=1,\cdots,m;j=1,\cdots,n \tag{5.1}$$

式中，$\boldsymbol{X}_{ij}$ 为空间中第 j 个点在第 i 幅照片中的二维坐标信息；$\boldsymbol{P}_i$ 则对应为第 i 幅照片中的投影矩阵；$\boldsymbol{X}_j$ 为空间中第 j 个点的三维坐标。

上述问题相当于已知 $m\times n$ 个二维坐标信息，求解 m 个投影矩阵和 n 个空间中点的三维坐标。SfM 算法将利用真实空间坐标系和相机坐标系之间的旋转矩阵 $\boldsymbol{R}$，平移矩阵 $\boldsymbol{T}$ 和相机拍照时的焦距 f 这几个参数来求出真实空间坐标系下的 n 个点的三维坐标，最终生成点云。

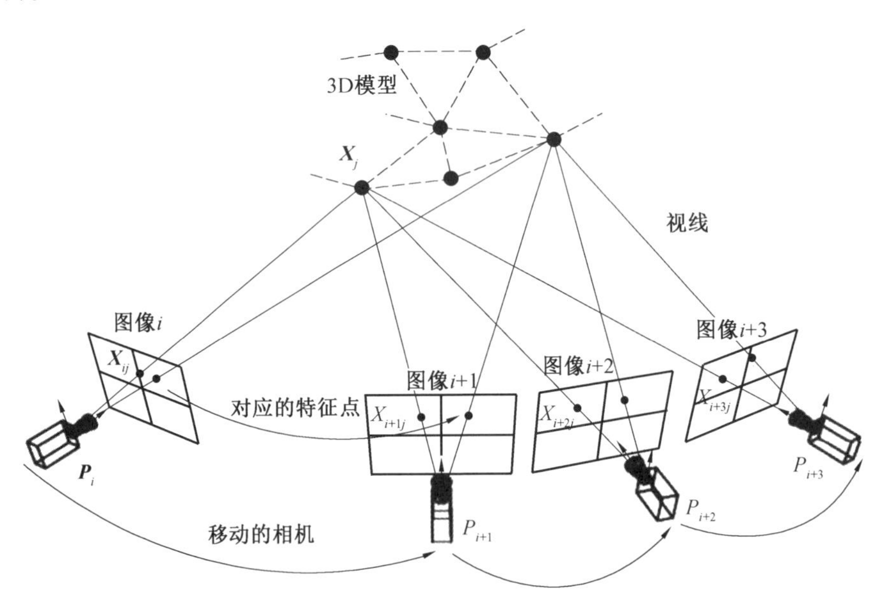

图 5.1　SfM 概念示意图

SfM 具体算法不是本书关注的重点，而且市面上已经有种类繁多而且功能完整的基于 SfM 算法的 3D 还原软件。本书仅利用市面上已有的 3D 还原软件进行拍摄物体的还原，不对 SfM 算法进行编程。

5.2.2　基于近景摄影测量的缩尺试验

由于测量条件的限制，实际建筑屋面的积雪分布数据较难获取。为了有效地验证数字摄影测量技术的可行性以及精确度，研究人员依托哈尔滨工业大学风雪联合实验室，采用便于用钢尺测量得到雪深的屋面缩尺模型进行模型试验。

1.实验设备简介

哈尔滨工业大学风雪联合实验室基于风雪联合试验系统，可用于研究风致雪漂移的机理、典型屋面结构的雪荷载分布规律、各种类型大跨度屋面结构的雪荷载分布预测。

风雪联合试验系统主要包括风机矩阵、降雪模拟器、试验段以及高精度测量系统。试验段尺寸为10 m长、4.5 m宽、3.0 m高；风机矩阵可为试验段提供0.5～12 m/s连续可调的稳定风速流；试验区流场稳定性良好，速度不均匀性小于 4%、湍流强度小于2.86%、平均气流偏角小于 1°；降雪模拟器可在试验段内形成稳定的降雪环境，降雪速率从 5 ～ 20 mm/h 连续可调；测量系统主要采用由钢尺、激光（逐点测量）以及摄影测量方法，测量精度可控制在毫米级。

2.模型工况信息

为验证数字摄影测量应用于不同测量情况下的精确度，试验设置了不同工况下不同形式的屋面模型作为试验研究对象。根据不同的试验目的，进行了具有代表性的 4 组试验。工况信息见表 5.1。

表 5.1　工况信息

模型	工况信息	实验目的
单曲下凹屋面	模型尺寸:2 m × 1 m × 0.2 m，矢跨比 1/10； 参考试验风速:1 m/s； 风向角:0°； 模拟降雪量:60 mm	探索不同的雪面标志物对还原质量的影响，选取最佳的雪面标志物
带女儿墙平屋面	模型尺寸:2 m × 2 m × 0.5 m，女儿墙高0.1 m； 参考试验风速:2 m/s； 风向角:22.5°； 模拟降雪量:30 mm	验证测量较为复杂屋面模型表面积雪分布时，摄影测量的精度

续表5.1

模型	工况信息	实验目的
1 m立方体模型	模型尺寸:1 m×1 m×1 m; 参考试验风速:2 m/s; 风向角:0°; 模拟降雪量:30 mm	验证测量较大范围的不均匀积雪分布时,摄影测量的精度
双坡屋面模型（带天窗、挡雪板）	模型尺寸:2 m×2 m×0.5 m,屋面坡度30°; 参考试验风速:2 m/s; 风向角:0°; 模拟降雪量:30 mm	验证测量自遮挡较多的模型屋面积雪分布时,摄影还原测量的精度

3.图像获取要求

图像获取在数字摄影测量中非常重要,因为SfM工作流程十分依赖图像质量的好坏。通过初期试验的经验发现,为了保证还原的质量,采集图像的过程需要注意以下几点:

(1) 以一点为圆心,转动拍摄,一般每次需转动25°角,复杂物体需转动10°,前后两张照片之间应保证有大约60%的重合度。对于自遮蔽比较多的建筑模型,应该分块拍摄和还原。

(2) 拍摄顺序不一定要以物体为圆心,也可以根据其他的行进路线进行拍摄,但拍摄路线和拍摄顺序应该规则,而且每张照片之间要具有连贯性。两张连贯的照片沿行进方向需要有80%的重叠,行进方向的侧向应有60%的重叠。

(3) 照片的质量(像素、锐度等)和对焦好坏对还原也有很大的影响,好的照片能提升每张图片的有效识别点数量从而保证还原的准确度。拍摄时应该注意照片是否失焦,发现失焦的照片应及时删除并进行补拍。

(4) 拍照的过程中往往会遇到光照不足的情况,这种情况会造成每一张照片的光源都不同,会使SfM流程在计算每张照片的像素点的深度时出现偏差,导致照片对齐的质量下降,推荐利用固定的人工光源对物体进行补光或者适当调高ISO值(感光度)。

(5) 需要把一整个物体拆成几个小部分拍摄时,要注意不同部分的相似度是否比较高。如果相似程度比较高,也会导致还原失效,如拍摄窗户非常多且形式重复的住宅立面。这时需要在物体上添加标识物来区别。

图5.2～5.4描述了试验中碰到的3种错误拍摄方式以及对应的正确的拍摄方式。特别需要注意的是,对于积雪面这类纯色且反光率比较高的物体,需要添加额外的标志物来提升物体还原的完整度。为了研究不同雪面标志物对雪面还原的影响,在保证其他工况条件相同的情况下,对单曲凹屋面积雪进行了不同标志物的设置并讨论了还原的效果。图5.5(a)为没有设置标志物的雪面,图5.5(b)为设置了3条荧光线的雪面,图5.5(c)为播

撒黑色碳粉的雪面。还原和对比结果如图 5.6 所示。从还原的结果可以看出，没有标志物的雪面还原质量比较差，有将近一半的雪面数据丢失；设置了 3 条荧光线的雪面中，圆圈所示地方的雪面数据丢失且还原的雪面纹理比较差；播撒黑色碳粉雪面的还原效果比较好，与真实雪面很接近，且纹理还原度较高。

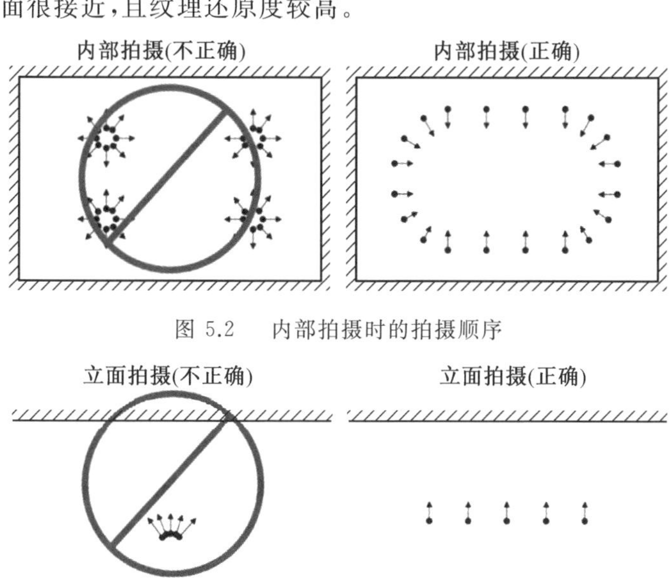

图 5.2　内部拍摄时的拍摄顺序

图 5.3　立面拍摄时的拍摄顺序

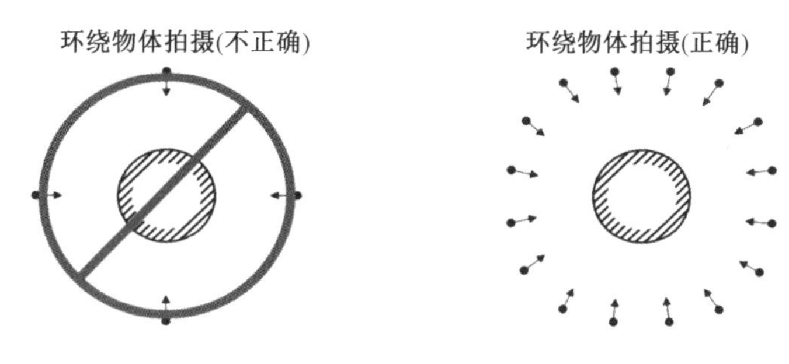

图 5.4　环绕拍摄时的拍摄顺序

(a) 雪面未处理

(b) 设置3条荧光线

(c) 播撒黑色碳粉

图 5.5　雪面标志物设定

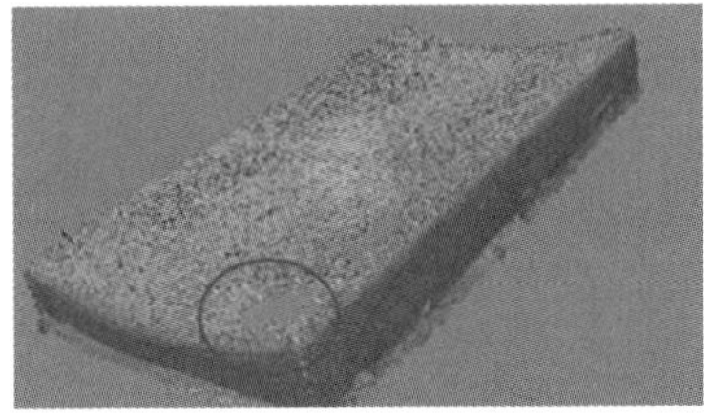
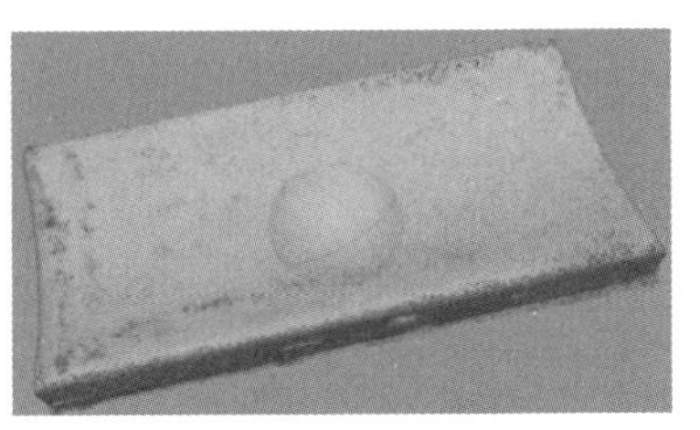

(a) 雪面未处理　(b) 设置3条荧光线　(c) 播撒黑色碳粉

图 5.6　设置不同标志物的雪面还原效果

5.2.3　数字摄影测量 3D 重建及后处理

在进行还原处理之前,所有拍摄的照片都需要人工逐一进行分析和筛选:检查拍摄时是否准确对焦,照片是否因为晃动而产生模糊,拍摄时是否有运动的物体进入相框内。不符合上述条件的图像都应该从照片组中剔除。

1.基于 SfM 的雪面三维重建

PhotoScan 这款软件包含了生成模型所需的所有算法和步骤,集成了从照片的导入到建立 3D 点云和建立三角网格的整体流程。

在利用 PhotoScan 进行解算之前,需将图片利用蒙版功能除去一些无用的背景信息。这样处理的原因有两点:一是能大大提升接下来进行的照片对齐流程的效率,因为被蒙版约束的区域将不进行特征点检测,同时在计算相机空间位置的时候也不会被考虑进去;二是可去掉一些对图片有干扰的信息。

之后首先执行 SITF 算法,形成以物体边缘为主的粗略描述物体空间位置的稀疏点云;然后人工剔除稀疏点云中模型边缘的离散点,以减少密集点云重建过程中杂点出现的数量,从而保证模型的平滑。在对稀疏点云进行编辑之后,进行密集点云的建立。PhotoScan 将会对每张照片进行分析,提取出照片中二维点的深度信息,根据每一幅照片的信息和之前建立的稀疏点云对点云进行加密。高质量、更密集的点云能更好地表现细节。

2.点云后处理

通过 PhotoScan 生成的密集点云需要将原始的各点 xyz 三维坐标输出,需要注意的是,由于 PhotoScan 是在程序内置的本地坐标系统下生成的模型,会导致生成的模型整体旋转和偏移,需要通过欧拉旋转矩阵对模型进行纠正。具体计算方法以及公式如下(由平面转至平面):

$$\begin{bmatrix} x \\ y \\ z \end{bmatrix} = \boldsymbol{R}(\psi,\theta,\varphi)\lambda \begin{bmatrix} x' \\ y' \\ z' \end{bmatrix} + \begin{bmatrix} \Delta x \\ \Delta y \\ \Delta z \end{bmatrix} \tag{5.2}$$

$$\boldsymbol{R}(\psi,\theta,\varphi) = \boldsymbol{Z}'(\varphi)\boldsymbol{N}(\theta)\boldsymbol{Z}(\psi) \tag{5.3}$$

$$\boldsymbol{Z}'(\varphi)=\begin{bmatrix}\cos\varphi & \sin\varphi & 0\\ -\sin\varphi & \cos\varphi & 0\\ 0 & 0 & 1\end{bmatrix}\boldsymbol{N}(\theta)=\begin{bmatrix}1 & 0 & 0\\ 0 & \cos\theta & \sin\theta\\ 0 & -\sin\theta & \cos\theta\end{bmatrix}\boldsymbol{Z}(\psi)=\begin{bmatrix}\cos\psi & \sin\psi & 0\\ -\sin\psi & \cos\psi & 0\\ 0 & 0 & 1\end{bmatrix} \tag{5.4}$$

式中，ψ、θ 和 φ 分别为进动角、章动角和自转角，具体示意如图 5.7 所示；$\boldsymbol{R}$、$\boldsymbol{Z}'$、$\boldsymbol{N}$ 和 $\boldsymbol{Z}$ 分别为坐标旋转矩阵，相互关系在公式(5.3) 中给出；Δx、Δy 和 Δz 分别为原点 O 沿 Ox 轴、Oy 轴、Oz 轴 3 个方向的偏移量；λ 为缩尺比。

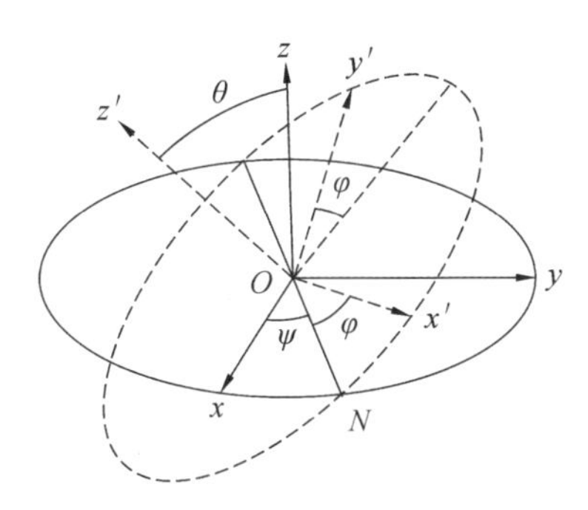

图 5.7　欧拉角示意图

在进行坐标转换时，地图配准(坐标原点匹配) 应同步进行。在拍照之前在模型上利用记号笔标定原点(0，0，0)，同时在其他部位也做上 3 ～ 5 处标记，并确保这些记号点不会被积雪覆盖。测量其他参考点到(0，0，0) 的距离和角度，换算成三维坐标点并记录下来，这一自定义的坐标系称之为测量坐标系。进行 3D 还原后，我们需要在 PhotoScan 软件中的可视化窗口找到这些标记点，并导出这些标记点在软件坐标系中的原始坐标，计算这些点之间的距离并跟实际测量所得的距离相除，得出点云的缩尺比。再利用式(5.2) ～(5.4) 反算出旋转矩阵 $\boldsymbol{R}$、$\boldsymbol{Z}'$、$\boldsymbol{N}$、$\boldsymbol{Z}$ 和偏移量，再将求得的矩阵和偏移量代回公式(5.2) 中处理剩余的点云坐标。处理原始点云的过程相当于把实体模型在测量坐标系下数字化，整个流程利用 MATLAB 实现。

3.雪深数据获取

通过对点云数据进行后处理，每个点都有了各自的高程信息。对于雪深信息的获取，我们需要知道模型 xOy 平面上某一点有雪和无雪两种工况的高程信息，并将两者做差才能得出雪深数据，这就需要将两个模型进行配准。由于两个不同模型生成的点云坐标不可能完全一致，导致对应到实体模型同一个点时坐标值可能会有 0.01 mm 甚至更大的误差(假设生成点时最小分辨率为 0.01 mm)，这就需要进行点云的配准以及标准化处理，使得计算机能进行一一对应的 z 坐标相减并把差值映射到 xOy 平面，从而给出空间分布。

配准的思路有两种，一种方法是记录有雪模型点云的每一个点对应的 $x1y1$ 坐标，并设置坐标值的浮动范围，形成以 $x1y1$ 坐标为圆心的小圆，使得在无雪模型点云上能匹配到一个或者多个点来对应有雪模型上的点。之后计算有雪模型上点的 z 坐标与无雪模型上点的 z 坐标差值(多个点的时候取平均值)，并将 z 的差值返回到对应的 $x1y1$ 坐标，计算出对应点雪深。图 5.8 以流程图的形式展示了第一种配准方法的思路。

另外一种配准方法是通过空间插值的办法将所有的点云对应到一个1 500×1 500的网格上，每个网格上的点都记录着通过空间插值得出的z坐标。之后再将两个网格（有雪和无雪）相减便可得出雪厚的数据。网格的数量可以自己根据数字模型所需的分辨率进行调整，不一定是1 500×1 500的网格。图5.9显示了利用三角线性插值得出的1 500×1 500的网格图，图中曲线为等高线。

尽管许多学者针对第一种方法提出了改进版方法如ICP算法，K－D树检索法等，但由于此方法需要大量的运算循环语句，且模型点云的数量级都是百万级的，导致其运算效率低下。第二种点云配准方法的方法更简单且能保证较好的精确度，本书的处理流程也采用第二种配准方法。

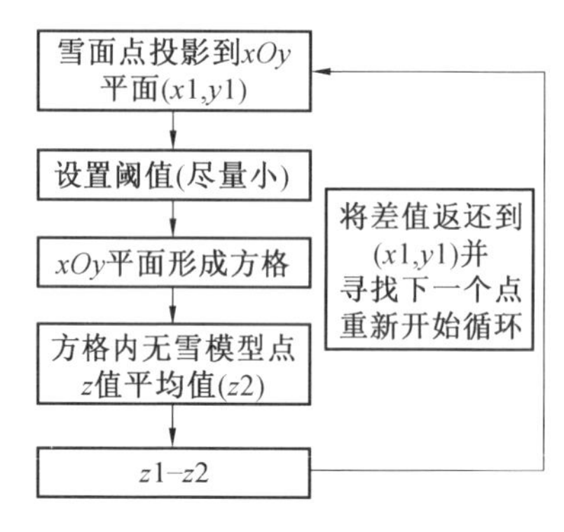

图5.8　领域搜索法配准思路

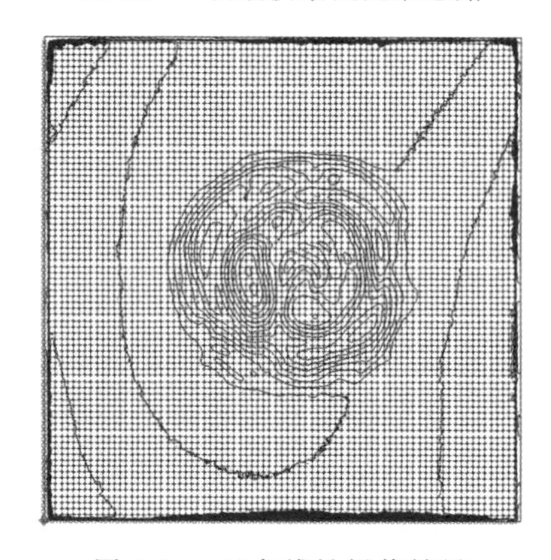

图5.9　三角线性插值结果

5.2.4　数字摄影测量精度分析

本书针对平屋面带女儿墙模型积雪分布、立方体周围积雪分布以及带天窗、挡雪板的双坡模型屋面积雪分布都进行了摄影测量与钢尺实测的对比，但限于篇幅，本章仅以平屋面带女儿墙模型实验为例，详细介绍了摄影测量结果与钢尺实测结果的对比，并对摄影测量的误差与精度进行了分析。不同模型的摄影测量还原结果与钢尺实测结果对比信息详如图5.10所示。

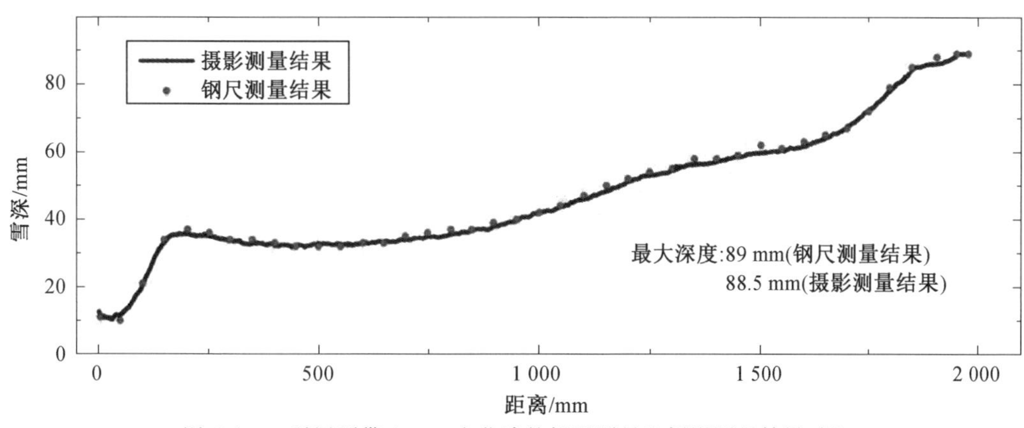

图 5.10　平屋顶带 10 cm 女儿墙的钢尺测量和摄影测量结果对比

1.平屋顶带 10 cm 女儿墙模型

图 5.10 给出了女儿墙积雪分布密集点云的还原结果图；图 5.11 为实测结果照片，进行实测与还原结果对比的测线在图中用线标注。图 5.12 中的黑线为密集点云拟合出的雪深曲线，圆点为手测数据点的雪深，两种测量方法的最大误差为 2.30 mm。为了解摄影测量和钢尺测量相对比时误差分布的情况，研究人员利用 Kolmogorov－Smirnov 方法检验误差分布是否符合正态分布，并在确定是正态分布的情况下给出了置信度为 95% 的误差区间。图 5.13 给出了测量误差值出现频率的结果。图 5.14 给出了误差随位置分布的关系。从图 5.14 中可以发现，摄影测量误差的分布跟位置没有相关性，随机分布。由于女儿墙对光线具有遮蔽的效果，导致雪面较暗，使负误差的测量点数量多于正误差的测量点数量。

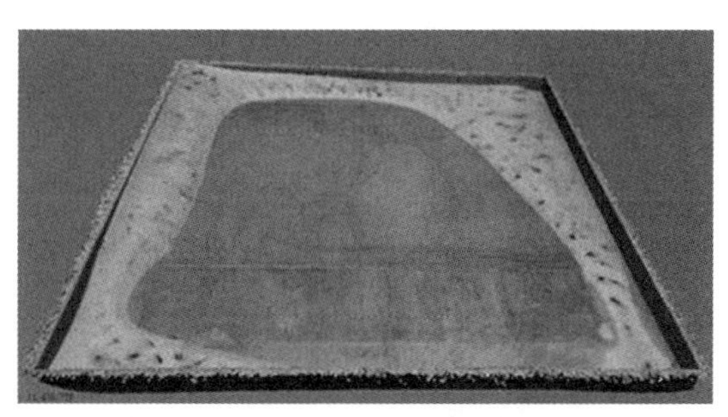
图 5.11　女儿墙积雪分布密集点云

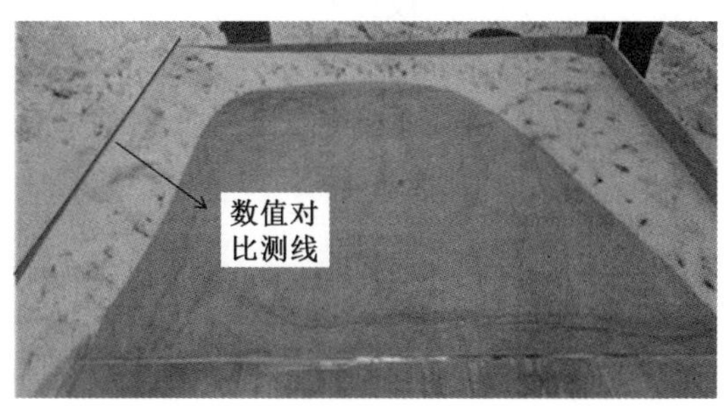

图 5.12　女儿墙积雪分布实际照片

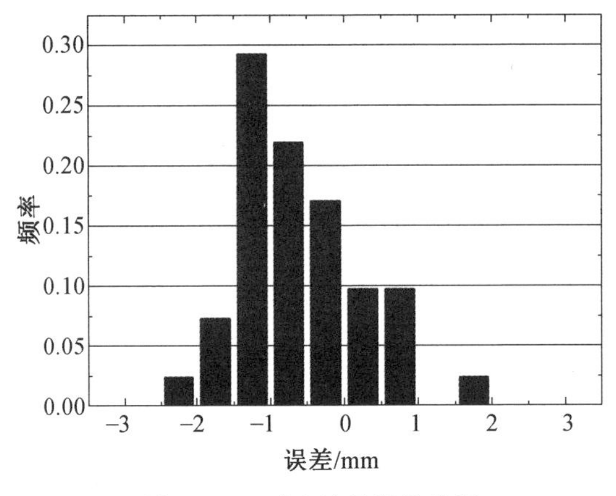

图 5.13　对比结果误差分析

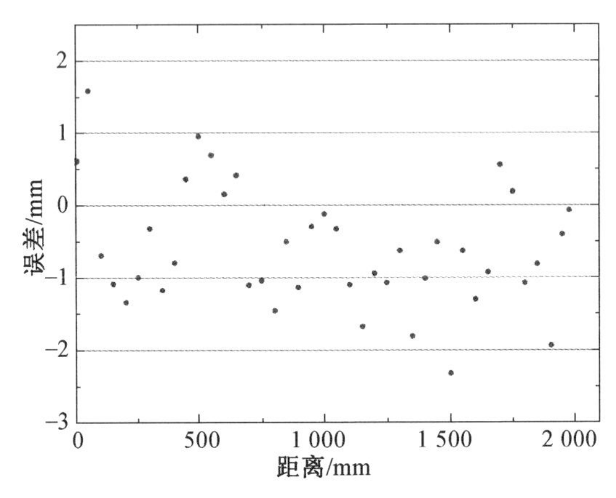

图 5.14　误差随位置分布的关系

2.不同模型还原精度

通过对比 3 种不同模型的钢尺测量结果和摄影测量结果，验证和评价了数字摄影测量的精确度。研究发现，利用数字摄影测量技术对简单模型进行测量时，绝对误差能控制在±2 mm，相对误差在 1% 以内。测量复杂物体时，绝对误差控制在 ±4 mm，相对误差在 3% 左右。

表 5.2 中的拍摄距离是指相机到模型中心点的距离；图像分辨是指在每张照片中每个像素点代表的距离；网格尺寸指构成网格三角形的平均边长；测点数量指一个模型单一工况下的全模型测点数量；雪剖面拟合优度的参考指标为 R^2。

表 5.2　各屋面详细测量结果对比

模型名称	双坡屋面	女儿墙	立方体
照片数量	43	52	236
拍摄距离 /m	2.5	2.5	3
点云密度 /(点 · mm^{-2})	3.14	2.87	7.95
95% 保证率误差区间 /mm	[− 1.24,1.30]	[− 1.87,1.35]	[0.01,3.80]

续表5.2

模型名称	双坡屋面	女儿墙	立方体
平均雪深 /mm	22	72	54
平均误差 /mm	0.22	−0.61	1.22
相对误差 /%	1	−0.85	2.2
标准差 /mm	0.56	1.02	1.90
图像分辨 /(mm·像素$^{-1}$)	0.49	0.53	0.70
网格尺寸 /mm	0.72	0.72	1.43
每种工况测点数量	84	100	418
光照情况	阴天	阴天	部分受阳光直射
雪剖面拟合优度	0.978	0.974	0.988

5.3　缩尺模型实测

5.3.1　实测模型设计

针对《规范》在屋面积雪分布系数上存在的差异和不足进行了如下模型设计。

1.单跨单坡屋面

通过与国外相关规范的对比可以看出，我国《规范》在单跨单坡屋面积雪分布系数取值方面，其临界坡度下限值为25°，小于欧洲、美国、加拿大规范规定的30°。为更细致地考虑不受屋面坡度影响的临界坡度下限值，设计 0°、15°、30° 和 45° 的单跨单坡屋面进行实测，通过统计分析，确定积雪厚度随角度变化的趋势。

2.单跨双坡屋面

我国《规范》中单跨双坡屋面的积雪分布形式与其他规范(欧洲、美国、加拿大) 基本一致，主要区别体现在迎风面和背风面上侵蚀量和沉积量差值的大小。相比之下，我国《规范》规定的差值最小，即降低了风致雪漂移的影响。因此设计 15°、30° 和 45° 的单跨双坡屋面来对不同屋面坡度下积雪漂移现象进行实测和分析。

3.高低跨屋面

我国《规范》没有考虑高低跨屋面上层屋面形状和风向对积雪的影响，故在此设计了迎风向和背风向的高低跨对比模型。考虑到上层屋面形状对下层屋面堆雪效应的影响，设计了 0°、15°、30° 和 45° 的上层屋面，对下层屋面积雪分布形式与坡度之间的关系进行探索。我国《规范》将高低跨屋面的局部堆雪长度设定为 2 倍的高差(高屋面与低屋面)，但实测结果显示，积雪堆雪长度一般大于 2 倍的高差。为了完整地记录屋面的堆雪形式，模型下层屋面的宽度设计为 3 倍的高差。

在积雪模型实测方面，国外一般直接给出模型尺寸，本书模型尺寸则主要参照以往实测的经验，将模型尺寸进一步加大。此外，考虑到实测场地有限，在避免模型之间相互干扰的条件下，模型间间距不能过大。综合考虑下，确定模型尺寸信息见表 5.3。模型由密度板制成，上覆压型钢板。

表 5.3　模型尺寸信息表

编号	模型形状	尺寸 /mm	个数	备注
P－1	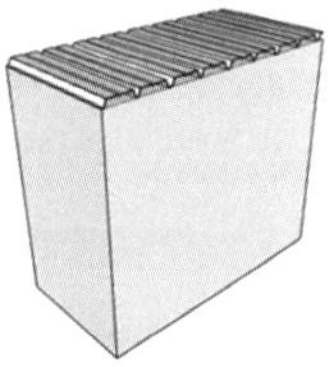	600×1 200×1 000	2	0°高屋面
P－2	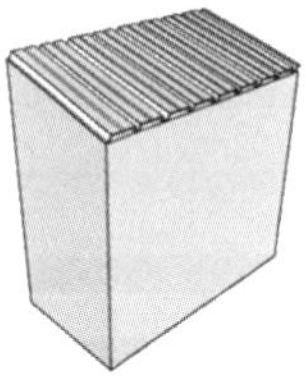	600×1 200×1 000(1 161)	2	15°高屋面
P－3	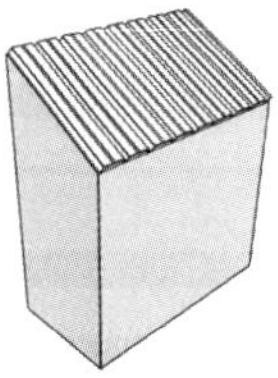	600×1 200×1 000(1 347)	2	30°高屋面
P－4	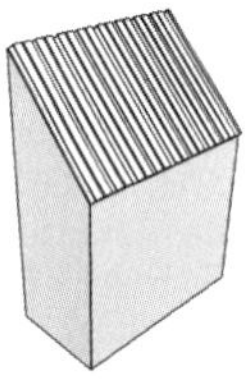	600×1 200×1 000(1 600)	2	45°高屋面
P－5	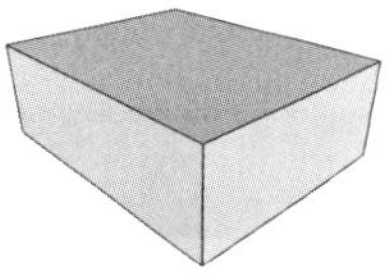	1 500×1 200×500	8	低屋面
P－6	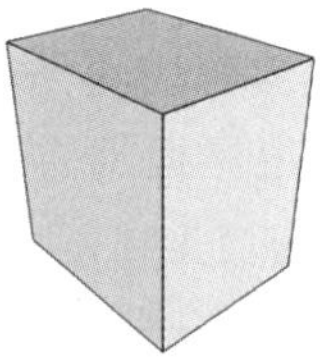	750×600×750	2	矩形块

注：尺寸栏对应的尺寸为模型的长×宽×高，括号中的数据为模型的长边高度。

实测时，为达到用最少的模型数量测得最多的数据的目的，设计时采用模块化的方法，按照实验目的对模型进行相应的组合，分批次进行测量。模型组合信息见表 5.4。

表 5.4　模型组合信息表

编号	组合示意图	组合目的
G－1		① 探讨单坡屋面临界坡度下限值。 ② 探讨高低屋面迎风向、背风向、上层屋面积雪滑落的影响。 ③ 探索立方块周边的积雪漂移现象
G－2		① 探讨双坡屋面积雪漂移量的大小及其与屋面坡度的关系。 ② 探索立方体周边积雪分布并考虑尺寸效应。 ③ 继续探索迎风向和背风向对高低屋面积雪漂移的影响
G－3		① 探索多跨单坡屋面波谷处积雪与屋面坡度的关系。 ② 继续探索立方体周边积雪分布和迎风向和背风向对高低屋面的影响

注：由于 2015 年降雪量小，无法达到实测 G－3 的要求，故仅对 G－1 和 G－2 两种组合形式进行了测量。

5.3.2　实测结果分析

由于 2015 年降雪效果较差，未能对 G－3 进行实测。研究人员通过对组合 G－1 和 G－2 的实测，对单坡屋面、双坡屋面和高低跨屋面的积雪分布特征进行了相应探索。结果如下。

1.单坡屋面

2014 年冬,研究人员首先对高低跨上层单坡屋面的积雪厚度进行了实测。单坡屋面积雪分布效果如图 5.15 所示。

(a) 上层 0°单坡屋面

(b) 上层 15°单坡屋面

(c) 上层 30°单坡屋面

(d) 上层 45°单坡屋面

图 5.15　单坡屋面积雪分布效果图

对 2014 年 12 月 10 日、2014 年 12 月 11 日和 2014 年 12 月 29 日降雪结果的统计,结果见表 5.5。由于 2014 年 12 月 10 日 45° 屋面因震动导致积雪滑落无法测量外,其余实测结果都表明:随着坡度的增加,单坡屋面积雪厚度基本呈下降趋势,但其中 0°、15° 和 30° 屋面的积雪厚度变化不大。从而确定,单坡屋面的临界坡度下限值可取为 30°。

表 5.5　模型信息表

日期(年/月/日)	坡度			
	0°	15°	30°	45°
2014/12/10	3.5	3.5	3.5	—
2014/12/11	1.2	1.1	0.2	1.5
2014/12/29	0.6	0.7	0.5	0.2

2.高低跨屋面

对于高低跨模型，实测时将 0°、15°、30° 和 45° 的模型并排放置于场地中部，相同坡度的两个模型相向放置，以达到对不同风向下堆雪效应的探索。高低跨屋面积雪分布效果如图 5.16 所示。

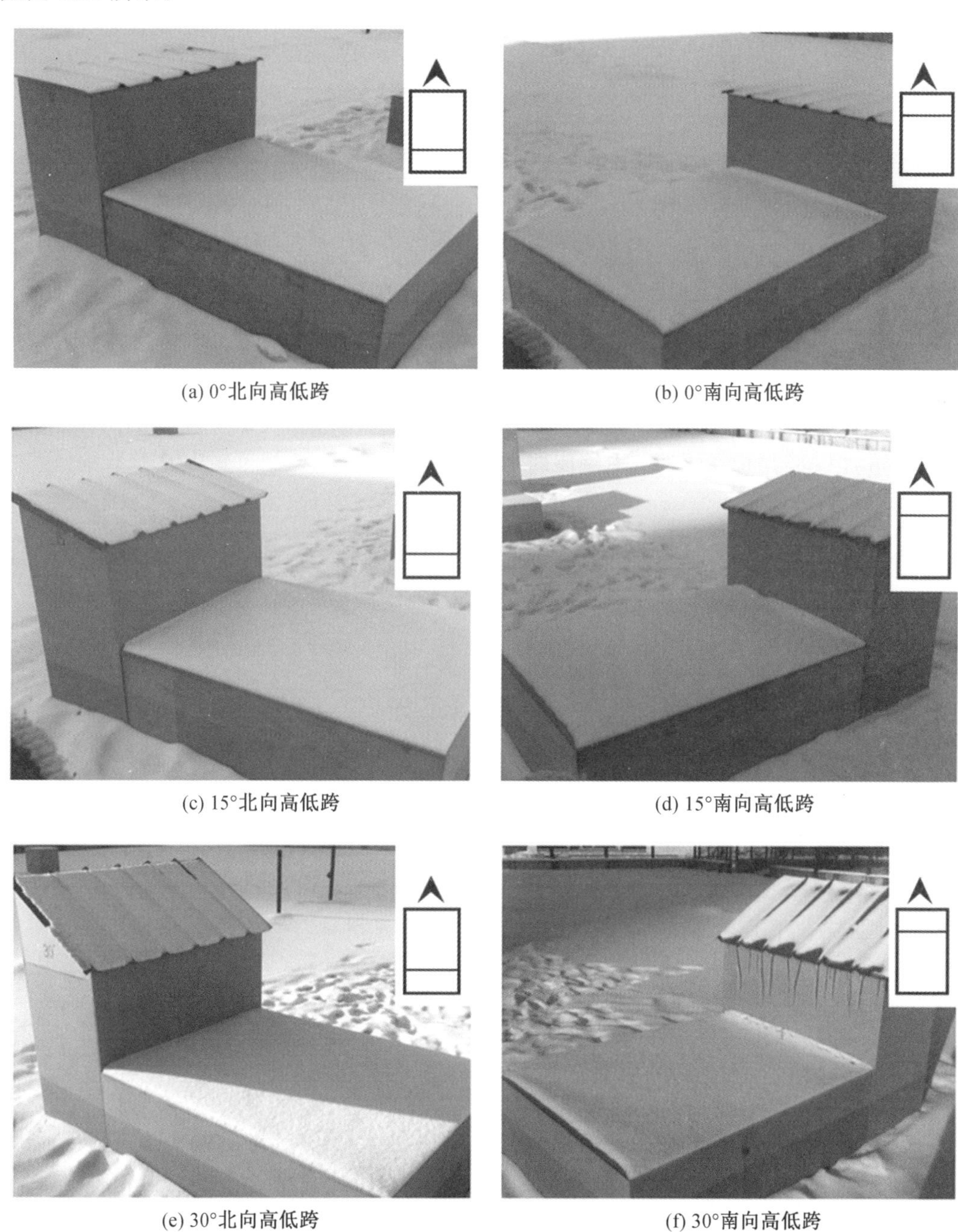

(a) 0°北向高低跨　(b) 0°南向高低跨

(c) 15°北向高低跨　(d) 15°南向高低跨

(e) 30°北向高低跨　(f) 30°南向高低跨

图 5.16　高低跨屋面积雪分布效果图

(g) 45°北向高低跨

(h) 45°南向高低跨

续图 5.16

通过绘制不同上层屋面坡度的下层屋面轴线上的积雪分布图可以看出(图 5.17 ~ 5.19):上层屋面坡度为 0°、15° 和 30° 的高低跨,其下层屋面积雪分布一致;45° 的上层屋面,其下层屋面积雪分布形式与其他坡度屋面一致,但厚度明显增加。由图5.17(b) 和图 5.19 可以看出,45° 屋面存在明显的积雪滑落现象。在实际观测中,30° 屋面也伴有少量的积雪滑落,但 45° 屋面滑落的为上层屋面全部的积雪,而非 EU 规范规定的一半。

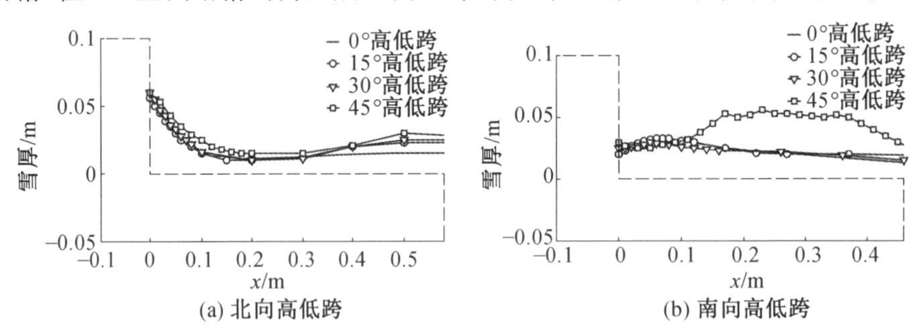

(a) 北向高低跨　(b) 南向高低跨

图 5.17　2014 年 12 月 11 日高低跨屋面积雪分布图

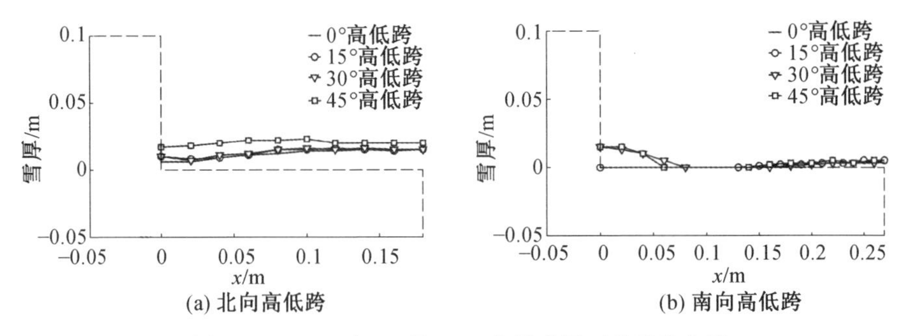

(a) 北向高低跨　(b) 南向高低跨

图 5.18　2014 年 12 月 29 日高低跨屋面积雪分布图

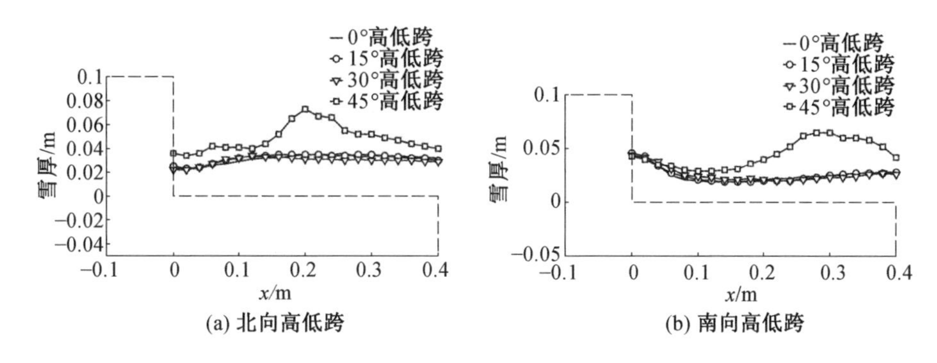

图 5.19　2015 年 1 月 2 日高低跨屋面积雪分布图

对于风向对下层屋面积雪分布影响方面，由于测量场地风向的不稳定性，测量日当天的主导风向在南、北方向都存在(图 5.20)，故无法确定同一坡度相向模型哪个处于上风向或下风向，只能今后通过进一步实测来对其进行研究。

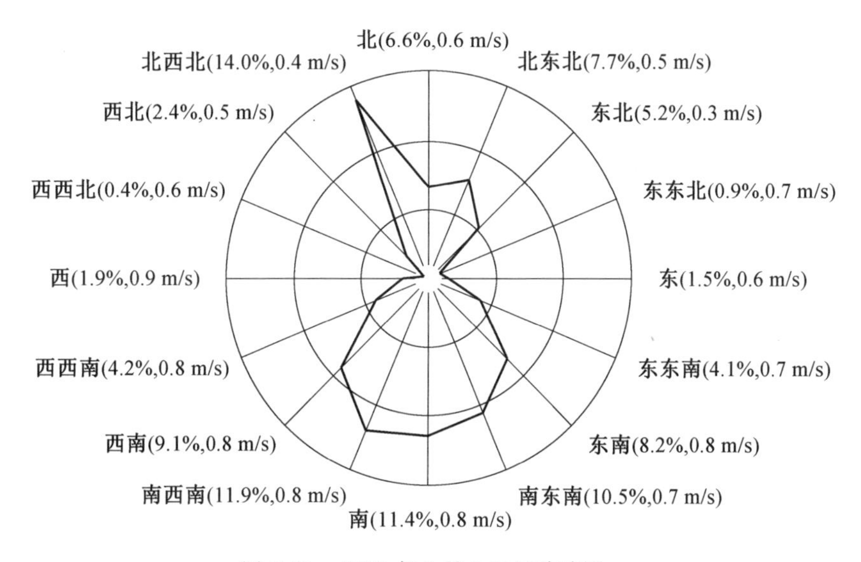

图 5.20　2015 年 1 月 2 日风玫瑰图

3.双坡屋面

实测高低跨屋面后，通过相向放置两个相同高跨屋面得到 15°、30° 和 45° 双坡屋面。实测时分别取两侧屋面的四等分截面进行积雪厚度的测量。单跨双坡屋面积雪分布效果如图 5.21 所示。

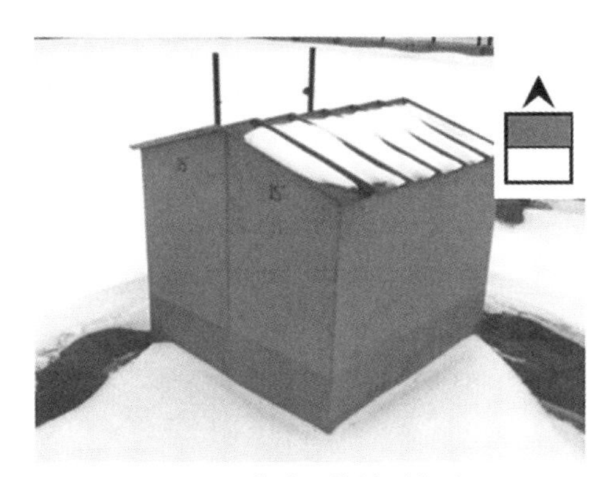
(a) 15°单跨双坡屋面北面

(b) 15°单跨双坡屋面南面

(c) 30°单跨双坡屋面北面

(d) 30°单跨双坡屋面南面

(e) 45°单跨双坡屋面北面

(f) 45°单跨双坡屋面南面

图 5.21　单跨双坡屋面积雪分布效果图

通过绘制不同坡度下单跨双坡屋面迎风向和背风向积雪分布图可以看出(图 5.22)：不同坡度屋面的沉积区积雪厚度基本一致；但随着屋面坡度的增加，侵蚀区和沉积区雪厚度的差值线性增加，且在屋脊处不存在 ASCE 规范提出的局部堆积现象。

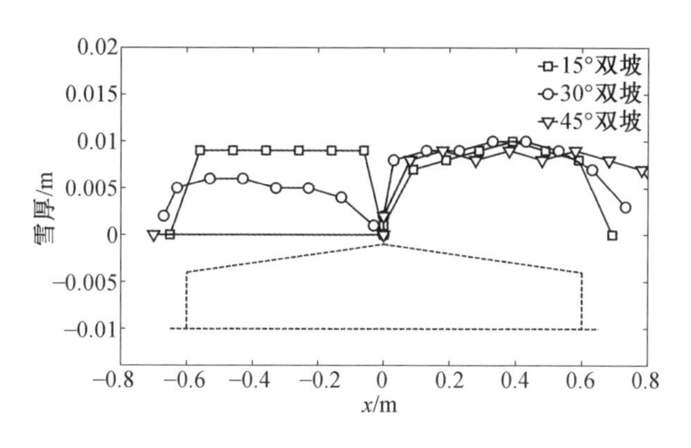

图 5.22　双坡屋面积雪分布图

5.4　原位足尺实测

5.4.1　实测场地

为实时观测建筑屋面上的积雪分布，实测场地选择哈尔滨工业大学土木工程学院楼顶(图 5.23)。学院位于哈尔滨市区(126.69° E,45.77° N)，北侧为多层住宅区，西侧为二层食堂，东侧为交通学院楼，南侧为操场，建筑四周无高于屋面的遮盖物；冬季楼内采暖，昼夜温度维持在 18 ℃ 以上；屋顶采用卷材防水屋面；女儿墙高 0.67 m。实测剖面主要位于学院两翼(图 5.24)，剖面分为两侧兼有女儿墙的剖面(如：1—1、A—A)和脚部雪深剖面(如：6—、F—)。实测采用卷尺和钢尺直接测量的方法。气象条件利用设置于屋面边缘的 PC－4 自动气象站测量，检测内容包括环境温度、环境湿度、大气压力和风速。

图 5.23　实测场地

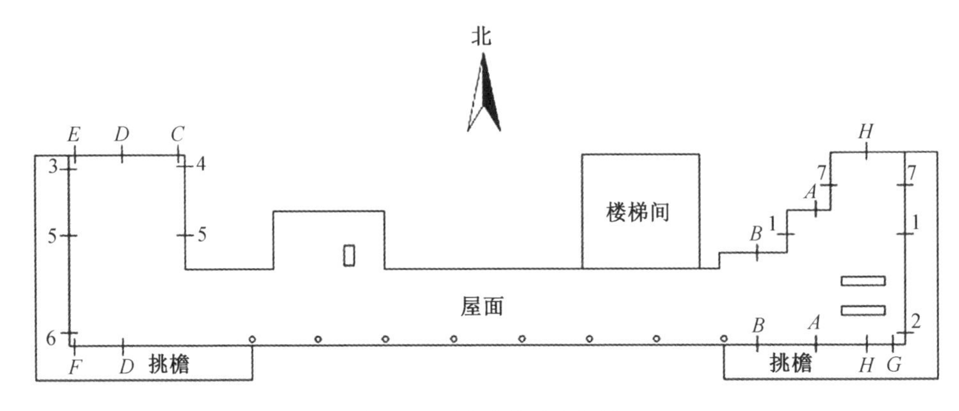

图 5.24　测量剖面示意图

5.4.2　实测结果

2014～2015年，研究人员展开了对女儿墙屋面积雪分布的实测。典型积雪分布剖面如图5.25所示。图中点线为实际测量积雪分布剖面；深色填充区为均匀分布积雪层；浅色填充区为风致雪漂移引起的漂移雪层；风向、风速为屋面处降雪日主导风向上的平均风速。

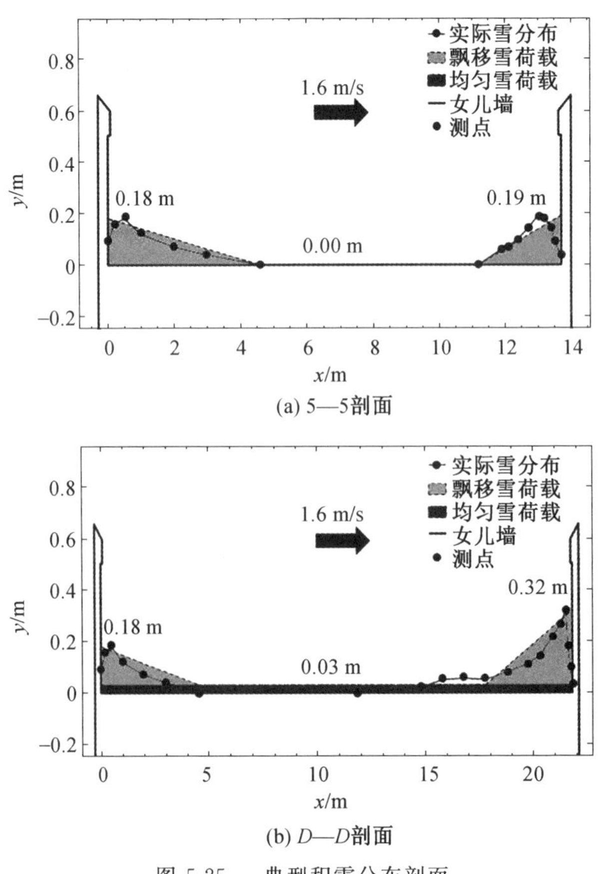

图 5.25　典型积雪分布剖面

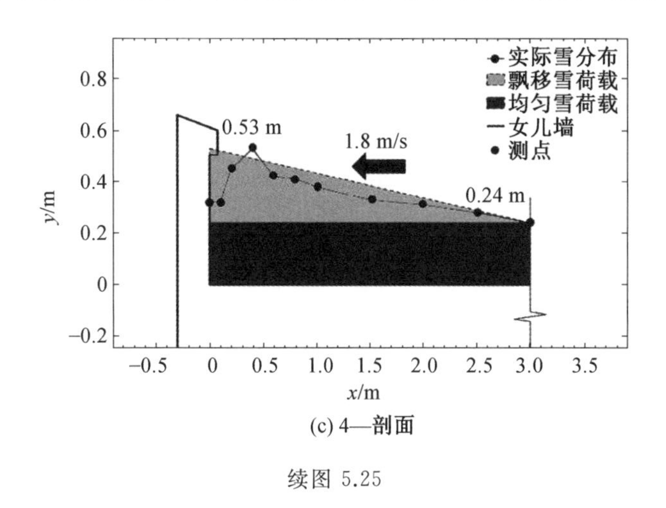

(c) 4—剖面

续图 5.25

1.**风向影响**

由实测结果可知，女儿墙屋面的积雪分布形式基本一致，即屋面中央为积雪分布的低值区，女儿墙脚部为积雪堆积的高值区，且堆雪形状近似三角形。根据三角形形状的不同，又可分为两类(图 5.26)：第一类是积雪的峰值点出现在女儿墙处(图 5.26 左侧)；第二类是积雪的峰值点与女儿墙间存在侵蚀(图 5.26 右侧)。第二类分布形式更多出现在迎风面女儿墙处，与 ASCE 规范描述一致，侵蚀的原因主要是气流流过屋面，与女儿墙相遇并向下流动，在女儿墙迎风面紧贴屋面处形成驻涡区，在该区域，风速增加并超过雪颗粒的阈值摩擦速度，进而造成积雪侵蚀。

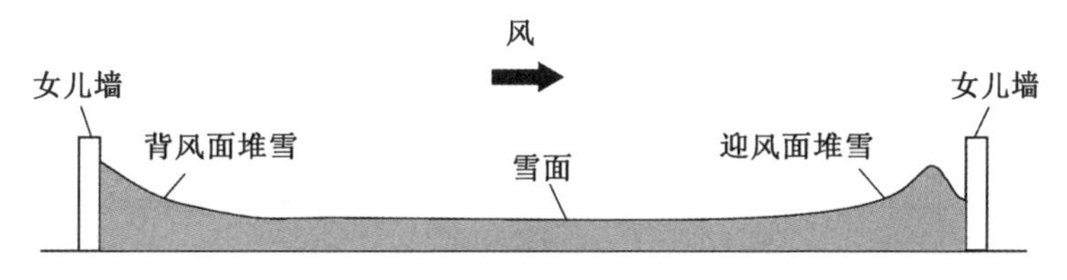

图 5.26　女儿墙处积雪堆积形式示意图

除堆雪形式外，在堆雪量方面，美国规范 ASCE 计算女儿墙处漂移荷载时忽略了背风向作用，仅考虑迎风面女儿墙处堆雪量。为探明迎、背风向与女儿墙处堆雪量的关系，取图 5.25 双侧女儿墙浅色区域漂移雪荷载确定的峰值雪深 h_{m} 和堆雪量 S，绘制了背/迎风向峰值雪深比值 $h_{\mathrm{m,背}}/h_{\mathrm{m,迎}}$ 和堆雪量比值 $S_{背}/S_{迎}$ 的概率密度图(图 5.27)。由图 5.27 可知，因风的作用，屋面中心处的积雪被吹至下游女儿墙处，致使 $h_{\mathrm{m,背}}/h_{\mathrm{m,迎}}$ 多数情况下小于 1.0，维持在 0.4～1.0，最高概率约为 0.75。相比峰值雪深，背风向堆雪量与迎风向堆雪量的比值 $S_{背}/S_{迎}$ 更小，多数情况下维持在 0.25 左右。由此可知，女儿墙屋面上漂移积雪更多情况下会堆积于迎风面女儿墙处，故下文重点对迎风面女儿墙处堆雪规律进行研究。

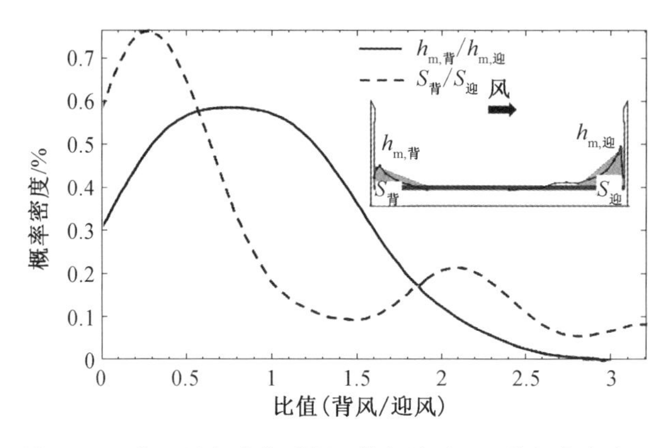

图 5.27　背迎风向峰值雪深比值与堆雪量比值概率密度图

2.风速与屋面存雪影响

通过观测可知,屋面积雪的不均匀分布主要由风致雪漂移引起,故 AIJ 规范根据不同风速确定女儿墙处的漂移雪量。此外,考虑堆积积雪主要来自于上游屋面漂移雪颗粒,ASCE 规范根据地面基本雪压 p_g 和上游屋面宽度 l_u 来考虑屋面存雪对堆积雪量的影响。相较之下,欧洲 EU 规范和我国《规范》则保守认为堆雪面均达到女儿墙高度。但实际观测中仅 $H-H$ 剖面和$D-D$ 剖面(长约 21.7 m)积雪可至女儿墙顶部,且根据 ASCE 规范计算得到,哈尔滨地区雪深达女儿墙高(0.67 m)所需的最小上游屋面宽度约为 22.8 m,由此可见,我国《规范》高估了窄屋面两侧女儿墙处峰值雪荷载。为此,本书对不同风速和存雪量下的女儿墙堆雪荷载进行对比研究。

不同屋面平均风速 V 与上游屋面宽度 l_u 下的女儿墙迎风面处峰值雪深 $h_{m,迎}$ 的对比结果如图 5.28 所示。图中上游屋面宽度和屋面峰值雪深均除以女儿墙高度,进行归一化处理,各直线分别代表直线附近平均风速情况下,屋面峰值雪深 $h_{m,迎}$ 随上游屋面宽度 l_u 的变化趋势。由图 5.28 可知,除高风速的情况(平均风速 3.40 m/s)外,相同屋面风速下,迎风面女儿墙峰值雪深 $h_{m,迎}$ 随上游屋面宽度 l_u 增加而等幅度增加,增幅比 $h_{m,迎}/l_u \approx 0.017$。且高风速下,增幅起点略高,但非线性。不同地面雪荷载 p_g 与上游屋面宽度 l_u 下女儿墙迎风面处峰值雪深 $h_{m,迎}$ 的对比结果如图 5.29 所示。图中除低存雪量的情况(地面雪深0.02 m)外,相同地面存雪情况下,迎风面女儿墙峰值雪深 $h_{m,迎}$ 随上游屋面宽度 l_u 增加而等幅度增加,增幅比同上。但各地面存雪间无明显规律。对于图中大风速(3.40 m/s)小存雪(0.02 m)降雪日的无规律情况,实测中发现该日屋面中心的少量存雪在风场作用下跃升至空中进入悬移状态,故未能堆积于下游女儿墙处。

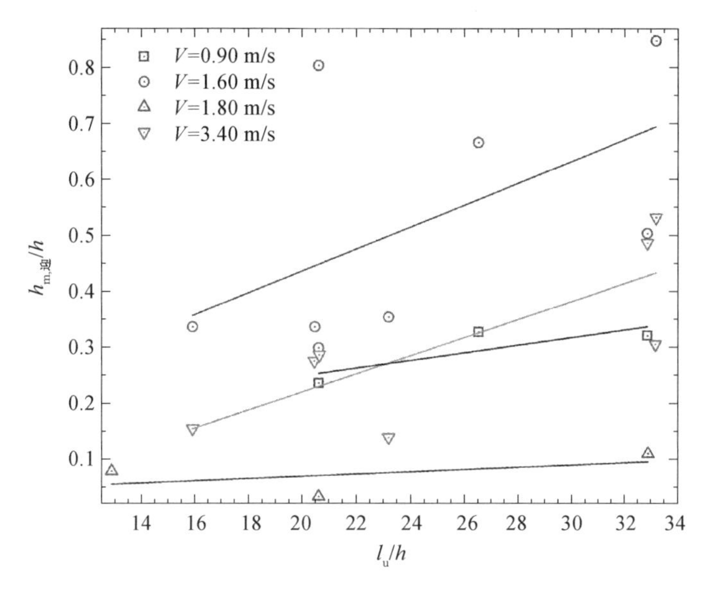

图 5.28　不同屋面平均风速 V 与上游屋面宽度 l_u 下的女儿墙迎风面处峰值雪深 $h_{m,迎}$ 的对比结果

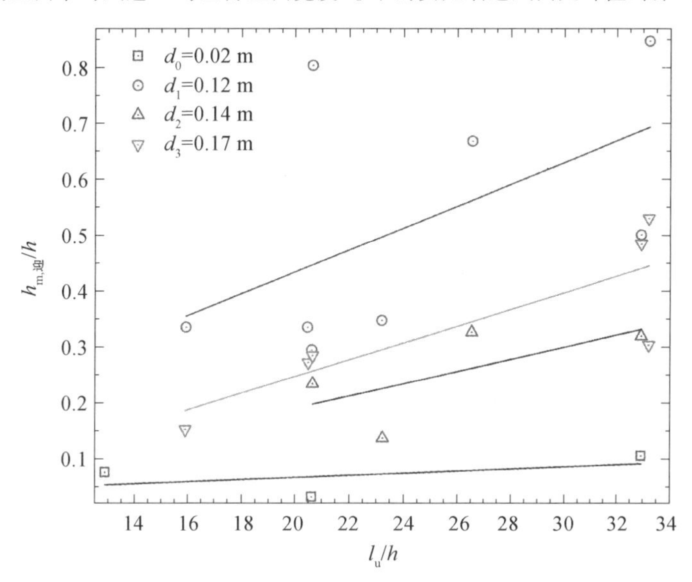

图 5.29　不同地面雪荷载 P_g 与上游屋面宽度 l_u 下女儿墙迎风面处峰值雪深 $h_{m,迎}$ 的对比结果

3.堆雪长度影响

堆雪长度 a 作为影响女儿墙处积雪总荷载的重要变量，中、日、欧规范均将其长度取为女儿墙高度 h 的 2 倍，而美国则取为女儿墙高度 h 的 4 倍。国内研究中，莫华美和王世玉通过对女儿墙屋面积雪的实测指出：堆雪长度与女儿墙高度的比值 a/h 普遍大于 2.0。对此，本书选取迎风面女儿墙处积雪分布曲线转折点的水平坐标作为堆雪长度 a，取女儿墙高度为 0.67 m，绘制了堆雪长度与女儿墙高度比值 a/h 的概率密度曲线（图 5.30）。图中堆雪长度与女儿墙高度比值 a/h 在 2 ～ 6 的范围内维持着较高概率。a/h =3.75 为发

生概率的峰值点。故参考 ASCE 规范,建议我国规范扩大堆雪长度与女儿墙高度比值至 4.0。

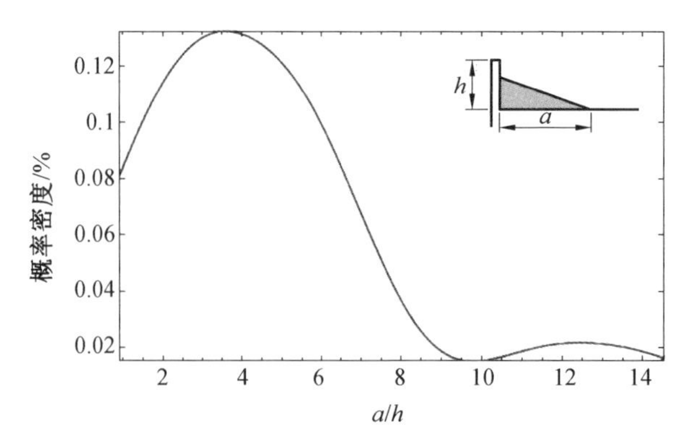

图 5.30　堆雪长度与女儿墙高比值的概率密度曲线

第 6 章　基于降雪模式的风雪联合试验系统

6.1　引　　言

本书以自然降雪环境特点为依据，提出采用播撒降雪模式的风雪联合试验方法设想(图 6.1)，其原理是通过风机设备在试验段内形成稳定的风场，将试验模型固定在试验平台之上，然后由设置在试验段前端顶部的降雪模拟器为试验段供给雪颗粒，最终形成类似于自然降雪的风雪环境，从而可对建筑模型周围或屋面积雪分布展开试验研究。

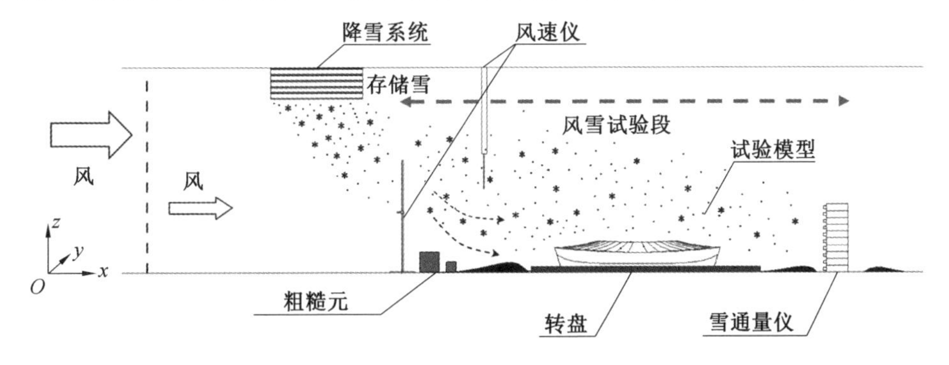

图 6.1　风雪联合试验方法设计概念图

根据上述试验方法设想，参考《风洞设计原理》中低速风洞的设计要求，本书自主研发设计了一套置于户外的大尺度风雪联合试验系统(Combined Wind and Snow Test System，CWSTS)。

本试验系统主要采用存储的自然降雪或人造雪进行试验，考虑到试验颗粒并未缩尺，基于尺寸相似等相似要求，试验模型应尽可能采用较大缩尺比，因此所需试验段截面尺寸较大。考虑到封闭式的环境风洞造价高昂以及风洞阻塞率要求严格等条件限制，且雪工程试验研究领域著名学者 Kind 指出，降雪模拟中最重要的是对降雪速率的准确模拟。此外，Anno 通过研究防雪栅等突变障碍物迎风后端的积雪漂移堆积形式发现，风剖面对数率的小程度失真对试验结果影响较小，即风剖面对数率的小程度失真是允许的，因此本书将试验设备建于室外并采用半开敞式，充分利用哈尔滨冬季户外长期稳定低温的环境特点(冬季日最高温度 ≤－0 ℃，持续天数约 110 天)，极大降低了低温风雪联合试验的费用成本，且放宽了模型缩尺比限制。同时，为降低试验设备周围自然风环境对试验风场的影响，试验设备建于哈尔滨工业大学第二校区土木工程学院阳光大厅西侧室外，建造地为土木工程学院主楼与裙楼组成的一狭长区域(图 6.2),四周建筑物屋檐标高均超过 8 m,设备建造地处于较为封闭的环境中,因此极大降低了外界自然风环境的影响。

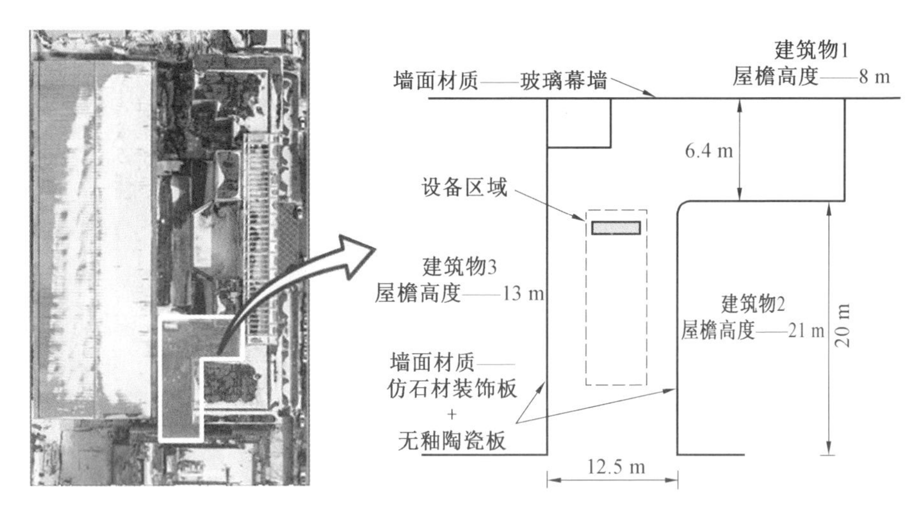

图 6.2　风雪联合试验方法设计概念图

6.2　风雪联合试验系统

风雪联合试验系统由动力系统(风机矩阵组、导流管、蜂窝器与阻尼网)、播撒式降雪模拟器、试验段与测量系统(热敏式风速仪、PC－4 自动气象站、箱式/捕虫网式雪通量测量仪)组成,风雪联合试验系统整体设计如图 6.3 所示。

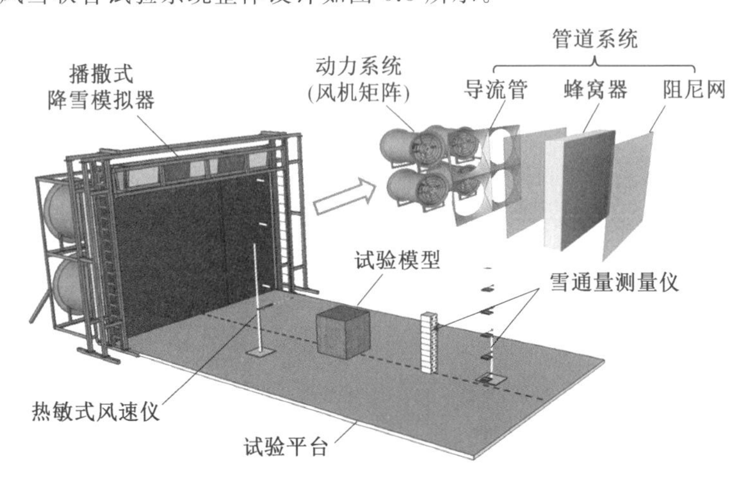

图 6.3　风雪联合试验系统整体设计示意图

6.2.1　动力系统

动力系统,顾名思义主要作用是为试验段提供持续、稳定且均匀的流场。动力系统主要由风机矩阵组、导流管、蜂窝器与阻尼网构成,应以试验段截面尺寸以及风速需求为导向，根据对既往风雪运动研究的总结分析，对动力系统的基本功能需求进行设计：

1.试验段截面尺寸

跃移过程中，雪颗粒的跃移高度 h_p 一般不会超过 0.1 m，跃移距离 l 与跃移高度 h_p 关系为

$$l \simeq 10h_p \tag{6.1}$$

式中，l 为雪颗粒水平跃移距离；h_p 为雪颗粒跃移起跳高度。

跃移距离 l 通常小于 1 m，因此风雪运动中研究对象的覆雪面最短向尺寸宜大于等于 1 m。立方体周围积雪分布是目前国际上进行风雪运动实测、试验与数值模拟基础研究较为常用的研究对象。以国际上常采用的边长为 1 m 的标准立方体模型周围积雪分布实测研究为例，对 Oikawa 和王世玉的实测结果统计分析，风向与迎风面近似垂直时，边长为 1 m 的标准立方体对周围积雪分布影响区域的实测统计见表 6.1。为了完整重现受影响区域的积雪分布特征，试验段尺寸设为宽 4.5 m，长 8.0 m，高 3.0 m。

表 6.1　边长为 1 m 的标准立方体对周围积雪分布影响区域的实测统计

作者	实测工况	平均风速 / $(m \cdot s^{-1})$	顺风向受影响区域 /m	横风向受影响区域 /m
Oikawa	SN09	1.7	4.5	3.9
	SN14	5.2	6.5	4.2
	SN15	4.6	6.5	4.4
	SN19	3.4	5.1	4.1
王世玉	模型 1 — 2012/11/27	1.6	4.6	4.4
	模型 1 — 2012/12/3	2.2	3.7	3.5
	模型 3 — 2012/12/3	2.2	3.5	3.7
	模型 1 — 2012/12/15	1.6	4.0	3.5
	模型 3 — 2012/12/15	1.6	3.7	3.2

注：影响区域指地面积雪因受到模型影响，而产生较明显积雪侵蚀或堆积现象的区域（包含标准立方体模型所占区域）。此处认为以模型原点为中心，当沿顺风向或垂直风向向外延展的中轴线上积雪深度变化趋于稳定，且 0.9 × 平均积雪深度 ⩽ 积雪深度 ⩽ 1.1 × 平均积雪深度时，沿中轴线向外延展的区域视为不再受模型影响。

2.试验段风速需求

试验段风速需求需同时考虑降雪与吹雪两个过程。

自然降雪过程中，据 2005 年威海雪灾与 2018 年雪灾统计，降雪发生时的常遇最大风力等级为 5 ～ 6 级（对应风速范围为 8.0 ～ 13.8 m/s）。此外，莫华美基于统计分析结果提出，风雪运动试验的输入风速约为当年最大风速的 45%（当不能获取当地风速数据时，建议采用当地基本风速的 45% 作为风雪运动试验的输入风速），以基本风压为0.45 kN/m^2 为例，输入风速约为 12.07 m/s。

地面吹雪过程中，跃移已经被证实是最主要的颗粒输运方式，由跃移引起的雪颗粒输运质量占总输运质量的2/3。因此，试验设备应具备重现雪颗粒跃移过程的能力，即试验段可达到风速应大于雪颗粒的起动风速（壁面摩擦速度大于雪颗粒阈值摩擦速度）。1990年Kind根据实测结果指出：环境温度低于－2.5 ℃的新降且松散的雪颗粒，阈值摩擦速度 $u_t^*=0.15$ m/s，对应参考高度1 m处的起动风速为3.45 m/s；环境温度为0 ℃左右且已沉降数小时后的雪颗粒阈值摩擦速度 $u_t^*=0.40$ m/s，对应1 m高度处的起动风速为9.21 m/s。

综合天空降雪与地面吹雪过程风速需求，试验段风速范围暂定为0～12 m/s。由于试验系统采用开口形式，类似于开口开路式直流风洞，其开口段的动力损失较大，需对出口风速进行复验。根据《风洞设计原理》，开口试验段压力损失当量计算原理：

$$U=(1-K)^{0.5}U_0 \tag{6.2}$$

$$K=\lambda L/D_0 \tag{6.3}$$

$$\lambda=0.0845(L/D_0)-0.0053(L/D_0)^2 \tag{6.4}$$

$$D_0=4A_{截面面积}/L_{截面周长} \tag{6.5}$$

式中，L 为试验段长度，取值为8 m；U 为试验段风速，取值为12 m/s；U_0 为动力段出口风速；K 为压力损失系数；D_0 为水力直径。

经计算，动力段出口风速 U_0 应为14.5 m/s，但根据射流风场衰减特性（图6.4），试验段风场整体呈“竹笋式”衰减，满足试验条件的试验段面径向缩减未知，因此需进行射流风场的数值模拟以确定出口风速需求。

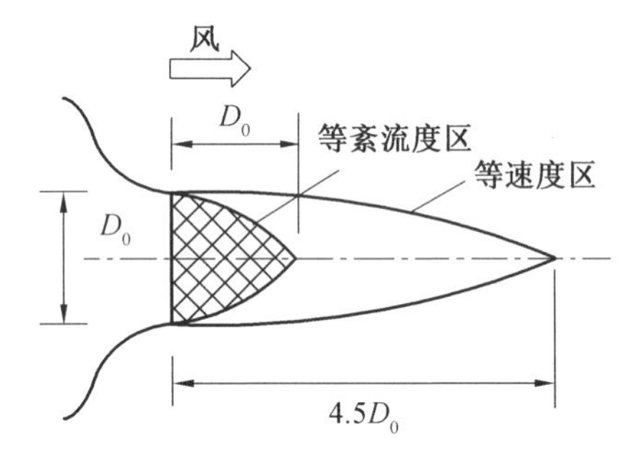

图6.4　射流风场示意图

计算域尺寸参考实际建筑空间确定，长×宽×高设置为26.4 m×12.5 m×8 m；动力段模型尺寸长×宽×高设置为1.6 m×4.5 m×3 m，网格划分采用非结构化网格，网格最小尺寸为0.1 m，空气密度取1.342 kg/m^3（环境温度为－10 ℃），采用涡黏模型中的Realizable $k-\varepsilon$ 模型进行计算，残差取 1×10^{-5}。风机入口设置为速度入流边界，出口设置为自由流出边界，顶部设置为对称边界，其余边界设置为无滑移壁面。

根据模拟计算结果，当出口风速为14.5 m/s时，试验段尾端截面（即距离动力段风出口8 m处截面）边界风速与设计风速比值均大于0.87，因此动力段出口风速取值14.5 m/s，满足试验段风速设计需求。

蜂窝器、阻尼网以及导流管是造成动力段内部风压损失的主要部件。

蜂窝器是由众多方形、圆形或六边形的等截面小管道按照一定序列并列组成，形如蜂窝，故名蜂窝器。蜂窝器主要作用为加速漩涡衰减与导直气流：气流经过蜂窝器后，大尺度的漩涡被分割成小尺度漩涡，其漩涡尺度必将小于蜂窝口径，尺度较小的漩涡较容易衰减，因而气流紊流度下降；同时气流在蜂窝器中流动，限制或减小了气流的横向运动，使气流方向更接近于平行风洞轴线，在开路风洞中，气流由四面八方涌入风洞，因此蜂窝器必不可少。

蜂窝器性能主要由口径 M 和与蜂窝长度 L 决定，蜂窝器尺寸如图 6.5 所示，其取值范围一般为 $L/M=5\sim10$，$M=5\sim30$ cm。长度 L 越大，整流效果越好，但动力损失增加；M 值越小，蜂窝器降低湍流强度的效果越显著。

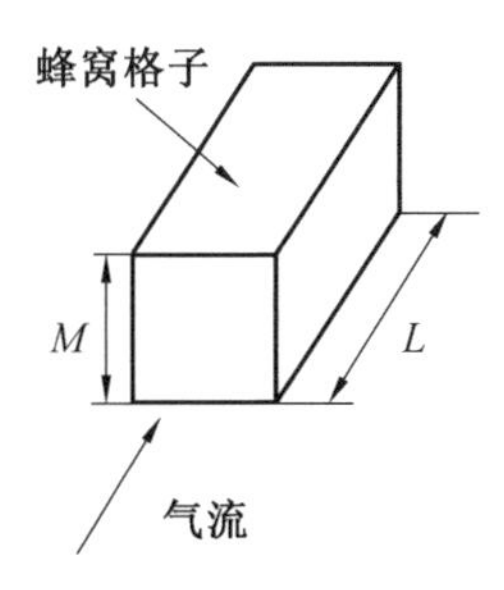

图 6.5　蜂窝器尺寸

不同形状的蜂窝格子，其损失系数不同，图 6.6 列举了 3 种常见蜂窝格子以及长径比等于 6 时这 3 种蜂窝格子的损失系数。方形蜂窝格子加工方便，最为常见，但直角处附面层容易卷起漩涡；圆形蜂窝格子内流动条件相对较好，但管与管之间形成的缝隙会影响流动的均匀性，且压力损失增加；六边形方案优于方形和圆形，但其施工复杂，成本高。因此综合考虑整流效果、施工与经济因素，动力段选定方形为蜂窝格子形状，同时因动力系统并未设置稳定段，且为了降低射流风场的湍流强度，蜂窝格子口径取 $M=3$ cm，蜂窝长度取 $L=30$ cm。

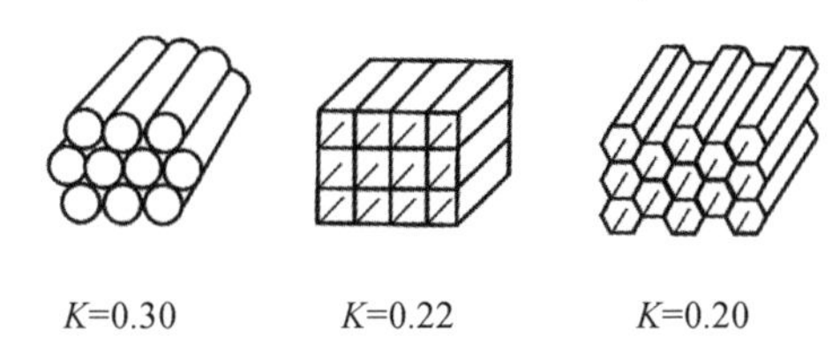

图 6.6　3 种常见蜂窝格子及其损失系数

阻尼网的作用是分割大尺度漩涡，加速漩涡衰减，降低气流的湍流强度并降低速度分布不均匀性，其作用与蜂窝器类似，为尽可能减少不必要的压力损失，动力系统并未设置阻尼网。导流管径向长度小于 1 m，因此其流动摩擦损失可以忽略不计。

风机选型时应考虑的风压损失来源包括蜂窝器的压力损失系数 $K_f=0.36$，导流管拓流引起的压降系数 $\beta=\sum A_{风机出口截面}/A_{试验段截面}$，风机的风压转换效率 $\eta=89.5\%$。风机风压需求由式(6.6) 确定：

$$P=\frac{K_f\rho U_0^2}{2(1-K_f)\eta} \tag{6.6}$$

通过对比市场常见的标准风机性能，最终选用 T35－11 系列轴流风机。T35－11 系列轴流风机轮毂采用圆筒形，压力损失小，全压效率可达 89.5%，根据风机型号差异，共设计了两种设计方案，见表 6.2。综合考虑试验系统的室外放置环境以及经济因素后，选定方案 1 为最终设计方案。

表 6.2　风机组设计方案对比

风机矩阵组	方案 1	方案 2
矩阵形式	3×2	5×3
风机选型	11.2－960－30	7.1－1450－35
压降系数	1.73	1.99
压力需求 /Pa	297	341
风机全压 /Pa	337	385
总功率 /kW	45	60

6.2.2　播撒式降雪模拟器

播撒式降雪模拟器的设计目的是为试验段内提供持续、稳定且均匀的降雪环境，设计原理参照自然降雪特点，将储存的雪放入箱体内并举升至一定高度，然后通过偏心电机推动箱体使雪与设置在箱体底部的多孔筛网进行摩擦，从而使雪以均匀的颗粒形式从网眼中漏出，进入由动力段产生的风场中，从而模拟自然降雪环境。根据播撒式降雪模拟器的设计原理，通过对传动系统、支撑框架进行设计与稳定验算等，最终确定了如图 6.7 所示的设计方案。播撒式降雪模拟器由支撑框架、集雪箱、起吊组件、振动组件、控制系统等组成。两侧支架内设有攀爬梯供操作人员使用；两侧起吊组件由手动葫芦、上吊架和下吊架组成；振动组件由曲柄、连杆、电机和减速器等组成；控制系统由拖链、控制柜、变频器等组成。

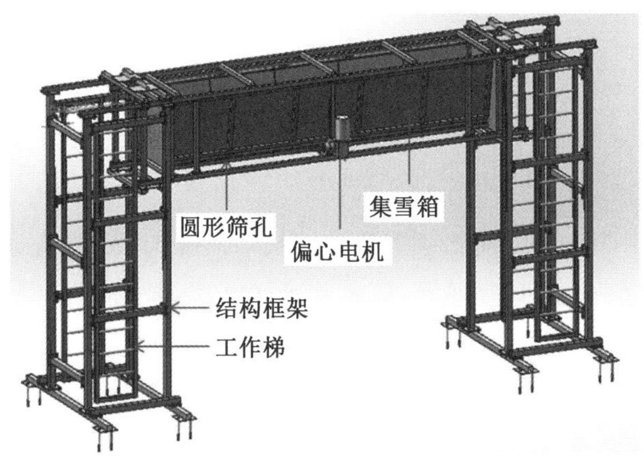

图 6.7　播撒式降雪模拟器结构简图

播撒式降雪模拟器设计需求应以能准确重现真实降雪环境为标准，具体如下：

1.降雪区段覆盖范围

模拟降雪区域应能够覆盖试验段截面，并能保证不同高 / 宽度区域的雪通量需求。为匹配试验段尺寸并避免边缘效应影响，模拟降雪工作空间宽度设置为最大 5.5 m，宽度方向 5 等分可调节。

2.降雪速率覆盖范围

降雪量是指降雪融化成水后的积水量；积雪深度是指从积雪表面到地面的垂直深度。参照中国气象局颁布的标准，24 h 内，降雪折算成降水量在 0.1 ～ 2.4 mm 时为小雪，在 2.5 ～4.9 mm 时为中雪，在 5.0 ～ 9.9 mm 时为大雪，在 10.0 ～ 20.0 mm 时为暴雪，在 20.0 ～ 30.0 mm 时为大暴雪，超过 30.0 mm 的为特大暴雪。降雪量与积雪深度存在一定的对应关系，一般情况下，当降雪落地后无融化时，1 mm(指融化成水) 降雪在北方地区形成的积雪深度为 8 ～ 10 mm，在南方地区形成的积雪深度为 6 ～ 8 mm。

降雪模拟器可模拟的降雪速率应能覆盖从小雪到特大暴雪的降雪环境，即每 24 h 降雪量 10 ～ 300 mm(降雪深度)，根据此要求，降雪模拟器技术指标如下：

① 集雪箱单次总装雪量为 2.6 m^3；② 集雪箱底部采用单层或双层筛网叠放方式，底部板固定，上部板可沿振动方向自由滑动或取下，筛网采用圆形孔径，孔径 3 mm/4 mm/5 mm(中心孔距 6 mm/8 mm/10 mm) 并可替换；③ 箱体内部设置通长的焊有切割刀片的搅拌杆；④ 振动采用四连杆机构偏心振动的方式，振幅调节采用偏心振动盘方式，偏心量调节设置 5 mm、10 mm、15 mm、20 mm 4 个挡位，振动电机频率 30 ～ 60 Hz 连续可调。

6.2.3　造雪机

试验采用的自然雪主要来源于冬季收集存储的自然降雪，人造雪则通过造雪机制造收集得到。

造雪机选用 SVEGA 型超高温造雪机，如图 6.8 所示。造雪机支持自动校准水量，通过 3 组单排 60 个大孔径喷头进行流量调节，确保可达到最高 6 Mbar 水压；喷雪炮筒采用锥状设计，喷头设有涡轮增压装置，喷射的集中度高、受外界风环境影响较小，喷射扬程为 5 ～ 50 m 可调；通过控制调节喷雪炮筒俯仰角以及供水流量，可制造出颗粒粒径、含水率等不同物理特性的人造雪颗粒。

图 6.8　造雪机

6.3 试验系统关键参数标定

6.3.1 测量设备

用于试验系统关键参数标定的测量仪器主要有热敏式风速仪、PC－4 自动气象站、标准钢尺、箱式 / 捕虫网式雪通量仪、显微镜与休止角测定仪等。

1.热敏式风速仪

试验系统风场测量采用 AR866A 型号长探针式热敏风速仪，其风速测量范围为 0.3 ～30 m/s，可自动记录测量时程内最大、最小风速值，风速分辨率为 0.01 m/s，风速测量误差为±1%(量程小于10 m/s)、±5%(其他量程)。风速仪可采用USB数据线与计算机终端连接进行实时数据采集；手持式探针轻便、易于安装固定，其长度调节范围为 280 ～920 mm。

2.PC－4 自动气象站

由于试验系统采用半开敞式设计，外界风场、温度环境对试验风场、试验用雪颗粒物理特性等具有一定影响，因此采用 PC－4 便携式自动气象站对试验系统建造地附近气象数据进行实时监测，检测内容包括：环境温度，测量范围为－50 ～ 80 ℃，准确度±0.1 ℃；环境湿度，准确度±2%(≤80%)，准确度±5%(>80%)；瞬时风向，准确度±3°；瞬时风速、2 min 平均风速和 10 min 平均风速，测量范围 0 ～ 70 m/s，准确度±0.3 m/s。

3.箱式 / 捕虫网式雪通量仪

水平方向雪质量通量是判断降雪环境条件的重要指标，根据既往试验研究经验，拟采用箱式 / 捕虫网式雪通量仪对其进行测量。

(1) 箱式雪通量仪。

参照日本学者小林俊一的设计经验，箱式雪通量仪由 10 个长×宽×高为 20 cm× 20 cm×10 cm的抽屉组成，如图 6.9(a) 所示。各抽屉在上游风向入口处开有5 cm×5 cm的方形孔，下游风向出口处开有 2 个 3 cm×3 cm 的方形孔，风雪流进入抽屉后，流体的横截面面积扩大，风速降低 1/8，雪颗粒沉降。因入流面处雪颗粒不能全部进入，出流面的雪颗粒无法全部排出，因此装置的捕捉率 F 为入口捕捉率 C_1 和出口捕捉率 C_2 的乘积：

$$F = C_1 \times C_2 \tag{6.7}$$

此装置 $C_1 = 0.6$，$C_2 = 0.38$，$F = 0.228$。

(2) 捕虫网式雪通量仪。

参考 Naaim 对法国 CSTB 气候风洞雪场的标定经验，对捕虫网式雪通量仪进行了改进设计，通量仪由 n 个入口为方形，尾端目数为 150 的金属阻尼网进行封口的捕虫网单元组成，如图 6.9(b) 所示。捕虫网单元风入口截面为10 cm×10 cm方形孔，风雪流进入后，流体经过阻尼网后风速降低超过 60%，且由于网眼直径小于 0.15 mm，雪颗粒被全部捕

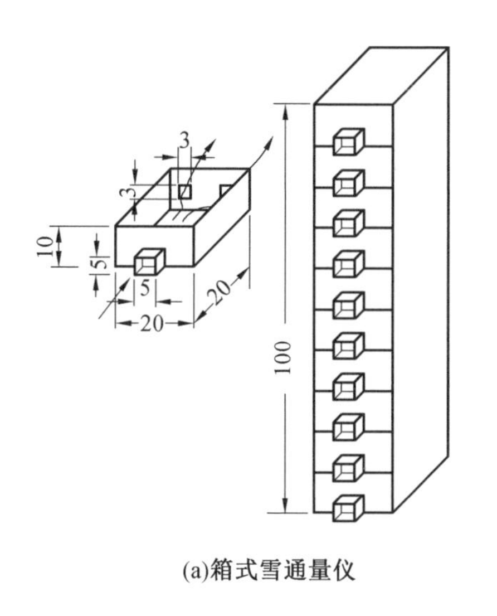

(a)箱式雪通量仪

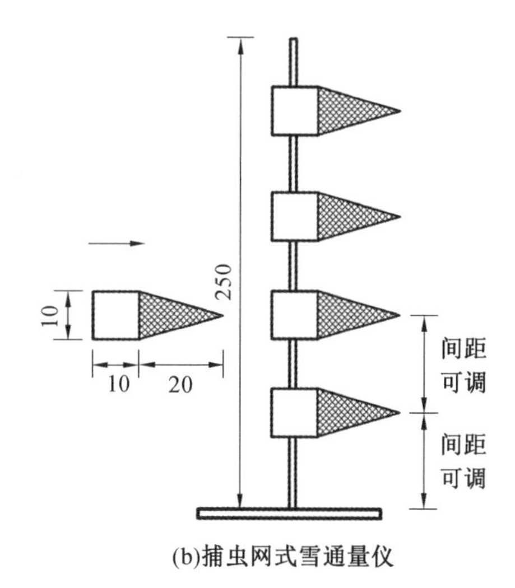

(b)捕虫网式雪通量仪

图 6.9　雪通量测量仪(单位:cm)

捉,此装置的捕捉率 $F = 1.0$。捕虫网单元通过套管与圆柱形立杆进行安装固定,其间距可根据试验需求进行调节。

4.光学显微镜与休止角测定仪

风雪联合试验中需要掌握试验所采用模拟颗粒的形状、粒径特性,因此采用 SAGA-02 型光学显微镜对其进行观测。显微镜放大倍数为 40 ~ 1 600,可将电子目镜与计算机或手机终端连接进行拍照摄影,如图 6.10(a) 所示。

休止角是在重力场中,颗粒在堆积层的自由斜面上滑动时,受重力和粒子之间摩擦力达到平衡而处于静止状态下测得的最大角,是积雪分布研究试验中需重点关注的颗粒物理特性,其测定方法有注入法、排出法与倾斜法。本书使用 FBS-104 休止角测定仪,如图 6.10(b) 所示,采用注入法进行雪颗粒休止角测定,其原理是将雪颗粒从漏斗上方慢慢加入,从漏斗底部漏出的颗粒落入承接皿中,最终形成的堆积体与水平面形成的倾斜角即为休止角。

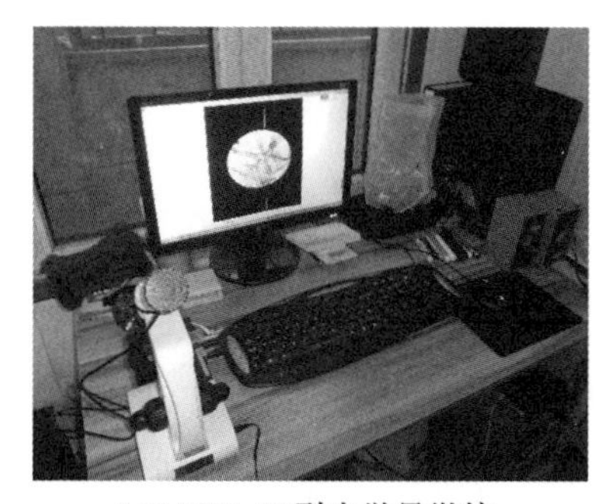

(a)SAGA-02型光学显微镜

(b)FBS-104休止角测定仪

图 6.10　雪颗粒属性测量仪器

5.钢尺、激光全站仪与激光全站扫描仪

针对面积较小的积雪面，主要采用ZT－20R中纬激光自动全站仪与标准钢尺配合进行逐点测量。激光自动全站仪主要负责积雪面的无损测量，其测量误差小于等于1.0 mm，钢尺手测主要用于控制点积雪深度的校核与积雪面变化剧烈处的加密点补测，其测量误差小于等于0.5 mm。

当进行区域面积较大的积雪面测量时，逐点测量方式效率低下，因此引进了徕卡Nova MS60激光全站扫描仪以提高积雪分布测量效率。徕卡Nova MS60激光全站扫描仪可进行高精度的自动化跟踪测量，实现精细化的扫描，获取测量范围内积雪表面的点云数据，其扫描效率极高，大大提高了外业测量效率；进行雪面扫描时，其积雪深度测量误差小于等于1 mm。

6.3.2 试验颗粒特性

针对雪颗粒以及各类试验模拟颗粒的物理特性，国内外众多学者如李雪峰、刘庆宽、Kind、Kim等对雪颗粒与各种模拟颗粒属性进行了详细测量与总结。本书对存储自然雪、人造雪的颗粒粒径、密度、休止角与沉降速度等特性进行了测量，在表6.3中总结了国内外学者对风雪联合试验常用颗粒性质属性的实测结果。

表6.3 不同试验颗粒物理参数统计表

颗粒类型	颗粒密度/($kg \cdot m^{-3}$)	粒径/mm	阈值摩擦速度/($m \cdot s^{-1}$)	休止角/(°)	沉降速度/($m \cdot s^{-1}$)
自然雪	50～700	0.15～1.0	0.15～0.36	30～50	0.2～0.5
存储自然雪	295～406	0.2～0.5	0.2～0.30	38～42	0.5～0.8
人造雪	379～605	0.2～0.4	0.30	37～40	0.7～1.2
细硅砂	2 569	0.2	0.25	31	3.5
小苏打	2 159	0.1	0.20	30	2.0
细糠	340	0.4	0.20	39	1.0
木屑	154	0.3～1.0	0.20	38	0.8

通过颗粒物理性质的对比发现，存储自然雪、人造雪、细糠、木屑是较为理想的模拟颗粒，但木屑的颗粒粒径离散性很大、筛落性能差；细糠对于雪颗粒间黏结、堆积性能的模拟能力较差；自然降雪在最初收集后，由于疏松、黏性大、物性时变速度快等特点并不能即时利用，需在收集后放置足够的时间直至其性质稳定才可利用，且对于不同场次的自然降雪，雪颗粒间形状与尺寸差异明显；而人造雪颗粒性质稳定、可控，雪颗粒间差异性较小，其使用不受储量制约，可满足大批量试验需求。自然雪与人造雪颗粒的形状特点如图6.11所示。

综合考虑,本书主要以人造雪颗粒为试验模拟颗粒。

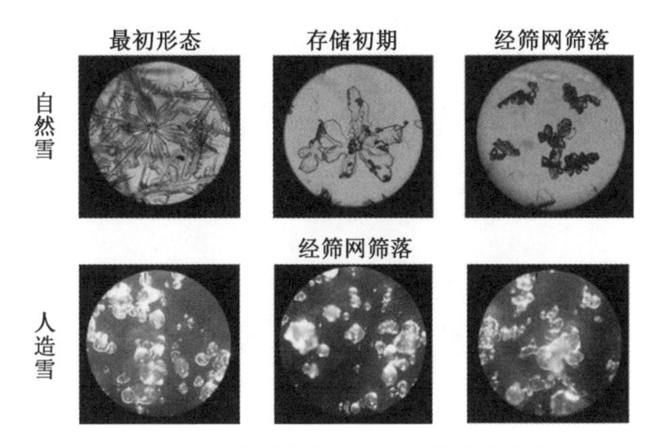

图 6.11　自然雪与人造雪颗粒的形状特点

6.3.3　试验段风场标定

《建筑工程风洞试验方法标准》(JGJ/T 338—2014) 规定,风洞类设备在正式投入使用前应进行流场校测与验收。流场校测应在小于等于 20 m/s 的试验常用风速下进行,测试范围应以模型放置区的试验段截面中心为基准,取宽度与高度的 75%。根据要求并结合试验段截面尺寸,风场标定测点布置和测量方式如图 6.12 和 6.13 所示,采用热敏式风速仪进行测量,测量时探针均拉伸至最长(920 mm) 以尽可能降低测量支架对测点周围风场的影响,每个测点测量时长为 60 s,数据采集频率为 1 Hz。

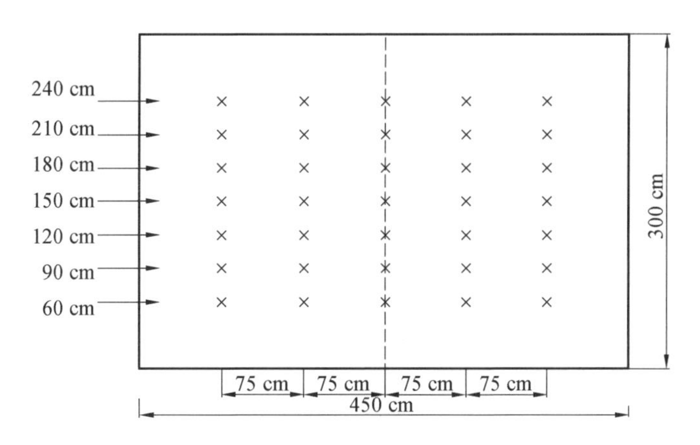

图 6.12　风场标定测点布置图

风洞评价的主要内容包括试验段风速稳定性、流场均匀度、湍流强度与点流向偏角。

试验段风速稳定性指垂直于气流截段面的相对最大风速波动,用风速波动系数 η 表示:

$$\eta=\frac{|U_{\mathrm{m}}-\overline{U}|}{\overline{U}}\times 100\% \tag{6.8}$$

式中，U_m 为垂直于气流段面的最大或最小风速；$\overline{U}$ 为气流段面的平均风速。

图 6.13　风场标定测点测量方式

流场均匀度指垂直于气流截断面的速度空间分布情况，用截面内各测点的风速与平均风速相对偏差的均方根——截面平均速度偏差系数 σ_v 表示：

$$\sigma_v = \frac{1}{N}\sum_{i=1}^{N} |\Delta U_i| \tag{6.9}$$

$$\Delta U_i = \frac{\overline{U}_i - \overline{U}_P}{\overline{U}_P} \tag{6.10}$$

$$\overline{U}_P = \frac{1}{N}\sum_{i=1}^{N} \overline{U}_i \tag{6.11}$$

式中，$\overline{U}_P$ 为气流段面的平均风速。

湍流强度指空风洞均匀流场的气流脉动程度：

$$I = \frac{\sigma_u}{\overline{U}} \tag{6.12}$$

式中，σ_u 为水平向脉动风速的均方根。

点流向偏角指气流风向与风洞轴线的偏离程度，一般用气流竖直和水平风向角来衡量。

试验段风速稳定性、流场均匀度、湍流强度与点流偏向角的确定思路：根据试验段实测风场特性，选取最优的截断面，以此截断面风场对各指标进行评价。

为获取最佳试验截断面，以风机组频率 25 Hz(0 ～ 50 Hz) 为例，测量距离风出口 1 m，3 m，4 m，5 m，6 m，8 m 处的截断面的气流特性，测量数据分析结果见表 6.4。

根据标定结果可知，顺风向风速衰减在风出口附近较为剧烈，距离风出口 1 ～ 4 m 区域内截断面风速稳定性与均匀性均较差；距离风出口 4 ～ 8 m 区域内截断面风速稳定性与均匀性较为理想，考虑风速衰减因素，选定距离风出口 5 m 处为试验段最优截面，并对 5 m 截断面在不同风机组频率下风场特性进行测量，测量数据分析结果见表 6.5。

表 6.4　风机组频率 25 Hz 时不同截断面气流特性

截面与风出口距离 /m	平均风速 $\overline{U}/(\mathrm{m \cdot s^{-1}})$	风速稳定性 $\eta/\%$	流场均匀度 $\sigma_u/\%$
1	6.23	65.74	12.01
3	4.06	25.11	6.29
4	2.71	14.42	5.51
5	2.67	12.15	4.67
6	2.58	13.39	5.34
8	2.21	12.26	5.71

表 6.5　最优截面处不同风机组频率下风场特性

风机组频率 /Hz	平均风速 $\overline{U}/(\mathrm{m \cdot s^{-1}})$	风速稳定性 $\eta/\%$	流场均匀度 $\sigma_u/\%$
10	1.15	16.83	7.16
15	1.56	15.36	5.21
20	2.15	14.48	5.34
25	2.67	12.15	4.67
30	3.38	13.19	4.07
40	4.46	12.62	8.26
50	5.93	14.81	7.75

最优截面在不同风机组频率下风速稳定性为 12.15% ~ 16.83%，均符合试验要求；流场均匀度为 4.07% ~ 8.26%，其值高于《建筑工程风洞试验方法标准》(JGJ/T 338—2014) 中规定的限值 2%，但考虑到风雪运动研究中可适当放宽对风场的要求，因此流场均匀度指标满足试验研究要求。

根据对试验段风速测量数据拟合，可得试验段风速 U 与风机频率 f 的关系如式(6.13) 所示(拟合优度 $R^2 = 0.9992$)：

$$U = 0.0016f^2 + 0.0512f + 0.4551, \quad 10\ \mathrm{Hz} \leqslant f \leqslant 50\ \mathrm{Hz} \tag{6.13}$$

如图 6.14 所示，实测风速数据与拟合公式吻合良好，各测点相对误差均小于 2.1%。设置风机组工作频率下限为 10 Hz，原因是当频率小于 10 Hz时，试验段风场品质较差，且风速小于 1.15 m/s，风速较低，不属于风雪联合试验常用风速。

最优截面处中线上不同风速下各测点湍流强度见表 6.6，由表可知，各测点湍流强度稳定在 4.34% ~ 10.61%，满足试验研究要求。

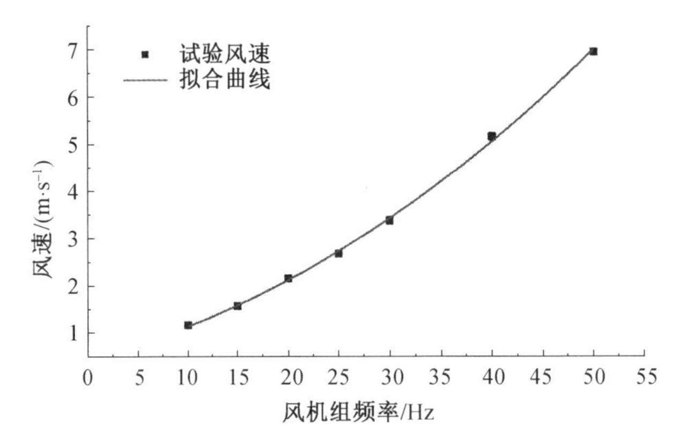

图 6.14　试验段风速与风机组频率关系

表 6.6　最优截面处中线上不同风速下各测点湍流强度

测点高度 /m	频率 /Hz						
	10	15	20	25	30	40	50
0.6	10.61%	9.13%	7.56%	6.22%	6.59%	9.38%	8.10%
0.9	8.77%	6.27%	5.58%	8.33%	7.16%	10.2%	8.57%
1.2	6.85%	7.15%	5.88%	5.58%	7.33%	7.54%	9.15%
1.5	6.42%	5.34%	7.34%	7.44%	5.92%	7.28%	7.83%
1.8	7.63%	8.15%	6.21%	4.34%	6.83%	8.19%	7.94%
2.1	8.24%	7.11%	6.83%	7.66%	6.77%	8.23%	6.98%
2.4	8.06%	7.82%	8.69%	8.91%	7.91%	7.95%	8.68%

各测点竖直和横向水平风速测量值均为 0 m/s，但考虑到 AR866A 型热敏式风速仪的风速测量下限为 0.3 m/s，因此取气流的竖直与横向水平风速为 0.15 m/s，以常用风速 3.0 m/s 为例计算可得点流向偏角小于 2.86°，满足试验研究要求。

试验模型尺寸与试验颗粒性质是影响风雪联合试验结果精确性的主要因素。虽然由于本书研发的风雪联合试验系统采用半开敞形式，其风场质量会一定程度上受到外界自然环境的影响，但本书所研发的试验系统，是目前可利用真实雪颗粒进行大尺度模型试验研究中风场品质较优，稳定性与可控性兼备的选择。

6.3.4　模拟降雪速率与雪通量标定

模拟降雪速率与雪质量通量是风雪联合试验中的重要参数，以频率为 45 Hz 的降雪模拟器的振动电机为例，考察不同风速下模拟降雪时长为 0.5 h 时地面累积降雪深度的顺风向均匀性，如图 6.15(a) 所示；以由风场确定的最优截面为例，考察地面累积降雪深度的横向均匀性，如图 6.15(b) 所示。根据测量结果发现，距离风出口 3.0 ～ 7.0 m 时，地面积雪深度的顺风向均匀度与最优截面处地面积雪深度的横向均匀度均较高。

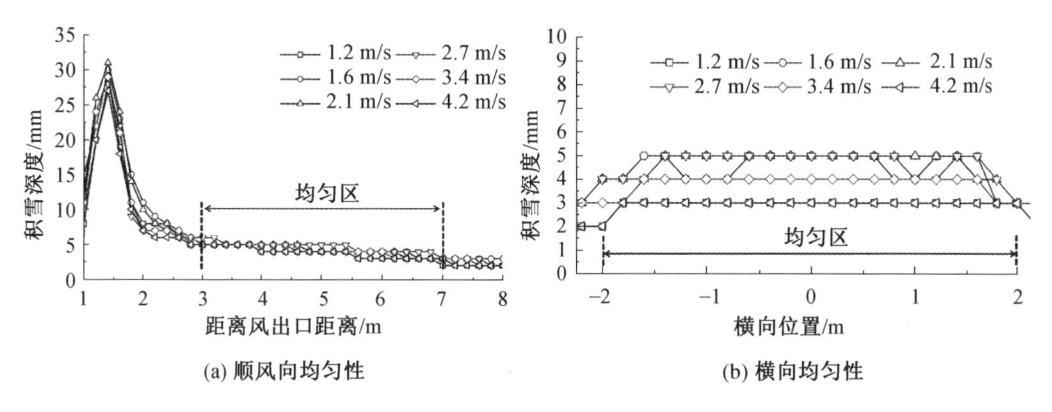

(a) 顺风向均匀性　　(b) 横向均匀性

图 6.15　模拟降雪时长 0.5 h 地面积雪深度均匀性

最优截面处模拟降雪时长为 0.5 h 时地面积雪深度实测数据见表 2.7，降雪速率 S_d 与试验段风速 U、振动电机频率 f_v 的关系如式(6.14) 所示(其拟合相关系数为 0.959 9，标准误差为 0.736 8)：

$$S_d = -0.004\ 04 - 0.000\ 22U + 0.000\ 152 f_v,\quad 30\ \text{Hz} \leqslant f_v \leqslant 55\ \text{Hz} \tag{6.14}$$

式中，S_d 为积雪堆积速率，$S_d \geqslant 0$；f_v 为降雪模拟器振动电机频率。

表 6.7　最优截面处模拟降雪时长为 0.5 h 时地面积雪深度实测数据

风速 /(m·s^{-1})	不同电机频率下的积雪深度实测数据				
	30	40	45	50	55
1.2	1 mm	2 mm	3 mm	6 mm	7 mm
1.6	1 mm	3 mm	4 mm	6 mm	7 mm
2.1	0 mm	3 mm	5 mm	6 mm	8 mm
2.7	0 mm	2 mm	4 mm	7 mm	8 mm
3.4	0 mm	2 mm	4 mm	5 mm	6 mm
4.2	0 mm	1 mm	3 mm	4 mm	6 mm

根据测量数据可知，试验设备对中雪以上的降雪环境模拟能力较强，但对中雪以下降雪环境模拟能力较弱，在振动电机的正常使用频率内，试验设备完全具备在试验段内模拟暴雪～特大暴雪(24 h 内降雪深度 100～300 mm) 降雪环境的能力。本书给出的回归公式主要用作风雪联合试验初始输入参数的初步确定，受所用存储雪特性、积雪填装等影响，降雪速率值会有细微浮动，因此在进行风雪联合试验前应对此参数进行空模型试验复核。

试验段最优截面中线沿高度方向的雪质量通量变化如图 6.16 所示。通过与自然降雪实测雪质量通量的对比发现，试验与实测的雪质量通量剖面形状特征相似，数值上试验可完全包络实测，因此，试验系统形成的雪场可满足风雪联合试验研究需求。

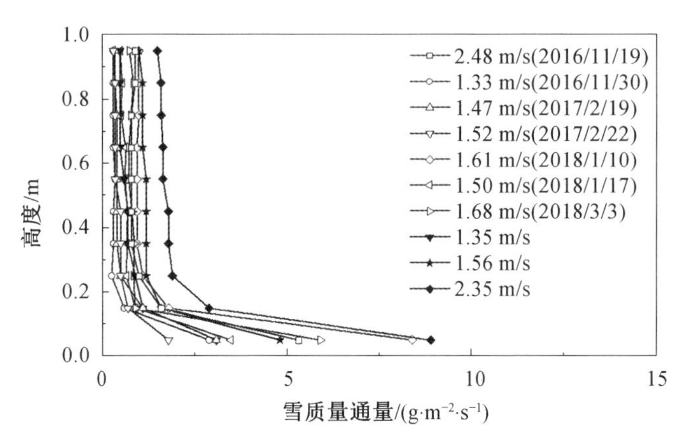

图 6.16　最优截面中线沿高度方向的雪质量通量变化

6.4　试验系统验证

为了验证本书提出的风雪联合试验系统的可靠性，需对试验系统的可重复性以及准确性分别进行验证。

6.4.1　可重复性验证

通过标准立方体周围积雪分布试验、高低屋面以及拱形屋面积雪分布试验对试验系统的可重复性进行验证。

1.标准立方体周围积雪分布重复性试验

以边长为 1 m 的标准立方体为试验模型，在其他各试验工况条件相同的情况下，进行 0° 风向角下 20 次重复性试验，试验模型中心位于试验段最优截面处(如无额外说明，本书后续所进行的试验研究中，试验模型中心位置均位于试验段最优截面处)，其试验工况信息见表 6.8，试验模型与部分试验结果照片如图 6.17 所示。

表 6.8　立方体周围积雪分布试验工况信息

参考高度 /m	试验风速 /($m \cdot s^{-1}$)	风向角 /(°)	平均降雪量 /mm	温度 /℃	湿度 /%
1.0	2.5	0	16	－5 ～－2	38 ～ 52

为了对比立方体周围积雪分布 20 次重复性试验结果，提取模型顺风向以及横风向中轴线上积雪深度数据绘制结果曲线，并计算了任意两次试验结果曲线的皮尔逊相关系数，如图 6.18 所示。根据皮尔逊相关系数计算结果可知，任意两次试验数据的皮尔逊相关系数均在 0.89 ～ 1 区间内，即表现为强相关性，表明试验系统满足试验研究可重复性要求。

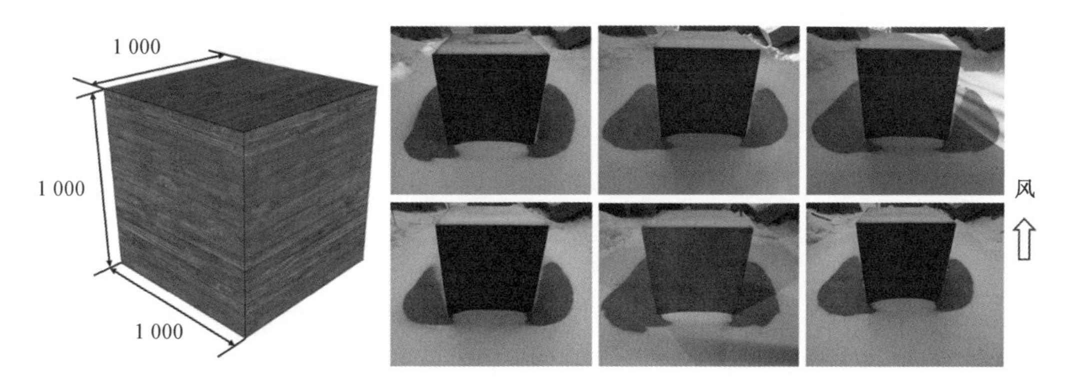

图 6.17　立方体周围积雪分布试验结果(单位:mm)

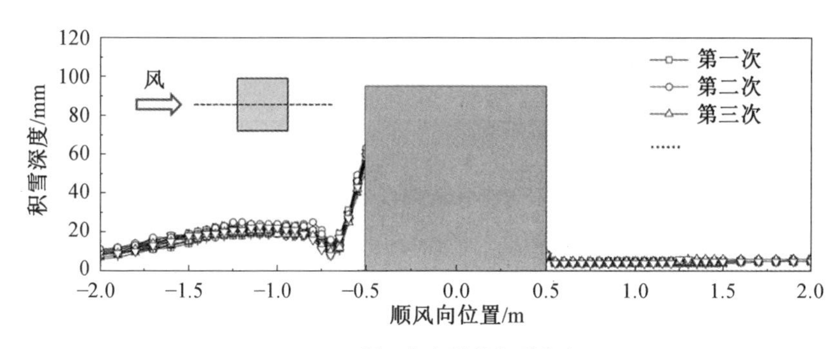

(a) 顺风向中轴线积雪分布

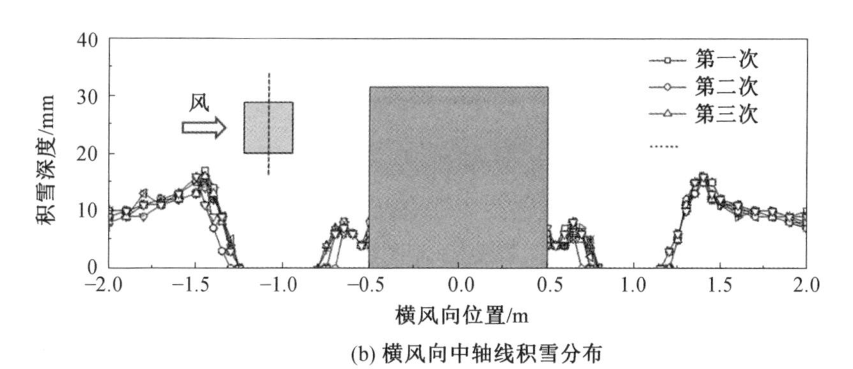

(b) 横风向中轴线积雪分布

图 6.18　立方体周围积雪分布 20 次重复性试验结果分析

2.高低屋面积雪分布重复性试验

以高低屋面代表典型平面类屋面,在其他各试验工况条件相同的情况下,针对低跨屋面迎风与高跨屋面迎风工况,分别进行了 5 次重复性试验,其试验工况信息见表 6.9,试验模型与部分试验结果如图 6.19 所示。

表 6.9　高低屋面积雪分布试验工况信息

参考高度 /m	试验风速 /（m·s^{-1}）	低跨（高跨）迎风风向角 /（°）	平均降雪量 /mm	温度 /℃	湿度 /%
1.0	2.5	0	15	－9 ～－6	42 ～ 48

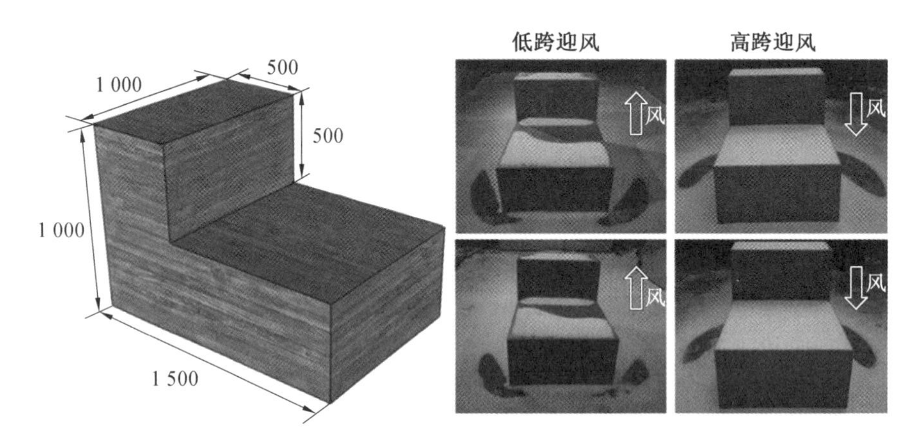

图 6.19　高低屋面积雪分布试验结果（单位：mm）

为了对比高低屋面积雪分布重复性试验结果，研究人员提取模型顺风向中轴线上积雪深度数据绘制试验结果曲线，如图 6.20 所示，并计算了任意两次试验结果曲线的皮尔逊相关系数。根据皮尔逊相关系数计算结果可知，任意两组数据相关系数均在 0.87 ～ 1 区间内，即表现为强相关性，同样表明试验系统满足试验研究可重复性要求。

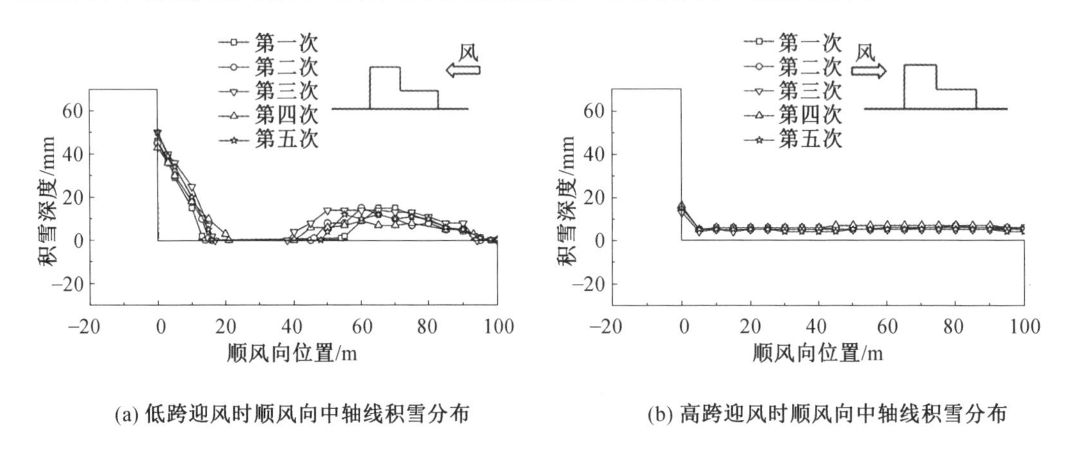

图 6.20　高低屋面积雪分布 5 次重复性试验结果分析

3.拱形屋面积雪分布重复性试验

以拱形屋面代表典型曲面类屋面，在其他各试验工况条件相同的情况下，以 0° 风向角为例，进行了 5 次重复性试验，其试验工况信息见表 6.10，试验模型与部分试验结果如图 6.21 所示。

表 6.10　拱形屋面积雪分布试验工况信息

参考高度 /m	试验风速 /(m·s^{-1})	风向角 /(°)	平均降雪量 /mm	温度 /℃	湿度 /%
1.0	2.0	0	15	−11 ～ −8	48 ～ 54

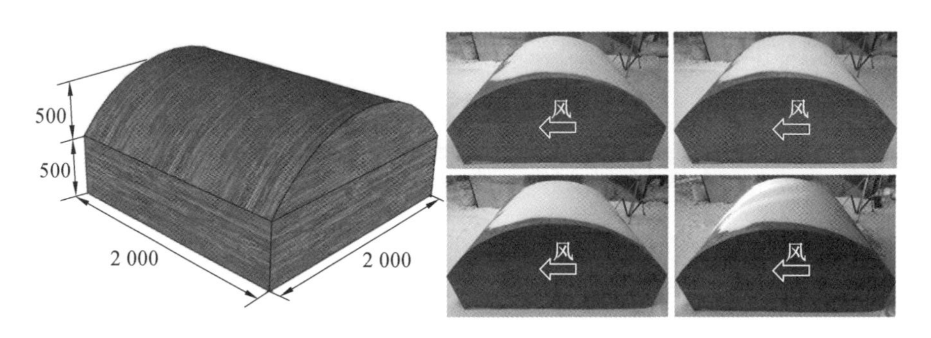

图 6.21　拱形屋面积雪分布试验结果(单位:mm)

为了对比拱形屋面积雪分布 5 次重复性试验结果,提取模型沿顺风向中轴线上积雪深度数据绘制试验结果曲线,如图 6.22 所示,并计算了任意两次试验结果的皮尔逊相关系数。根据皮尔逊相关系数计算结果可知,任意两组数据相关系数均在 0.96 ～ 1 区间内,即表现为强相关性,进一步证明了试验系统满足试验研究可重复性要求。

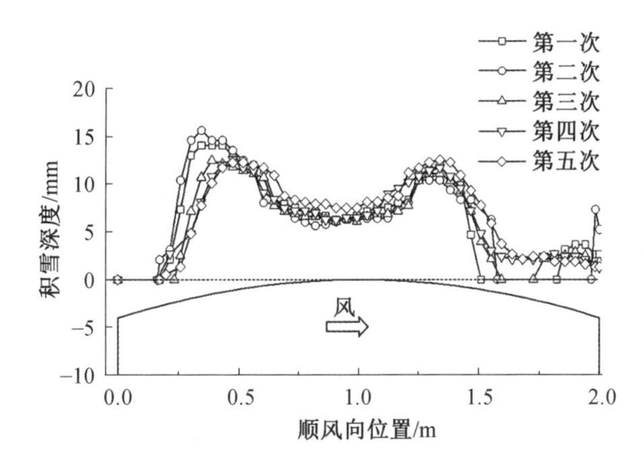

图 6.22　拱形屋面积雪分布 5 次重复性试验结果分析

6.4.2　准确性验证

1.标准立方体周围积雪分布实测与全过程还原试验

研究人员以边长为 1 m 的标准立方体周围积雪分布实测的全过程还原试验对试验系统的准确性进行验证:首先针对立方体周围积雪分布进行实地观测,然后根据降雪期间的实测风场，基于风速持时等效原则，设计立方体周围积雪分布实测的全过程模拟试验，最后将实测与试验结果进行对比。实地观测场地布置如图 6.23 所示，实测期间风场由 PC—4 自动气象站监测，实测地点降雪期间风场实测结果如图 6.24 所示。

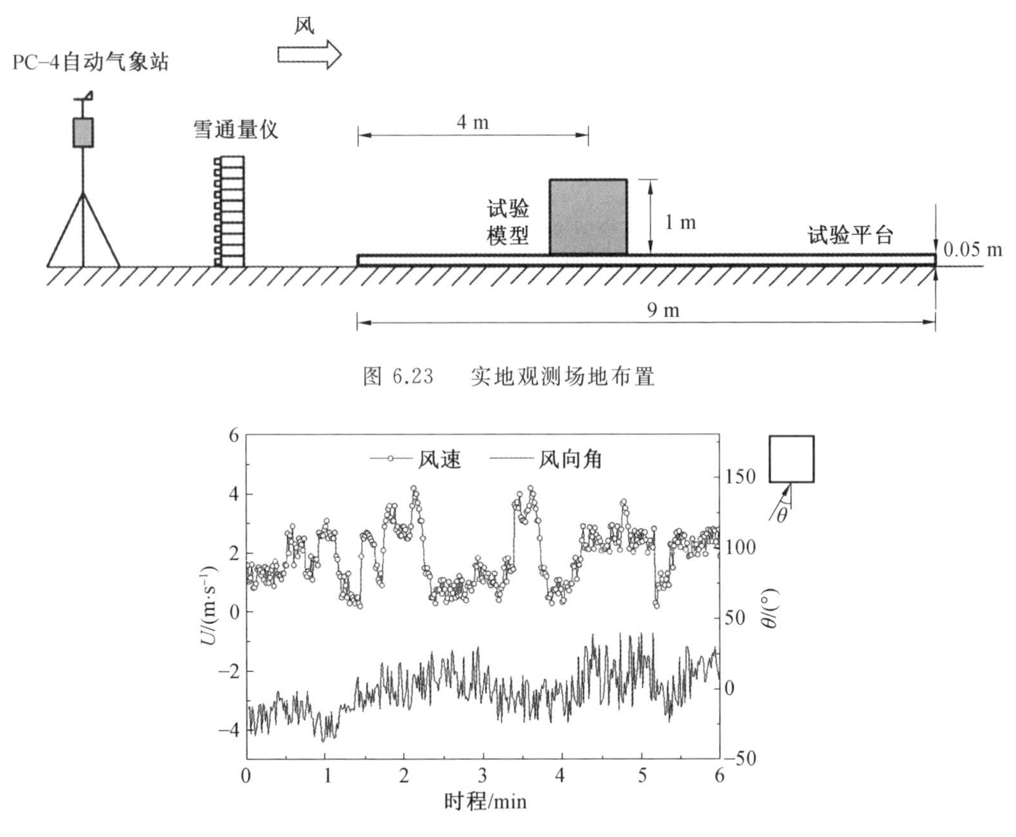

图 6.23　实地观测场地布置

图 6.24　实测地点降雪期间风场实测结果

试验风速与风向角均是由实测地点的风场实测结果确定，为了使试验风场更接近现场实测，更准确地还原实测风雪环境，全过程还原试验中将观测期间的风速值划分为 0 ～ 1 m/s、1 ～ 2 m/s、2 ～ 3 m/s、3 ～ 4 m/s 4 个区间，根据风速持时总和相等原则确定了各个区间的模拟降雪时长，最终将还原试验划分为 4 个阶段性试验，并根据实测风速值变化特点确定了 4 个阶段性试验的开展顺序；同时考虑到高风速对积雪不均匀分布的贡献更大，因此在每个试验阶段中均选择了风速区间的上限值作为试验的输入风速；实测中气象站的风速测量点高度为 1.5 m，还原试验中输入风速的参考高度与实测相同；实测中平均风向角较小，仅为 2.4°，因此由风向角引起的积雪分布结果偏差可以忽略不计，试验风向角确定为 0°。为了尽可能减小外界自然环境对试验结果的影响，试验选择在外界温湿度较为稳定、无风或自然风速较小的时段开展，具体的试验工况信息见表 6.11。

表 6.11　全过程还原试验工况信息

工况信息		温度 /℃	湿度 /%	积雪密度 /(kg · m^{-3})	降雪时长 / min
实地观测		−7	74	135.7	360
试验模拟	阶段 ① − 2 m/s	−9	58	355.6	105
	阶段 ② − 4 m/s	−9	60	329.3	40
	阶段 ③ − 1 m/s	−10	60	336.7	82
	阶段 ④ − 3 m/s	−11	59	313.3	133

全过程还原试验期间监测到的最大瞬时自然风速为 0.21 m/s，因此在试验分析中，外界自然风的影响可以忽略不计。实地观测与全过程还原试验的竖直方向雪质量通量对比如图 6.25 所示。

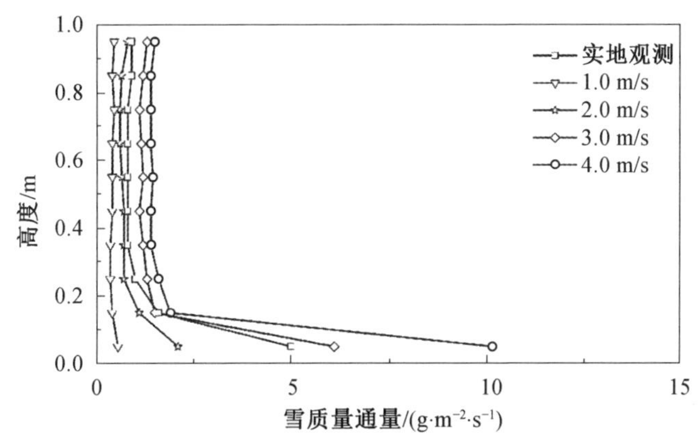

图 6.25　实地观测与全过程还原试验的竖直方向雪质量通量对比

2.全过程还原试验结果分析

边长为 1 m 的标准立方体模型周围积雪分布实地观测与全过程还原试验结果照片如图 6.26 所示，图 6.27 对比了实地观测与全过程还原试验结果沿模型顺风向与横风向中轴线上的积雪分布数据。

根据整体分布趋势与积雪分布系数对比发现，试验与实地观测结果吻合良好，但迎风面前端积雪分布特征略有不同。产生此现象的原因是试验的雪颗粒的密度和阈值摩擦速度大于真实雪颗粒，这使得雪颗粒的被吹起变得更加困难，此现象说明试验颗粒的物理性质会对试验结果产生一定影响，即使采用相同尺度模型进行试验也应考虑由试验颗粒与真实雪颗粒的差异所引起的相似问题。此外，还原试验横风向积雪堆积的不均匀分布现象更为明显，造成这种差异的原因是实测期间风场并不稳定，风速有时降低至 1 m/s 以下甚至接近0 m/s，此时立方体周围积雪深度均匀增加，从而减弱了模型周围积雪堆积的不均匀分布程度；而还原试验中的风速稳定，因此不均匀分布现象更为显著。

(a) 实地观测

(b) 全过程还原试验

图 6.26　标准立方体模型周围积雪分布实测与全过程还原试验结果照片

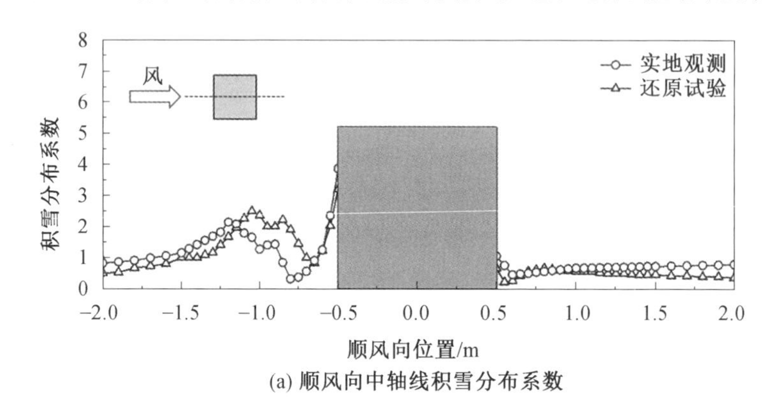

(a) 顺风向中轴线积雪分布系数

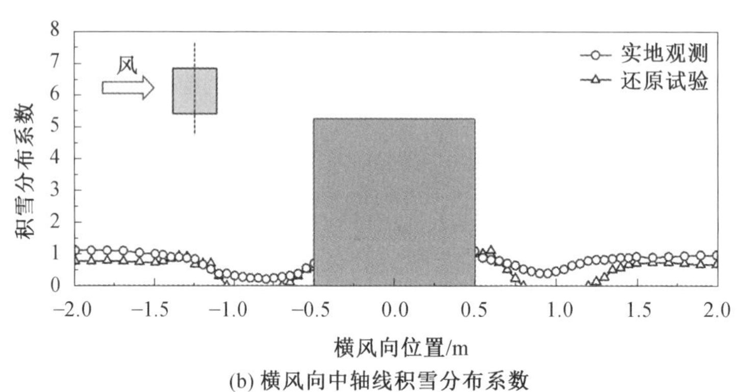

(b) 横风向中轴线积雪分布系数

图 6.27　实地观测与全过程还原试验结果对比

根据风速持时等效原则设计的全过程还原试验结果与实测结果具备一定的相似性，证明了本书研发的试验系统满足试验研究的准确性需求。但需要特别注意的是，虽然全过程还原试验采用了等尺寸模型，但其使用的人造雪颗粒的密度等物理特性与真实雪颗粒存在一定差别，通过试验与实测结果的对比发现，试验颗粒的物理特性同样可对试验结果造成一定程度的影响，因此试验颗粒的物理特性是试验相似问题研究中应考虑的主要因素之一。

第7章　基于降雪模式的风雪联合试验相似准则

7.1　引　　言

风雪运动指雪颗粒受风力作用，发生复杂的漂移、堆积、跃起与二次堆积运动，属于气固两相流运动。风雪运动依据不同阶段的运动特点可分为降雪与吹雪两个过程，降雪是指雪颗粒受重力与风力作用由空中漂移、下落至沉积的过程；吹雪是指当风吹过既有积雪表面，雪颗粒受近壁面风剪切力作用而跃起、漂移再至沉积的过程。目前多数风雪运动理论研究主要针对吹雪过程，针对降雪过程的理论研究较少。

本章首先分析天空降雪与地面吹雪过程的特征差异，给出降雪过程的雪质量通量与降雪速率等需明确主要物理量的表达式；其次在充分分析总结经典相似理论的基础上，提出基于降雪模式的缩尺试验基本相似准则，并通过多维缩尺试验引入摩擦速度，比对弗劳德数相似参数进行修正，最终通过多维缩尺试验与实测原型的缩尺还原试验，证明本书所提出的基于降雪模式的风雪联合试验方法与相似准则的准确性与先进性。本章的研究为后续开展基于降雪模式的建筑屋面积雪分布试验研究奠定了坚实的理论基础。

7.2　风雪运动理论

7.2.1　传统风吹雪理论介绍

风吹雪运动理论起源于风吹沙运动研究，Bagnold 于 1941 年最早在对风吹沙运动的研究中总结提出了风致粒子运动的 3 种形式，即蠕移、跃移与悬移，后经 Storm 等将之引入风吹雪运动研究中并沿用至今，如图 7.1 所示。

雪颗粒沿积雪表面滚动或滑动称为蠕移，蠕移颗粒不受气流直接作用，其动力来源于跃移颗粒的碰撞作用，一般认为蠕移颗粒运动高度 0.01 m 以下；当壁面摩阻风速大于雪颗粒的阈值摩擦速度，雪床表层颗粒受风的剪力作用，脱离床面做跳跃式运动称为跃移，跃移颗粒在气流中受气动阻力作用获得动量，但由于重力作用在短时间内又重新落回床面并与床面颗粒发生碰撞，一般认为跃移层高度小于 0.1 m；发生跃移的粒径较小的雪颗粒在大气湍流作用下，一定时间内保持悬浮于空气中而不与地面接触的运动形式称为悬移，Kind 指出当壁面摩阻风速大于 5 倍的阈值摩擦速度时才会产生悬移运动，悬移层最大高度可达 100 m。

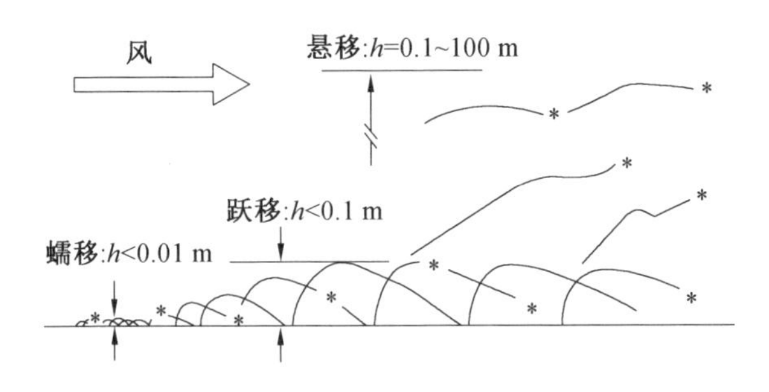

图 7.1　吹雪过程中雪颗粒 3 种运动形式

蠕移运动引起的颗粒质量输运量占整体输运量的比重较小，因此在吹雪运动研究中一般可以忽略颗粒蠕移的影响；一般情况下，跃移为吹雪运动颗粒输运的主要形式，约占总输运质量的 2/3 以上；但当风速较大时，悬移则会成为质量输运的主要形式。目前研究中普遍认为跃移过程是雪颗粒质量传输的最主要形式，跃移层的质量传输率是学者们关注的重点，Bagnold、Owen、Iversen 与 Pomeroy 等学者均基于理论推导或实测数据拟合提出了跃移层雪颗粒质量传输率的半经验 / 经验计算公式，见表 7.1。其中 Pomeroy 提出的雪颗粒浓度沿高度分布的经验公式与雪颗粒质量传输率公式至今仍为大多数学者所采用。但需要特别注意的是，各计算公式均是基于平面假设或以宽广的平坦积雪面为基础推导而来，描述的是风雪流充分发展并达到饱和后的状态，而 Kobayashi 指出，当上游平坦积雪的长度至少为 30 m 时，跃移层的雪颗粒质量传输率才会达到饱和状态的 90%。

表 7.1　跃移层雪颗粒质量传输率的半经验 / 经验计算公式

作者	经验公式
Bagnold	$Q_{\text{sal}}=B\dfrac{\rho_{\text{a}}u^{*3}}{g}$
Owen	$Q_{\text{sal}}=\dfrac{\rho_{\text{a}}u^{*3}}{g}\left(0.25+\dfrac{U_{\text{TER}}}{3u^{*}}\right)\left(1-\dfrac{u_{\text{t}}^{*2}}{u^{*2}}\right)$
Iversen	$Q_{\text{sal}}=\dfrac{\rho_{\text{a}}u^{*2}}{g}(u^{*}-u_{\text{t}}^{*})$
Pomeroy	$Q_{\text{sal}}=\dfrac{0.68\rho_{\text{a}}}{u^{*}g}u_{\text{t}}^{*}(u^{*2}-u_{\text{t}}^{*2})$

注：表中，Q_{sal} 为跃移层雪质量传输率；B 为常数系数；ρ_{a} 为空气密度；u^{*} 为壁面摩擦速度；u_{t}^{*} 为壁面阈值摩擦速度；g 为重力加速度；U_{TER} 为颗粒沉降速度。

7.2.2　天空降雪与地面吹雪的差异分析

天空降雪与地面吹雪最显而易见的区别是雪颗粒沿竖直方向的运动过程“倒置”：吹雪过程雪颗粒是“从下至上”运动，如图 7.1 所示；而降雪过程雪颗粒是“从上至下”运动，如图 7.2 所示。图 7.2 假设降雪过程中雪颗粒从空中漂移到沉积的运动形式与吹雪过程相似，同样分为悬移、跃移与蠕移，但悬移与跃移的形成不再受风速限制。

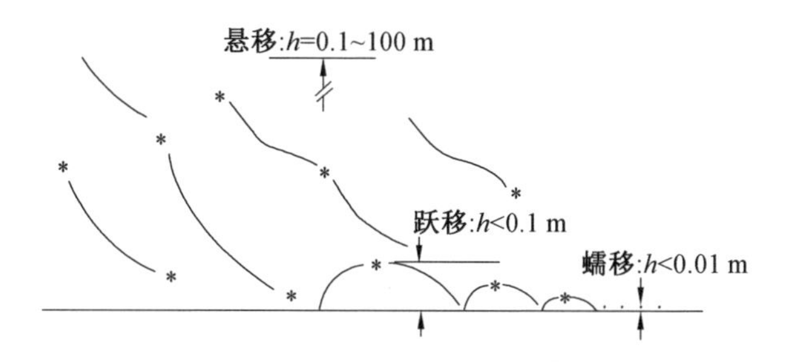

图 7.2　降雪过程中雪颗粒运动形式

除此之外,天空降雪与地面吹雪的最主要区别是雪通量来源不同:降雪的雪通量来源于空中降落的雪颗粒;吹雪的雪通量来源于上游雪面被风吹起的雪颗粒。在积雪分布研究中,地面可以认作一个无限延展的平面,风吹雪形成的雪通量可以得到充分发展,采用表 7.1 中公式计算其跃移层的雪质量传输率进行地面积雪分布规律研究较为合理;但与地面不同的是,建筑屋面多数只能被看作有限面积平面,屋面积雪堆积所需的雪通量主要来源于降雪过程,采用吹雪形式与完全基于吹雪的雪质量传输率进行建筑屋面积雪分布规律研究并不十分合理,因此需要对降雪过程中的雪质量输运机制进行研究。

7.2.3　重要物理量的定义

针对建筑屋面积雪分布的研究,应主要关注建筑屋面区域范围内的雪质量浓度、雪质量通量。采用雪质量浓度场 $k(x)$ 与雪质量通量场 $q(x)$ 将空气中的雪颗粒描述为均匀离散状态:

$$k(x)=\frac{1}{\|\Omega\|}\sum_{i}\Omega m_{pi},\ q(x)=\frac{1}{\|\Omega\|}\sum_{i}\Omega m_{pi}U_{pi} \tag{7.1}$$

式中,x 为空间S 中某一点位置;Ω 为平均函数;m_{pi} 为第i 个颗粒的质量;U_{pi} 为第i 个颗粒的速度。

雪质量浓度场 $k(x)$ 与雪质量通量场 $q(x)$ 共同描述了离散雪相的运动,离散雪相质量通量 q 同样也描述了离散雪相的动量密度,因此:

$$q=kU_{p} \tag{7.2}$$

式中,U_{p} 为雪颗粒的运动速度。

对于空气中的运动雪颗粒,其运动速度可分解为

$$U_{p}=U_{ph}+U_{TER} \tag{7.3}$$

式中,U_{ph} 为雪颗粒的水平运动速度,m/s。

空气中雪颗粒的运动相较于气流运动存在一定的滞后关系,根据 Kobayashi 的研究成果可知:

$$U_{ph}=(1-\gamma)U \tag{7.4}$$

式中,γ 为滞后系数,$\gamma=20\%\sim50\%$;U 为水平参考风速。

如图 7.3 所示,对任意形状建筑屋面,$\boldsymbol{n}$ 为建筑屋面任意点的法向单位向量,$\boldsymbol{z}$ 为竖直方向单位向量,$\boldsymbol{m}$ 为水平方向单位向量。

空气中雪质量通量 q_0 为

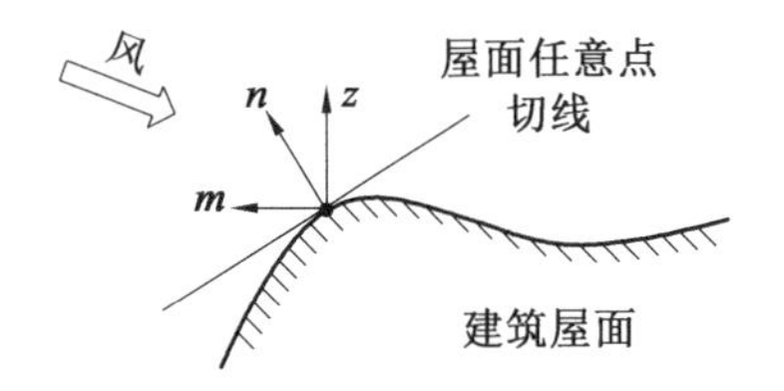

图 7.3　建筑屋面向量分解示意图

$$q_0 = k(-\boldsymbol{z}U_{\mathrm{TER}} - \boldsymbol{m}U_{\mathrm{ph}}) \tag{7.5}$$

在屋面雪荷载研究中，竖直向雪质量通量与积雪沉积关系更为密切，令 q_{v} 为竖直方向雪质量通量 kg/(m^2 · s)，S_{d} 为积雪堆积深度变化速率(m · s^{-1})。在建筑屋面外形确定、风速稳定不变的情况下，屋面任意点的积雪堆积状态稳定，可发生堆积位置 $S_{\mathrm{d}} > 0$；无法形成堆积位置 $S_{\mathrm{d}} = 0$，则：

$$q_{\mathrm{v}} = \frac{1}{|V|}\int_V q_0(-\boldsymbol{z})\mathrm{d}V = kU_{\mathrm{TER}} \tag{7.6}$$

$$S_{\mathrm{d}} = \frac{q_{\mathrm{v}}}{\rho_{\mathrm{b}}} = \frac{kU_{\mathrm{TER}}}{\rho_{\mathrm{b}}} \tag{7.7}$$

式中，ρ_{b} 为积雪表观密度。

同理，水平方向雪质量通量 q_{h} 为

$$q_{\mathrm{h}} = \frac{1}{|V|}\int_V q_0(-\boldsymbol{m})\mathrm{d}V = kU_{\mathrm{ph}} = k(1-\alpha)U \tag{7.8}$$

雪质量传输率 Q(kg/(m · s)) 与雪质量通量 q(kg/(m^2 · s)) 关系可用式(3.9)表示：

$$Q = q \times h \tag{7.9}$$

式中，h 为高度。

7.3　风雪联合试验基本相似准则

应用风洞等设备开展风雪联合试验时，受到设备尺寸限制，学者们往往采用缩尺模型进行研究，为使风洞试验结果能真实反映实际现象规律，合理的相似准则的选取尤为重要。相似准则是在判断两个物理现象之间相似性时使用的概念，目前广泛运用于风洞试验或流体力学试验。通常情况下，相似准则是一些无量纲组合数，根据物理现象相似的定义，两个流场相似等价于两个流场对应点在对应时刻所有表征流动状态的相应物理量各自保持固定比例，一般要求几何相似、运动相似、动力相似以及质量相似，如常见的弗劳德数 Fr、雷诺数 Re、马赫数 Ma 等。

在风雪联合试验中，雪颗粒的介入使得整个物理现象成为风雪两相流，导致描述两物理现象相似的复杂性大大增加。此外，作用在雪颗粒上的力多达十余种，如阻力、升力、重力、浮力、附加质量力、压力梯度力、Basset 力、Magnus 力、Saffman 力等，受力情况非常复杂，大大增加了相似的难度。国外学者如 Kind、Iversen、Anno、Tabler 等基于地面风吹雪研究，通过理论推导以及实测总结的经验公式等提出了众多相似准则，但同时也基于悖论分析提出：在缩尺模型试验中，要求模型与原型同时满足所有的相似准则是不可能的，根

据考虑因素与侧重点的不同，推导得出的相似准则就不同，往往在表征一个物理现象时，有些准则起主导作用，而有些准则是次要的，可以忽略。

由于本书提出的基于降雪模式的风雪联合试验方法有别于预铺吹雪试验方法，因此推导并提出适用于降雪模式的风雪联合试验相似准则，直接关系到试验参数的确定以及试验结果的准确性，是试验研究正确开展的前提与基础。

7.3.1 经典相似理论

多数学者均指出，试验研究中为了真实定量地缩放与风雪运动相关的特征，必须对模型尺寸、颗粒尺寸与试验风速等进行缩放，以确保试验与原型的几何相似、运动相似、动力相似、颗粒属性相似与时间相似。

1.几何相似

几何相似要求试验模型与原型的各对应部分夹角相等，各对应长度均成一定的比例，即

$$\left(\frac{l}{L}\right)_{\mathrm{m}}=\left(\frac{l}{L}\right)_{\mathrm{p}} \tag{7.10}$$

$$(\beta)_{\mathrm{m}}=(\beta)_{\mathrm{p}} \tag{7.11}$$

式中，l 为模型的几何特征尺度；L 为原型的几何特征尺度；β 为模型 / 原型几何夹角；下标“m”代表模型；下标“p”代表原型。

风雪联合试验中，试验所采用的颗粒、试验模型以及模拟的建筑周围区域的地形、地貌等均应满足几何相似要求；其中，模型等几何相似较为容易满足，但颗粒尺寸相似往往难以满足，真实雪颗粒的直径取 0.5 mm，当缩尺比较小时（以 1∶100 为例），则需采用直径为 5 μm 的模拟颗粒，因此，严格按照几何相似选择的模拟颗粒的粒径过小，满足要求的材料较难获取，且如此微小的颗粒极易在风场作用下进入悬移状态，其运动特性与雪颗粒差异较大。根据既往的试验研究发现，在试验模型特征尺寸与试验颗粒直径比值较大时，放宽试验模拟颗粒的几何相似要求并不会对试验结果造成显著影响，因此缩尺试验中可放宽对颗粒尺寸相似的要求。

2.运动相似

运动相似要求试验与原型的所有速度比率在整个流动中都相同，即两个流动的对应时刻对应点的速度方向相同，大小成比例，即

$$\left(\frac{u}{U_{\mathrm{REF}}}\right)_{\mathrm{m}}=\left(\frac{u}{U_{\mathrm{REF}}}\right)_{\mathrm{p}} \tag{7.12}$$

式中，u 为流场中任意点风速；U_{REF} 为参考风速。

根据运动相似条件，在风雪联合缩尺试验中，必须按照建筑物所处环境模拟风速与湍流强度沿高度的变化规律，即平均风速剖面 $U(z)/U(z_{\mathrm{REF}})$ 与湍流强度 $I_{\mathrm{u}}(z)/I_{\mathrm{u}}(z_{\mathrm{REF}})$ 均应满足相似比要求。风雪联合试验中，大气边界层粗糙紊流风场的风剖面特性可用对数律进行描述，即

$$\frac{U(z)}{u^*}=\frac{1}{\kappa}\ln\left(\frac{z}{z_0}\right) \tag{7.13}$$

式中，κ 为 Karman 常数，近似取值为 0.4；$U(z)$ 为高度 z 处的水平参考风速；z_0 为壁面粗糙高度。

对于湍流特性的相似要求，Kind 指出，在以时均结果为研究目标的风雪联合试验中可放宽对湍流特性的相似要求。需要注意的是，风雪运动为两相流，因此雪相中颗粒运动速度也应满足运动相似要求。

3.动力相似

动力相似要求所有相关作用力的比率都应匹配，即两个流场对应点的作用力大小之比为常数，且方向相似。动力相似要求较为复杂，目前国内外学者普遍认为满足弗劳德数相似是开展风雪联合试验的基本动力相似要求。

根据空气中自由运动颗粒惯性力与重力比值可得其弗劳德数为

$$Fr=\frac{\rho_p}{\rho_p-\rho_a}\cdot\frac{U^2}{gL} \tag{7.14}$$

式中，ρ_p 为颗粒密度。

由于颗粒密度与空气密度的 ρ_p/ρ_a 的比值通常大于 100，因此 $\rho_p/(\rho_p-\rho_a)\approx 1$，颗粒弗劳德数可表示为

$$Fr=\frac{U^2}{gL} \tag{7.15}$$

4.其他相似

颗粒属性相似要求试验采用的模拟颗粒与真实雪颗粒的黏性、恢复系数与休止角等物理属性保持一致。

其中，颗粒间的黏性目前主要采用阈值摩擦速度等参数进行宏观表征；关于回弹系数，Kind 指出回弹系数对于颗粒的跃移过程模拟影响较小，无论回弹系数多大，颗粒在沉积过程中大部分动能均会被雪床面吸收，因此试验中可以忽略此参数。

休止角相似决定了颗粒堆积形式相似，如果要对积雪堆积进行模拟，需尽可能保证试验与原型颗粒的休止角相似。自然积雪休止角较高，具备形成非常陡峭积雪面的能力，为了更准确地模拟积雪堆积，风雪联合试验中应选择一种具有高休止角的颗粒。

除上述一些基本相似要求外，众多国内外学者基于运动相似、动力相似以及某些特定物理过程的相似要求，采用理论、实测与试验等多重手段，对缩尺试验需满足的相似准则进行了研究，引用率较高、较为经典的有 Kind 相似理论、Iversen 相似理论、Anno 相似理论等。

(1)Kind 相似理论。

Kind 从理论角度分析了两个流场若要达到相似所需要满足的条件，指出忽略颗粒间的碰撞以及 Basset 力等次要力影响，则颗粒在自由飞行过程中只受到气动阻力、重力和惯性力。为了满足颗粒在自由飞行过程中动力的相似，Kind 提出 3 个相似参数表征动力相

似，即

$$(U_{\mathrm{TER}}/U)_{\mathrm{m}}=(U_{\mathrm{TER}}/U)_{\mathrm{p}} \tag{7.16}$$

$$(U^2/Lg)_{\mathrm{m}}=(U^2/Lg)_{\mathrm{p}} \tag{7.17}$$

$$(u_{\mathrm{t}}^*/U)_{\mathrm{m}}=(u_{\mathrm{t}}^*/U)_{\mathrm{p}} \tag{7.18}$$

式中，L 为参考长度。

式(7.16) 与式(7.17) 分别代表了沉降速度比相似与弗劳德数相似，两者共同决定了颗粒的运动轨迹相似；式(7.18) 代表摩擦速度比相似，表征雪颗粒的沉积状态相似。

此外，基于无量纲传输率相似原则，Kind 给出了根据质量累积相似与加入密度项修正的基于体积累积相似的时间相似准则：

$$\left(\frac{UT}{L}\right)_{\mathrm{m}}=\left(\frac{UT}{L}\right)_{\mathrm{p}} \tag{7.19}$$

$$\left(\frac{\rho_{\mathrm{a}}}{\rho_{\mathrm{p}}}\cdot\frac{UT}{L}\right)_{\mathrm{m}}=\left(\frac{\rho_{\mathrm{a}}}{\rho_{\mathrm{p}}}\cdot\frac{UT}{L}\right)_{\mathrm{p}} \tag{7.20}$$

式中，T 为试验时长；ρ_{p} 为雪颗粒密度。

(2)Iversen 相似理论。

Iversen 提出基于完全遵循弗劳德数的相似准则并不准确(假设一个缩尺比为 1∶120 模型，试验参考风速是 5.76 m/s，根据式(7.17) 可得原型风速是 63.05 m/s，这在现实中并不存在)，并指出雪颗粒的漂移模式与单位时间堆积状态相似是保证试验结果准确性的更为重要的相似要求。Iversen 根据改进的跃移层质量传输率公式(见表 7.1) 和单位时间堆积状态相似，提出了基于质量传输率相似改进的弗劳德数相似参数：

$$\left[\frac{\rho_{\mathrm{a}}}{\rho_{\mathrm{p}}}\cdot\frac{U^2}{gL}\left(1-\frac{U_0}{U}\right)\right]_{\mathrm{m}}=\left[\frac{\rho_{\mathrm{a}}}{\rho_{\mathrm{p}}}\cdot\frac{U^2}{gL}\left(1-\frac{U_0}{U}\right)\right]_{\mathrm{p}} \tag{7.21}$$

式中，U_0 为起动风速。

(3)Anno 相似理论。

弗劳德数相似是为了准确地模拟风剖面的形状，但 Anno 通过对防雪栅等突变障碍物迎风后端的积雪漂移堆积形式研究发现，风剖面的对数率的小程度失真对其试验结果影响较小，即风剖面的对数率的小程度失真是允许的，同样验证了放宽弗劳德数的可行性，并提出了相较于弗劳德数更有实际意义的摩擦速度比相似数：

$$(u^*/u_{\mathrm{t}}^*)_{\mathrm{m}}=(u^*/u_{\mathrm{t}}^*)_{\mathrm{p}} \tag{7.22}$$

对于吹雪过程，积雪漂移堆积表现形式为侵蚀与沉积：对于 $u^*>u_{\mathrm{t}}^*$ 区域，积雪表现为侵蚀；对于 $u^*<u_{\mathrm{t}}^*$ 区域，积雪表现为沉积。u^*/u_{t}^* 相似是满足雪颗粒堆积形式相似的重要前提。

(4) 相似参数引用总结。

本节收集了 24 篇与风雪联合试验密切相关的文献资料，将文献中引用的相似参数分为弗劳德数类、雷诺数类、时间类、速度类、长度类等进行总结，并按照各相似参数被引用频次高低进行排序，统计结果见表 7.2 ～ 7.6。

表 7.2　弗劳德数类相似参数

相似参数	物理意义	频次
$\frac{U^2}{gL}$	传统弗劳德数	17
$\frac{\rho_a}{\rho_p - \rho_a} \cdot \frac{u_t^{*2}}{gD_p}$	颗粒在壁面剪应力受力相似	7
$\frac{\rho_a}{\rho_p - \rho_a} \cdot \frac{U^2}{gD_p}$	自由飞行过程中的受力相似	6
$\frac{\rho_a}{\rho_p} \cdot \frac{U^2}{gH}\left(1 - \frac{U_0}{U}\right)$	跃移层质量传输率相似	6

表 7.3　雷诺数类相似参数

相似参数	物理意义	频次
$\frac{u_t^{*3}}{2g\nu} \geqslant 30$	雷诺数下限值	9
$\frac{u_t^* D_p}{\nu}$	颗粒摩擦速度雷诺数相似	5
$\frac{UL}{v}$	流体雷诺数相似	4
$\frac{U_{TER} D_p}{v}$	颗粒沉降速度雷诺数相似	2

表 7.4　速度类相似参数

相似参数	物理意义	频次
$\frac{u^*}{u_t^*}$	颗粒沉积条件相似	12
$\frac{U_{TER}}{U}$	起动阻力相似	11
$\frac{u_t^*}{U}$	颗粒起动条件相似	9
$\frac{U_{TER}}{u_t^*}$	沉降速度与阈值摩擦速度比相似	6

表 7.5　速度类相似参数

相似参数	物理意义	频次
$\frac{UT}{L}$	颗粒沉积质量相似	9
$\frac{\rho_a}{\rho_p} \cdot \frac{UT}{L}$	颗粒沉积体积相似	7
$\frac{TQ\eta}{\rho_p L^2}$	质量传输率相似	5

表 7.6　其他相似参数

相似参数	物理意义	频次
ϕ	休止角－堆积形式相似	8
$\frac{D_p}{L}$	尺寸相似	7
$\frac{z_0}{L}$	粗糙度相似	6
e	颗粒恢复系数	4
$C_D \frac{\rho_a}{\rho_p} \cdot \frac{L}{D_p}$	阻力系数相似	4

注：表 7.2 ～ 7.6 中，D_p 为颗粒直径；L 为研究对象特征长度；H 为研究对象特征高度；ν 为空气运动黏性系数，取值为 1.45×10^{-5}；η 为积雪面对雪颗粒捕捉率；e 为颗粒恢复系数；C_D 为阻力系数。

由表可知，国内外学者采用的相似参数种类众多，且每个相似参数均代表了特定的物理意义或者表征了某个物理现象。由于各个相似参数描述的侧重点有所不同，试验研究中无法同时满足所有相关的相似参数，因此，在缩尺试验研究中，往往需要先明确试验中重点关注的物理量或物理过程的相似要求，确定某一个或几个主要的相似参数，并适当放宽某些其他的相似参数要求。

7.3.2　基于降雪模式的风雪联合试验相似准则

风雪联合试验为包含连续空气相与分散雪相的气固两相流运动，相较于单相流体，其影响因素与复杂程度大大增加，想要同时满足所有的相似要求十分困难，且部分相似准则之间呈现出明显的相悖性，如假设相似比为 λ，若满足流场雷诺数相似要求，意味着风速需提高 λ^{-1} 倍；但若满足弗劳德数相似要求，则风速需缩减至 $\lambda^{0.5}$ 倍，显然上述两个相似要求不能同时满足。

在实际的风雪两相流中，尽管颗粒的受力与运动状态十分复杂，但通常只需要控制某几种力或某些物理过程相似，即可决定风雪两相流的流动性质，因此在风雪联合缩尺试验中，需找出起控制作用的相似要求。

基于降雪模式的风雪联合试验中，试验风速、降雪速率与降雪时间是需要确定的 3 个主要输入参数，为保证试验能准确重现原型的积雪分布，需满足某些具有特定物理意义的相似要求，以确定与上述 3 个试验输入参数相关的相似参数。

1.基于降雪模式的相似要求

(1) 颗粒运动轨迹相似。

严格来说，为保证正确的几何相似，应同时保证颗粒的运动轨迹形状相似且按照相同的比例缩放，这意味着需保证模型与原型的运动与动力相似。为保证颗粒运动轨迹相似，应保证试验满足下列相似要求：

$$\left[\frac{\text{惯性力}}{\text{重力}}\right]_{\mathrm{m}}=\left[\frac{\text{惯性力}}{\text{重力}}\right]_{\mathrm{p}} \tag{7.23}$$

$$\left[\frac{\text{气动阻力}}{\text{惯性力}}\right]_{\mathrm{m}}=\left[\frac{\text{气动阻力}}{\text{惯性力}}\right]_{\mathrm{p}} \tag{7.24}$$

根据 Isyumov 与 Kind 等学者的既往研究，为满足式(7.23) 与(7.24) 要求，需满足弗劳德数与沉降速度比相似要求，即：

$$\left(\frac{U^2}{gL}\right)_{\mathrm{m}}=\left(\frac{U^2}{gL}\right)_{\mathrm{p}} \tag{7.25}$$

$$\left(\frac{U_{\mathrm{TER}}}{U}\right)_{\mathrm{m}}=\left(\frac{U_{\mathrm{TER}}}{U}\right)_{\mathrm{p}} \tag{7.26}$$

为了满足颗粒间黏结特性、堆积形式等相似，本书采用了人造雪颗粒进行试验，试验颗粒并未对其尺寸与密度进行对应缩减，因此其试验沉降速度相较于原型反而增大。但是为满足弗劳德数相似要求，试验风速相较于原型是降低的，因此在满足弗劳德数相似要求的前提下，沉降速度比严重失真，从而导致颗粒在空中的运动时间被过分缩减，则颗粒运动轨迹的水平距离被过分缩减。颗粒的沉降速度计算公式为

$$U_{\mathrm{TER}}=\frac{-U+\sqrt{U^2+0.017\,9(\rho_{\mathrm{p}}-\rho_{\mathrm{a}})gD_{\mathrm{p}}^2}}{0.161\,2D_{\mathrm{p}}} \tag{7.27}$$

考虑到颗粒沉降速度比偏差是由颗粒密度引起的，因此为了降低沉降速度比失真引起的偏差，引入了无量纲密度项对基本弗劳德数进行修正，得到了基于密度修正的弗劳德数：

$$\left(\frac{\rho}{\rho_{\mathrm{p}}}\cdot\frac{U^2}{gL}\right)_{\mathrm{m}}=\left(\frac{\rho}{\rho_{\mathrm{p}}}\cdot\frac{U^2}{gL}\right)_{\mathrm{p}} \tag{7.28}$$

(2) 单位时间内积雪堆积状态相似。

风雪联合试验中，单位时间内的积雪堆积状态(即堆积速率) 的相似性，直接影响最终积雪分布模拟的准确性，因此在风雪联合试验中，应保证积雪堆积速率的精确模拟。以单位时间内积雪堆积表面面积变化率、单位时间内积雪堆积截面面积变化率、单位时间内积雪堆积体积变化率相似来确保堆积速率相似。

单位时间内积雪堆积表面积变化率可表示为

$$\frac{\mathrm{d}A_{\mathrm{d}}}{\mathrm{d}t}=\frac{\mathrm{area}}{\mathrm{mass}}\times\frac{\mathrm{mass}}{\mathrm{time}}=\frac{1}{\rho_{\mathrm{p}}h}\times qhL \tag{7.29}$$

式中，A_d 为积雪堆积表面积。

单位时间内积雪堆积截面积变化率可表示为

$$\frac{dA_c}{dt}=\frac{\text{area}}{\text{mass}}\times\frac{\text{mass}}{\text{time}}=\frac{1}{\rho_p L}\times qhL=\frac{qh}{\rho_p} \tag{7.30}$$

式中，A_c 为积雪堆积截面面积。

单位时间内积雪堆积体积变化率可表示为

$$\frac{dV}{dt}=\frac{\text{volume}}{\text{mass}}\times\frac{\text{mass}}{\text{time}}=\frac{dAh}{\rho_p h\,dA}\times\frac{qhL\,dt}{dt}=\frac{qhL}{\rho_p} \tag{7.31}$$

式中，V 为积雪堆积体积。

将式(7.29)、式(7.30) 与式(7.31) 中的积雪堆积面积与时间进行无量纲化处理，即

$$\frac{d\left(\frac{A_d}{L^2}\right)}{d\left(\frac{Ut}{L}\right)},\ \frac{d\left(\frac{V}{hL^2}\right)}{d\left(\frac{Ut}{L}\right)},\ \frac{d\left(\frac{A_c}{hL}\right)}{d\left(\frac{Ut}{L}\right)}\sim\frac{q}{U\rho_p} \tag{7.32}$$

通过式(7.4)、式(7.6) 与式(7.7) 联立，可得到基于积雪堆积速率的相似参数：

$$\frac{S_d}{U_{TER}} \tag{7.33}$$

(3) 积雪堆积形式相似。

为严格保证积雪堆积形式相似，避免气动外形差异造成的堆积特征差异，风雪联合试验模拟中，总降雪深度与模型特征尺寸比应与原型保持一致，即

$$\left(\frac{h_{snow}}{L}\right)_m=\left(\frac{h_{snow}}{L}\right)_p \tag{7.34}$$

式中，h_{snow} 为试验参考降雪量。

总降雪深度 S_d 与时间 T 关系可表示为

$$h_{snow}=S_d T \tag{7.35}$$

联立式(7.7) 可得时间相关的相似参数：

$$\left(\frac{U_{TER}T}{L}\right)_m=\left(\frac{U_{TER}T}{L}\right)_p \tag{7.36}$$

但需要特别注意的是，当缩尺比较小，如缩尺比为 1∶100，原型降雪量为 30 cm，则缩尺后降雪量为 3 mm，人造雪颗粒直径为 0.3 mm，降雪量与颗粒直径比值过小，无法完整再现积雪不均匀分布形式，因此需在风雪联合试验中定义降雪量与颗粒直径比值的下限：

$$\frac{h_{snow}}{D_p}\geqslant 30 \tag{7.37}$$

基于此下限值，即可推得试验时长的下限值要求：

$$T=30\,\frac{D_p}{S_d} \tag{7.38}$$

2.需满足的其他相似参数

试验的 3 个主要输入参数，试验风速、降雪速率与降雪时间相关的相似参数分别由式

(7.28)、式(7.33)与式(7.36)确定,同时选取7.2.1节中部分引用频率较高的相似参数作为试验评价标准,综上所述,最终确立了基于降雪模式的风雪联合试验所需满足的相似准则,见表7.7。

表7.7　基于降雪模式的风雪联合试验相似准则

相似参数	物理意义
$\dfrac{\rho_a}{\rho_p} \cdot \dfrac{U^2}{gL}$	基于密度修正的弗劳德数
$\dfrac{S_d}{U_{TER}}$	堆积速率相似
$\dfrac{U_{TER}T}{L}$	降雪量相似
$\dfrac{\rho_a}{\rho_p-\rho_a}\dfrac{u_t^{*2}}{gD_p}$	颗粒在壁面剪应力受力相似
$\dfrac{u^*}{u_t^*}$	颗粒沉积条件相似
$\dfrac{U_{TER}}{U}$	起动阻力相似
Φ	休止角－堆积形式相似

7.4　风雪联合试验相似准则改进与验证

7.4.1　相似准则校准

为了验证上述推导与选定的基于降雪模式的风雪联合试验相似准则的准确性,选择标准立方体模型周围积雪分布为研究对象,以6.4节中介绍的边长为1 m的标准立方体模型周围积雪分布实测为试验原型,设计了4组多维缩尺试验,模型缩尺比分别为1∶1、1∶2、1∶4与1∶10,试验工况信息见表7.8,当试验模型缩尺比为1∶4与1∶10时,试验时间计算参照式(7.38),试验主要相似参数见表7.9。

积雪分布模拟的准确性可从两方面进行评估:一是积雪分布形状的相似性;二是积雪分布系数的相似性(积雪分布系数是指在任意测点测得的积雪雪深与平均降雪深度的比值)。图7.4给出了实地观测与多维缩尺试验的积雪分布照片与积雪分布系数的等高线图。

表7.8　多维缩尺试验工况信息

模型缩尺比	试验风速 /($\mathrm{m \cdot s^{-1}}$)	降雪速率 /($\mathrm{mm \cdot h^{-1}}$)	试验时长 /min
试验原型	2.47	4.83	360
1∶1	3.5	15	120

续表7.8

模型缩尺比	试验风速 /($m \cdot s^{-1}$)	降雪速率 /($mm \cdot h^{-1}$)	试验时长 /min
1∶2	2.6	15	60
1∶4	1.7	15	36
1∶10	1.1	15	36

表 7.9　多维缩尺试验相似参数原型与试验对比

相似参数	原型	1∶1	1∶2	1∶4	1∶10
$\frac{\rho_a}{\rho_p} \cdot \frac{U^2}{gL}$	3.56×10^{-3}	3.48×10^{-3}	3.71×10^{-3}	3.29×10^{-3}	3.45×10^{-3}
$\frac{S_d}{U_{TER}}$	0.016 1	0.016 7	0.016 7	0.016 7	0.016 7
$\frac{U_{TER}T}{L}$	6 480	6 480	3 240	1 944	1 944
$\frac{\rho_a}{\rho_p-\rho_a} \frac{u_t^{*2}}{gD_p}$	0.011 6	0.015 4	0.015 4	0.015 4	0.015 4
$\frac{u^*}{u_t^*}$	0.717	0.507	0.362	0.261	0.159
$\frac{U_{TER}}{U}$	0.121	0.143	0.200	0.278	0.455

实测与试验结果的积雪分布系数等高线图都显示出类马蹄形的形状，立方体模型迎风面前端是积雪堆积主要区域，立方体两侧面附近区域是主要侵蚀区。通过结果对比发现，如果仅关注立方体侧面积雪侵蚀区的形状与大小，缩尺比为 1∶10 时的试验结果与实测更为接近，但对此现象的解释需建立在对实地观测结果进行客观评价的基础上。实地观测过程中，风场环境并不稳定，如图 7.4 所示，实测中有时会出现风速极小或者无风的环境，在此情况下，侵蚀区积雪深度均匀增加，侵蚀特征被掩盖，一定程度上减小了积雪堆积的不均匀分布程度；而试验中风速稳定时，其形成的积雪分布侵蚀区形状与大小更为稳定，因此以侧面侵蚀区相似为标准对积雪分布相似性进行评价并不完全合理。积雪分布研究中首要关注的是堆积情况较为严重区域的积雪堆积分布特征，因此，迎风面前端积雪堆积应作为相似性评价的主要标准。当缩尺比为 1∶1 时，迎风面前端积雪堆积特征与实测更为接近，同时考虑到实测中的风场波动影响不可忽视，因此在进一步分析时，可将 1∶1 缩尺比试验看作自测原型。对比试验结果后发现，1∶2 和 1∶4 缩尺比试验结果对积雪分布特征还原精确度更高，但缩尺比为 1∶10 时，仅在模型迎风面脚部形成了一个较为显著的积雪堆积区，并未出现积雪堆积分离现象。

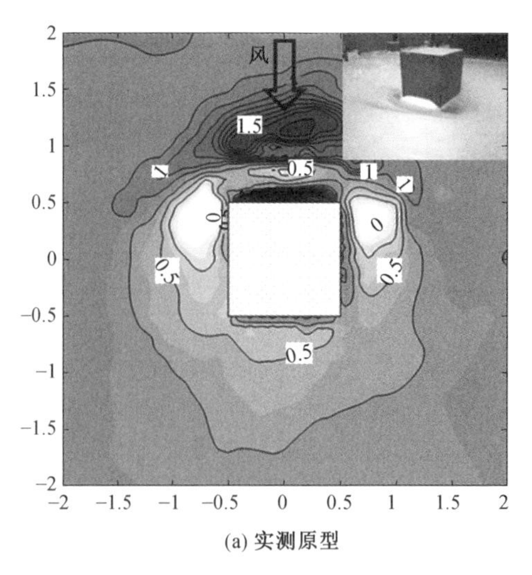

(a) 实测原型

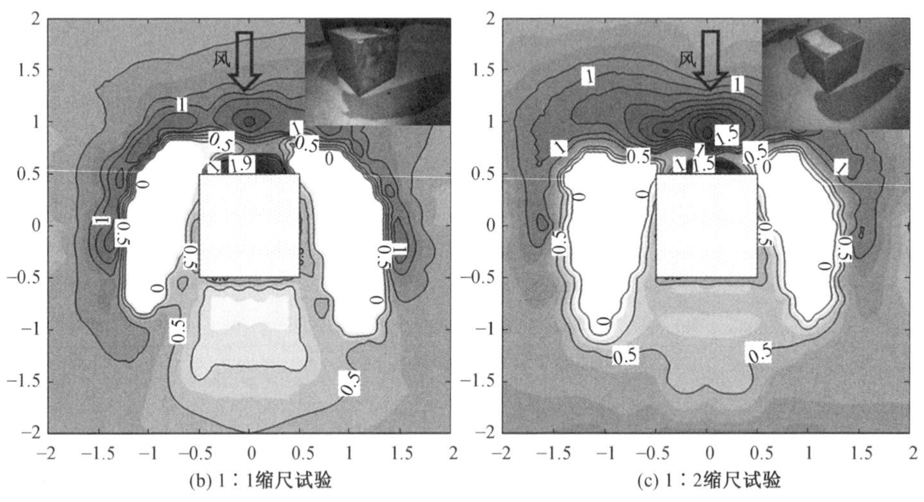

(b) 1∶1缩尺试验　　(c) 1∶2缩尺试验

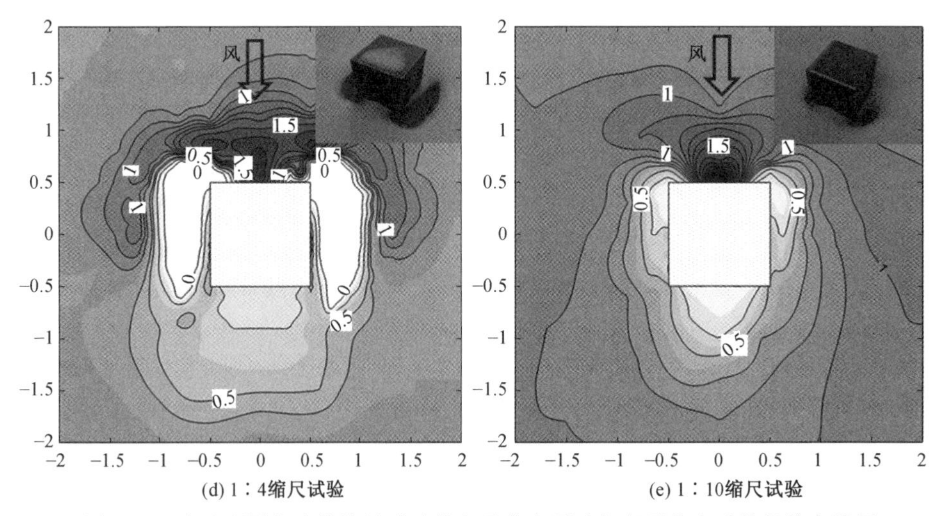

(d) 1∶4缩尺试验　　(e) 1∶10缩尺试验

图 7.4　实地观测与多维缩尺试验的积雪分布照片与积雪分布系数的等高线图

图 7.5 给出了多维缩尺试验与实测在不同位置的积雪分布系数结果。对比立方体前端积雪堆积，当缩尺比为 1∶4 和 1∶10 时，其积雪分布形式失真较为严重；对比立方体两侧积雪堆积，当缩尺比为 1∶1 与 1∶2 时，其侵蚀区被过分放大；对比屋面积雪堆积，当缩尺比为 1∶4 和 1∶10 时，其积雪分布形式失真较为严重。根据上述试验结果分析发现，应用基于密度修正的弗劳德数相似参数对风速的缩放并不准确，对表 7.9 中的相似参数分析后发现，积雪分布形式变化规律与摩擦速度比密切相关。

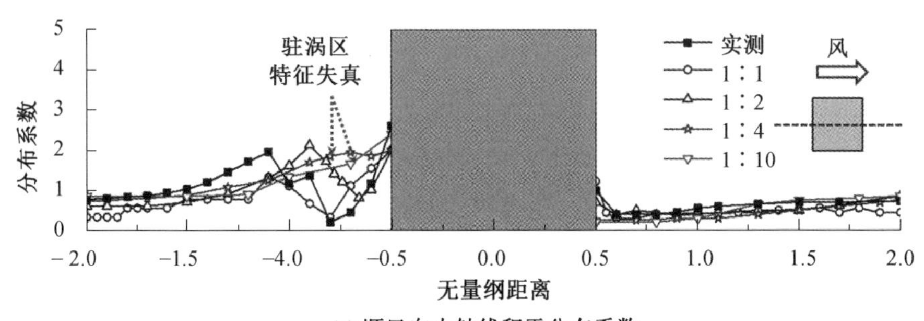

(a) 顺风向中轴线积雪分布系数

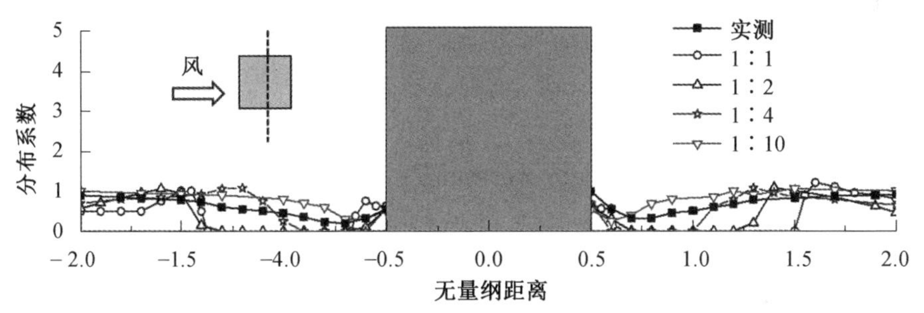

(b) 横风向中轴线积雪分布系数

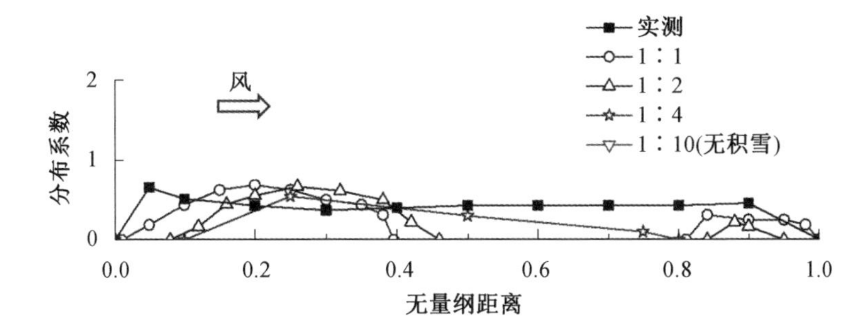

(c) 屋面顺风向中轴线积雪分布系数

图 7.5　立方体周围与屋面积雪分布系数对比

图 7.6 给出了多维缩尺试验与实测中不同位置测线上积雪分布的皮尔逊相关系数。根据数据分析发现，摩擦速度比与积雪分布的相似性呈正相关，其根本原因是摩擦速度比的取值会直接影响颗粒的沉积状态，因此需要基于摩擦速度比进一步修正基于密度修正的弗劳德数相似参数。

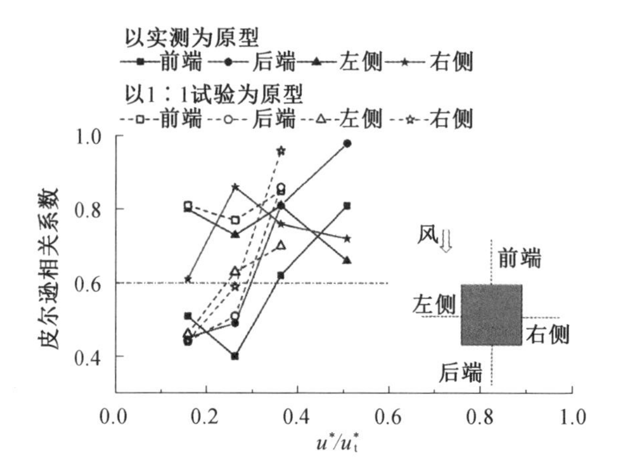

图 7.6 多维缩尺试验与实测中不同位置测线上积雪分布的皮尔逊相关系数

根据 Storm 对颗粒运动雷诺数下限值的规定：

$$\frac{u^* D_p}{v} > 3.5 \tag{7.39}$$

定义摩擦速度比 u^*/u_t^* 的下限值为 ξ，经推导可得：

$$\frac{u^* D_p}{v} > 3.5 \Leftrightarrow u^* > \frac{3.5v}{D_p} = \xi u_t^* \tag{7.40}$$

$$\frac{u^*}{u_t^*} \cong \frac{U}{U_0} \tag{7.41}$$

将式(7.40)与式(7.41)代入式(7.28)对基于密度修正的弗劳德数相似参数进行修正，可得到基于摩擦速度比下限值修正的弗劳德数相似参数：

$$\frac{\rho_a}{\rho_p} \cdot \frac{U^2}{gL}\left(1 - \frac{3.5\nu}{D_p u_t^*} \cdot \frac{U_0}{U}\right) \tag{7.42}$$

7.4.2 校准的相似准则的准确性验证

1.多维缩尺试验验证

为验证基于摩擦速度比下限值修正的弗劳德数相似参数的准确性，利用 7.4 节中的多维缩尺模型设计了对比试验，试验工况信息见表 7.10，试验主要相似参数见表 7.11。图 7.7 为基于修正的相似参数的多维缩尺试验积雪分布系数等高线图。

表 7.10 多维缩尺试验工况信息

模型缩尺比	试验风速 /(m·s^{-1})	降雪速率 /(mm·h^{-1})	试验时长 /min
试验原型	2.47	4.83	360
1∶1	2.8	15	120
1∶2	2.3	15	60
1∶4	2.1	15	36
1∶10	1.9	15	36

表 7.11　多维缩尺试验相似参数原型与试验对比

相似参数	原型	1∶1	1∶2	1∶4	1∶10
$\frac{\rho_a}{\rho_p}\cdot\frac{U^2}{gL}\left(1-\frac{3.5\nu}{D_p u_t^*}\cdot\frac{U_0}{U}\right)$	7.23×10^{-4}	7.46×10^{-4}	6.91×10^{-4}	7.17×10^{-4}	7.07×10^{-4}
$\frac{S_d}{U_{TER}}$	0.016 1	0.016 7	0.016 7	0.016 7	0.016 7
$\frac{U_{TER}T}{L}$	6 480	6 480	3 240	1 944	1 944
$\frac{\rho_a}{\rho_p-\rho_a}\cdot\frac{u_t^{*2}}{gD_p}$	0.011 6	0.015 4	0.015 4	0.015 4	0.015 4
$\frac{u^*}{u_t^*}$	0.717	0.405	0.320	0.322	0.299
$\frac{U_{TER}}{U}$	0.121	0.179	0.226	0.225	0.263

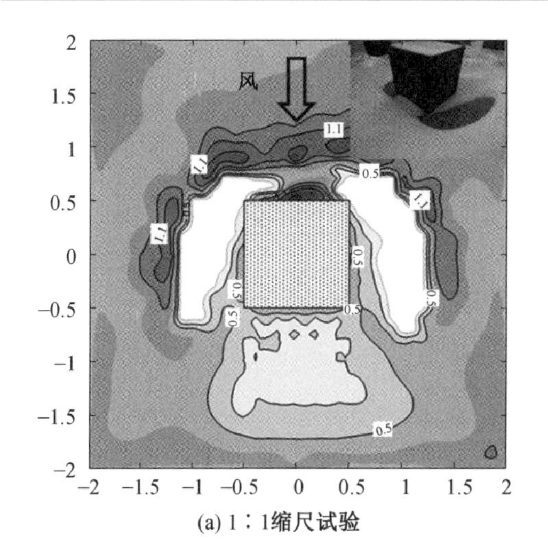

(a) 1∶1缩尺试验

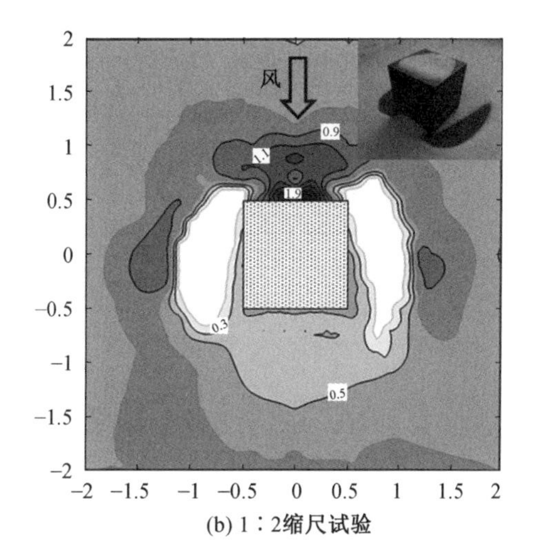

(b) 1∶2缩尺试验

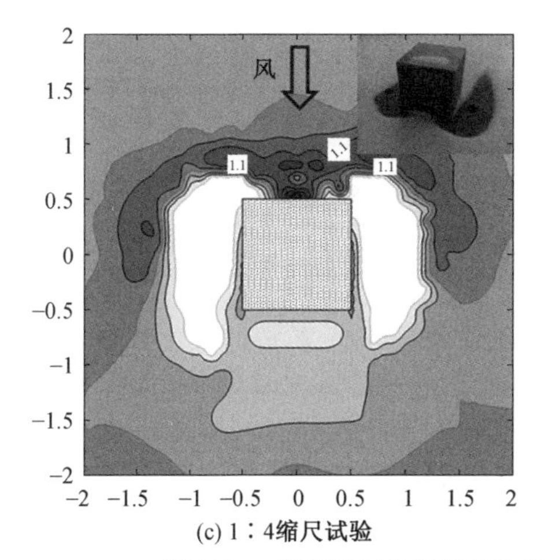

(c) 1∶4缩尺试验

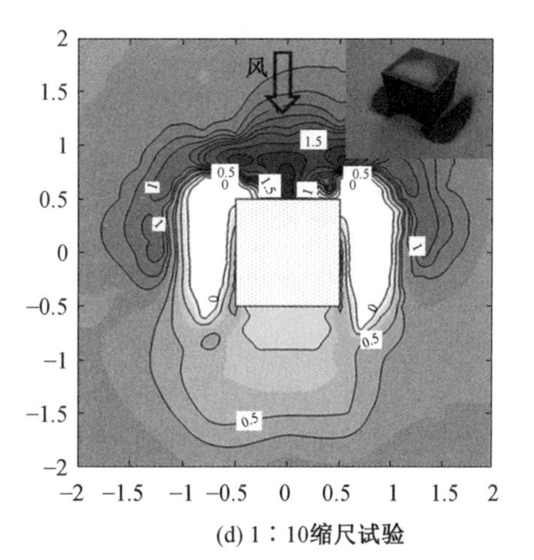

(d) 1∶10缩尺试验

图 7.7　基于修正的相似参数的多维缩尺试验积雪分布系数等高线图

根据图 7.7 中积雪分布系数等高线图对比发现，应用基于摩擦速度比修正的弗劳德数相似参数，多维缩尺试验模型周围积雪堆积的分布特征、受影响区域尺寸与 1∶1 缩尺比自测原型相似度更高。图 7.8 给出了沿标准立方体顺风向与横风向中轴线积雪分布系数对比结果。

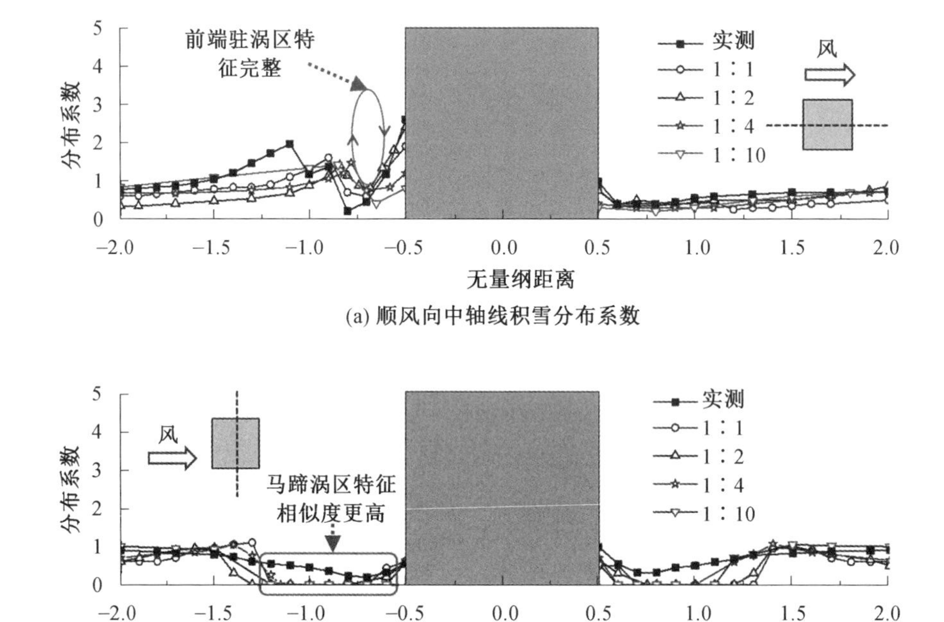

(a) 顺风向中轴线积雪分布系数

(b) 横风向中轴线积雪分布系数

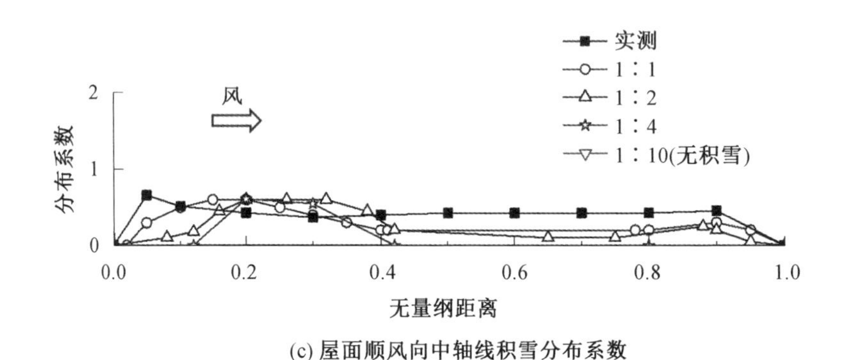

(c) 屋面顺风向中轴线积雪分布系数

图 7.8　基于修正的相似参数的多维缩尺试验积雪分布系数对比

通过图 7.8 中对标准立方体周围与屋面各测线上积雪分布系数的对比发现，采用基于摩擦速度比修正的弗劳德数相似参数所得各测线上积雪分布相似度更高，各基本特征均可得到完整再现。综合上述试验结果分析，证明了本书提出的基于摩擦速度比修正的弗劳德数相似参数的准确性。

2.实测原型缩尺还原试验验证

为进一步验证本书提出的相似准则的准确性，选取 Oikawa 于 1998 年 1～2 月在日本札幌对一边长 1 m 的标准立方体周围积雪分布进行的实测，与 Tsuchiya 于 2001 年 1～2 月在日本札幌对一高低屋面积雪分布进行的实测作为验证试验原型，分别进行了缩尺还原试验验证。

(1) 标准立方体模型缩尺还原试验。

Oikawa 共收集了 7 个降雪日的气象与积雪分布数据，本书首先以编号为 SN09 的降雪日实测结果作为试验原型，该降雪日平均风速为 1.9 m/s，平均风向角为 －15°，基准点降雪深度为 20 cm。试验模型缩尺比为 1∶5，试验风速为 1.7 m/s，试验风向角为 0°，降雪速率为 25 mm/h，降雪时长为 96 min。

SN09 实测结果与本书以及李雪峰等学者的试验结果对比如图 7.9 所示(注：李雪峰等学者的试验研究均采用预铺试验方法，并在常温风洞中进行)。通过立方体背风面附近积雪分布系数对比发现，试验结果的积雪堆积量较小且分布形式与实测结果存在差异。产生此现象的原因是 SN09 降雪日实测风场的风向稳定性较差(图 7.10)，虽然平均风向角为 －15°，但当风速较低时，实测记录到风向多次出现接近 ±180° 的逆风向，所以在实测中，立方体背风面附近积雪堆积量较大且呈现出类似于立方体迎风面前端的分布特征。因此，本书在对比试验结果准确性时，只针对立方体迎风面前端积雪分布系数进行分析。

以立方体迎风面前端驻涡区积雪分布特征为主要关注点，以迎风面脚部堆积极值为特征点 ①、侵蚀区堆积极值为特征点 ②、迎风面前端堆积极值为特征点 ③。以 3 个特征点的分布位置与积雪分布系数为对比依据，可得到各试验结果与实测值的偏差，见表 7.12(其中赵雷的试验结果中并未出现明显的特征点 ② 与特征点 ③)。

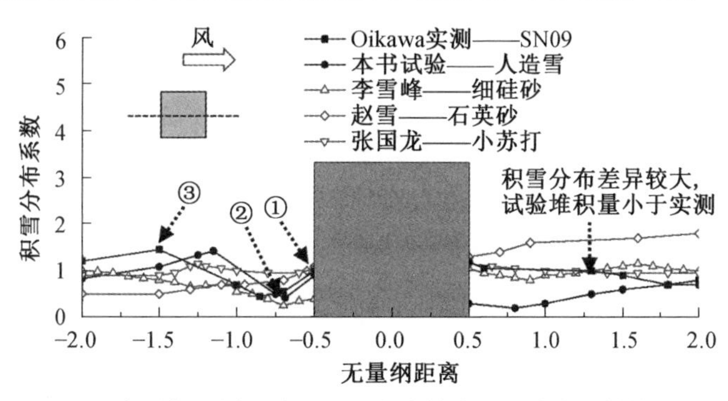

图 7.9　实测与不同试验的顺风向中轴线积雪分布系数结果对比

表 7.12　实测与不同试验结果偏差

对比项	① 分布系数 /%	② 分布系数 /%	③ 分布系数 /%	② 位置 /%	③ 位置 /%
本书试验	17	4.0	24	2.1	34
李雪峰	60	44	24	50	41
赵雷	20	—	—	—	—
张国龙	18	110	65	25	32

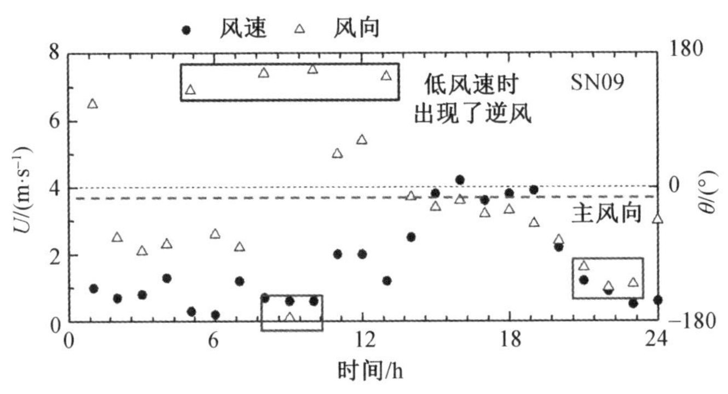

图 7.10 SN09 实测风场

通过对比发现,应用本书试验方法,对图中3个特征点的分布系数与出现位置预测的精确性均明显提高,更完整且准确地重现了迎风面前端的积雪分布特征。

此外,本书另外选取了 Oikawa 收集的编号为 SN15 的降雪日实测结果作为试验原型,其实测风场如图 7.11 所示,通过与 SN09 降雪日实测风场对比发现,SN15 降雪日的风速与风向均更为稳定。

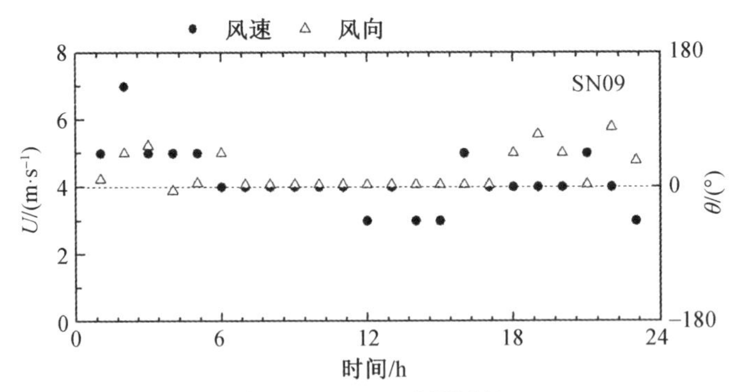

图 7.11 SN15 实测风场

SN15 降雪日实测平均风速为 4.6 m/s,平均风向角为 23°,基准点降雪深度为 10 cm。试验模型缩尺比为 1∶5,试验风速为 3.1 m/s,试验风向角为 0°,降雪速率为 12.5 mm/h,降雪时长为 96 min,实测与试验的顺风向中轴线积雪分布系数结果对比如图 7.12 所示。

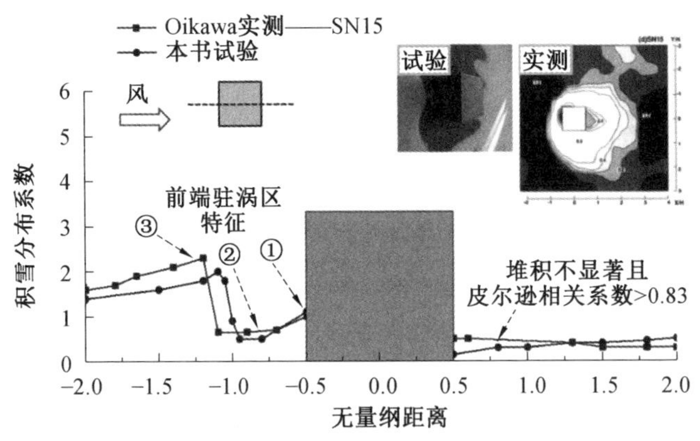

图 7.12 实测与试验的顺风向中轴线积雪分布系数结果对比

实测与本书试验结果偏差见表 7.13。应用本书试验方法，对 3 个特征点的分布系数与出现位置预测的准确性较高，实测与试验结果最大偏差仅为 16.8%，证明了应用本书提出的试验方法进行定量分析优势明显，能更精确地预测积雪分布特征。

表 7.13　实测与本书试验结果偏差

对比项	① 分布系数 /%	② 分布系数 /%	③ 分布系数 /%	② 位置 /%	③ 位置 /%
实测与试验结果偏差	10.0	16.8	13.0	11.1	8.3

(2) 高低模型缩尺还原试验。

Tsuchiya 共给出了 3 组不同气象条件下的低跨屋面积雪分布数据，以平均风速为 3.3 m/s 的实测工况作为试验原型的实测模型如图 7.13 所示，其实测风向角近似为 22.5°，基准点降雪深度为 15 cm。

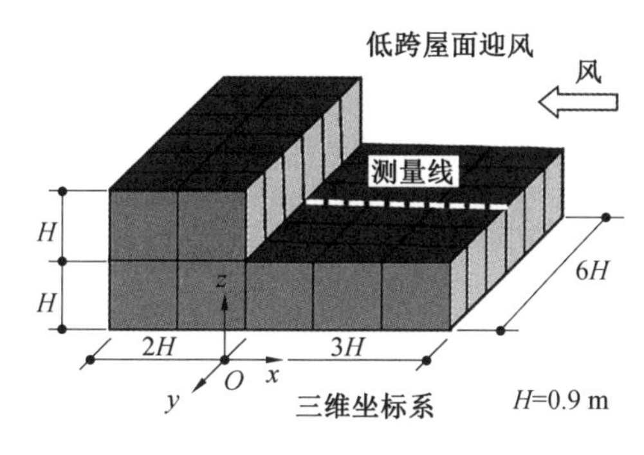

图 7.13　Tsuchiya 实测模型信息

试验模型 H 取值为 0.2 m，试验缩尺比为 1∶9，试验风向角为 22.5°，实测原型的降雪时长未知，因此假定其降雪时长为 24 h；试验风速 2.3 m/s，降雪速率为 18 mm/h，降雪时长为 56 min。Tsuchiya 实测结果与本书以及刘庆宽等学者的试验结果对比如图 7.14 所示（注：刘庆宽等学者的试验研究均采用预铺试验方法，并在常温风洞中进行）。

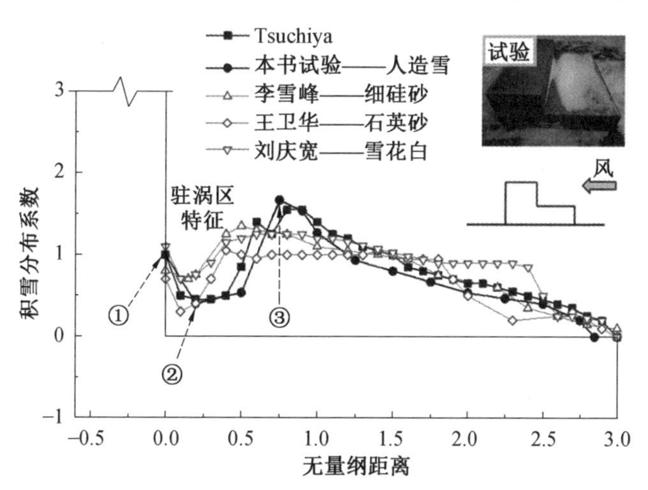

图 7.14　实测与不同试验的高低屋面积雪分布系数结果对比

与标准立方体类似，以高低屋面变跨处驻涡区积雪分布特征为主要关注点（图 7.14）；

以变跨处脚部堆积极值为特征点①，以侵蚀区堆积极值为特征点②，以变跨处前端堆积极值为特征点③，以这3个特征点的分布位置与积雪分布系数为对比依据，可得到实测与不同试验结果偏差，见表7.14。

表7.14　实测与不同试验结果偏差

对比项	①分布系数/%	②分布系数/%	③分布系数/%	②位置/%	③位置/%
本书试验	0	11.1	7.7	0	6.3
李雪峰	60	120	50	5	17
王卫华	69	20	49	23	33
刘庆宽	48	119	44	5.5	17

通过与其他学者试验结果对比发现，应用本书试验方法对3个特征点的分布系数与出现位置预测的准确性均明显提高，更精确地再现了低跨屋面变跨处积雪分布特征。

综合上述对标准立方体与高低屋面的试验结果分析，充分证明了本书所提出的基于降雪模式的风雪联合试验方法与相似准则的先进性与准确性。

7.4.3　建筑屋面缩尺模型特征尺寸下限值

根据运动颗粒受力分析与堆积形成机理发现（图7.15），雪颗粒在任意形状屋面上的沉积条件ψ与颗粒在近床面的运动阻力F_d、颗粒间黏结力F_c、屋面摩擦力F_μ等众多因素相关：

$$\psi=f(G,F_d,F_c,F_\mu,\cdots) \tag{7.43}$$

$$F_d=f(U_p\sin\theta/u_t^*,U_p\cos\theta,S_p,e,\cdots) \tag{7.44}$$

$$F_c=f(\omega,E,\cdots) \tag{7.45}$$

$$F_\mu=f(D_p,\rho_p,\mu_k,\cdots) \tag{7.46}$$

式中，θ为屋面任意点法向与颗粒运动轨迹间夹角；S_p为颗粒形状系数；ω为颗粒含水率；E为外界环境参数，如空气温度、湿度等；μ_k为屋面摩擦系数。

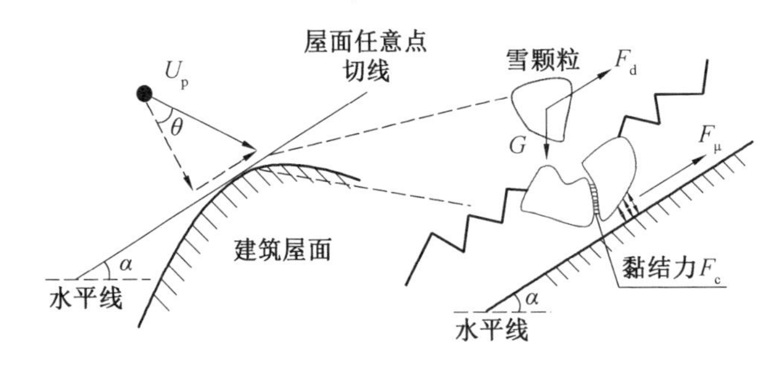

图7.15　任意形状建筑屋面雪颗粒沉积示意图

考虑到建筑屋面积雪分布形式是屋面雪荷载计算的基础参量，因此现阶段主要对由建筑气动外形所引起的屋面积雪分布系数进行了研究，暂未对屋面摩擦系数、雪颗粒形状系数、外界自然环境等影响因素进行分析。本书后续所开展的试验研究中，模型均采用木制胶合板制作。

通过式(7.44)可知,建筑屋面积雪堆积形成规律与屋面切向角密切相关。依据此特点,研究中将典型建筑屋面划分为平面类与曲面类两种屋面类型,其中平面类屋面上各点切向角固定,而曲面类屋面切向角随位置变化而改变。此外,根据图7.5(c)与图7.8(c)所示的屋面积雪分布试验结果可发现,积雪分布特征受模型覆雪面尺寸影响较大,因此需通过多尺度缩尺试验确定不同类型的屋面模型的特征尺寸下限值。

1.平面类屋面缩尺模型特征尺寸下限值

以标准立方体平屋面代表典型平面类屋面,假定模型为边长1 m的标准立方体,试验风速为3.0 m/s,风向为0°,降雪速率为10 mm/h,总降雪量为10 mm的试验工况为缩尺试验的基准原型,缩尺试验模型边长分别为0.5 m、0.3 m、0.25 m、0.2 m与0.1 m。图7.16给出了不同尺度立方体模型屋面积雪分布系数试验结果。

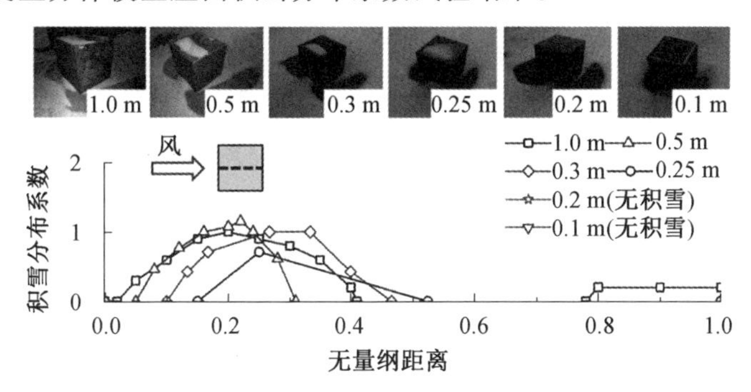

图 7.16　不同尺度立方体模型屋面积雪分布系数试验结果

考虑缩尺模型覆雪面特征尺寸下限值应与颗粒跃移长度呈一定的比例关系,以颗粒的跃移长度为基准特征长度,参照 Owen 给出的颗粒跃移长度计算公式,即

$$l_{sal}=10.3\frac{u^{*2}}{g} \tag{7.47}$$

式中,l_{sal} 为颗粒跃移长度。

根据式(7.40)与式(7.42)可知,摩擦速度 u^* 的取值下限为

$$u^*=\xi u_t^* \tag{7.48}$$

定义平面类屋面缩尺模型的覆雪面特征尺寸下限值应满足下式要求:

$$\{L_{ref}\}\geqslant 10.3\frac{\phi_f\xi^2u_t^{*2}}{g} \tag{7.49}$$

式中,ϕ_f 为平面类屋面模型特征尺寸下限系数。

试验结果表明,当覆雪面特征尺寸小于0.2 m时,屋面积雪分布特征失真严重(无积雪),因此 ϕ_f 建议取值为40。

2.曲面类屋面缩尺模型特征尺寸下限值

以拱形屋面代表典型曲面类屋面,假定模型为本篇中所采用的柱壳模型,试验风速为2.0 m/s,风向为0°,降雪速率为10 mm/h,总降雪量为10 mm的试验工况为缩尺试验的基准原型,缩尺试验模型水平投影的特征尺寸为1.0 m、0.5 m与0.25 m。图7.17给出了

不同尺度拱形屋面积雪分布系数试验结果。

定义曲面类屋面缩尺模型的覆雪面特征尺寸下限值应满足式(7.50)要求：

$$\{L_{\mathrm{ref}}\} \geqslant 10.3\frac{\beta_{\mathrm{s}}\xi^2 u_t^{*2}}{g} \tag{7.50}$$

式中，β_{s}为曲面类模型屋面特征尺寸下限系数。

试验结果表明，当覆雪面特征尺寸小于 1.0 m 时，屋面积雪分布特征失真严重(无积雪)，因此 β_{s} 建议取值为 160。

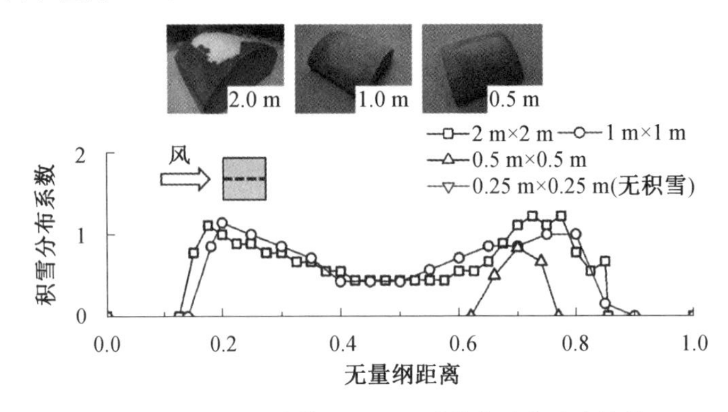

图 7.17　不同尺度拱形屋面积雪分布系数试验结果

第 8 章　曲面类屋面积雪分布试验与积雪分布特性

8.1　引　言

《建筑结构荷载规范》(GB 50009—2012) 共给出了 10 种典型屋面的积雪分布形式规定，但其规范条文多数针对单坡屋面、双坡屋面、高低屋面等典型平面类屋面，曲面类屋面相关规范条文较少。曲面类屋面为大跨度建筑常采用的屋面形式，通过查阅国内目前所有相关建筑规范发现，仅有《建筑结构荷载规范》(GB 50009—2012) 和《索结构技术规程》(JGJ 257—2012) 对 5 种大跨度曲面类屋面的积雪分布形式进行了规定(图 8.1)，且相关的实测、试验或数值模拟研究数据支撑较弱，因此开展曲面类屋面积雪分布研究工作的意义尤为突出。

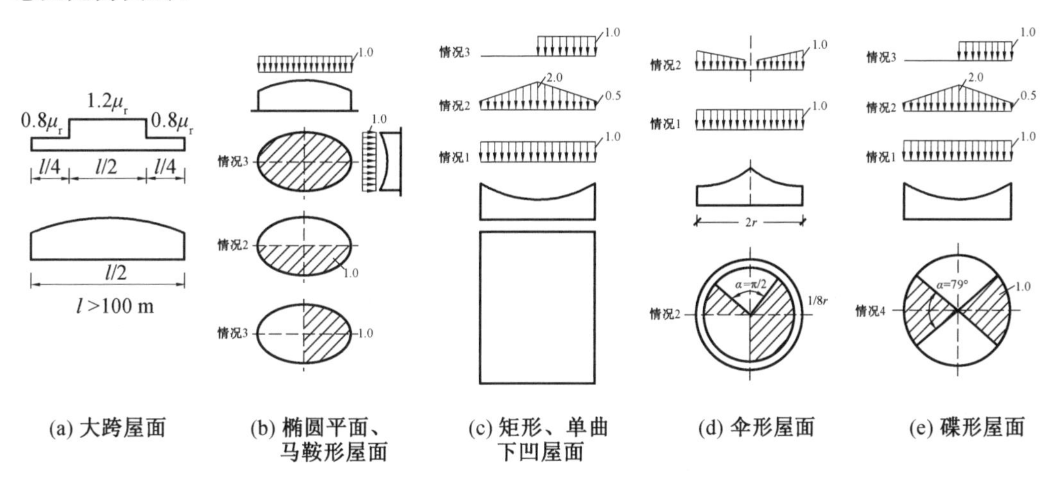

图 8.1　典型大跨度曲面类屋面积雪分布系数(μ_r 为积雪分布系数)

本章依据基于降雪模式的风雪联合试验方法，针对拱形屋面、单曲下凹屋面、连续多跨拱形屋面、球形屋面 4 种典型曲面类屋面积雪分布开展参数化试验研究，探讨风速与屋面形状参数对屋面积雪分布的影响，分析各种屋面积雪堆积规律与分布机理，总结各种典型曲面类屋面积雪分布的特征形式，并结合实测与数值模拟结果，对我国荷载规范提出修订建议。此外，以河南省某发电厂的大跨度 M 形煤棚为例，对煤棚屋面积雪分布开展试验研究，得到各主导风向下各屋面分区雪荷载分布系数，为建筑抗雪设计提供数据支撑，并提出针对特定建筑屋面的雪荷载设计方法。

8.2 典型曲面类屋面积雪分布试验与积雪分布特性分析

8.2.1 拱形屋面积雪分布

拱形屋面广泛应用于各类大跨度体育场馆、工业厂房、仓储建筑等，为了探究拱形屋面的积雪分布规律，考虑风速与屋面矢跨比影响，对拱形屋面积雪分布开展了参数化试验研究。

1.模型简介

图 8.2 给出了拱形屋面的缩尺模型示意图，试验模型矢跨比分别为 1/10 和 1/4，模型缩尺比为 1∶50，缩尺模型的屋檐高度为 300 mm。

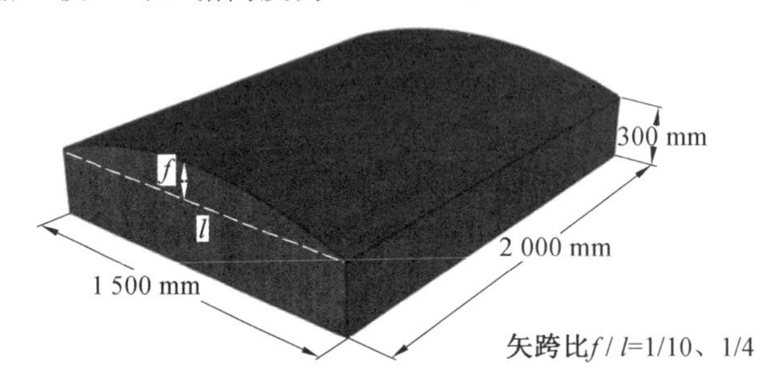

图 8.2　拱形屋面的缩尺模型示意图

2.试验工况信息

试验主要研究 2 m/s、4 m/s、6 m/s 三种不同原型风速下屋面积雪分布规律。试验入流采用B类地貌下特大暴雪降雪条件，假定原型降雪速率为 8 mm/h，降雪时长为 24 h，总降雪量为 192 mm。对应的试验风速分别为 1.8 m/s、2.0 m/s、2.2 m/s，试验风速参考点高度为 0.2 m，降雪速率为 24 mm/h，降雪时长为 22.5 min(参照式(3.38))，总降雪量为 9 mm。试验模型中心距离风速出口 5 m 远，风向角为 0°。模型位置和风速测线布置与高低屋面试验相同，在此不再赘述。拱形屋面试验工况信息见表 8.1，试验工况命名采用“风速－矢跨比”形式。

表 8.1　拱形屋面试验工况信息

试验工况	温度 /℃	湿度 /%	最大自然风速瞬时 /(m·s^{-1})	积雪密度 /(kg·m^{-3})	试验时长 /min
1.8 m/s－1/10	－9	59	0.123	411.44	22.5
2.0 m/s－1/10	－9	58	0.134	420.65	22.5
2.2 m/s－1/10	－8	58	0.177	394.38	22.5
1.8 m/s－1/4	－8	62	0.211	378.92	22.5

续表8.1

试验工况	温度 /℃	湿度 /%	最大自然风速 瞬时 /(m·s⁻¹)	积雪密度 /(kg·m⁻³)	试验时长 /min
2.0 m/s－1/4	－8	62	0.161	387.56	22.5
2.2 m/s－1/4	－8	62	0.116	371.60	22.5

3.**试验结果分析**

拱形屋面试验模型沿顺风向中轴线上的积雪分布系数如图 8.3 所示，图 8.4 给出了试验结果照片。

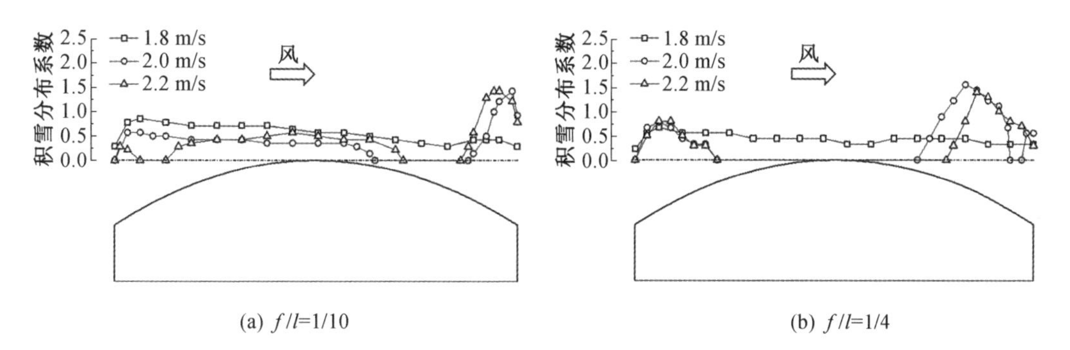

(a) f/l=1/10　　(b) f/l=1/4

图 8.3　拱形屋面积雪分布系数

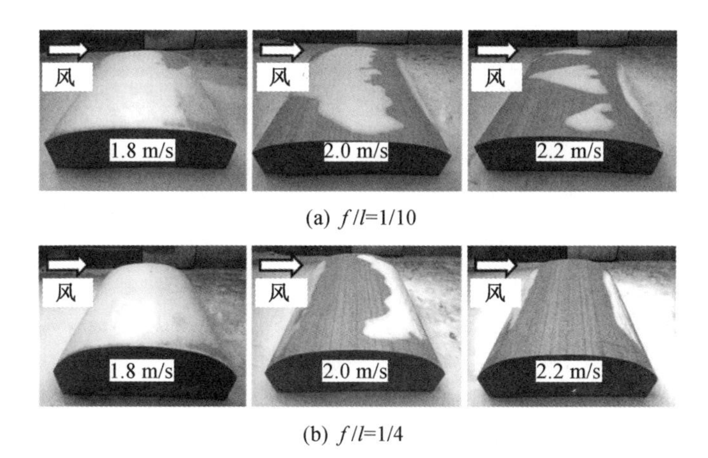

(a) f/l=1/10

(b) f/l=1/4

图 8.4　拱形屋面试验结果照片

根据试验结果可知，拱形屋面积雪分布形式对风速较为敏感，当风速较低时，屋面积雪呈现均匀分布特性；当风速较高时，在风力搬运作用下，迎风面积雪堆积明显减少，背风面积雪堆积向屋面顺风向尾端发展，迎风面与背风面的积雪堆积均呈现类似三角形分布形状。矢跨比对拱形屋面积雪分布形式影响较小，但其对背风面积雪堆积极值点位置影响较大。当屋面矢跨比为 1/10，试验风速为 2.0 m/s 与 2.2 m/s 时，背风面积雪堆积极值点出现在屋面切向角为 22° 与 20.5° 位置处，积雪分布系数极大值为 1.50，主要堆积区更靠近屋面边缘；当屋面矢跨比为 1/4，试验风速为 2.0 m/s 与 2.2 m/s 时，背风面积雪堆积极值点出现在屋面切向角为31°与34.4°位置处，积雪分布系数极大值为1.67，主要堆积区更靠近背风面跨中。

4.**荷载规范修改建议**

根据试验结果，本书总结了拱形屋面积雪分布的特征形式，如图8.5所示。

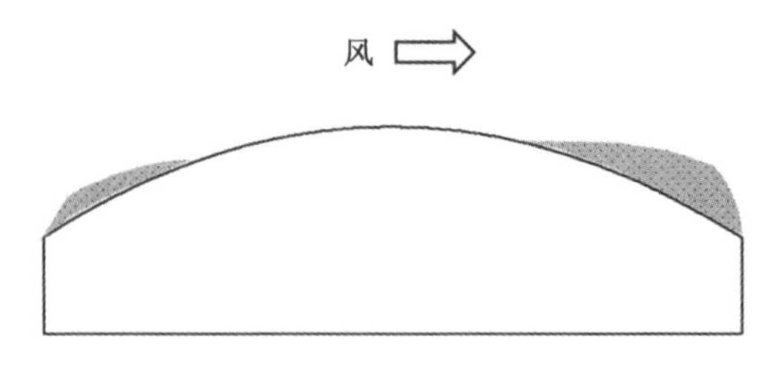

图8.5　拱形屋面积雪分布的特征形式

参考Thiis在2007年2月以及2008年1月对奥斯陆某拱形屋面的积雪分布实测实例可知(如图8.6所示，此拱形屋面跨度约为85 m，矢高为25 m，实测降雪期间的风速范围为4～6 m/s)，迎风面基本无积雪堆积，背风面为主要积雪堆积区，两次实测中背风面积雪堆积极大值出现位置对应的屋面切向角分别为29°与21°。

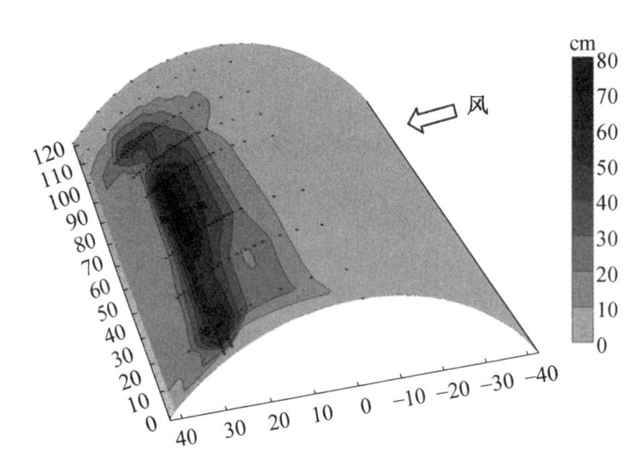

图8.6　Thiis进行的拱形屋面积雪分布实测实例

拱形屋面与双坡屋面形状类似，但不同的是双坡屋面的屋面坡度为确定值，而拱形屋面上各点的切向角是变化的，其屋面积雪分布特征与屋面切向角变化密切相关。拱形屋面屋脊附近的屋面切向角较小，风速较大，积雪迁移效率较高，因此积雪堆积较少；随着屋面切向角的逐渐增大，风速减小且在屋面上方形成回流漩涡，屋面积雪堆积较为严重并达到极值；但当屋面切向角进一步增大时，积雪滑落效应的影响逐渐增大，屋面积雪堆积逐步减少，因此拱形屋面积雪呈现显著的三角形分布特征。

《规范》中规定，拱形屋面积雪分布系数极大值对应位置为迎／背风面积雪堆积区的跨中，且并未明确当拱形屋面边缘切向角α小于60°时的取值规定，如图8.7(a)所示。综合实测和试验结果，针对拱形屋面，建议当屋面切向角为30°时积雪分布系数取极大值，如图8.7(b)所示，并在原规范条文基础上，补充了当拱形屋面边缘切向角α小于60°时的取值建议，如图 8.7(c) 所示，其中积雪分布系数 $\mu_{r,m}$ 取值参照《建筑结构荷载规范》(GB 50009—2012) 中表 7.2.1 的第 3 项规定。

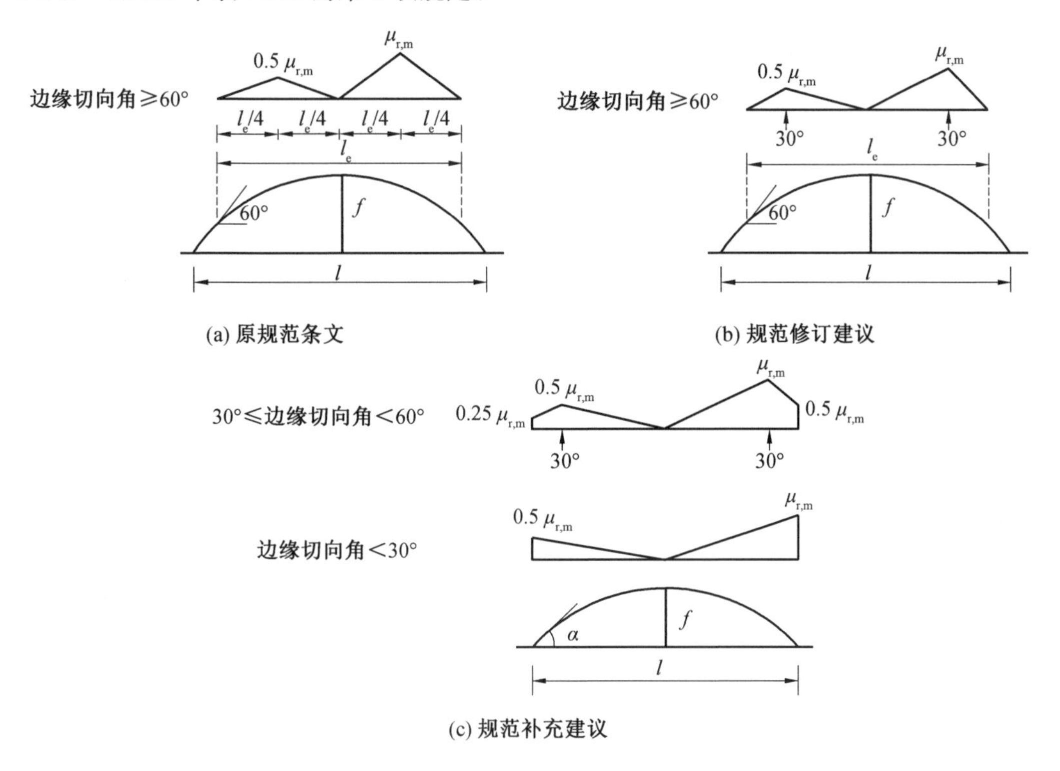

图 8.7　拱形屋面雪荷载分布形式修订建议

8.2.2　单曲下凹屋面积雪分布

悬索结构屋面往往采用单曲下凹屋面形式，此类屋面上极易形成较为严重的积雪堆积，给结构安全带来巨大隐患，因此正确预测此种建筑屋面积雪分布形式对结构安全设计意义重大。

1.模型简介

图 8.8 给出了单曲下凹屋面的缩尺模型示意图，试验模型矢跨比分别为 1/20 和 1/10，模型缩尺比为 1∶50，缩尺模型的屋檐高度为 500 mm。

2.试验工况信息

单曲下凹屋面形状有利于积雪堆积，在较高风速下屋面仍容易产生显著积雪堆积，因此试验主要研究 2 m/s、6 m/s、10 m/s 三种不同原型风速下屋面积雪分布规律。试验入流采用 B 类地貌下特大暴雪降雪条件，假定原型降雪速率为 8 mm/h，降雪时长为 24 h，总降雪量为 192 mm。对应的试验风速分别为 1.8 m/s、2.2 m/s、2.9 m/s，试验风速参考点高度为 0.2 m，降雪速率为 24 mm/h，降雪时长为 22.5 min，总降雪量为 9 mm。试验模型中心距离风速出口 5 m 远，风向角为 0°。模型位置和风速测线布置与拱形屋面试验相同，

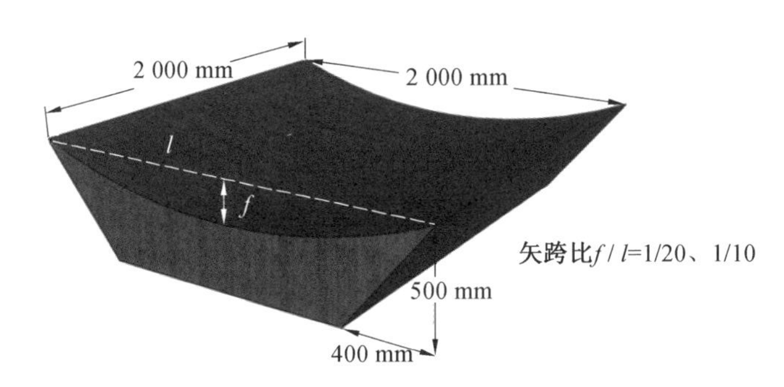

图 8.8 单曲下凹屋面的缩尺模型示意图

在此不再赘述。单曲下凹屋面试验工况信息见表8.2,试验工况命名采用“风速－矢跨比”形式。

表 8.2 单曲下凹屋面试验工况信息

试验工况	温度 /℃	湿度 /%	最大自然风速 瞬时 /(m・s^{-1})	积雪密度 /(kg・m^{-3})	试验时长 /min
1.8 m/s－1/20	－17	54	0.116	391.27	22.5
2.2 m/s－1/20	－17	52	0.133	372.44	22.5
2.9 m/s－1/20	－15	52	0.179	365.11	22.5
1.8 m/s－1/10	－13	54	0.224	361.26	22.5
2.2 m/s－1/10	－11	54	0.197	329.49	22.5
2.9 m/s－1/10	－13	54	0.271	331.09	22.5

3.试验结果分析

单曲下凹屋面试验模型沿顺风向中轴线上积雪分布系数如图 8.9 所示,图中纵坐标代表积雪分布系数,图 8.10 给出了试验结果照片。

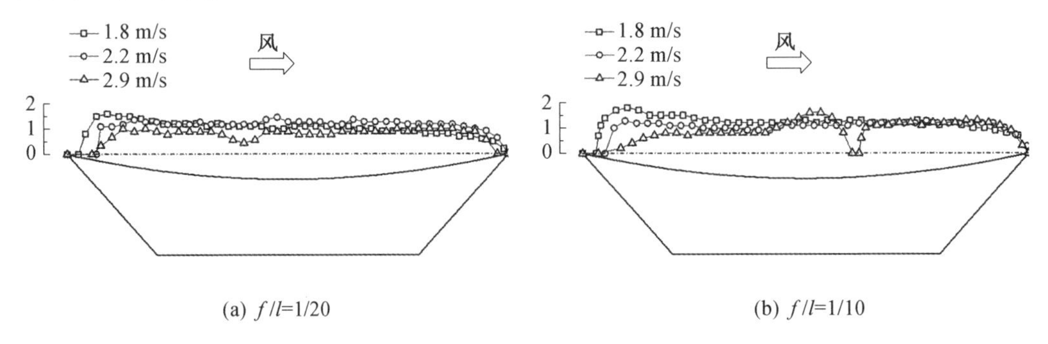

(a) f/l=1/20 (b) f/l=1/10

图 8.9 单曲下凹屋面积雪分布系数

根据试验结果可知,仅当矢跨比为 1/10,风速为 2.9 m/s 时,单曲下凹屋面积雪呈现较明显的类三角形分布特征,屋面跨中的积雪堆积最为严重,分布系数最大为 1.66,小于《规范》中规定的极值 2.0,且在风力的搬运作用下,后半跨屋面积雪堆积比前半跨屋面积

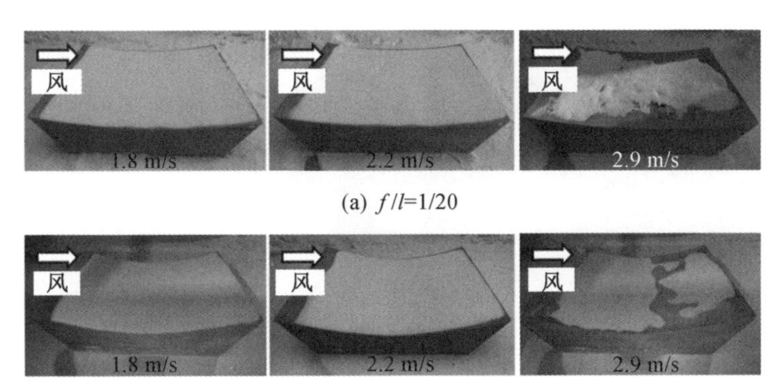

图 8.10　单曲下凹屋面试验结果照片

雪堆积更为严重，但其差别较小。其余工况下，单曲下凹屋面积雪基本呈现均匀分布特性，但需要特别注意的是，由于下凹形状屋面对积雪的积聚效应，屋面大部分区域的积雪分布系数超过了《规范》中规定的均匀分布系数限值 1.0。如图 8.1(c) 所示，《索结构技术规程》(JGJ 257—2012) 中针对单曲下凹屋面的第 1、2 种积雪分布形式(情况 1、情况 2) 较为合理，第 3 种积雪分布形式(情况 3) 则过低估计了前半跨的积雪堆积效应。结合试验结果分析，总结提出了单曲下凹屋面积雪分布的两种特征形式，如图 8.11 所示。

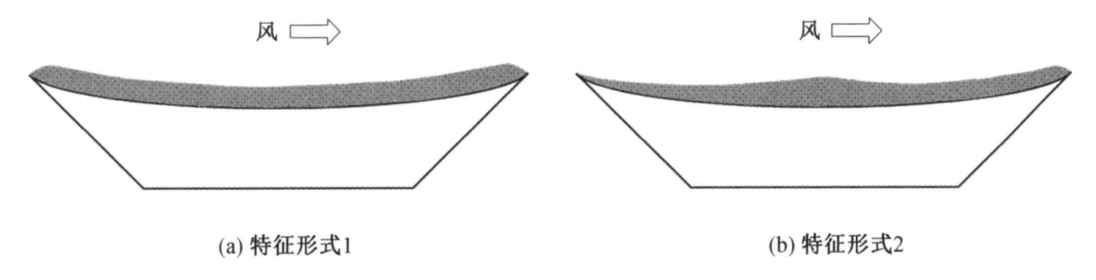

图 8.11　单曲下凹屋面积雪分布的两种特征形式

8.2.3　连续多跨拱形屋面积雪分布

连续多跨拱形屋面广泛应用于各类大跨度工业厂房、仓储建筑等，与连续多跨双 / 单坡屋面类似，此类建筑连续跨间形成的屋面波谷处极易形成严重的积雪堆积，给结构带来巨大安全隐患，因此正确预测此种建筑屋面积雪分布形式对结构安全设计意义重大。

1.模型简介

图 8.12 给出了连续多跨拱形屋面的缩尺模型示意图，试验模型矢跨比分别为 1/10 和 1/4，模型缩尺比为 1∶50，缩尺模型的屋檐高度为 500 mm。

2.试验工况信息

试验主要研究 2 m/s、6 m/s、10 m/s 三种不同原型风速下屋面积雪分布规律。试验入流采用B类地貌下大暴雪降雪条件，假定原型降雪速率为 8 mm/h，降雪时长为 24 h，总

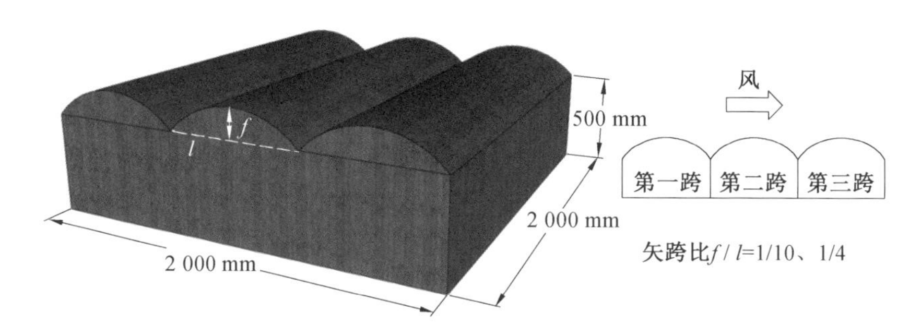

图 8.12　连续多跨拱形屋面的缩尺模型示意图

降雪量为 192 mm。对应的试验风速分别为 1.8 m/s、2.2 m/s、2.9 m/s，试验风速参考点高度为 0.2 m，降雪速率为 24 mm/h，降雪时长为 22.5 min，总降雪量为 9 mm。试验模型中心距离风速出口 5 m 远，风向角为 0°。如图 8.12 所示，将 3 个拱形屋面沿顺风向分别定义为“第一跨”“第二跨”与“第三跨”。模型位置和风速测线布置与拱形屋面试验相同，在此不再赘述。连续多跨拱形屋面试验工况信息见表 8.3，试验工况命名采用“风速 — 矢跨比”形式。

表 8.3　连续多跨拱形屋面试验工况信息

试验工况	温度 /℃	湿度 /%	最大自然风速瞬时 /(m·s^{-1})	积雪密度 /(kg·m^{-3})	试验时长 /min
1.8 m/s－1/10	－15	48	0.141	386.54	22.5
2.2 m/s－1/10	－15	46	0.167	399.23	22.5
2.9 m/s－1/10	－14	46	0.172	343.61	22.5
1.8 m/s－1/4	－12	42	0.206	376.65	22.5
2.2 m/s－1/4	－12	42	0.188	377.64	22.5
2.9 m/s－1/4	－12	40	0.169	353.47	22.5

3.试验结果分析

连续多跨拱形屋面试验模型沿顺风向中轴线上积雪分布系数如图 8.13 所示，图 8.14 给出了试验结果照片。

根据试验结果可知，与连续多跨双坡屋面类似，连续拱形屋面跨间形成的屋面波谷处是积雪堆积最为严重的区域，此处积雪堆积呈明显的三角形分布形式，其局部积雪分布系数最大值可达 4.0，但与连续多跨双坡屋面不同的是，其屋面主要积雪堆积区更小。当风速大于 1.8 m/s，其主要堆积区长度均小于单跨拱形屋面跨度的 2/3。连续多跨拱形屋面积雪分布形式对风速、矢跨比变化并不敏感，但屋面波谷处积雪堆积的显著性对风速与矢跨比变化均较为敏感。矢跨比不同时，屋面波谷处积雪堆积显著性随风速变化的规律呈相反性：当屋面矢跨比为 1/10 时，屋面波谷处积雪堆积显著性随着风速增加呈减小趋势；当屋面矢跨比为 1/4 时，屋面波谷处积雪堆积显著性随着风速增加呈增大趋势。需要特别注意的是，即使在风速较小时，屋面波谷处的积雪堆积情况同样较为严重，因此对于此

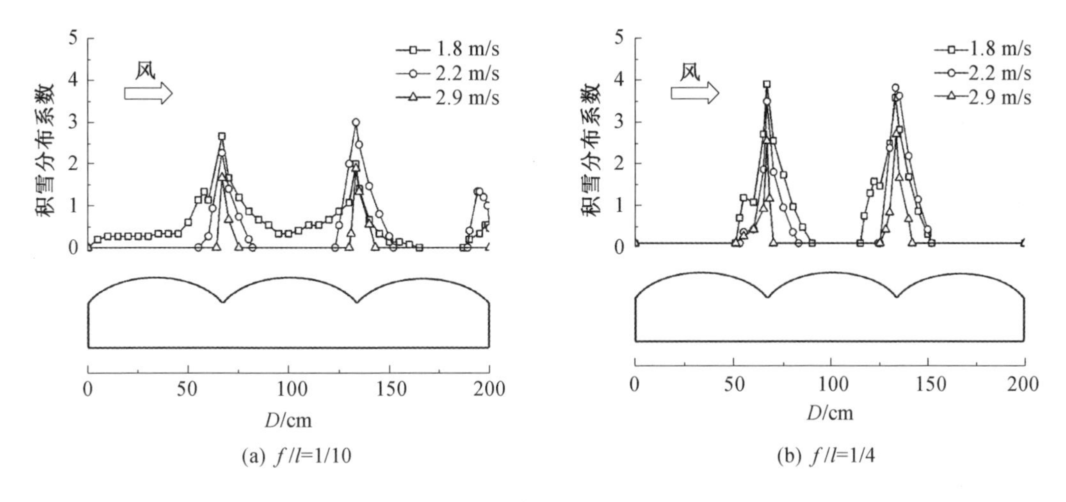

图 8.13　连续多跨拱形屋面积雪分布系数

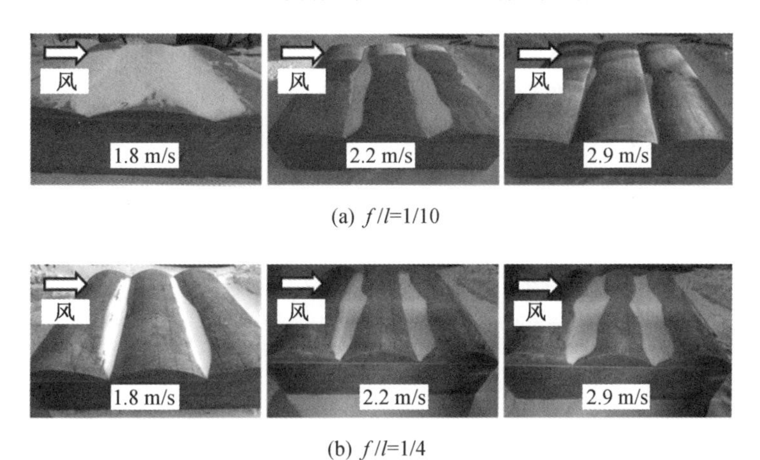

图 8.14　连续多跨拱形屋面试验结果照片

种屋面，建议应着重考虑积雪不均匀分布情况。

4.荷载规范修改建议

根据试验结果，本书总结提出了连续多跨拱形屋面积雪分布的特征形式，如图 8.15 所示。

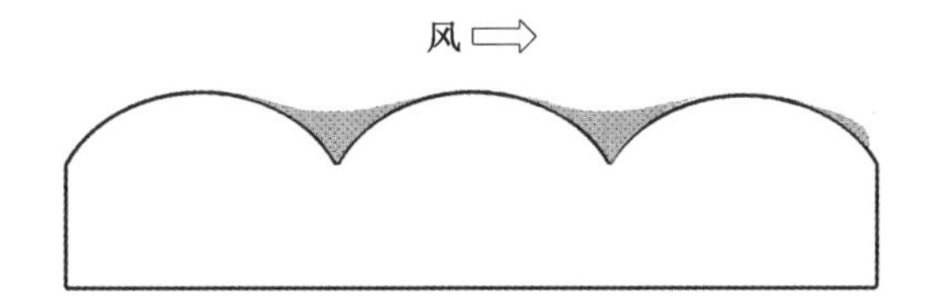

图 8.15　连续多跨拱形屋面积雪分布的特征形式

此外，本书基于积雪深度 3D 识别与数字摄影测量技术，应用无人机航拍实测方法，对哈尔滨某连续双跨拱形屋面积雪分布进行了实测，如图 8.16 所示。根据实测结果发现，连续拱形之间形成的屋面波谷处积雪堆积最为严重，且屋面波谷两侧的拱形屋面上出现了明显的积雪滑落现象，进一步加剧了波谷处积雪堆积效应。实测日的地面平均降雪量为 11.6 cm，屋面波谷处最大积雪深度为 53.1 cm，对应的积雪分布系数最大值为 4.58。

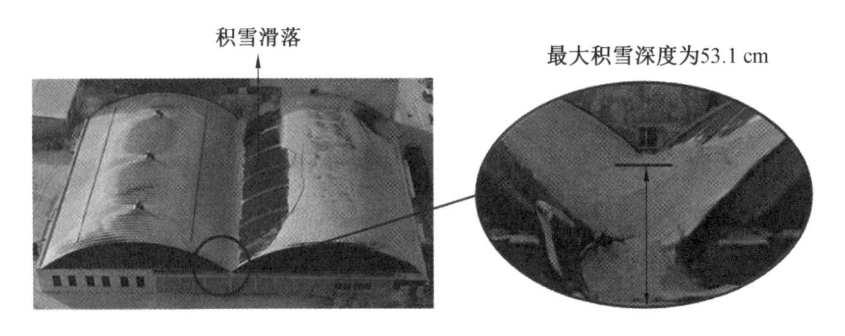

图 8.16　某连续双跨拱形屋面积雪分布实测

我国荷载规范中目前并未对此种建筑屋面积雪分布形式进行规定，本书参照连续多跨双坡屋面积雪分布形式取值规定，并综合实测、风雪联合试验与数值模拟结果，给出了连续多跨拱形屋面雪荷载分布形式建议，如图 8.17 所示。针对此种屋面，建议加重考虑屋面波谷处的局部堆雪效应，屋面波谷处积雪分布系数极大值为 3.0，积雪不均匀堆积区域长度取 $2l/3$。

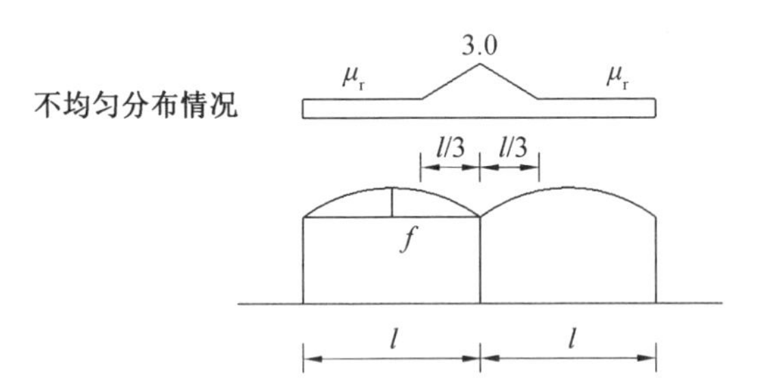

图 8.17　连续多跨拱形屋面雪荷载分布形式建议

8.2.4　球形屋面积雪分布

球形屋面广泛应用于各类大跨度体育场馆等建筑中，为了探究球形屋面的积雪分布规律，考虑风速与屋面矢跨比影响，对球形屋面积雪分布开展了参数化试验研究。

1.模型简介

图 8.18 给出了球形屋面的缩尺模型示意图，试验模型矢跨比分别为 1/7、1/5 和 1/3，模型缩尺比为 1∶100，缩尺模型的屋檐高度为 200 mm。

2.试验工况信息

试验主要研究 2 m/s、4 m/s、6 m/s 三种不同原型风速下屋面积雪分布规律。试验入流采用 B 类地貌下特大暴雪降雪条件，假定原型降雪速率为 8 mm/h，降雪时长为 24 h，总降雪量为 192 mm。对应的试验风速分别为 1.7 m/s、1.9 m/s、2.1 m/s，试验风速参考点

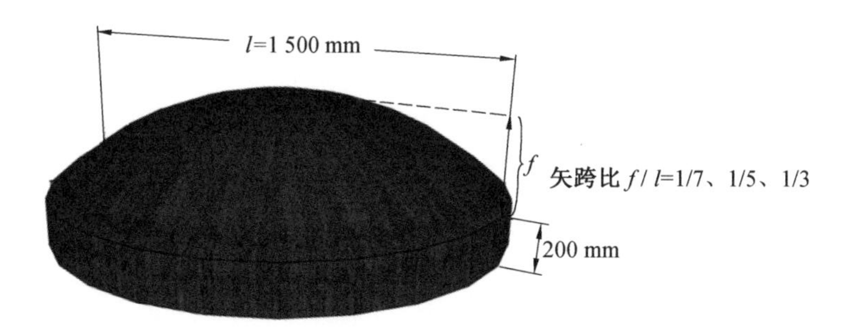

图 8.18　球形屋面的缩尺模型示意图

高度为 0.2 m，降雪速率为 24 mm/h，降雪时长为 22.5 min，总降雪量为 9 mm。试验模型中心距离风速出口 5 m 远，风向角为 0°。模型位置和风速测线布置与拱形屋面试验相同，在此不再赘述。球形屋面试验工况信息见表 8.4，试验工况命名采用"风速－矢跨比"形式。

表 8.4　球形屋面试验工况信息

试验工况	温度 /℃	湿度 /%	最大自然风速瞬时 /(m·s^{-1})	积雪密度 /(kg·m^{-3})	试验时长 /min
1.7 m/s－1/7	－13	48	0.207	421.50	22.5
1.9 m/s－1/7	－13	50	0.211	383.64	22.5
2.1 m/s－1/7	－11	50	0.165	365.41	22.5
1.7 m/s－1/5	－12	56	0.183	377.89	22.5
1.9 m/s－1/5	－12	56	0.109	386.31	22.5
2.1 m/s－1/5	－13	54	0.096	345.26	22.5
1.7 m/s－1/3	－13	56	0.172	388.52	22.5
1.9 m/s－1/3	－14	60	0.231	364.18	22.5
2.1 m/s－1/3	－14	58	0.119	393.52	22.5

3.试验结果分析

球形屋面试验模型沿顺风向中轴线上积雪分布系数如图 8.19 所示。图 8.20 给出了试验结果照片。

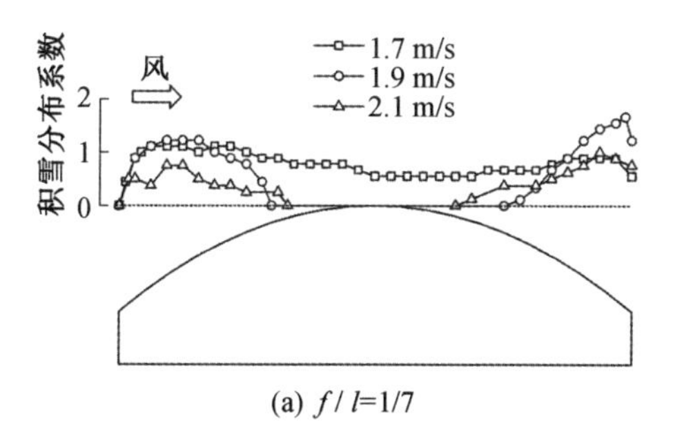

(a) f / l=1/7

图 8.19　球形屋面积雪分布系数

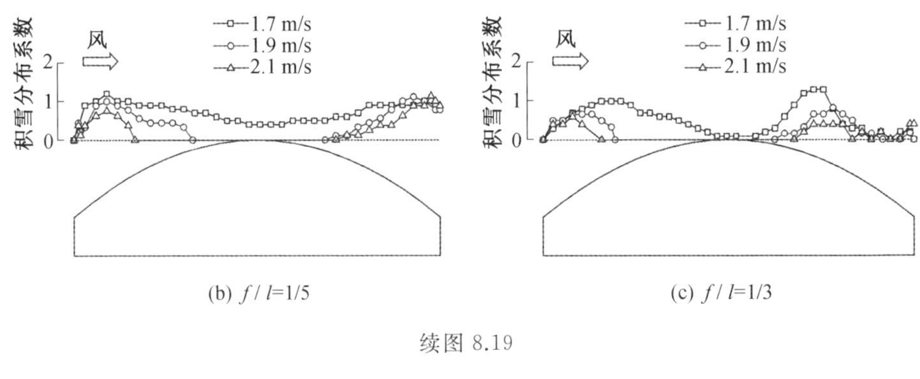

(b) f/l=1/5　　　　(c) f/l=1/3

续图 8.19

图 8.20　球形屋面试验结果照片

根据试验结果可知，球形屋面积雪分布形式对风速变化较为敏感。当风速较低时，球形屋面积雪呈现均匀分布特征；随着风速增加，迎风面与背风面积雪堆积总量均减少，但迎风面缩减程度更大，因此球形屋面整体的积雪分布不均匀性增大，迎/背风面的积雪堆积均呈现类似三角形分布形式。此外，需要特别注意的是，在高风速下虽然屋面积雪分布不均匀性较大，但积雪堆积总量较小，综合考虑积雪堆积总量大小与分布不均匀性发现，试验风速为 1.9 m/s 时，球形屋面积雪分布情况最为不利。从背风面积雪分布极值出现位置来看，矢跨比对球形屋面积雪分布形式存在一定影响。根据对屋面积雪堆积极值点出现位置对应的屋面切向角分析发现，矢跨比分别为 1/7、1/5 和 1/3 时，背风面积雪堆积极值点位置对应的屋面切向角平均值分别为 28.9°、33.8°和 29.6°。因此，屋面矢跨比改变对背风面积雪堆积极值点出现位置所对应的屋面切向角影响较小，其平均值为 30.8°，与

Base for design of structures—Determination of snow loads on roofs（ISO 4355:2013，本书简称为 ISO 荷载规范）附录 B4 中规定值 30°吻合良好。

根据图 8.20 所示的试验结果照片发现，球形屋面积雪堆积沿顺风向中轴线呈对称分布。屋面两侧为风加速区，雪颗粒较难在此区域沉积，因此仅采用沿顺风向中轴线上的线性分布形式对球形屋面积雪分布特征进行描述并不合理，为了进一步分析与总结球形屋面积雪分布特征，图 8.21 给出了球形屋面积雪分布系数云图。

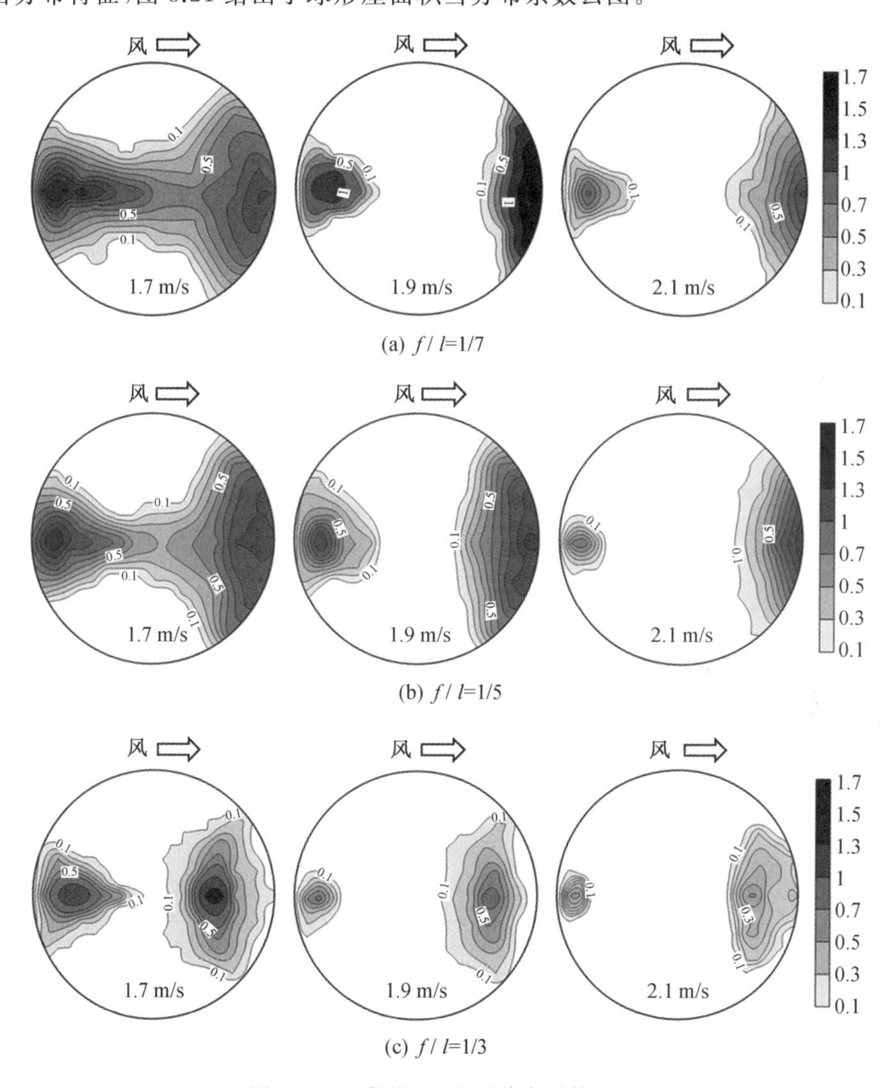

图 8.21　球形屋面积雪分布系数云图

分析球形屋面积雪分布系数云图发现，随着风速增加，球形屋面积雪分布区域迅速减小，积雪堆积主要出现在迎风面前端与背风面尾端。从屋面积雪分布形状来看，迎 / 背风面的积雪分布均呈现近似扇形的分布形状；从积雪堆积空间形状来看，迎 / 背风面的积雪堆积均呈现类似棱锥体的分布形状。

4.荷载规范修改建议

综合风雪联合试验结果，根据球形屋面积雪分布特征，建议在迎/背风面均采用扇形分布区域表征其分布特征，当风速为 1.9 m/s 时，对应的积雪分布特征如图 8.22 所示。不同工况下球形屋面积雪分布对应的扇形区域圆心角见表 8.5。

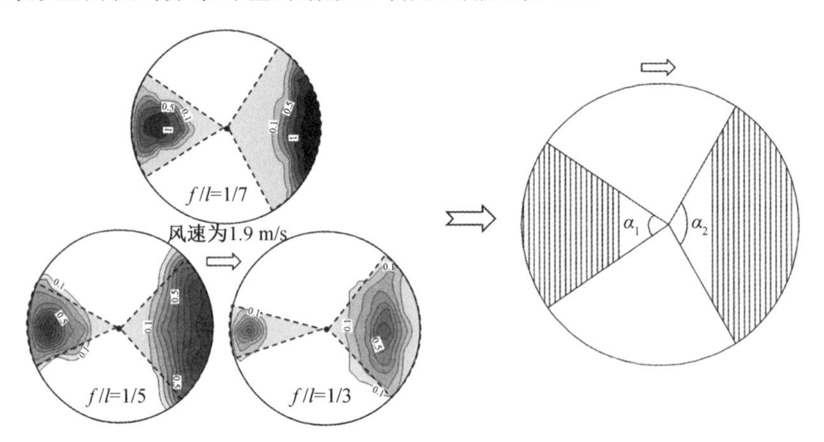

图 8.22　球形屋面积雪分布特征

表 8.5　不同工况下球形屋面积雪分布对应扇形区域圆心角

屋面矢跨比	风速/(m·s^{-1})	扇形分布角	角度值/(°)
1/7	1.7	α_1	69
		α_2	130
	1.9	α_1	38
		α_2	119
	2.1	α_1	31
		α_2	107
1/5	1.7	α_1	84
		α_2	129
	1.9	α_1	45
		α_2	84
	2.1	α_1	31
		α_2	84
1/3	1.7	α_1	90
		α_2	170
	1.9	α_1	50
		α_2	156
	2.1	α_1	40
		α_2	140

通过对表 8.5 中数据的回归分析，建议球形屋面迎风面与背风面的积雪分布扇形区域角 α_1 与 α_2 的取值可分别参照式(8.1) 与式(8.2) 计算。同时参考 ISO 荷载规范中针对球形屋面积雪分布形式的规定，给出了球形屋面雪荷载不均匀分布的两种特征形式与取值建议(球形屋面常用矢跨比为 1/7 ～ 1/3，屋面边缘切向角均大于 30°)，如图 8.23 所示。建议在顺风向中轴线上，屋面切向角为 30° 时积雪分布系数取极大值，迎风面积雪分布形式与背风面相同，但对应各点的积雪分布系数取值为背风面的 1/2。

$$\alpha_1 = 45° \tag{8.1}$$

$$\alpha_2 = 150° f/l + 65° \tag{8.2}$$

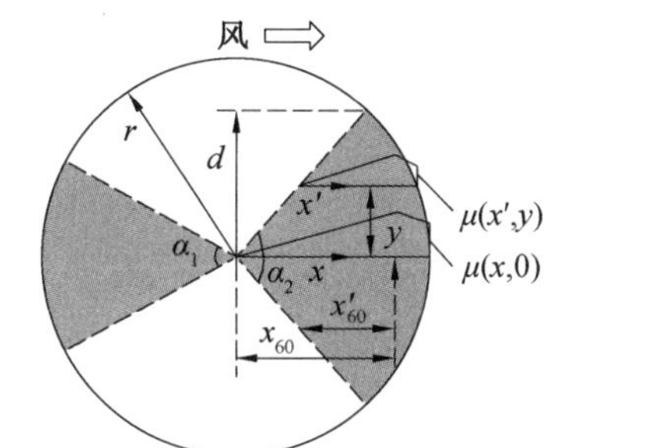

$$\begin{cases} \mu(x,0)=k(x/x_{30}),\ x\leqslant x_{30} \\ \mu(x,0)=k,\ x>x_{30} \end{cases}$$

$$\begin{cases} \mu(x',y)=k(1-y/d)(x'/x'_{30}),\ x'\leqslant x'_{30} \\ \mu(x',y)=k(1-y/d),\ x'>x'_{30} \end{cases}$$

$$k=1.65-1.8f/l$$

(a) 特征形式1

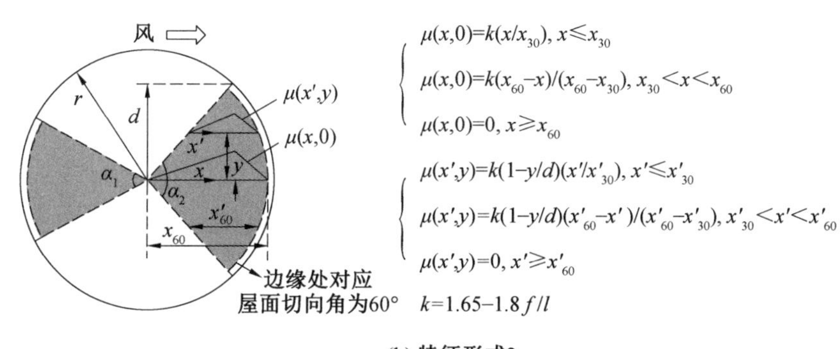

(b) 特征形式2

图 8.23　球形屋面雪荷载分布形式建议

特征形式 2 中考虑了屋面切向角过大时的积雪滑落效应，建议当屋面坡度大于等于 60° 时，屋面积雪分布系数取值为 0。

虽然上述给定的特征形式建议可较为准确地描述球形屋面积雪分布特征，但计算较为复杂，为方便工程应用，本书基于荷载等效原则，提出了球形屋面雪荷载不均匀分布形式简化取值建议，如图 8.24 所示。此研究成果已成功应用于中国工程建设行业协会标准《屋面结构雪荷载设计标准》(T/CECS 796—2020) 相关条文中。

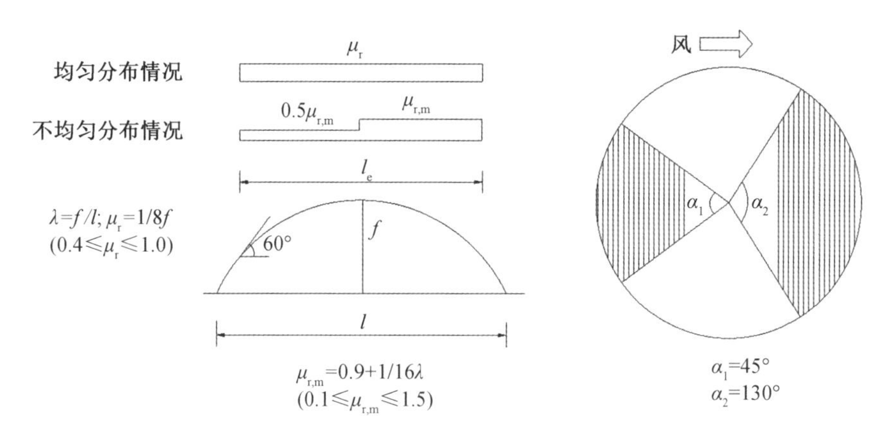

图 8.24　球形屋面雪荷载不均匀分布形式简化取值建议

8.3　铜仁奥林匹克中心体育场屋面雪荷载试验与积雪分布特性分析

8.3.1　工程实例简介

对于复杂外形建筑物，当气流通过屋面时会发生复杂的分离和再附，以致屋面雪荷载重新分配，改变屋面结构杆件内力分布，引起建筑物倒塌事故，特别是对于大跨度轻型屋面类雪荷载敏感型结构。因此，对于形状复杂的大跨度空间建筑，应对雪荷载分布引起足够重视。基于试验方法的优势和验证的相似准则，本章开展了一系列风洞试验，研究了复杂大跨度屋面的积雪分布情况。研究选择铜仁奥林匹克中心体育场作为目标建筑。铜仁奥林匹克中心体育场位于贵州铜仁市碧江区，西邻铜兴大道，南侧为城市体育公园。该体育场为举办国内综合赛事、国际单项赛事的大型甲级综合体育场，总建筑面积约 76 328.94 m^2，内设座位 45 000 座。铜仁奥林匹克中心体育场为索膜结构，长轴方向跨度接近 300 m，图 8.25 为其效果图。

8.3.2　模型设计与测点分布

铜仁奥林匹克中心体育场索膜结构根据建筑设计图纸，按照几何相似、根据截面阻塞率，并综合考虑基于颗粒密度和阈值摩擦速度的 Fr 数对模型大尺寸的要求，确定模型缩尺比为 1∶160，即模型实际尺寸为 1.81 m × 1.69 m × 0.33 m，满足试验要求；屋盖采用 ABS 工程塑料，墙体采用透风率在 40% 左右的圆孔组透风板。试验所得结果均为无量纲参数，可直接应用于建筑物实体。试验模型如图 8.26 所示。由于体育场墙体采用的是由大量孔径为 30 mm 的圆孔组成的透风板，为了对透风板的透风特性进行准确模拟，因此本次采用的透风板(图 8.27) 圆孔分布与原型相同，即孔径为 1.8 mm，试验中可以保证对墙体的透风模拟效果。

参照已进行试验与工程实例，针对铜仁奥林匹克中心体育馆屋面结构的特殊造型，同时结合屋面雪荷载分布特点，设计了试验测点分布。首先参考屋面形状造型(图 8.28)，将

图 8.25　铜仁奥林匹克中心体育场效果图

图 8.26　试验模型

图 8.27　试验模型墙体透风板

模型屋面沿环向分为 36 份，沿顺时针依次编为 1 ～ 36 号，如图 8.29 所示。测点沿环向共设置 72 列，其中沿径向索设置 36 列(网格两侧)，每列 16 个测点，除在环向与径向网格节点处设置外，中间部分在两测点间另加 1 个测点，进行测点加密；在网格膜面凹陷(区面中心处) 处设置 36 列，每列 9 个测点，测点分布在网格中心。试验共设 900 个测点。

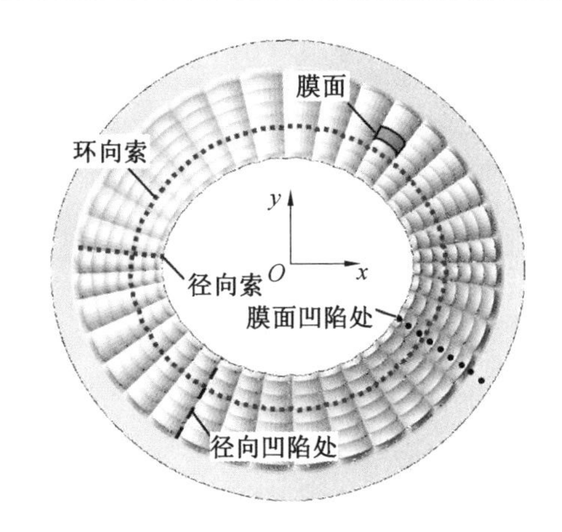

图 8.28　屋面形状造型

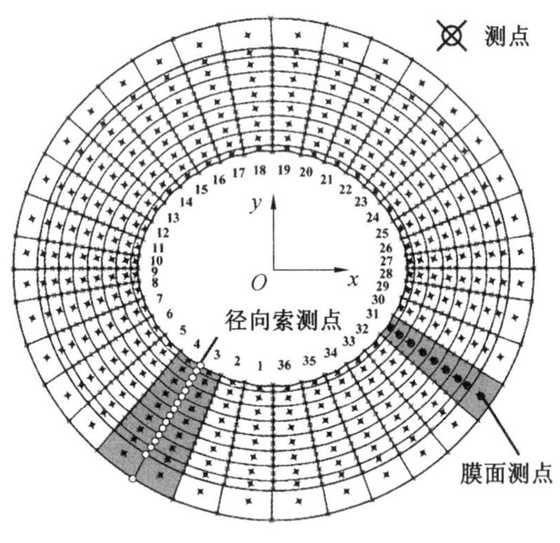

图 8.29　屋面测点布置图

8.3.3　设备调试与雪颗粒性质标定

试验采用哈尔滨工业大学的风雪联合试验系统。试验原理是通过振动筛模拟降雪过程，同时由风机矩阵组提供风向及风速稳定的风场，以此在试验段内形成风雪环境，从而模拟自然降雪过程(图 8.30)。

为了掌握试验期间试验段内的风速信息，采用长探针热敏式风速仪对试验风速进行监测，风速测量精度为 0.01 m/s；试验期间采用 TC－4 自动气象站对自然风环境、温度、湿度等外界自然条件进行实时监测，并对试验风场进行修正。箱式雪通量计量仪借鉴了日本的冰雪环境模拟实验室(Cryospheric Environment Simulator，CES) 风洞的设计经验自主设计成型，主要用于测量雪通量在竖直面内沿高度方向的变化规律。针对铜仁奥林匹克中心体育馆屋面结构的特殊性，专门设计了一套滑动式激光数据采集系统，如图 8.31 所示，该系统应用激光测距原理，将激光位移计通过水平滑轨安装到一定高度处，通过计算激光位移计测量的试验前后屋面测点的距离差，从而得到该测点积雪厚度数据。

试验时根据铜仁市风玫瑰图对 8 种风向工况(0°、22.5°、45°、67.5°、90°、112.5°、135°、

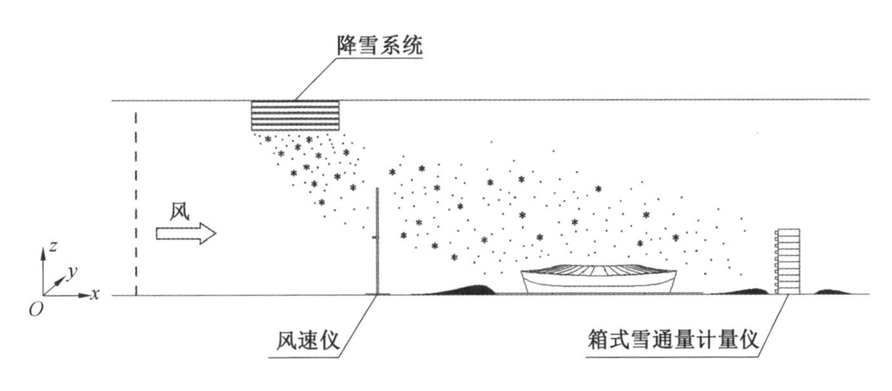

图 8.30　试验原理示意图

图 8.31　滑动式激光数据采集系统

157.5°）进行模拟。为了保证 8 种试验工况的雪颗粒物理特性相同，试验用雪全部采用同一批次的雪颗粒（2017 年 1 月 7 日），并于试验时随机取点测量雪颗粒属性。经过试验测定，8 种试验工况所采用的雪颗粒物理特性十分接近，保证了颗粒属性的稳定性。表8.6 为该批次雪颗粒物理属性测量统计结果。

表 8.6　雪颗粒物理属性测量统计结果

参数	数值
粒径 /mm	0.15 ～ 0.3
阈值摩擦速度 /(m · s^{-1})	0.24 ～ 0.40
沉降速度 /(m · s^{-1})	0.6 ～ 1.1
密度 /(kg · s^{-3})	386 ～ 411

8.3.4　试验工况与试验参数设定

铜仁奥林匹克中心体育场建筑的模型缩尺比为 1 : 160，采用 B 类地貌的大气边界层风场，试验风向角根据建筑物特征（双轴对称），选取了 0°、22.5°、45°、67.5° 和 90°（与建筑物长轴夹角）共 5 个试验工况。将试验模型安装在试验段地面上，通过激光水准仪进行定位，模型中心点始终位于试验段顺风向中轴线上。试验时，每个风向角为一种工况，第一种工况为模型长轴方向与试验风向平行，定义为 0° 工况，即模型长轴与试验风向夹角为 0°。试验过程中按照顺时针方向旋转模型以递增各工况风向角。各试验工况风向角如图

8.32 所示。

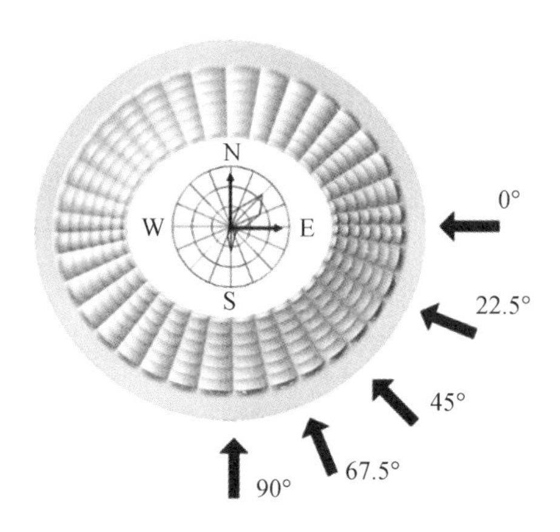

图 8.32　试验各工况风向角示意图

贵州铜仁地区 100 年重现期基本风压取 0.35 kN/m^2，基本雪压取 0.35 kN/m^2，根据大量的历史统计数据确定试验原型风速取 100 年重现期风速的 0.45 倍。试验风速监测点为模型底板以上 0.31 m 处(对应于实体建筑物 50 m 高度处)。风致雪漂移属于气一固两相流问题，然而根据雪颗粒之间的作用力及雪相对空气的影响，基于颗粒密度的 Fr、Re 限值等主要相似参数确定试验风速与模拟时长。根据相似准则计算所得试验风速为 1.2 m/s(0.06 m 处)；原型降雪时间取 12 h，试验模拟降雪时间取 0.6 h。

由于《规范》中规定的基本雪压均为针对地面雪荷载取值，为获得屋面积雪分布系数，需参考空旷地面降雪量，因此需进行地面降雪量的测量。即以试验设计风速(1.2 m/s)，在试验段内无任何模型与障碍物的情况下，按照试验设计模拟时间(0.6 h)，进行模拟降雪。测得的试验段内降雪厚度平均值即为地面自然降雪量。经试验测得 1.2 m/s 风速下，0.6 h 地面自然参考降雪量为 10.0 mm。

8.3.5　试验结果分析

不同风向屋面积雪分布照片如图 8.33 所示。根据试验屋面积雪厚度和参考地面积雪厚度换算得到屋面积雪分布系数，进而绘制屋面积雪形状系数分布云图如图 8.34 所示。由各个风向角下形状系数分布云图可以看出：① 整体上，屋面积雪分布主要沿风向堆积于迎风面和背风面，呈扇形分布，与《索结构技术规程》(JGJ 257—2012) 规定的伞形屋面积雪不均匀堆积形式类似(图 8.35)。但由于该体育场为非中心对称，风向在由对称状态向非对称状态回到对称状态的过程中，扇形夹角先减小后增大，而非中心对称屋面的扇形夹角固定为 90°。② 局部方面，由于屋面每个膜面自身构成凹面，且在径向膜面交接处(径向索处) 形成坡谷，进而在该区域易形成局部积雪堆积，此处积雪分布系数远大于整体堆积区积雪分布系数，生成峰值点，积雪分布系数峰值约为 1.7，大于伞形屋面的 1.0，更接近多跨屋面的 2.0(图 8.36)。由分布结果知，复杂屋面积雪分布与荷载规范值存在较大差异，无法利用单一某简单屋面积雪分布系数进行规定；此外，屋面积雪分布形式与屋面的整体和局部特征有关，需进一步确定屋面特征对积雪分布的影响。

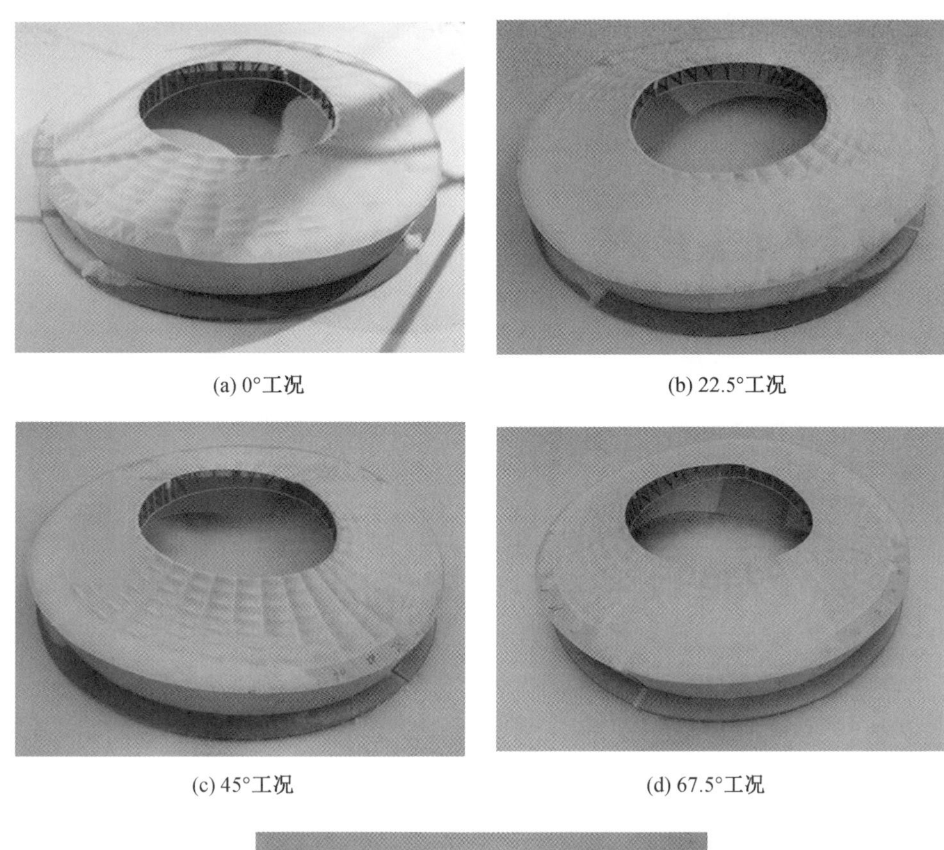

(a) 0°工况　　(b) 22.5°工况

(c) 45°工况　　(d) 67.5°工况

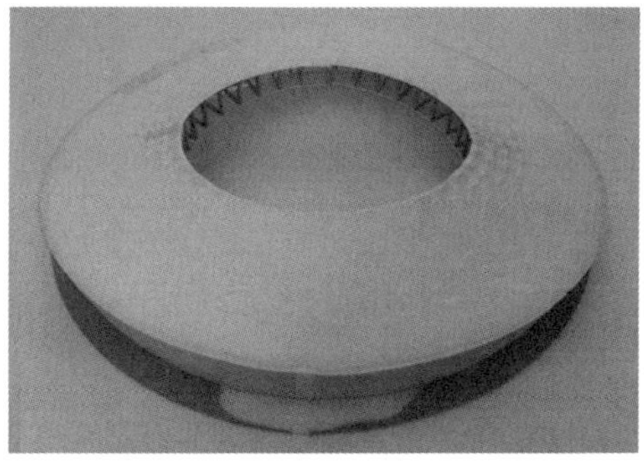

(e) 90°工况

图 8.33　不同风向屋面积雪分布照片

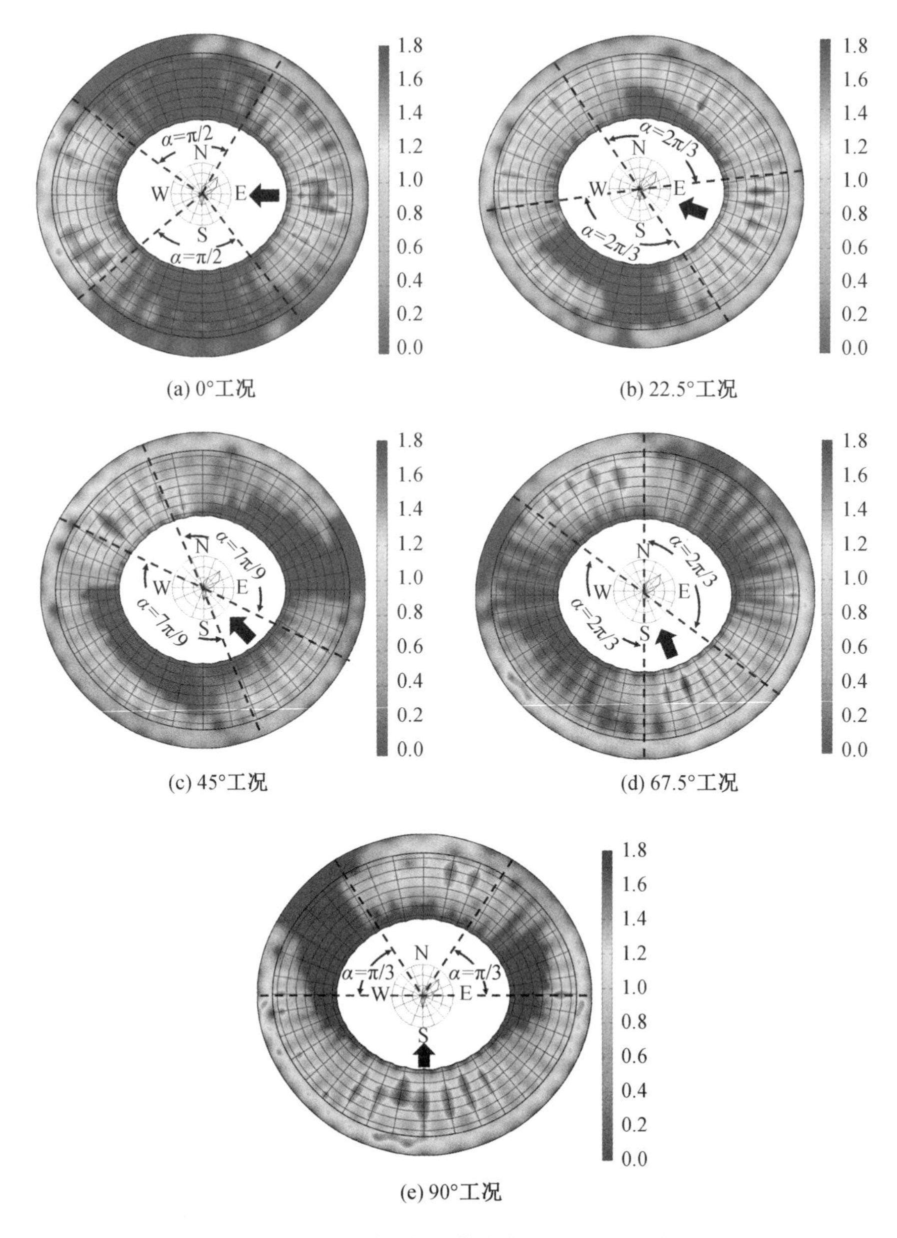

图 8.34　屋面积雪形状系数分布云图(彩图见附录 2)

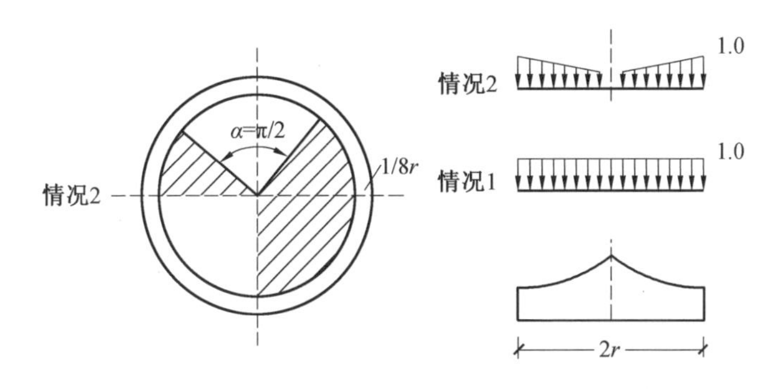

图 8.35　伞形屋面积雪不均匀堆积形式

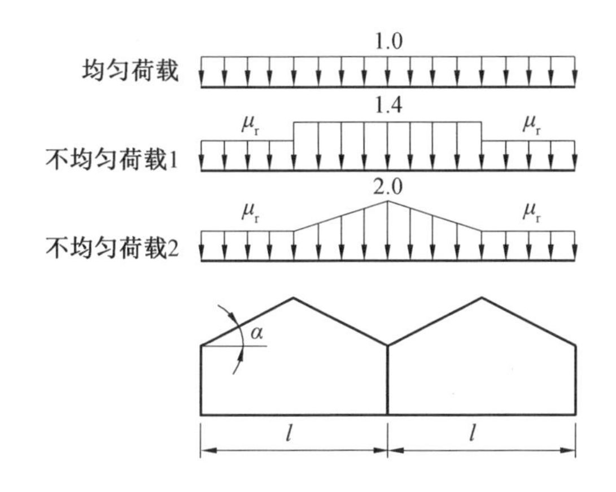

图 8.36　多跨双坡屋面积雪不均匀堆积形式

8.4　某煤场超大跨干煤棚屋面雪荷载试验与积雪分布特性分析

8.4.1　工程实例简介

某发电厂位于河南省济源市五龙口镇境内，现拟建大跨度 M 形双跨拱形煤棚对煤场进行封闭，如图 8.37 所示。煤棚跨度为 182 m，Ⅰ 期煤棚长 360 m，Ⅱ 期煤棚长335 m，煤棚的两跨拱形屋面顶部均设置通长的空调外机设备（设备高度为 1 m），由于此建筑屋面具有跨度大、形式复杂（非典型单体建筑屋面形式）等特点，依据工程实践调研，大跨度空间结构屋面，尤其是具有明显竖向构造形式变化的屋面（如高低屋面、连续多跨屋面），是典型的雪荷载敏感结构。为了保证结构安全、经济、合理，对该煤棚结构开展了屋面雪荷载分布试验研究。

煤棚建筑地气候条件以河南省济源市为参考，济源市地处太行山脉与豫北平原的过渡地带，属于暖温带大陆性季风气候，根据济源市的气象资料，基本风压为 0.45 kN/m^2（50 年重现期）。《建筑结构荷载规范》（GB 50009—2012）中并未给出济源市

图 8.37　煤棚建筑示意图

的基本雪压具体取值，但根据规范中给出的全国基本雪压分布图以及邻近的洛阳市基本雪压取值（0.35 kN/m^2（50 年重现期）），可确定建筑地的基本雪压为 0.35 kN/m^2（50 年重现期）。

8.4.2　试验模型简介

为了探究煤棚屋面的积雪分布规律，考虑煤棚周围可施扰建筑以及风向角的影响，对其屋面积雪分布形式开展了风雪联合试验研究。

图 8.38 给出了煤棚缩尺模型示意图，试验主要研究对象为煤棚 Ⅰ 与煤棚 Ⅱ，同时为考虑煤棚周围建筑对其屋面积雪分布的影响，以建筑高度超过煤棚屋面顶点标高 1/2 为筛选标准，确定了煤棚周围的可施扰建筑，试验模型缩尺比为 1∶200，煤棚 Ⅰ 模型实际尺寸为 1.8 m×0.91 m×0.21 m，煤棚 Ⅱ 模型实际尺寸为 1.675 m×0.91 m×0.21 m；煤棚建筑模型、煤棚底部圆盘与周围的方形建筑模型均采用木质胶合板制作，圆柱与圆台形烟囱建筑模型均采用表面光滑的镀锌不锈钢管制作。

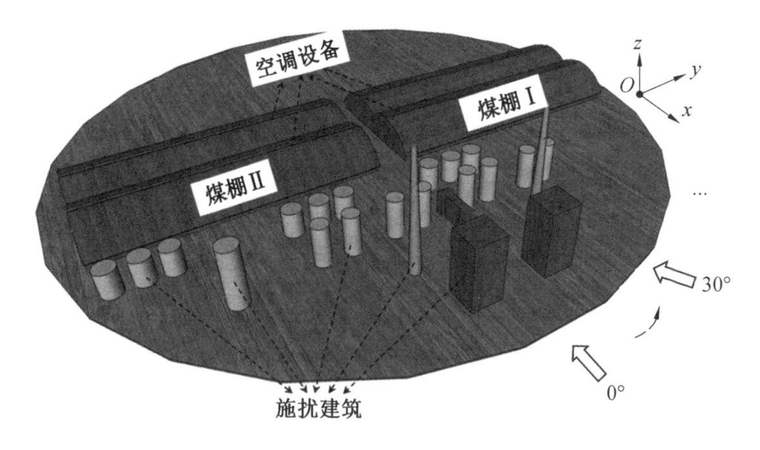

图 8.38　煤棚缩尺模型示意图

8.4.3　试验工况信息

针对某具体建筑屋面开展的风雪联合试验，当无法获取当地降雪期常遇平均风速时，可采用当地基本风速的 0.45 倍作为原型参考风速，济源市基本风压为 0.45 kN/m^2，换算成基本风速为 26.83 m/s，因此原型参考风速取 12.07 m/s，对应试验参考风速为 2.3 m/s(参考点高度为 0.1 m)。试验入流采用 B 类地貌下特大暴雪降雪条件，参考《建筑结构荷载规范》(GB 50009—2012)，济源市积雪密度为 120 kg/m^3，基本雪压为 0.35 kN/m^2，换算成基本降雪深度为 297.6 mm。假定原型每 24 h 降雪 297.6 mm，即降雪速率为 12.4 mm/h，降雪时长为 24 h，对应试验降雪速率为 30 mm/h，降雪时长为 18 min，总降雪量为 9 mm。试验模型的底部圆盘中心距离风速出口 5 m 远，模型位置和风速测线布置与拱形屋面试验工况相同，在此不再赘述。煤棚屋面试验工况信息见表 8.7，试验风向角从 0° 开始，各风向角间隔为 30°，共计 12 组工况，风向角规定如图 8.38 所示。

表 8.7　煤棚屋面试验工况信息

试验工况	温度 /℃	湿度 /%	最大自然风速瞬时 /(m·s^{-1})	积雪密度 /(kg·m^{-3})	试验时长 /min
0°	−16	44	0.126	343.21	24
30°	−16	44	0.213	326.89	24
60°	−17	46	0.184	371.23	24
90°	−15	46	0.166	335.26	24
120°	−17	45	0.147	315.62	24
150°	−14	48	0.135	309.25	24
180°	−14	48	0.235	322.23	24
210°	−13	48	0.251	334.12	24
240°	−13	46	0.162	376.65	24
270°	−15	46	0.114	368.52	24
300°	−16	45	0.179	376.32	24
330°	−16	45	0.129	361.75	24

8.4.4　试验结果分析

不同风向角下的煤棚屋面试验结果照片如图 8.39 所示，根据试验结果发现，煤棚屋面积雪分布并不适以线性分布形式进行描述。为了合理地分析煤棚屋面积雪分布特征以及风向角对积雪分布的影响，图 8.40 给出了各风向角下煤棚屋面积雪分布系数云图。

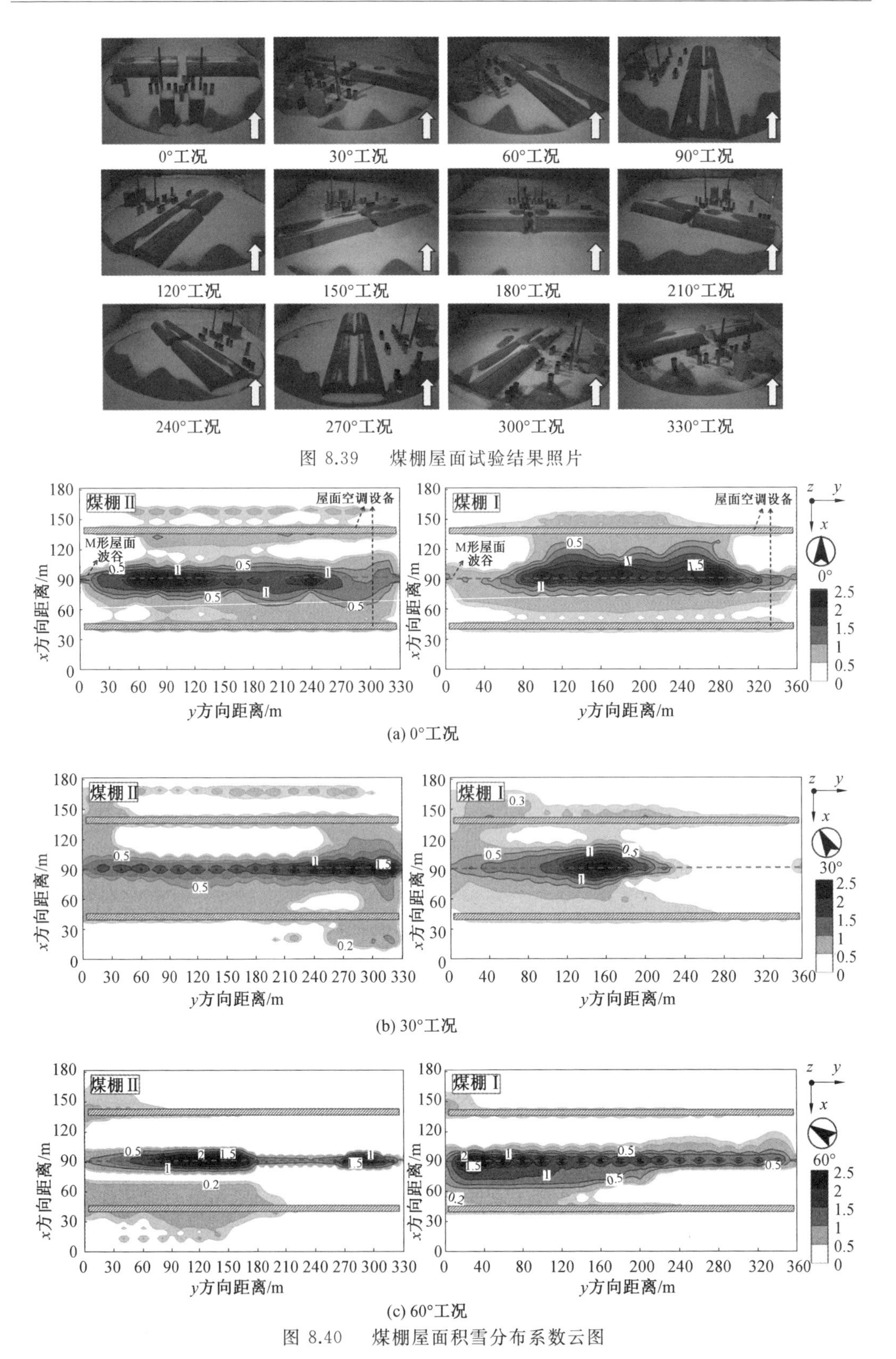

图 8.39　煤棚屋面试验结果照片

(a) 0°工况

(b) 30°工况

(c) 60°工况

图 8.40　煤棚屋面积雪分布系数云图

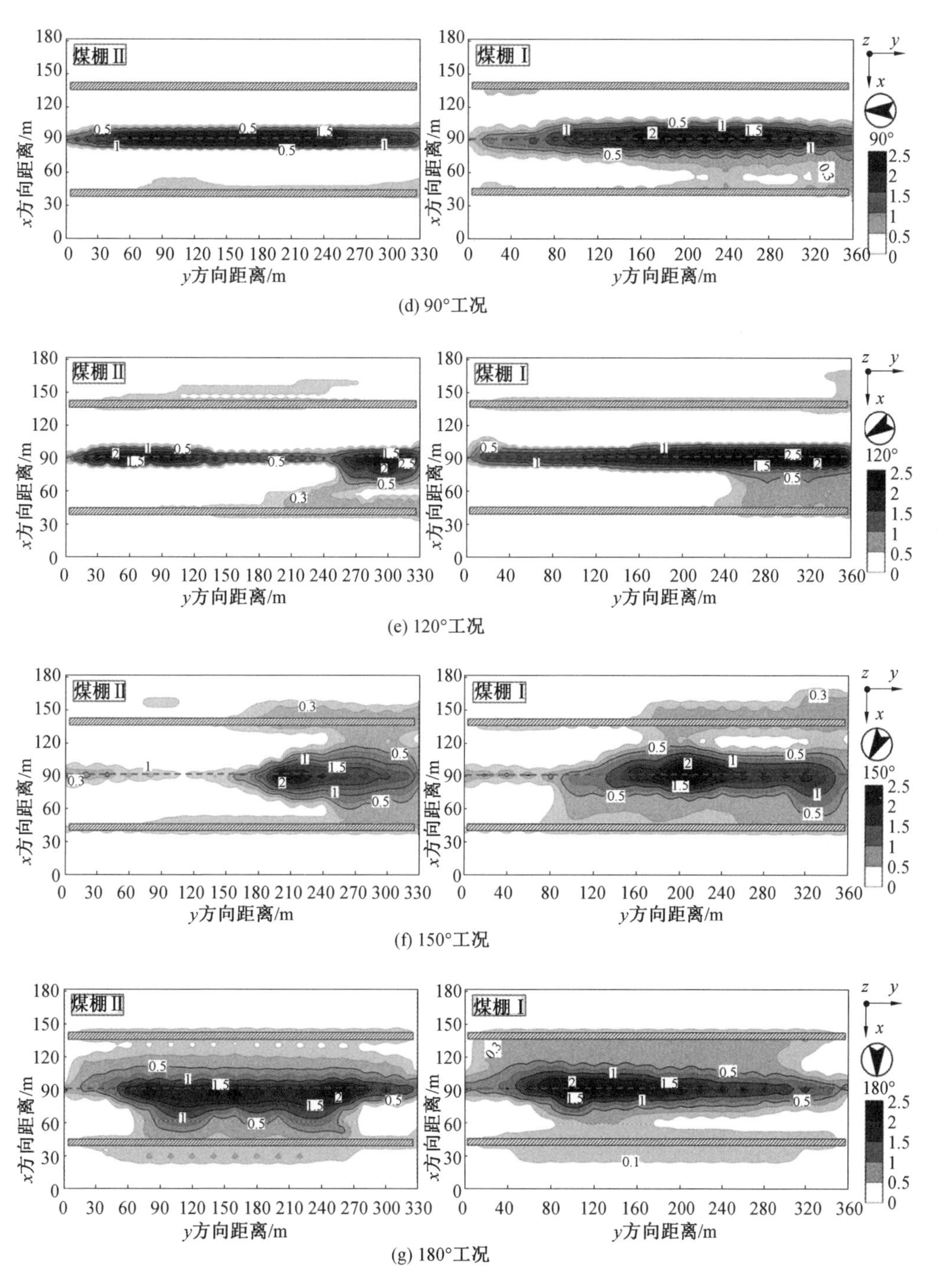

(d) 90°工况

(e) 120°工况

(f) 150°工况

(g) 180°工况

续图 8.40

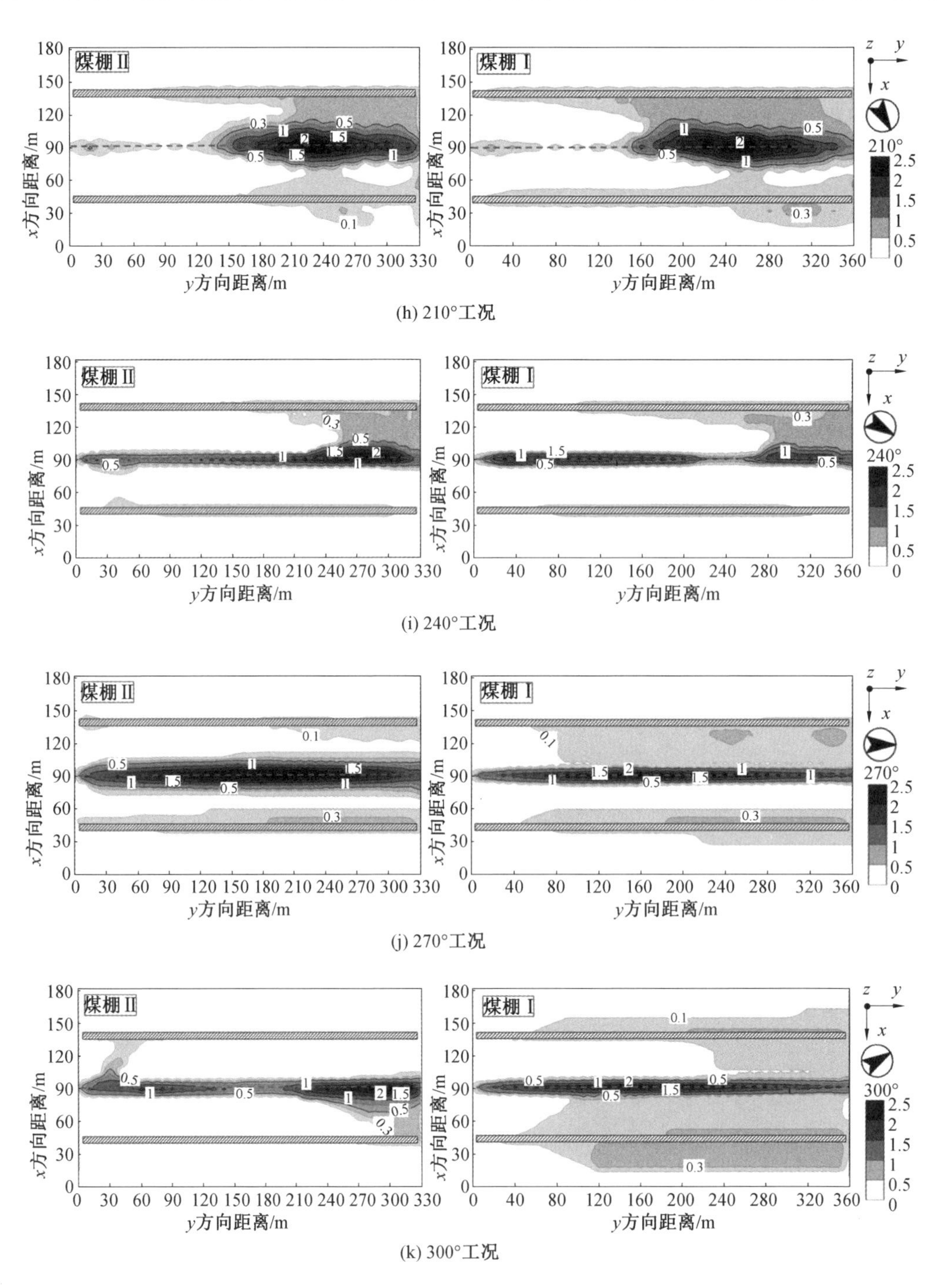

(h) 210°工况

(i) 240°工况

(j) 270°工况

(k) 300°工况

续图 8.40

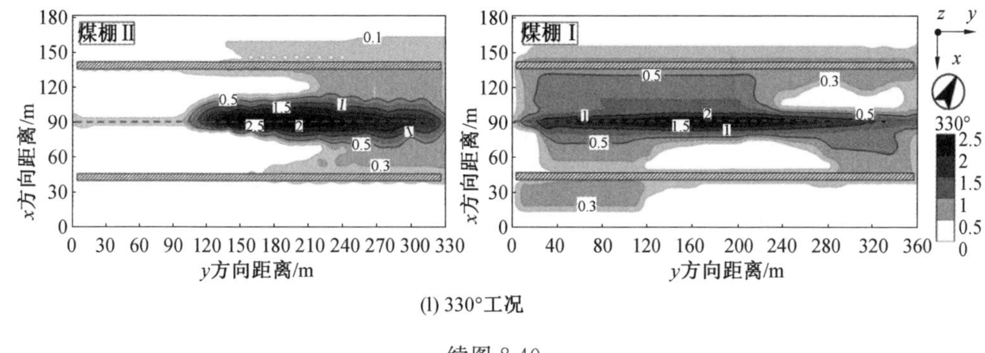

(l) 330°工况

续图 8.40

根据煤棚屋面积雪分布系数云图可知，风向角对其屋面积雪分布形式影响较大。风向角为 0° 时，风向与煤棚的山墙方向（x 方向）平行，M 形煤棚屋面波谷处积雪堆积情况最为严重，此区域积雪分布系数均超过 1.0，且局部极大值可达 2.0 以上。煤棚屋面除波谷处积雪堆积外，其余位置也出现了大范围积雪堆积，但其分布较为均匀且分布系数均较小。M 形煤棚第一跨拱形屋面的迎风面几乎无积雪堆积，但第一跨拱形屋面的背风面与第二跨拱形屋面的迎风面上，出现了几乎完全覆盖区域且分布较为均匀的积雪堆积。第二跨拱形屋面的背风面靠近屋脊附近容易出现局部的积雪堆积，而靠近屋檐处由于屋面切向角过大较易产生积雪滑落，因此在此区域不易形成积雪堆积。风向角为 30° 时，屋面积雪分布区域发生明显变化，屋面上积雪覆盖区域面积减小，积雪分布更为集中；与 0° 风向角相同的是积雪堆积最为显著区域仍是 M 形屋面波谷处，其余堆积区域的积雪分布较为均匀且分布系数均较小。随着风向角进一步增大，当风向角为 90° 时，风向与煤棚屋面纵向（y 方向）平行，屋面积雪堆积仅出现在 M 形屋面波谷附近区域，屋面其余位置几乎无积雪堆积，屋面覆雪区域面积最小。

综合各风向角下试验结果，煤棚屋面上较易形成积雪堆积的区域主要有 3 处：①M 形煤棚屋面波谷处。此处始终是屋面积雪堆积最为严重的区域，其形成原因是 M 形屋面波谷处较易形成低速驻波，雪颗粒进入此区域速度降低并堆积，且由于屋面波谷两侧的拱形屋面切向角较大而产生积雪滑落，进一步加剧了此区域积雪堆积效应，其局部积雪分布系数可达 2.0，甚至当风向角为 120° 时，此区域最大积雪分布系数超过 2.5。②M 形屋面的背风面区域。此处形成积雪堆积的原因是拱形屋面背风面形成了回流驻波，雪颗粒在此处形成堆积，但相较于屋面波谷处，此区域堆积效应较弱，积雪分布系数较小；③ 屋面空调设备突起物的迎 / 背风面附近区域。此处需要特别注意的是，参照立方体前端以及高低屋面变跨处积雪堆积特征，可推测空调设备前端应出现较为显著的积雪堆积，但试验结果显示，突起物前端虽然较易形成积雪堆积但其分布系数过低。其原因是空调设备实际高度为 1 m，经缩尺后其高度为 5 mm，模型高度过小，从而导致其前端无法形成完整的驻波漩涡，因此无法准确地再现其前端的积雪分布特征。此外，模型前端积雪最大值不会超过模型高度（即 5 mm），而试验降雪量为 9 mm，因此积雪分布系数始终较小，其前端积雪堆积程度被严重低估。

大跨度建筑屋面由于建筑造型、屋面构造等因素，往往会存在局部突起，为了解决由于建筑屋面局部特征缩尺后，实际尺寸过小而导致的局部积雪分布失真，在缩尺试验研究初期的覆雪面判断阶段，应对屋面局部突起的性质进行判断：

(1) 如为满足建筑造型或功能要求而造成的屋面局部高差变化，或天窗等屋面构造物以及空调外机等建筑附属设备造成的局部突起，是屋面主要或唯一可形成显著积雪不均匀分布的因素时，为了能够完整、正确地重现屋面局部突起附近的积雪分布特征，应保证积雪堆积深度极大值小于模型局部高差变化特征值。考虑到积雪分布系数极大值一般不会超过 5.0，因此建议屋面模型局部高差变化特征值应满足式(8.3) 要求：

$$\Delta h \geqslant 5h_{\text{snow}} \tag{8.3}$$

式中，Δh 为缩尺模型屋面局部高差；h_{snow} 为积雪堆积深度极大值。

当为了满足模型整体缩尺比，而造成屋面局部高差无法满足式(8.3) 要求时，需要进行突起位置局部放大试验，以研究其对屋面积雪分布的影响。

(2) 如屋面局部突起是类似于天窗等屋面构造物或空调外机等建筑附属设备，且其并非屋面主要或唯一可形成积雪不均匀分布的因素时，可放宽缩尺模型尺寸要求，但为准确描述其屋面积雪分布，可开展突起物位置局部放大试验，或参照与突起物形状类似的建筑模型周围积雪分布进行设计。例如本节中煤棚屋面的空调设备迎 / 背风面附近积雪分布系数取值，可参照本书中双坡屋面突起物周围积雪分布系数取值建议。

8.4.5 煤棚屋面雪荷载分布系数取值建议

根据各个风向角下积雪分布系数云图可以看出，积雪主要堆积在两个拱形屋面连接的屋面波谷处、拱形屋面的背风面以及空调设备附近区域，因此根据煤棚屋面的积雪分布特征，确定了屋面分区的划分原则，煤棚屋面分区编号示意图如图 8.41 所示，沿坐标轴 x 正向，将两座煤棚屋面划分为 A ～ M 共 13 个分区，其中 A、B、L、M 区宽度为 20 m，C、D、J、K 区宽度为 5.5 m，F、G、H 区宽度为 10 m，E、I 区宽度为 25 m；沿 y 轴正向将两座煤棚屋面划分为 1 ～ 12 共 12 个区，其中 1、6 区长度为 47.5 m，2 ～ 5、7 ～ 12 区长度为 60 m。

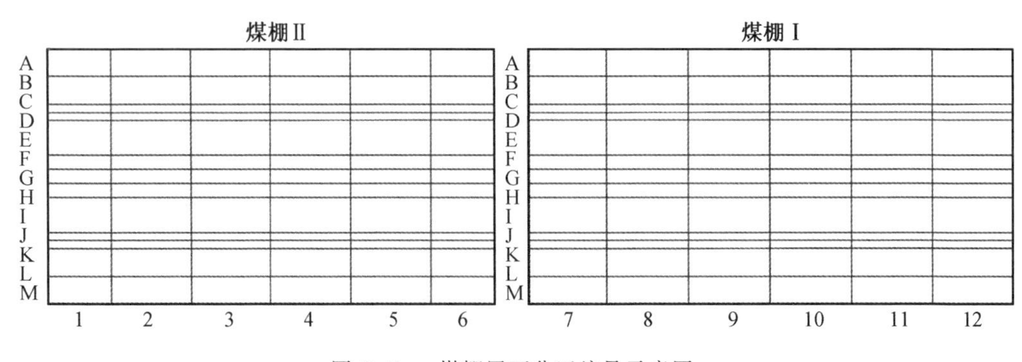

图 8.41　煤棚屋面分区编号示意图

其中 C、D、J、K 区为屋面空调设备两侧区域。在不同风向角下，若上述 4 个分区位于空调设备的迎风侧，则积雪分布系数取值为 1.50，若位于背风侧，则积雪分布系数取值为 0.50。

济源市风玫瑰图如图 8.42 所示。根据试验结果可知，风向角对煤棚屋面积雪分布影响显著，进行煤棚屋面抗雪设计时，可参考各风向角下试验结果验算得出最不利工况。但考虑到建筑地受季节环流影响，冬季降雪期间主导风向为东偏北风，常遇风向角如图8.43 所示，因此在冬季降雪期，建议以风向角为 60°、90° 与 120° 时的试验结果为发生概率最大的工况。图 8.44 给出了 60°、90° 与 120° 这 3 个风向角工况下各屋面分区雪荷载分布系数图。

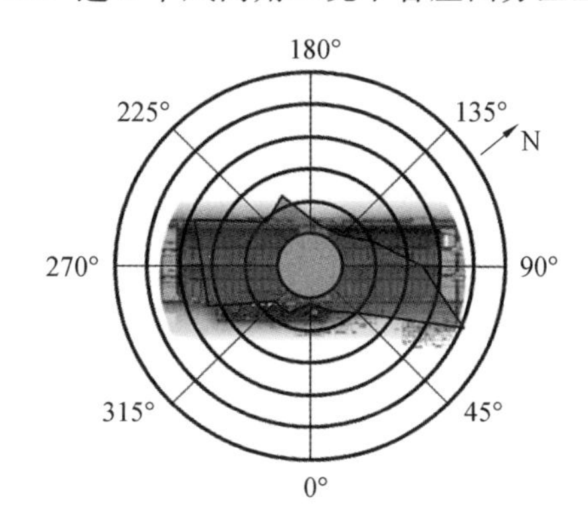

图 8.42　焦作市风玫瑰图

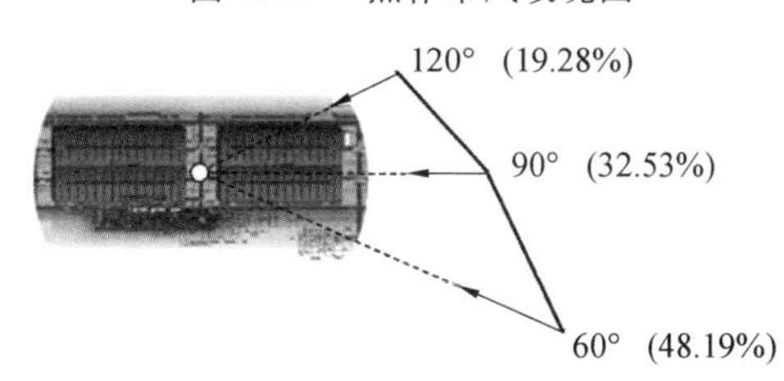

图 8.43　煤棚建筑地冬季常遇风向角

煤棚Ⅱ

	1	2	3	4	5	6
A	0.061	0	0	0	0	0
B	0.112	0.027	0	0	0	0
C	0.50	0.311	0	0	0	0
D	1.371	1.041	0.464	0	0	0
E	0.021	0	0	0	0	0
F	0.233	0.521	1.246	0.052	0.086	0.296
G	0.627	1.418	2.439	0.597	1.030	0.954
H	0.210	0.495	1.382	0.063	0.081	0.330
I	0.173	0.175	0.175	0.056	0	0
J	0.50	0.50	0.50	0.27	0	0
K	1.50	1.50	1.50	1.05	0	0
L	0.107	0.134	1.458	0.041	0	0
M	0.017	0.034	0.042	0	0	0

煤棚Ⅰ

	7	8	9	10	11	12
A	0	0	0	0	0	0
B	0.124	0	0	0	0	0
C	0.50	0.47	0.47	0.45	0.13	0
D	1.462	1.493	1.495	1.49	1.05	0
E	0	0	0	0.01	0.03	0.05
F	0.193	0.236	0.236	0.245	0.289	0.321
G	1.834	1.211	1.049	1.051	0.949	0.901
H	1.261	1.045	0.822	0.613	0.481	0.462
I	0.463	0.425	0.335	0.117	0	0
J	0.43	0.50	0.27	0	0	0
K	0.60	0.60	0.60	0.60	0	0
L	0	0	0	0	0	0
M	0	0	0	0	0	0

(a) 60°工况

煤棚Ⅱ

	1	2	3	4	5	6
A	0	0	0	0	0	0
B	0	0	0	0	0	0
C	0	0	0	0	0	0
D	0	0	0	0	0	0
E	0	0	0	0	0	0.03
F	0.227	0.316	0.316	0.316	0.275	0.241
G	0.715	2.01	2.03	2.03	1.56	1.24
H	0.21	0.641	0.62	0.62	0.432	0.271
I	0	0.018	0.011	0	0	0.02
J	0	0.06	0.10	0.10	0.10	0.10
K	0	0	0	0	0	0
L	0	0	0	0	0	0
M	0	0	0	0	0	0

煤棚Ⅰ

	7	8	9	10	11	12
A	0	0	0	0	0	0
B	0	0	0	0	0	0
C	0	0	0	0	0	0
D	0.08	0	0	0	0	0
E	0	0	0	0	0	0
F	0.06	0.462	0.863	0.812	0.822	0.539
G	0.389	0.886	1.798	2.11	1.692	1.356
H	0.409	0.653	0.852	0.841	0.817	0.782
I	0	0	0.035	0.116	0.125	0.203
J	0.05	0	0.035	0.10	0.13	0.25
K	0	0	0	0	0	0
L	0	0	0	0	0	0
M	0	0	0	0	0	0

(b) 90°工况

图 8.44　煤棚各屋面分区雪荷载分布系数图

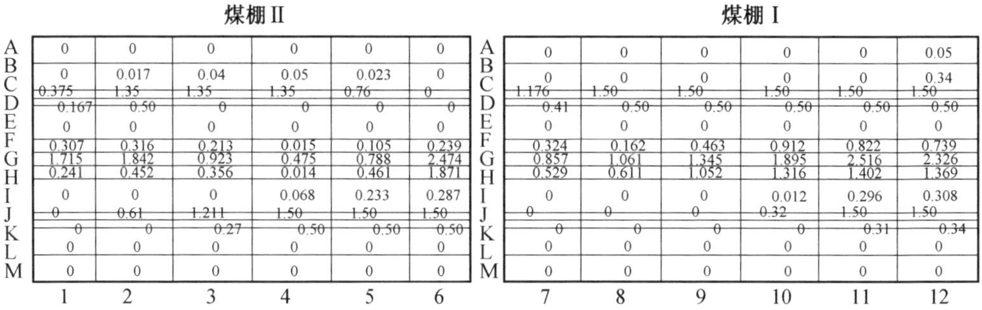

煤棚Ⅱ　　煤棚Ⅰ

(c) 120°工况

续图 8.44

此外，考虑到冬季降雪期间，煤棚屋面积雪并非某单次降雪堆积形成的，而是由冬季期间多次降雪累积而成，因此进行其屋面抗雪设计时，应根据冬季各主导风向下雪荷载分布系数结果，按照各主导风向占比加权叠加，从而得到屋面累积雪荷载分布系数，计算方法如下：

$$\mu = \sum_{i}^{n} p_i \mu_i \tag{8.4}$$

式中，μ 为屋面累积雪荷载分布系数；p_i 为建筑地 i 风向角在冬季出现频率；μ_i 为 i 风向角下屋面雪荷载分布系数。

济源市冬季降雪期间各常遇风向角所占百分比如图 8.43 所示，由此可得冬季降雪期间煤棚各屋面分区累积雪荷载分布系数图，如图 8.45 所示。

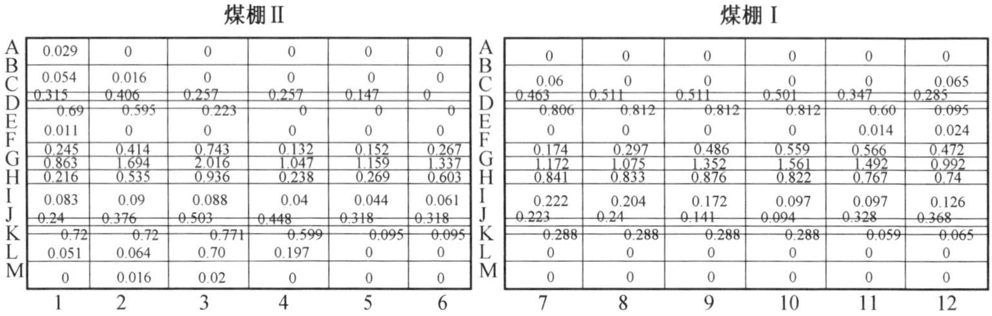

煤棚Ⅱ　　煤棚Ⅰ

图 8.45　煤棚各屋面分区累积雪荷载分布系数图

第三篇　大跨度屋面积雪漂移数值模拟方法与雪荷载特性

第9章　风雪运动数值模拟理论与方法

9.1　引　　言

建筑屋面雪荷载不均匀分布主要是空中飘雪和屋面积雪在风力作用下发生复杂迁移运动的结果。由于包含互不相溶的空气相和雪相，因此风雪运动属于气固二相流。对此，学者们分别采用欧拉－拉格朗日框架和欧拉－欧拉框架进行描述。欧拉－拉格朗日框架是把雪相作为离散介质，通过受力分析并结合牛顿运动定律，计算得到雪颗粒的运动轨迹，进而获得积雪分布形式。1997年，Sundsbo率先采用欧拉－拉格朗日框架研究了雪栅栏周围的积雪分布情况。欧拉－欧拉框架是把雪相作为连续介质，通过在空气相扩散方程中引入雪相控制方程来进行雪颗粒运动的求解，分析得到积雪分布形式。相较欧拉－拉格朗日框架，欧拉－欧拉框架更多地被应用于建筑屋面积雪分布模拟，因此本书也选择采用欧拉－欧拉框架进行风雪运动模拟研究。

自20世纪90年代CFD技术被引入风雪运动数值模拟以来，学者们基于欧拉－欧拉框架先后提出了浓度扩散方法和多相流方法。每个方法又分别演变出各种模型变体。为更好地还原风雪运动传输机制，并将其应用于大跨屋面积雪分布特征研究，本章首先从理论上对浓度扩散方法和多相流方法的优缺点，以及风雪模拟入流边界条件进行详细介绍，为下一步改进模型的选取打下理论基础。

9.2　浓度扩散方法

二相流一般由两种连续介质或一种连续介质和一种不连续介质组成。连续介质称为连续相，不连续介质称为弥散相。多数情况下，混合流由某连续相主导，其他弥散相(如气流中的灰尘和液体流中的气泡)的影响相对较小，处于次要地位，因此实际中二相流常被描述为单向流，次要相对主导相的影响被忽略。连续相的运动状态一般通过流体连续方程和动量方程联立的方式得到；而弥散相的分布一般通过相间扩散作用来考虑。风雪运动数值模拟初期，学者们采用此类思路提出了浓度扩散方法。该方法的典型理论方程如下所述。

9.2.1　雪相扩散方程

地面积雪漂移过程中，根据高度，颗粒运动可分为3个过程：蠕移、跃移和悬移。其中，蠕移雪颗粒主要沿雪面滚动，高度在 0.01 m 以下；跃移雪颗粒沿雪面跳跃前进，高度在 0.01 ~ 0.1 m 之间；悬移雪颗粒则在风力作用下进入空中，随气流自由运动。由于蠕移颗粒数量较少，高度较低，一般包含在跃移过程中进行考虑；悬移颗粒由于彼此间距较大，主要受气动拖曳力、浮力和重力作用，处于自由运动状态，可与空中飘落雪颗粒联合考虑。

1.悬移层扩散方程

欧拉－欧拉框架下，悬移层雪颗粒的空间分布可利用雪浓度 Φ 扩散方程进行求解：

$$\frac{\partial \Phi}{\partial t}+\frac{\partial \Phi u_{\mathrm{a},j}}{\partial x_j}+\frac{\partial \Phi w_{\mathrm{f}}}{\partial x_3}=\frac{\partial(-\overline{u'_{\mathrm{a},j}\Phi'})}{\partial x_j} \tag{9.1}$$

式中，$u_{\mathrm{a},j}$ 为空气相速度，下标“j”代表了风速的速度分量，“1”“2”“3”分别代表顺风向、横风向和竖向；w_{f} 为雪颗粒最终沉降速度。式(9.1) 通过引入包含雪颗粒最终沉降速度 w_{f} 的对流项（左数第三项）来考虑雪颗粒的重力作用。等号右侧的湍流扩散项 $\partial(-\overline{u'_{\mathrm{a},j}\Phi'})/\partial x_j$ 可根据 Boussinesq 假设简化成基于颗粒浓度梯度的形式，即

$$-\overline{u'_{\mathrm{a},j}\Phi'}=\frac{\nu_{\mathrm{t}}}{Sc_{\mathrm{t}}}\left(\frac{\partial \Phi}{\partial x_j}\right) \tag{9.2}$$

式中，ν_{t} 为湍流黏度系数(代表湍流特性)；Sc_{t} 为 Schmidt 常数，取 0.2 ~ 1.3。

2.跃移层扩散方程

跃移作为颗粒传输的主要形式，其传输量约占总体传输量的 67%，因此须重点考虑。跃移层雪浓度(又称地面漂移雪浓度）主要利用该层内单位时间单位宽度雪颗粒的质量传输率 Q_{sal} 进行计算。基于跃移层内雪颗粒质量传输率 Q_{sal} 的实测结果，Iversen 给出了质量传输率的回归公式：

$$Q_{\mathrm{sal}}=c_{\mathrm{i}}\frac{\rho_{\mathrm{a}}}{g}\frac{w_{\mathrm{f}}}{u_{\mathrm{t}}^{*}}u^{*2}(u_{\mathrm{t}}^{*}-u^{*}) \tag{9.3}$$

式中，c_{i} 为常数，对于跃移层可假设为 1.0；ρ_{a} 为空气相密度；u^{*} 为壁面摩擦速度；u_{t}^{*} 为表征跃移发生条件的阈值摩擦速度。

Pomeroy 和 Gray 结合平坦流域跃移层内雪颗粒传输率的实测数据，给出了跃移层雪颗粒质量传输率的经验公式：

$$Q_{\mathrm{sal}}=\frac{0.68\rho_{\mathrm{a}}u_{\mathrm{t}}^{*}}{u^{*}g}(u^{*2}-u_{\mathrm{t}}^{*2}) \tag{9.4}$$

以往研究中，上式(9.4) 常被用来计算跃移层雪浓度 Φ，但所得雪浓度为平衡状态下跃移层内饱和雪浓度 Φ_{sat}。由式(9.4) 可知，饱和雪浓度仅与流场近壁面的局部摩擦速度有关。

9.2.2 空气相扩散方程

对于空气相，采用经典流体方程进行模拟，见式(9.5) ~ (9.8)：

$$\frac{\partial \rho_{\mathrm{a}}}{\partial t}+\frac{\partial u_{\mathrm{a},i}}{\partial x_i}=0 \tag{9.5}$$

$$\frac{\partial u_{a,i}}{\partial t}+u_{a,j}\frac{\partial u_{a,i}}{\partial x_j}=-\frac{1}{\rho_a}\frac{\partial p}{\partial x_i}+\frac{\partial}{\partial x_j}\left(\nu_a\frac{\partial u_{a,i}}{\partial x_j}-u'_{a,i}u'_{a,j}\right) \tag{9.6}$$

$$\frac{\partial k}{\partial t}+u_{a,j}\frac{\partial k}{\partial x_j}=\frac{\partial}{\partial x_j}\left(\frac{\nu_t}{\sigma_k}\frac{\partial k}{\partial x_j}\right)+P_k-\varepsilon \tag{9.7}$$

$$\frac{\partial \varepsilon}{\partial t}+u_{a,j}\frac{\partial \varepsilon}{\partial x_j}=\frac{\partial}{\partial x_j}\left(\frac{\nu_t}{\sigma_\varepsilon}\frac{\partial \varepsilon}{\partial x_j}\right)+C_1S\varepsilon-C_2\frac{\varepsilon^2}{k+\sqrt{\nu\varepsilon}} \tag{9.8}$$

式中，p 为静压；ν_a 为空气相运动黏度系数；$u'_{a,j}$ 为空气相速度脉动值；k 为湍动能；ε 为湍流耗散率；P_k 为湍动能生成项；C_1、C_2 为常数；σ_k、σ_ε 分别为 k、ε 的湍流 Prandtl 数。

为考虑雪颗粒对湍流的影响，Naaim 在湍动能 k 和湍流耗散率 ε 扩散方程中分别引入计算颗粒运动消耗动能的源项（S_k 和 S_ε），见式(9.9) 和式(9.10)。

$$\frac{\partial k}{\partial t}+u_{a,j}\frac{\partial k}{\partial x_j}=\frac{\partial}{\partial x_j}\left(\frac{\nu_t}{\sigma_k}\frac{\partial k}{\partial x_j}\right)+P_k-\varepsilon+S_k \tag{9.9}$$

$$\frac{\partial \varepsilon}{\partial t}+u_{a,j}\frac{\partial \varepsilon}{\partial x_j}=\frac{\partial}{\partial x_j}\left(\frac{\nu_t}{\sigma_\varepsilon}\frac{\partial \varepsilon}{\partial x_j}\right)+C_1S\varepsilon-C_2\frac{\varepsilon^2}{k+\sqrt{\nu\varepsilon}}+S_\varepsilon \tag{9.10}$$

Okaze 通过风洞试验对上述源项进行了修订。修订后的湍动能 k 和湍流耗散率 ε 源项可按下式计算：

$$S_k=-C_{ks}f_d\frac{k}{\rho_s t_r}\Phi \tag{9.11}$$

$$S_\varepsilon=-C_{\varepsilon s}f_d\frac{\varepsilon}{\rho_s t_r}\Phi \tag{9.12}$$

$$f_d=1-\exp\left(-\frac{t_r}{A_s(k/\varepsilon)}\right)^\alpha \tag{9.13}$$

$$t_r=\frac{d_s^2\rho_s}{18\mu} \tag{9.14}$$

式中，f_d 为阻尼函数；ρ_s 为雪颗粒密度；t_r 为弛豫时间；C_{ks}、$C_{\varepsilon s}$、A_s 和 α 为常数，分别取 20.0×10^3、0.0、10.0 和 1.0。

9.2.3　积雪沉积 / 侵蚀模型

基于上述空气相和雪相扩散方程计算得到的雪浓度 Φ 和壁面摩擦速度 u^*，学者们提出了一系列积雪沉积 / 侵蚀模型，用以计算积雪总沉积量。

1.一维沉积 / 侵蚀模型

Uematsu 通过考虑雪面处竖向一维雪通量平衡给出了积雪沉积 / 侵蚀模型。基于跃移层雪浓度 Φ 和雪颗粒最终沉降速度 w_f 的雪相沉积通量可按下式计算：

$$q_{dep}=-w_f\Phi \tag{9.15}$$

侵蚀方面，假设跃移层中漂移雪量主要来自于雪面侵蚀颗粒，则根据 Iversen 的跃移层颗粒质量传输率 Q_{sal} 回归公式（式(9.3)），可得雪面侵蚀通量为

$$q_{ero}=-w_f\frac{Q_{sal}}{u_{sal}h_{sal}} \tag{9.16}$$

式中，u_{sal} 为跃移层颗粒平均水平运动速度；h_{sal} 为平均跃移层高度。

雪面处总沉积通量 q_{total} 为沉积通量 q_{dep} 与侵蚀通量 q_{ero} 的和。

$$q_{total} = q_{dep} + q_{ero} \tag{9.17}$$

2.三维沉积 / 侵蚀模型

参考 Uematsu 的一维沉积 / 侵蚀模型，Tominaga 给出了基于控制体内水平和竖向三维雪颗粒质量平衡的沉积 / 侵蚀模型，如图 9.1 所示。控制体选取邻近雪面的首层网格，网格高度近似取跃移层高度。积雪的沉积 / 侵蚀根据控制体内质量的平衡得到。总的沉积量(质量传输率) 按下式计算。

$$M_{total} = M_{side} + M_{top} \tag{9.18}$$

式中，M_{side} 为侧面净进出控制体的质量传输率；M_{top} 为顶部净进出控制体的质量传输率；M_{total} 为控制体内总进出的质量传输率。当 $M_{total} > 0$ 时，发生沉积；当 $M_{total} < 0$ 时，发生侵蚀。

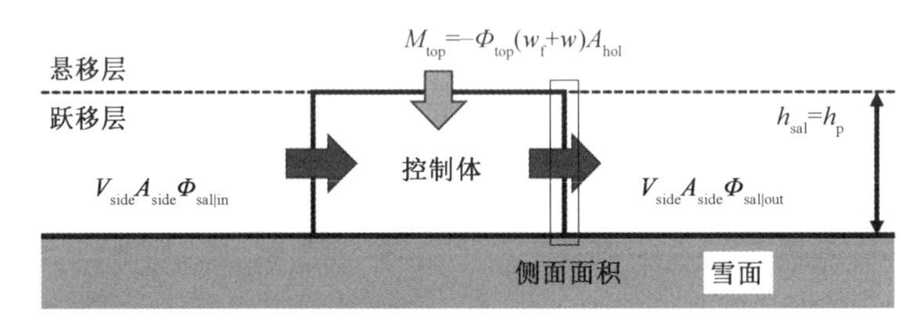

图 9.1　控制体内雪颗粒质量平衡

由于跃移层内漂移雪颗粒主要进行水平运动，故 M_{side} 可根据跃移层内的雪浓度和风速进行计算：

$$M_{side} = V_{side}A_{side}\Phi_{sal|in} - V_{side}A_{side}\Phi_{sal|out} \tag{9.19}$$

式中，V_{side} 为控制体侧面的水平风速；A_{side} 为控制体侧面面积；$\Phi_{sal|in}$ 为侧面进入控制体一侧的雪颗粒质量浓度，kg/m³；$\Phi_{sal|out}$ 为侧面出控制体一侧的雪颗粒质量浓度，kg/m³。跃移层漂移雪浓度参考 Uematsu 计算方法，即

$$\Phi_{sal} = \frac{Q_{sal}}{u_{sal}h_{sal}} \tag{9.20}$$

式中，u_{sal} 为跃移层内颗粒水平运动速度，根据式(9.21) 计算；h_{sal} 为跃移层高度，根据式(9.22) 计算。

$$u_{sal} = 2.8u_t^* \tag{9.21}$$

$$h_{sal} = 0.084\ 3u^{*1.27} \tag{9.22}$$

结合 Pomeroy 和 Gray 的跃移层雪颗粒质量传输率 Q_{sal} 的经验公式(式(9.4))，则跃移层内雪浓度 Φ_{sal} 可表示为

$$\Phi_{sal} = \frac{0.68\rho_a}{2.8u^* gh_p}(u^{*2} - u_t^{*2}) \tag{9.23}$$

式中，h_p 为控制体高度，取跃移层平均高度 h_{sal}。

M_{top} 根据控制体顶部雪浓度(悬移层浓度)计算。其中控制体内的沉降速度取颗粒沉降速度 w_f 和流体竖向速度 w 的和。顶部入流质量传输率可按式(9.24)计算。

$$M_{top} = -\Phi_{top}(w_f + w)A_{hol} \tag{9.24}$$

式中,Φ_{top} 为悬移层雪浓度,根据式(9.1)计算得到;A_{hol} 为控制体顶部水平面积。

此外,为考虑颗粒侵蚀造成的雪浓度变化,当发生侵蚀($M_{total} < 0$)时,将 M_{total} 作为源项加入雪浓度扩散方程(式(9.1))以考虑侵蚀颗粒对雪浓度的影响。

3.非平衡沉积 / 侵蚀模型

如本篇 9.2.1 节所述,跃移层颗粒质量传输率 Q_{sal} 经验公式主要适用于充分发展条件下平衡状态跃移层内饱和雪浓度 Φ_{sat} 的计算。实际中,由于受建筑物影响,风雪流完全处于非平衡状态,式(9.3)和式(9.4)会高估建筑周边雪浓度。故 Tominaga 提出了针对非平衡状态下跃移层雪浓度的计算模型。

该模型对悬移层和跃移层颗粒传输过程采用相同的扩散方程,见式(9.1)。总的沉积率按下式计算:

$$M_{total} = M_{dep} + M_{ero} \tag{9.25}$$

颗粒沉积率 M_{dep} 按下式计算:

$$M_{dep} = -\Phi_p w_f A_{hol} \tag{9.26}$$

式中,Φ_p 为控制体内的雪浓度,根据式(9.1)计算得到。

壁面剪应力引起的颗粒侵蚀率 M_{ero} 按下式计算:

$$M_{ero} = -c_a \rho_s u^* \left(1 - \frac{u_t^{*2}}{u^{*2}}\right) A_{hol} \tag{9.27}$$

其中,$c_a = 5.0 \times 10^{-4}$。

当侵蚀发生($u^* > u_t^*$)时,侵蚀雪颗粒浓度以通量形式利用边界条件重新引入计算域。侵蚀通量定义见式(9.28)。从方程可以看出,该模型成功避开了对平衡状态颗粒传输率经验公式的依赖。局部摩擦速度不再与该处跃移层内雪浓度一一对应,而是仅决定此处雪浓度的变化量。

$$-\frac{\nu_t}{\sigma_s}\left(\frac{\partial \Phi}{\partial z}\right)\bigg|_{surface} = \frac{|M_{ero}|}{A_{hol}} \tag{9.28}$$

式中,z 代表垂直于雪面的方向。

4.双方程沉积 / 侵蚀模型

以往研究中,一般采用单个扩散方程(式(9.1))对雪颗粒浓度进行预测,然而实际降雪与漂雪过程存在很大区别。故 Okaze 等学者提出了双方程颗粒传输模型,即将雪颗粒浓度 Φ 分为空中飘落雪浓度 Φ_{sky} 和地面漂移雪浓度 Φ_{surf},见式(9.29)。其中,降雪浓度扩散方程主要描述从空中飘落雪颗粒,见式(9.30)。由于飘落雪颗粒竖向加速时间长,因此具有较大颗粒沉降速度 $w_{f,sky}$。地面漂移雪浓度扩散方程描述的是雪面处因气动剪切力脱离地面跃移前进的雪颗粒,见式(9.31)。由于竖向跃移高度较小($\leqslant 0.1$ m),加速时间短,颗粒沉降速度 $w_{f,surf}$ 偏小。

$$\Phi = \Phi_{\text{sky}} + \Phi_{\text{surf}} \tag{9.29}$$

$$\frac{\partial \Phi_{\text{sky}}}{\partial t} + \frac{\partial \Phi_{\text{sky}} u_{a,j}}{\partial x_j} + \frac{\partial \Phi_{\text{sky}} w_{f,\text{sky}}}{\partial x_3} = \frac{\partial}{\partial x_j}\left(\frac{\nu_t}{\sigma_s}\left(\frac{\partial \Phi_{\text{sky}}}{\partial x_j}\right)\right) \tag{9.30}$$

$$\frac{\partial \Phi_{\text{surf}}}{\partial t} + \frac{\partial \Phi_{\text{surf}} u_{a,j}}{\partial x_j} + \frac{\partial \Phi_{\text{surf}} w_{f,\text{surf}}}{\partial x_3} = \frac{\partial}{\partial x_j}\left(\frac{\nu_t}{\sigma_s}\left(\frac{\partial \Phi_{\text{surf}}}{\partial x_j}\right)\right) \tag{9.31}$$

为考虑非平衡状态下跃移层雪浓度变化，参考 Tominaga 模型，分别对空中飘落雪浓度 Φ_{sky} 和地面漂移雪浓度 Φ_{surf} 的壁面边界条件进行设置。此处假设飘落雪颗粒与雪面碰撞后，其树枝状结构被破坏，滞留在雪面，因此由侵蚀造成的壁面雪浓度增量为 0，见式(9.32)；地面漂移颗粒的浓度增量与非平衡沉积 / 侵蚀模型相同，见式(9.33)。

$$\frac{\nu_t}{\sigma_s}\left(\frac{\partial \Phi_{\text{sky}}}{\partial z}\right)\bigg|_{\text{surface}} = 0 \tag{9.32}$$

$$\frac{\nu_t}{\sigma_s}\left(\frac{\partial \Phi_{\text{surf}}}{\partial z}\right)\bigg|_{\text{surface}} = \frac{|E_{\text{surf}}|}{A_{\text{hol}}} \tag{9.33}$$

雪面处总沉积率按下式计算：

$$M_{\text{total}} = D_{\text{sky}} + D_{\text{surf}} + E_{\text{surf}} \tag{9.34}$$

式中，D_{sky} 为由降雪引起的沉积，可按式(9.35) 计算；D_{surf} 为漂移积雪引起的沉积，可按式(9.36) 计算；E_{surf} 为漂移引起的侵蚀，可按式(9.37) 计算。

$$D_{\text{sky}} = -\Phi_{\text{sky}} w_{f,\text{sky}} A_{\text{hol}} \tag{9.35}$$

$$D_{\text{surf}} = -\Phi_{\text{surf}} w_{f,\text{surf}} A_{\text{hol}} \tag{9.36}$$

$$E_{\text{surf}} = -\frac{\pi\xi}{6}\rho_s u^* \left(1 - \frac{u_t^{*2}}{u^{*2}}\right) \tag{9.37}$$

如上所述，浓度扩散方法通过引入颗粒扩散方程(连续方程) 实现了对雪浓度空间分布的预测。然而由于该方法中雪相仅以浓度标量的形式进行考虑，无法直接求解雪颗粒运动速度，严格意义上仍属风雪单向耦合；此外，由于墙体处雪浓度标量的壁面边界条件默认为零通量，因此也无法还原因建筑物阻挡导致的雪浓度增加；故而该方法不能准确预测建筑屋面复杂流场环境中雪浓度空间分布。为解决此问题，需参考空气相扩散方程建立雪相扩散方程，以实现对雪颗粒运动轨迹和风雪双向耦合的模拟。

9.3 多相流方法

浓度扩散方法通过忽略次要相(弥散相) 对主导相(连续相) 的影响，建立了一套扩散方程。本节将重新审视多相流，充分考虑弥散相对连续相流体动力学性能的影响。根据弥散相间耦合强度的大小，多相流模型可分为均匀模型(Homogeneous Flow Model)、混合流模型(Mixture Model) 和多相模型(Multiphase Model)，此外还有部分基于这 3 种模型的组合模型。均匀模型(Homogeneous Flow Model) 通过考虑混合相间的扩散作用来计算各弥散相的运动。因此该模型适用于在小空间尺度上强耦合且各相速度相等的拖曳力主导混合流。由于各弥散相被假设以相同速度移动，混合相及各弥散相的速度仅由一个动量方程求解，各弥散相的体积分数则通过求解各相的连续方程得到。

实际情况中，重力和离心力作用造成混合流中各相间存在速度差异，对此须加以考虑。故基于局部平衡假定(Local Equilibrium)，学者们建立了一系列计算相间速度差的模型。根据具体计算形式可分为：漂移流模型(Drift-flux Model，Zuber 和 Findlay，1965)、混合流模型(Mixture Model，Ishii，1975)、滑移速度模型(Algebraic-slip Model，Pericleous 和 Drake，1986)、悬移运动模型(Suspension Model/Approach，Verloop，1995)、扩散模型(Diffusion Model，Ungarish，1993；Ishii，1975)和局部平衡模型(Local-equilibrium Model，Johansen，1990)等。此类混合流模型方程主要包括：各弥散相和混合相的连续方程、充分考虑相间相对速度影响的混合相动量方程和基于弥散相受力平衡的相对速度计算方程。不同混合流模型的相对速度计算方程不同，但基本假设一致，即在较小的空间尺度上达到局部平衡。因此，混合流模型适用于相间存在较强耦合作用的多相流。

当相间耦合作用很弱，无法在小尺度上达到局部平衡(如存在局部区域加速)时，则需采用多相模型来对混合流场中各相运动进行描述。该模型由针对各弥散相的连续和动量方程组成。方程组中通过引入额外源项来考虑相间质量和动量的传输。虽然多相模型在理论上更先进，但闭合性上的不确定性使其相较更加简单的混合流模型在可靠度上存在不足。这也成为学者们尽可能选择使用更加简单的均匀模型或混合流模型的一个主要原因。此外，相较多相模型，更少的求解量也成为混合流模型较突出的优点之一。

1.混合流模型方程

混合流模型方程包括混合相连续方程、混合相动量方程、弥散相连续方程和相对速度方程。若仅存在单一弥散相 p，则混合流模型扩散方程总结如下：

$$\frac{\partial \rho_{\mathrm{m}}}{\partial t}+\nabla \cdot\left(\rho_{\mathrm{m}} \boldsymbol{u}_{\mathrm{m}}\right)=0 \tag{9.38}$$

$$\frac{\partial}{\partial t}\rho_{\mathrm{m}} \boldsymbol{u}_{\mathrm{m}}+\nabla \cdot\left(\rho_{\mathrm{m}} \boldsymbol{u}_{\mathrm{m}} \boldsymbol{u}_{\mathrm{m}}\right)=-\nabla p_{\mathrm{m}}-\nabla \cdot\left(\rho_{\mathrm{m}} c_{\mathrm{p}}\left(1-c_{\mathrm{p}}\right) \boldsymbol{u}_{\mathrm{cp0}} \boldsymbol{u}_{\mathrm{cp0}}\right)+\nabla \cdot \boldsymbol{\tau}_{\mathrm{Gm}}+\rho_{\mathrm{m}} \boldsymbol{g} \tag{9.39}$$

$$\frac{\partial \alpha_{\mathrm{p}}}{\partial t}+\nabla \cdot\left(\alpha_{\mathrm{p}} \boldsymbol{u}_{\mathrm{m}}-D_{\mathrm{Mp}} \nabla \alpha_{\mathrm{p}}\right)=-\nabla \cdot\left(\alpha_{\mathrm{p}}\left(1-c_{\mathrm{p}}\right) \boldsymbol{u}_{\mathrm{cp0}}\right) \tag{9.40}$$

$$\boldsymbol{\tau}_{\mathrm{Gm}}=\left(\mu_{\mathrm{m}}+\mu_{\mathrm{Tm}}\right)\left(\nabla \boldsymbol{u}_{\mathrm{m}}+\left(\nabla \boldsymbol{u}_{\mathrm{m}}\right)^{\mathrm{T}}\right)-\frac{2}{3} \rho_{\mathrm{m}} k_{\mathrm{m}} \boldsymbol{I} \tag{9.41}$$

式中，ρ_{m} 为混合相密度；$\boldsymbol{u}_{\mathrm{m}}$ 为混合相速度；t 为时间；p_{m} 为混合相压强；c_{p} 为弥散相质量分数；$\boldsymbol{u}_{\mathrm{cp0}}$ 为相对(滑移)速度；$\boldsymbol{\tau}_{\mathrm{Gm}}$ 为广义剪应力；$\boldsymbol{g}$ 为重力加速度；α_{p} 为弥散相体积分数；D_{Mp} 为扩散系数；μ_{m} 为混合相动力黏度系数；ρ_{c} 为连续相密度(空气)；k_{m} 为混合相湍动能；$\boldsymbol{I}$ 为单位向量；d_{p} 为颗粒直径；C_{D} 为阻力系数；ρ_{p} 为(雪)弥散相密度；μ_{Tm} 为混合相湍流黏度系数。

式(9.39)和式(9.40)中，相对(滑移)速度代替原有扩散速度，相对(滑移)速度可按下式计算：

$$\left|\boldsymbol{u}_{\mathrm{cp0}}\right| \boldsymbol{u}_{\mathrm{cp0}}=\frac{4 d_{\mathrm{p}}}{3 C_{\mathrm{D}}} \frac{\left(\rho_{\mathrm{p}}-\rho_{\mathrm{m}}\right)}{\rho_{\mathrm{c}}}\left[g-\left(\boldsymbol{u}_{\mathrm{m}} \cdot \nabla\right) \boldsymbol{u}_{\mathrm{m}}-\frac{\partial \boldsymbol{u}_{\mathrm{m}}}{\partial t}\right] \tag{9.42}$$

其中，颗粒被假定为球形。弥散相连续方程中的扩散系数定义为 $D_{\mathrm{Mp}}=(1-c_{\mathrm{p}})D_{\mathrm{cp}}$。

湍流的主要贡献是混合相动量方程（式（9.39））中的湍流应力项和弥散相连续性方程中的扩散项。黏性应力和湍流应力方面，本书采用广义的应力本构方程。对于层流，可利用 C_{D} 和 μ_{m} 进行计算。对于湍流，首先需采用合适的湍流模型计算湍流黏度系数 μ_{Tm}。若颗粒浓度不高，$k-\varepsilon$ 模型也可被应用于多相流。因此，除式（9.38）～（9.42）外，仍须求解湍动能和湍流耗散率扩散方程。

扩散系数 D_{Mp} 确定方面，Picart 提出了基于 $k-\varepsilon$ 模型的简化理论方程，见式（9.43）。当颗粒相对速度较小时，$D_{\mathrm{Mp}}=\nu_{\mathrm{t}}$。

$$D_{\mathrm{Mp}}=\nu_{\mathrm{t}}\left(1+0.85\frac{u_{\mathrm{cp}}^{2}}{2k/3}\right)^{-1/2} \tag{9.43}$$

Bakker 采用了另一种扩散系数计算方法，见式（9.44）。

$$D_{\mathrm{Mp}}=\frac{d_{\mathrm{p}}\sqrt{k}}{18\alpha_{\mathrm{p}}} \tag{9.44}$$

包含不同材料密度颗粒的混合物运动均可利用上述方法进行计算。此外，对于弥散相材料密度恒定、粒径变化的情况，可根据颗粒的大小进行分类，分别建立独立相，利用上述方法进行模拟。

2.混合流模型适用性

为简化弥散相动量方程，提出局部平衡理论，即颗粒会迅速达到最终稳定速度。在只考虑重力作用的情况下，且颗粒的弛豫时间 t_{p} 小于流场的振荡周期时，可忽略加速过程，认为达到局部稳定。对于斯托克斯流，弛豫时间按式（9.45）计算；对于牛顿流，弛豫时间按式（9.46）计算。式中，u_{t} 为最终稳定速度。在时间 t_{p} 内，颗粒通过的距离 l_{p} 可根据式（9.47）计算。l_{p} 表征了颗粒加速的距离。

$$t_{\mathrm{p}}=\frac{\rho_{\mathrm{p}}d_{\mathrm{p}}^{2}}{18\mu_{\mathrm{m}}},\quad Re_{\mathrm{p}}<1 \tag{9.45}$$

$$t_{\mathrm{p}}=\frac{2\rho_{\mathrm{p}}d_{\mathrm{p}}}{3\rho_{\mathrm{c}}C_{\mathrm{D}}u_{\mathrm{t}}},\quad Re_{\mathrm{p}}>1\ 000 \tag{9.46}$$

$$l_{\mathrm{p}}=t_{\mathrm{p}}u_{\mathrm{t}}/e \tag{9.47}$$

对于回旋气流，忽略附加质量力和 Basset 力，则颗粒径向运动方程可化简为

$$m_{\mathrm{p}}u_{\mathrm{cp}}\frac{\mathrm{d}u_{\mathrm{cp}}}{\mathrm{d}r}=(\rho_{\mathrm{p}}-\rho_{\mathrm{c}})V_{\mathrm{p}}\omega^{2}r-\frac{1}{2}C_{\mathrm{D}}A_{\mathrm{p}}\rho_{\mathrm{c}}u_{\mathrm{cp}}^{2} \tag{9.48}$$

若假设颗粒为球形颗粒，则式（9.48）可积分为式（9.49）形式，其中，C 为常数。

$$u_{\mathrm{cp}}^{2}=C\mathrm{e}^{-r/l_{\mathrm{p}}}+2\frac{(\rho_{\mathrm{p}}-\rho_{\mathrm{c}})}{\rho_{\mathrm{p}}}\omega^{2}l_{\mathrm{p}}^{2}\left(\frac{r}{l_{\mathrm{p}}}-1\right) \tag{9.49}$$

颗粒特征长度 l_{p}（颗粒加速的距离）计算公式可化简为

$$l_{\mathrm{p}}=\frac{2d_{\mathrm{p}}\rho_{\mathrm{p}}}{3C_{\mathrm{D}}\rho_{\mathrm{c}}} \tag{9.50}$$

根据局部平衡理论，涡流旋转半径应满足 $r\gg l_{\mathrm{p}}$，从而得下列关系式：

$$d_p \ll \frac{3C_D \rho_c r}{2\rho_p} \tag{9.51}$$

对于斯托克斯流，式(9.51)可化简为式(9.52)。由公式可知，为保证局部平衡，颗粒粒径应足够小，至少毫米级。

$$d_p \ll \sqrt{\frac{18\mu_c}{\omega(\rho_p - \rho_c)}} \tag{9.52}$$

通过上述混合流模型理论方法介绍可知，弥散相动量方程的引入、弥散相连续方程和混合相动量方程中滑移项的增加解决了浓度扩散方法中无法追踪雪颗粒运动轨迹和还原风雪双向耦合机制的难题。此外，作为额外的相，混合流模型也可以充分考虑因建筑墙体阻挡导致的迎风面雪浓度骤增，更适宜于建筑屋面积雪分布模拟。然而同样需要指出，作为初始多相流模型，混合流模型无法还原近壁面跃移层内因沉积侵蚀造成的雪浓度变化，因此需经进一步改进模型以实现对积雪漂移非平衡发展过程的模拟。

9.4　风雪模拟入流边界条件

边界条件的设置应使计算结果尽可能还原真实风雪环境，为此边界条件的取值须额外慎重。若使用 $k-\varepsilon$ 湍流模型，则需设置的入流边界包括：平均风速、湍动能、湍流耗散率和雪浓度等。下文将进行详细介绍。

9.4.1　空气相入流边界条件

1.平均风速剖面

在梯度风高度下，由于地面摩擦作用，平均风速随高度的降低而减小。对于此类平均风速剖面的描述一般采用对数律(Logarithmic Law)或指数律(Power Law)。

(1) 对数律。

对数律的表达式为

$$U(z) = \frac{u^*}{\kappa}\ln\frac{z}{z_0} \tag{9.53}$$

$$u^* = \sqrt{\tau/\rho_a} \tag{9.54}$$

式中，$U(z)$ 为高度 z 处的平均水平风速；u^* 为壁面摩擦速度，可根据式(9.54)计算，其中 τ 为近壁面气动剪应力，ρ_a 为空气密度；κ 为 Karman 常数；z_0 为地面粗糙度。

(2) 指数律。

指数律的表达式为

$$U(z) = U_r\left(\frac{z}{z_r}\right)^\alpha \tag{9.55}$$

式中，U_r 为高度 z_r 处的平均水平风速；α 为地面粗糙度指数，数值与地面粗糙度类别有关，我国《建筑结构荷载规范》(GB 50009—2012)将地貌条件分成A、B、C、D四类，其对应的风速剖面指数 α 分别为0.12、0.16、0.22、0.30。由于指数律可更简便地表述平均风剖面，且与对数律之间的差异不大，因此指数律得到了更广泛的应用。

2.湍动能剖面

在没有参考数值情况下，可近似假定湍流各向同性，即认为顺风向、横风向、竖向3个方向的湍流强度相同，采用式(9.56)计算。其中，$I(z)$为湍流强度剖面。

$$k(z)=1.5(U(z)I(z))^2 \tag{9.56}$$

考虑实际大气边界层湍流的各向异性，认为横向、竖向湍流强度与纵向湍流强度成比例，比例系数小于1。为了方便应用，有时不考虑它们之间的数量关系，笼统用下式表达：

$$k(z)=1.2(U(z)I_{\mathrm{u}}(z))^2 \tag{9.57}$$

式中，$I_{\mathrm{u}}(z)$为顺风向湍流强度剖面。顺风向、横风向和竖向的湍流强度I_{u}、I_{v}和I_{w}可按下式计算：

$$\begin{cases} I_{\mathrm{u}}=\dfrac{\sigma_{\mathrm{u}}}{U} \\ I_{\mathrm{v}}=\dfrac{\sigma_{\mathrm{v}}}{U} \\ I_{\mathrm{w}}=\dfrac{\sigma_{\mathrm{w}}}{U} \end{cases} \tag{9.58}$$

式中，σ_{u}、σ_{v}和σ_{w}为脉动风速3个方向分量的均方根值。一般，顺风向的湍流强度I_{u}大于横风向的湍流强度I_{v}，横风向的湍流强度I_{v}大于竖向的湍流强度I_{w}。对于完全发展的大气边界层湍流，Holmes建议横风向脉动风速均方根取$2.2u^*$，而竖向脉动风速均方根取$1.3u^* \sim 1.4u^*$。据此，当《公路桥梁抗风设计规范》(JTG/T 3360-01—2018)中无实测资料时，取$I_{\mathrm{v}}=0.88I_{\mathrm{u}}$，$I_{\mathrm{w}}=0.55I_{\mathrm{u}}$。

关于顺风向湍流强度$I_{\mathrm{u}}(z)$，各国规范均给出了相应的经验公式。《规范》给出的$I_{\mathrm{u}}(z)$公式为

$$I_{\mathrm{u}}(z)=I_{10}\left(\frac{z}{10}\right)^{-\alpha} \tag{9.59}$$

式中，I_{10}为10 m高度处的名义湍流强度；α为地面粗糙度指数，对应于A、B、C和D类地貌，分别取0.12、0.14、0.23和0.39。

3.湍流耗散率剖面

湍流耗散率表示小尺度涡由机械能转化为热能的速率，其定义式为

$$\varepsilon=\nu\overline{\frac{\partial u'_i}{\partial x_k}\frac{\partial u'_i}{\partial x_k}} \tag{9.60}$$

式中，ν为流体的分子黏度。

9.4.2 雪相入流边界条件

风雪运动模拟时，需根据数值方法定义雪浓度Φ(浓度扩散方法)或雪颗粒体积分数α_{s}(多相流方法)。其中，雪浓度Φ与雪颗粒体积分数α_{s}之间可通过式(9.61)换算。下面

以雪浓度为例进行介绍。根据来源，入流雪浓度分为空中飘落雪浓度 Φ_{sky} 和地面漂移雪浓度 Φ_{surf}。

$$\Phi = \alpha_s \rho_s \tag{9.61}$$

1.**空中飘落雪浓度**

空中飘落雪颗粒指从混合云中降落到地面的雪花。假设降雪期间无积雪融化和压实发生，则空中飘落雪浓度 Φ_{sky} 可根据式(9.62)计算，其值代表了单位时间从空中飘落的单位面积雪颗粒质量。

$$\Phi_{sky} = \frac{\rho_s h^*}{w_{f,sky} \Delta t_s} \tag{9.62}$$

式中，Δt_s 为降雪周期；$w_{f,sky}$ 为空中雪颗粒降落速度；h^* 为降雪周期 Δt_s 内不受障碍物影响的空旷地面标准积雪深度。

2.**地面漂移雪浓度**

地面漂移雪浓度 Φ_{surf} 数值可根据 Shiotani 的雪颗粒湍流扩散理论(Turbulent Diffusion Theory of Snow Flakes)进行计算。首先通过对充分发展雪面上颗粒竖向对流和扩散方程(式(9.63))的积分得到式(9.64)。

$$\frac{\partial \Phi_{surf} w_{f,surf}}{\partial z} = \frac{\partial}{\partial x_i}\left(\frac{\nu_t}{Sc_t}\left(\frac{\partial \Phi_{surf}}{\partial z}\right)\right) \tag{9.63}$$

$$\Phi_{surf} w_{f,surf} = \frac{\nu_t}{Sc_t}\left(\frac{\partial \Phi_{surf}}{\partial z}\right) + C \tag{9.64}$$

$$\nu_t = \kappa z u^* \tag{9.65}$$

式中，$w_{f,surf}$ 为跃移颗粒沉降速度；ν_t 为湍流黏度系数；Sc_t 为 Schmidt 常数；C 为积分常数。根据混合长度理论(Mixing Length Theory)，湍流黏度系数 ν_t 可根据式(9.65)计算，将式(9.65)代入式(9.64)，得

$$\frac{\mathrm{d}\Phi_{surf}}{\Phi_{surf} - \dfrac{C}{w_{f,surf}}} = \frac{\sigma_s w_{f,surf}}{\kappa u^*} \frac{\mathrm{d}z}{z} \tag{9.66}$$

通过积分，式(9.66)可重写成式(9.67)，其中 $\Phi_{surf,r}$ 为 z_r 高度处地面漂移雪浓度。

$$\frac{\Phi_{surf} - \dfrac{C}{w_{f,surf}}}{\Phi_{surf,r} - \dfrac{C}{w_{f,surf}}} = \left(\frac{z}{z_r}\right)^{\frac{\sigma_s w_{f,surf}}{\kappa u^*}} \tag{9.67}$$

由于 $\sigma_s w_{f,surf}/\kappa u^* < 0$，当竖向高度 $z \to \infty$ 时，Φ_{surf} 趋近于 0，式(9.67)可变为

$$0 = \frac{C}{w_{f,surf}} \tag{9.68}$$

将式(9.68)代入式(9.67)，得

$$\Phi_{surf} = \Phi_{surf,r}\left(\frac{z}{z_r}\right)^{\frac{\sigma_s w_{f,surf}}{\kappa u^*}} \tag{9.69}$$

若取 z_r 为跃移层高度 h_{sal}，且假设层内雪颗粒均匀分布，则跃移高度内地面漂移雪浓度 $\Phi_{surf,r}$ 可由 Pomeroy 提出的平衡状态下跃移颗粒传输率 Q_{sal}（式(9.4)）计算得到：

$$\Phi_{surf,r}=\frac{Q_{sal}}{u_p h_{sal}},\quad 0<z<h_{sal} \tag{9.70}$$

式中，u_p 为跃移颗粒平均水平运动速度。u_p 可根据式(9.71) 计算，其中 c_p 为常数，可取 2.8；u_t^* 为雪颗粒阈值摩擦速度。

$$u_p=c_p u_t^* \tag{9.71}$$

联合式(9.69) 和式(9.70)，则悬移层漂移雪浓度 $\Phi_{surf}(z)$ 可表达为

$$\Phi_{surf}(z)=\frac{Q_{sal}}{u_p h_{sal}}\left(\frac{z}{h_{sal}}\right)^{\frac{\sigma_s w_{f,surf}}{\kappa u^*}},\quad z>h_{sal} \tag{9.72}$$

总地面漂移雪浓度 Φ_{surf} 可根据式(9.73) 计算。

$$\Phi_{surf}=\begin{cases}\dfrac{Q_{sal}}{u_p h_{sal}}, & 0<z\leqslant h_{sal}\\[2ex] \dfrac{Q_{sal}}{u_p h_{sal}}\left(\dfrac{z}{h_{sal}}\right)^{\frac{\sigma_s w_{f,surf}}{\kappa u^*}}, & z>h_{sal}\end{cases} \tag{9.73}$$

第 10 章 改进非平衡态混合流数值模型

10.1 引 言

风致雪漂移过程中，当气流施加的拖曳力超过雪颗粒间黏聚力、重力和雪面摩擦力时，颗粒便开始发生运动。这种气动夹带运动由 Bagnold 在风沙研究中首先提出。通常情况下，当壁面剪应力超过某气动阈值时，颗粒便开始运动。当足够多漂移雪颗粒从气流中吸取动能时，损失的动能会显著改变湍流结构，降低气流速度，使表面剪应力降至颗粒阈值以下。与此同时，雪面颗粒碰撞将从另一方面促使颗粒运动以维持积雪漂移，使较慢的气流更容易在较低的表面剪应力条件下保持跃移。因此，除气动阈值外，风雪漂移过程中还存在冲击阈值。然而由于碰撞无法完全补充损失的颗粒浓度，最终导致空气中雪浓度降低。

由此可知，在积雪漂移发展过程中存在着复杂的风雪双向耦合作用和雪浓度变迁。由于浓度扩散方法无法还原雪颗粒运动状态、风雪双向耦合和基于剪应力的跃移层雪浓度变化，现阶段较难适用于建筑屋面雪荷载研究。多相流方法通过对混合相和雪相的重新诠释，充分考虑了雪颗粒运动和风雪双向耦合。故本章基于混合流模型(多相流方法)，通过引入源项，实现对非平衡状态风雪运动的真实模拟。

10.2 湍流模型选取

10.2.1 湍流模型介绍

风雪模拟中，正确模拟流场结构是精确预测雪浓度分布的基础，因此首先需对流场模拟中关键的湍流模型进行合理选取。本节共选取了 3 种湍流模型进行对比验证，分别为标准 $k-\varepsilon$ 模型(SKE模型)、RNG $k-\varepsilon$ 模型(RNG模型)和 Realizable $k-\varepsilon$ 模型(RLZ模型)。各湍流模型的扩散方程如下。

1.标准 $k-\varepsilon$ 模型

标准 $k-\varepsilon$ 模型由 Launder 和 Spalding 于 1972 年提出，是目前使用最广泛的湍流模型。在该模型中，湍流黏度系数 ν_t 被表示成湍动能 k 和湍流耗散率 ε 的函数，即

$$\nu_t = C_\mu \frac{k^2}{\varepsilon} \tag{10.1}$$

式中，C_μ 为经验常数，通常取 0.09。

湍动能 k 和湍流耗散率 ε 的扩散方程为

$$\frac{\partial k}{\partial t} + u_j \frac{\partial k}{\partial \boldsymbol{x}_j} = \frac{\partial}{\partial \boldsymbol{x}_j}\left(\frac{\nu_t}{\sigma_k}\frac{\partial k}{\partial \boldsymbol{x}_j}\right) + P_k - \varepsilon \tag{10.2}$$

$$\frac{\partial \varepsilon}{\partial t} + u_j \frac{\partial \varepsilon}{\partial \boldsymbol{x}_j} = \frac{\partial}{\partial \boldsymbol{x}_j}\left(\frac{\nu_t}{\sigma_\varepsilon}\frac{\partial \varepsilon}{\partial \boldsymbol{x}_j}\right) + \frac{\varepsilon}{k}(C_{\varepsilon 1}P_k - C_{\varepsilon 2}\varepsilon) \tag{10.3}$$

$$P_k = \nu_t S^2 \tag{10.4}$$

$$S = \sqrt{2S_{ij}S_{ij}} \tag{10.5}$$

$$\boldsymbol{S}_{ij} = \frac{1}{2}\left(\frac{\partial u_i}{\partial \boldsymbol{x}_j} + \frac{\partial u_j}{\partial x_i}\right) \tag{10.6}$$

其中，$\sigma_k = 1.0$；$\sigma_\varepsilon = 1.3$；$C_{\varepsilon 1}$、$C_{\varepsilon 2}$ 为常数；$\boldsymbol{x}_j$ 为空间张量，代表位置坐标；P_k 为湍动能生成项；S 为雷诺应力项。

2.RNG $k-\varepsilon$ 模型

由于标准 $k-\varepsilon$ 模型会过高地估计钝体迎风面的湍动能，因此学者们提出了一系列改进 $k-\varepsilon$ 湍流模型以对钝体迎风面的湍动能进行修正。改进的 RNG $k-\varepsilon$ 模型的基本方程如下：

$$\nu_t = C_\mu \frac{k^2}{\varepsilon} \tag{10.7}$$

$$\frac{\partial k}{\partial t} + u_j \frac{\partial k}{\partial \boldsymbol{x}_j} = \frac{\partial}{\partial \boldsymbol{x}_j}\left(\frac{\nu_t}{\sigma_k}\frac{\partial k}{\partial \boldsymbol{x}_j}\right) + P_k - \varepsilon \tag{10.8}$$

$$\frac{\partial \varepsilon}{\partial t} + u_j \frac{\partial \varepsilon}{\partial \boldsymbol{x}_j} = \frac{\partial}{\partial \boldsymbol{x}_j}\left(\frac{\nu_t}{\sigma_\varepsilon}\frac{\partial \varepsilon}{\partial \boldsymbol{x}_j}\right) + \frac{\varepsilon}{k}(C_{\varepsilon 1}^* P_k - C_{\varepsilon 2}\varepsilon) \tag{10.9}$$

$$P_k = \nu_t S^2 \tag{10.10}$$

$$C_{\varepsilon 1}^* = 1.42 - \frac{\eta(1-\eta/4.38)}{1+0.012\eta^3} \tag{10.11}$$

$$\eta = \frac{k}{\varepsilon}S \tag{10.12}$$

其中，$C_\mu = 0.08$，$\sigma_k = 1.0$，$\sigma_\varepsilon = 0.719$。

3.Realizable $k-\varepsilon$ 模型

改进的 Realizable $k-\varepsilon$ 模型的基本方程如下：

$$\nu_t = C_\mu \frac{k^2}{\varepsilon} \tag{10.13}$$

$$C_\mu = \frac{1}{4.04 + A_S k U^* / \varepsilon} \tag{10.14}$$

$$U^* = \sqrt{S_{ij}S_{ij} + \bar{\Omega}_{ij}\bar{\Omega}_{ij}} \tag{10.15}$$

$$\bar{\Omega}_{ij}=\Omega_{ij}-2\varepsilon_{ijk}\omega_k \tag{10.16}$$

$$A_S=\sqrt{6}\cos\phi \tag{10.17}$$

$$\phi=\frac{1}{3}\arccos(\sqrt{6}W) \tag{10.18}$$

$$W=\frac{S_{ij}S_{jk}S_{ki}}{\bar{S}^3} \tag{10.19}$$

$$\bar{S}=\sqrt{S_{ij}S_{ij}} \tag{10.20}$$

$$\frac{\partial k}{\partial t}+u_j\frac{\partial k}{\partial x_j}=\frac{\partial}{\partial x_j}\left(\frac{\nu_t}{\sigma_k}\frac{\partial k}{\partial x_j}\right)+P_k-\varepsilon \tag{10.21}$$

$$\frac{\partial \varepsilon}{\partial t}+u_j\frac{\partial \varepsilon}{\partial x_j}=\frac{\partial}{\partial x_j}\left(\frac{\nu_t}{\sigma_\varepsilon}\frac{\partial \varepsilon}{\partial x_j}\right)+C_1S\varepsilon-C_2\frac{\varepsilon^2}{k+\sqrt{\nu\varepsilon}} \tag{10.22}$$

$$C_1=\max\left(0.43,\frac{\eta}{\eta+5}\right) \tag{10.23}$$

其中，$\sigma_k=1.0$；$\sigma_\varepsilon=1.2$；A_S 为调整系数；ν 为运动黏性系数。

10.2.2　试验原型选取与模拟参数设置

1.几何建模与网格划分

为验证各湍流模型的有效性，本书利用日本新潟工科大学大气边界层风洞试验结果进行对比分析。试验原型为立方体建筑周边流场分布。立方体边长 H 为 0.2 m，屋檐高度处风速 U_H 为 6.89 m/s，如图 10.1 所示。计算域长×宽×高为 $16H(x)\times11H(y)\times6H(z)$，各边界设置如图 10.2 所示。计算域各方向网格划分个数分别为 118 个(x)、105 个(y) 和 65 个(z)，最小网格尺寸为 $0.04H$，网格总数为 789 725 个。经网格灵敏性分析，计算结果不随网格尺寸的减小发生明显变化。

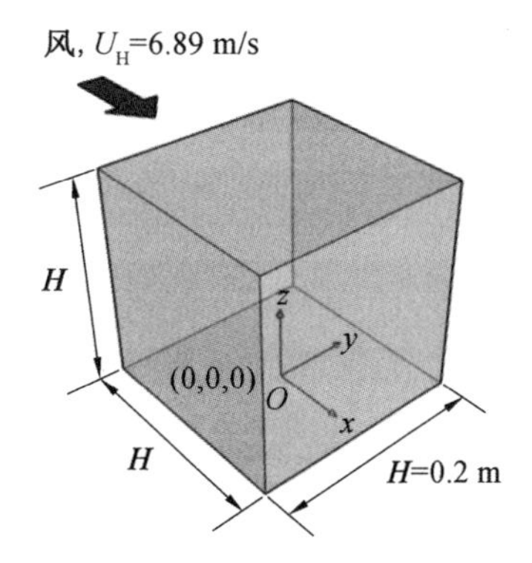

图 10.1　立方体建筑试验示意图

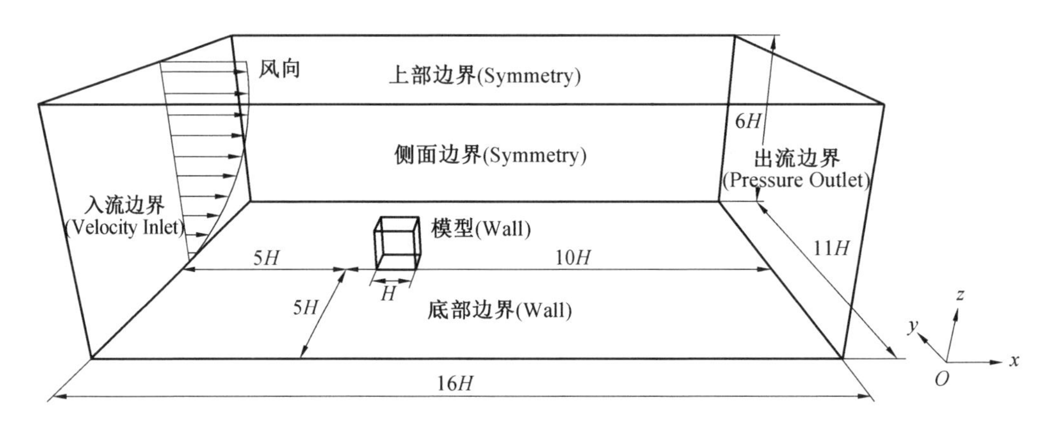

图 10.2　计算域与各边界设置

2.边界条件与计算参数

入流面采用速度入流边界(Velocity Inlet)。平均风速剖面符合指数率 $u = U_H(z/H)^\alpha$,如图 10.3(a) 所示。其中,H 为立方体屋檐高度,即 0.2 m;U_H 为屋檐高度处的风速,取 6.89 m/s;α 取 0.23。根据日本 AIJ 规范拟合后的入流湍动能 k 和入流湍流耗散率 ε 入流剖面如图 10.3(b)(c) 所示。出流面采用压力出流(Pressure Outlet)。顶部和侧面采用对称边界(Symmetry Boundary)。底部和模型边界采用壁面边界条件(Wall Boundary)。以均方根残差等于 10^{-7} 为迭代计算收敛标准,采用 QUICK 离散格式进行求解。

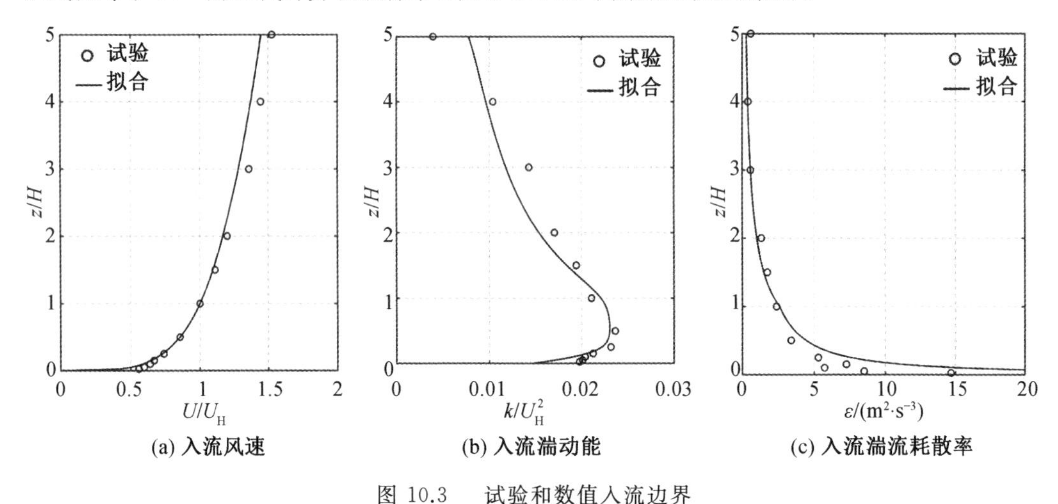

(a) 入流风速　(b) 入流湍动能　(c) 入流湍流耗散率

图 10.3　试验和数值入流边界

10.2.3　湍流模型预测精度对比分析

1.风速对比

图 10.4 显示了各湍流模型中心竖向截面($y/H = 0$) 处的顺风向风速 $U_{a,x}$ 剖面。其中,SKE 模型和 RLZ 模型的风速剖面相似,且与试验结果基本一致;RNG 模型的风剖面

在近壁面区域与其他湍流模型和试验值存在较大区别。RNG 模型会大大高估屋面的反向气流。如：$x/H=0$ 位置处，RNG 模型预测的近壁面风速负值远大于试验值，即其气流反向流动更强。图 10.5 给出了计算域中心竖向截面和建筑屋面的无量纲顺风向风速 $U_{a,x}/U_H$ 云图。通过对比可知，RNG 模型中，立方体建筑迎风向前端的气流再附区被大大增强，回流风速增大，进而导致回流区反向风速远大于试验值（EXP）。

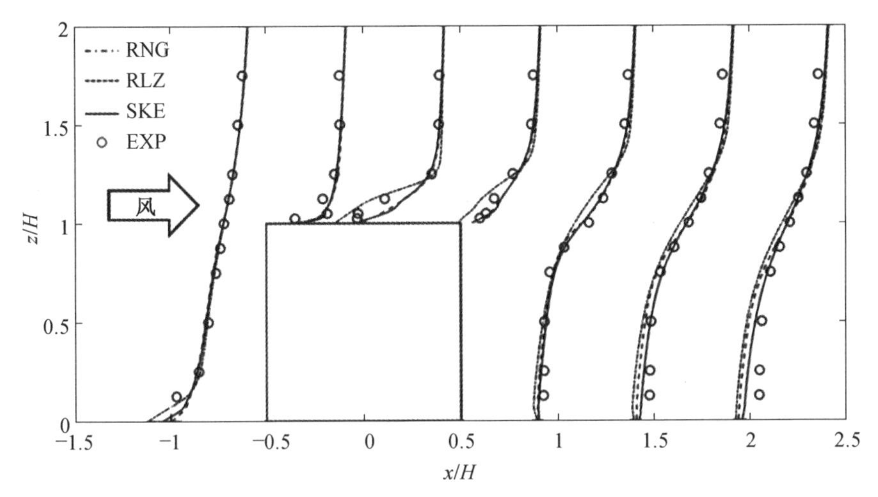

图 10.4　各湍流模型中心截面（$y/H=0$）上各剖面的顺风向风速 $U_{a,x}$

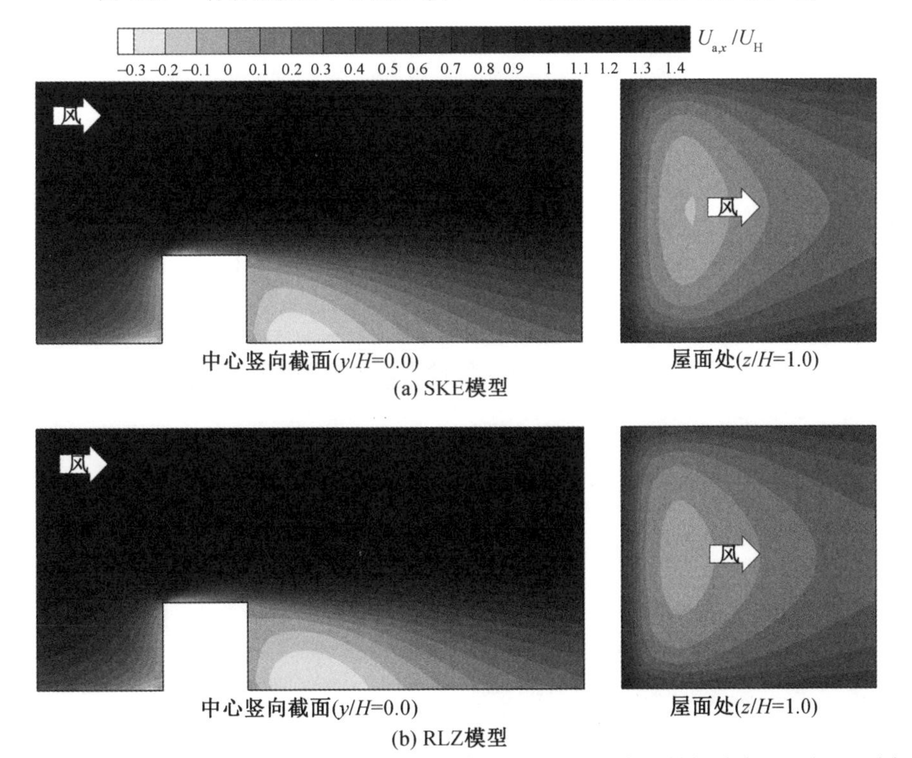

图 10.5　不同湍流模型下中心竖向截面和建筑屋面的顺风向无量纲风速 $U_{a,x}/U_H$ 云图

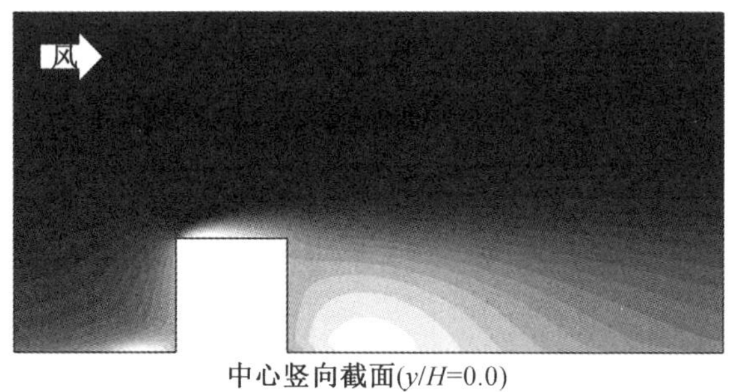

中心竖向截面(y/H=0.0)

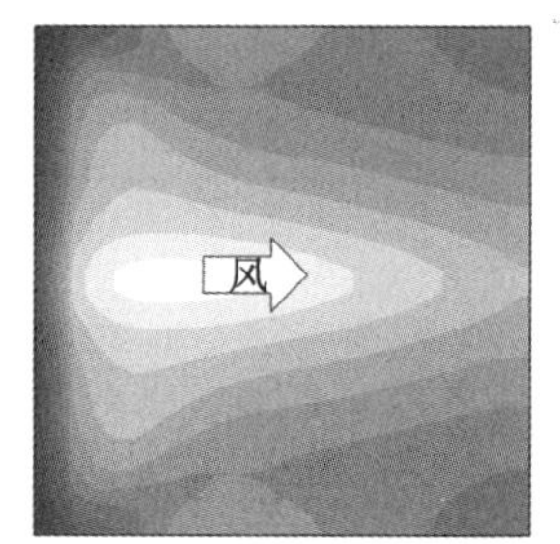

屋面处(z/H=1.0)

(c) RNG模型

续图 10.5

图 10.6 为 3 种湍流模型情况下顺风向速度 $U_{a,x}$ 水平截面($z/H=0.15$)对比图。在建筑侧面,RNG 模型($x/H=0$)预测得到的近地面回流风速相对较低,而试验中该区域形成了较强的回流。主要原因是 RNG 模型在建筑侧面的下部附近形成涡流,速度较高($U_{a,x}>0$),如图 10.7(c)所示。对于其他湍流模型,漩涡发生在建筑侧面的上部。此外,RNG 模型高估了尾流区域内($-0.5\leqslant y/H<0.0$)的回流风速和尾流区域稍远处($-1.5<y/H<-0.5$)自由流场的顺风向风速。总体而言,Realizable $k-\varepsilon$ 模型和标准 $k-\varepsilon$ 模型的预测风速更接近于试验值。

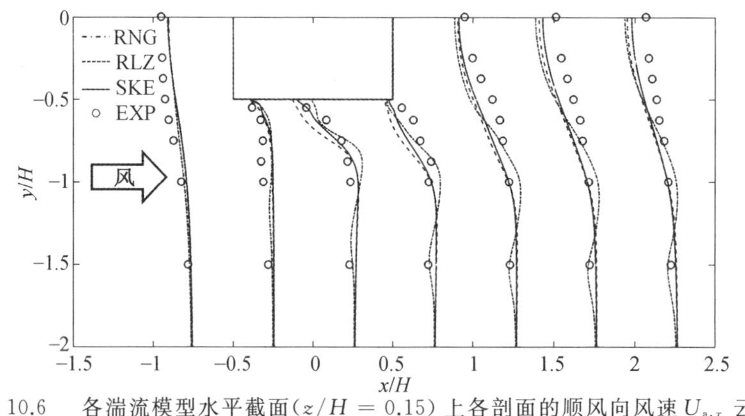

图 10.6　各湍流模型水平截面($z/H=0.15$)上各剖面的顺风向风速 $U_{a,x}$ 云图

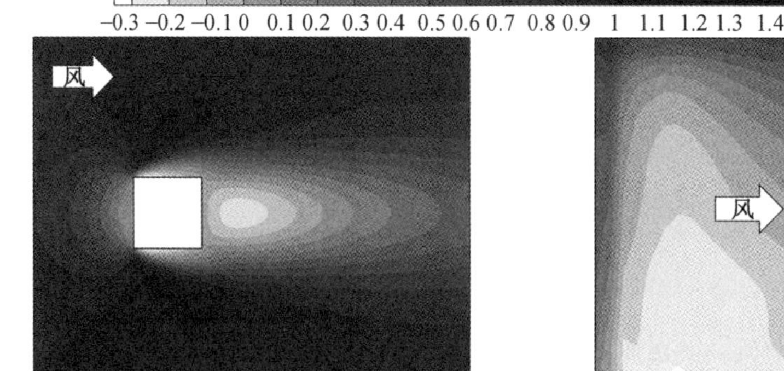

水平截面(z/H=0.15)　　建筑左侧面(y/H=−0.5)

(a) SKE模型

图 10.7　不同湍流模型下水平截面($z/H=0.15$)和建筑左侧面顺风向无量纲风速 $U_{a,x}/U_H$ 云图

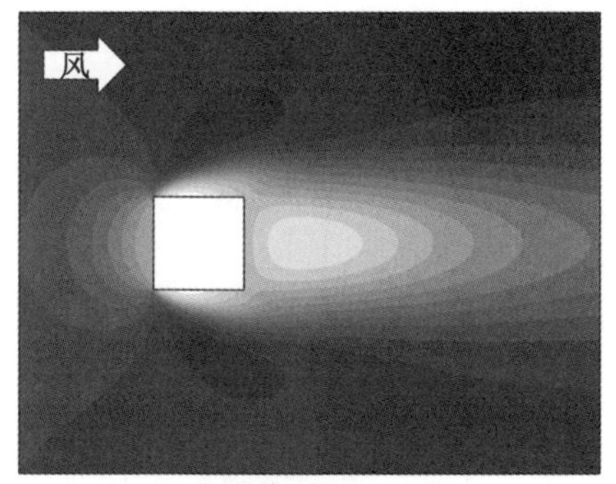

水平截面(z/H=0.15)

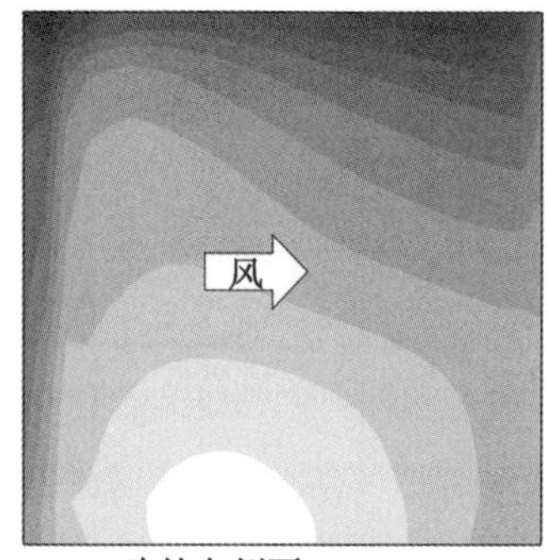

建筑左侧面(y/H=−0.5)

(b) RLZ模型

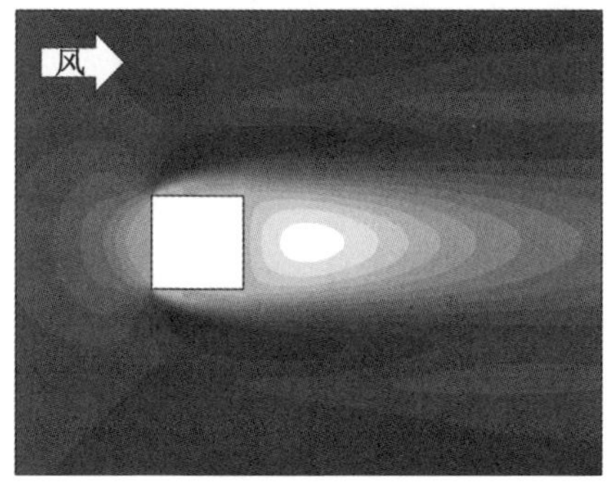

水平截面(z/H=0.15)

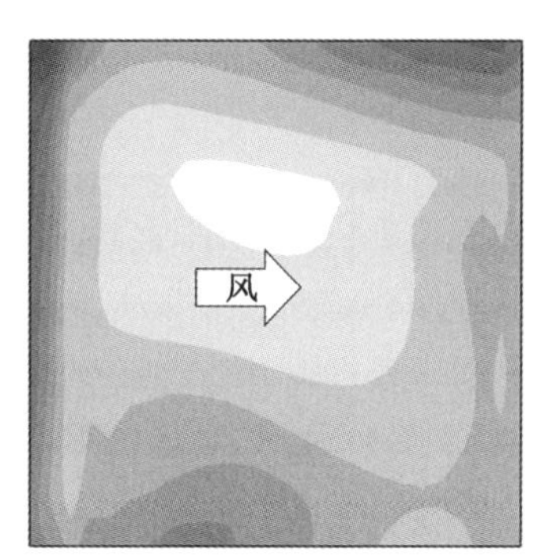

建筑左侧面(y/H=−0.5)

(c) RNG模型

续图 10.7

2.湍动能对比

图 10.8 对比了各湍流模型中心竖向截面处 CFD 与试验的湍动能 k 剖面。在建筑迎风向前端，CFD 湍动能剖面与试验结果存在较大差异。SKE 模型大大高估了该区域湍动能值；RLZ 模型和 RNG 模型通过修改涡黏模型，削弱了建筑迎风面的湍动能极值。相较之下，RNG 模型的结果与试验结果更加吻合。图 10.9 对比了各湍流模型水平截面近地面($z/H=0.15$)处各剖面的湍动能 k。湍动能的水平分布形式与竖向分布形式相似，即在建筑迎风面出现峰值。各湍流模型间，SKE 模型的预测值最大；RLZ 模型次之；RNG 模型的预测值与试验结果吻合最好。

总体而言，RNG 模型由于高估了建筑屋面的回流并错误预测了建筑侧面漩涡的位置，其模拟风速场与试验结果存在较大出入；相较之下，RLZ 模型的风速场与试验结果更加吻合。湍动能方面，所有 $k-\varepsilon$ 模型均高估了迎风面气流撞击区的湍动能值；但 RLZ 模型和 RNG 模型通过修正涡黏模型，削弱了部分湍动能。考虑到 RNG 模型对风速场的预测精度较差，RLZ 模型被选取用于风雪运动数值模拟。

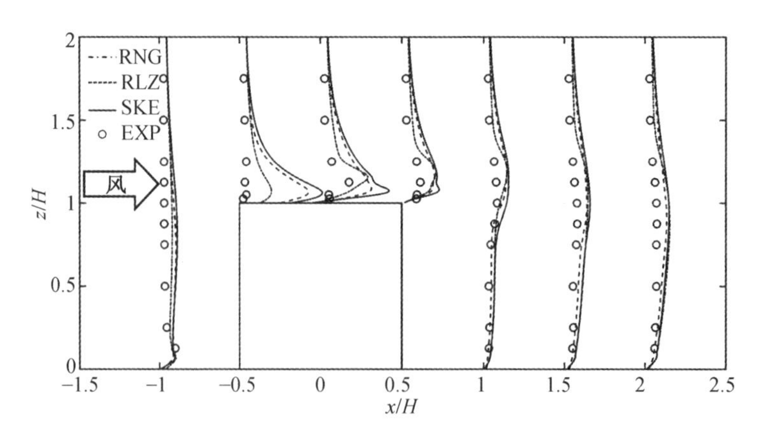

图 10.8　各湍流模型中心竖向截面($y/H=0$)处 CFD 与试验的湍动能 k 剖面

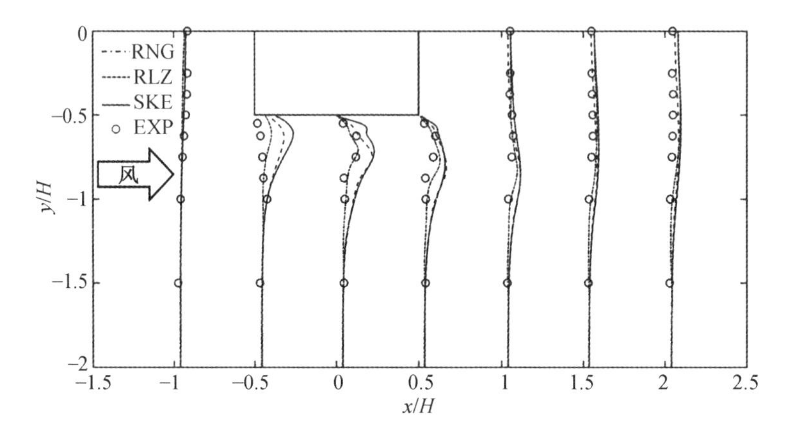

图 10.9　各湍流模型水平截面近地面($z/H=0.15$)处各剖面的湍动能 k

10.3　有漂移情况下非平衡态混合流模型

第 9 章对以往的风雪运动数值模型和混合流模型理论进行了介绍。通过对比可知，现有多相流模型仅能对悬移层中自由运动雪颗粒的空间分布和风雪双向耦合作用进行有效模拟；无法考虑跃移层内颗粒的传输过程，尤其是非平衡状态下雪浓度的变化。故本节重点对混合流模型进行修改，以实现对跃移层颗粒传输过程和非平衡状态风雪运动发展的模拟。

10.3.1　改进混合流模型理论

由 Okaze 的试验可知，对于非平衡状态，以往基于经验公式的模型会高估跃移层内漂移雪浓度，故 Tominaga 等学者提出了基于浓度扩散方法的非平衡沉积 / 侵蚀模型，即通过将侵蚀颗粒重新引入计算域来考虑颗粒再入的问题。本章参考 Tominaga 的模型，对混合流模型进行修改，以增进对跃移层雪浓度的预测精度。

参考本篇 9.3 节中混合流模型的理论介绍(式(9.38) ～ (9.42))，取连续相为空气相，弥散相为雪相，分别用下标“a”和“s”表示，则简化后的混合流模型方程见式(10.24)～(10.28)。参考 Tominaga 的模型，对于悬移层和跃移层，均采用原始的混合流模型方程进行求解。

$$\frac{\partial \rho_m}{\partial t}+\nabla\cdot(\rho_m \boldsymbol{u}_m)=0 \tag{10.24}$$

$$\frac{\partial}{\partial t}\rho_m \boldsymbol{u}_m+\nabla\cdot(\rho_m \boldsymbol{u}_m \boldsymbol{u}_m)=-\nabla p_m-\nabla\cdot(\rho_m c_s(1-c_s)\boldsymbol{u}_{as}\boldsymbol{u}_{as})+\nabla\cdot\boldsymbol{\tau}_{Gm}+\rho_m \boldsymbol{g} \tag{10.25}$$

$$\frac{\partial \alpha_s}{\partial t}+\nabla\cdot(\alpha_s \boldsymbol{u}_m-D_{Ms}\nabla\alpha_s)=-\nabla\cdot(\alpha_s(1-c_s)\boldsymbol{u}_{as}) \tag{10.26}$$

$$\boldsymbol{\tau}_{Gm}=(\mu_m+\mu_{Tm})(\nabla\boldsymbol{u}_m+(\nabla\boldsymbol{u}_m)^T)-\frac{2}{3}\rho_m k_m \boldsymbol{I} \tag{10.27}$$

$$|\boldsymbol{u}_{as}|\boldsymbol{u}_{as}=\frac{4d_s}{3C_D}\frac{(\rho_s-\rho_m)}{\rho_a}\left(g-(\boldsymbol{u}_m\cdot\nabla)\boldsymbol{u}_m-\frac{\partial \boldsymbol{u}_m}{\partial t}\right) \tag{10.28}$$

式中，$\boldsymbol{u}_m$ 为混合相(空气相＋雪相) 速度；ρ_m 为混合相密度；p_m 为混合相压强；c_s 为雪相的质量分数；$\boldsymbol{u}_{as}$ 为雪相和空气相的相对速度；$\boldsymbol{\tau}_{Gm}$ 为广义剪应力；$\boldsymbol{g}$ 为重力加速度；μ_m 为混合相动力黏度系数；μ_{Tm} 为混合相湍动黏度系数；k_m 为湍动能；$\boldsymbol{I}$ 为单位向量；d_s 为雪颗粒直径；C_D 为阻力系数；ρ_s 为雪颗粒密度；ρ_a 为空气相密度；α_s 为雪相体积分数；α_a 为空气相体积分数。混合相动量方程(式(10.25)) 通过引入相对速度项(右侧第二项) 来考虑雪颗粒对气流的阻尼作用。

除上述方程以外，为保证方程闭合，引入以下本构方程：

$$\alpha_a+\alpha_s=1 \tag{10.29}$$

$$\rho_m=\alpha_a\rho_a+\alpha_s\rho_s \tag{10.30}$$

$$u_m=\frac{\alpha_a\rho_a\mu_a+\alpha_s\rho_s\mu_s}{\rho_m} \tag{10.31}$$

$$\mu_m=\alpha_a\mu_a+\alpha_s\mu_s \tag{10.32}$$

$$c_s=\frac{\alpha_s\rho_s}{\rho_m} \tag{10.33}$$

混合流模型在处理近壁面雪浓度时，在雪面处默认采用零通量，即类似弹性壁面。颗粒在雪面上发生弹跳运动。实际中，雪颗粒在沿流向跳跃运动过程中，会因重力作用落回地面，沉积下来，从而脱离流体域；此外，雪面处颗粒也会在壁面剪应力作用下脱离雪面，重新进入计算域。为充分考虑因沉积和侵蚀造成的跃移层内雪浓度变化，本节对现有混合流模型方程进行了进一步修改和完善。

首先对沉积颗粒和风致侵蚀颗粒的质量进行计算。取邻近雪面处首层网格为控制体(Control Volume)，设该层网格高度 h_p 为平均跃移层高度 h_{sal}，其中下标“p” 表示控制体。控制体内单位时间单位面积的沉积量可表示为

$$q_{dep}=\Phi_p w_f \tag{10.34}$$

取单个控制体水平截面尺寸为 $\Delta x\Delta y$，则 Δt 时间内，控制体内颗粒沉积质量为

$$M_{dep}=q_{dep}\cdot(\Delta x\Delta y\Delta t) \tag{10.35}$$

根据壁面剪应力造成的颗粒侵蚀通量计算公式(式(10.36)),Δt 时间内,控制体内颗粒侵蚀质量可按式(10.37)计算。

$$q_{\mathrm{ero}}=\begin{cases}-c_{\mathrm{a}}\rho_{\mathrm{s}}u^{*}\left(1-\dfrac{u_{\mathrm{t}}^{*2}}{u^{*2}}\right), & u^{*}>u_{\mathrm{t}}^{*}\\ 0, & u^{*}\leqslant u_{\mathrm{t}}^{*}\end{cases}\tag{10.36}$$

$$M_{\mathrm{ero}}=q_{\mathrm{ero}}\cdot(\Delta x\Delta y\Delta t)\tag{10.37}$$

假设颗粒的沉积和侵蚀仅对跃移层漂移雪浓度造成影响,则 Δt 时间内由于颗粒沉积造成的控制体内雪浓度增量为

$$\Phi_{\mathrm{dep}}=-\frac{M_{\mathrm{dep}}}{\Delta x\Delta y h_{\mathrm{sal}}}=-\frac{M_{\mathrm{dep}}}{\Delta x\Delta y h_{\mathrm{p}}}\tag{10.38}$$

Δt 时间内由于颗粒侵蚀造成的控制体内雪浓度增量为

$$\Phi_{\mathrm{ero}}=-\frac{M_{\mathrm{ero}}}{\Delta x\Delta y h_{\mathrm{sal}}}=-\frac{M_{\mathrm{ero}}}{\Delta x\Delta y h_{\mathrm{p}}}\tag{10.39}$$

单位时间控制体内由于雪颗粒沉积 / 侵蚀造成的雪浓度变化量为

$$\Phi_{\mathrm{total}}=\frac{\Phi_{\mathrm{dep}}+\Phi_{\mathrm{ero}}}{\Delta t}=-\frac{M_{\mathrm{dep}}+M_{\mathrm{ero}}}{(\Delta x\Delta y\Delta t)h_{\mathrm{p}}}=-\frac{q_{\mathrm{dep}}+q_{\mathrm{ero}}}{h_{\mathrm{p}}}=-\frac{q_{\mathrm{total}}}{h_{\mathrm{p}}}\tag{10.40}$$

为考虑积雪沉积 / 侵蚀对雪浓度的影响,将式(10.40)代入雪相连续方程,即

$$\begin{aligned}&\frac{\partial\alpha_{\mathrm{s}}}{\partial t}+\nabla\cdot(\alpha_{\mathrm{s}}\boldsymbol{u}_{\mathrm{m}}-D_{\mathrm{Ms}}\nabla\alpha_{\mathrm{s}})=-\nabla\cdot(\alpha_{\mathrm{s}}(1-c_{\mathrm{s}})\boldsymbol{u}_{\mathrm{as}})+S_{\mathrm{s}}=\\&-\nabla\cdot(\alpha_{\mathrm{s}}(1-c_{\mathrm{s}})\boldsymbol{u}_{\mathrm{as}})+\frac{\Phi_{\mathrm{total}}}{\rho_{\mathrm{s}}}\end{aligned}\tag{10.41}$$

除此以外,当雪颗粒发生侵蚀时,也会对流域内混合相的动量造成影响。由于颗粒侵蚀浓度和再入速度远小于在流雪颗粒,对于整体的影响可忽略不计,故该模型未考虑再入颗粒对混合相动量的影响。沉积和侵蚀的计算参考 Tominaga 模型,见式(9.25)~(9.27)。

10.3.2 验证原型选取与模拟参数设置

1.模拟原型

为验证非平衡态混合流模型的预测精度,选取 Susumu Oikawa 于 1998 年在日本北海道札幌对标准立方体周边积雪分布的实测结果作为验证原型,如图 10.10(a) 所示。该实测结果也被 Tominaga 用以验证改进浓度扩散方法。模型由胶合板制成,尺寸(长×宽×厚)为1.0 m×1.0 m×1.0 m,南北放置在 10 m×10 m×0.5 m 的木制地板上。通过超声波风速计对降雪期内风场进行测定,观测周期为一天。观测日过去后对地面积雪进行清理。图 10.11 给出了 SN09 观测日的风速风向时程。由于观测期前后存在 1~2 m/s 的长时间弱风情况,在此期间,壁面剪应力很难达到漂移发生的临界值,因此仅选取风速大于 2 m/s 的大风时段(图 10.11 中虚线框部分)进行风雪模拟。选取区间内的平均风速为 2.7 m/s,中位值风速为 2.5 m/s。此外,由于实测期间风向波动较大,额外选取基于相同实测结果的 Nakashizu 风洞试验结果进行整体堆雪形态对比,如图 10.10(b) 所示。

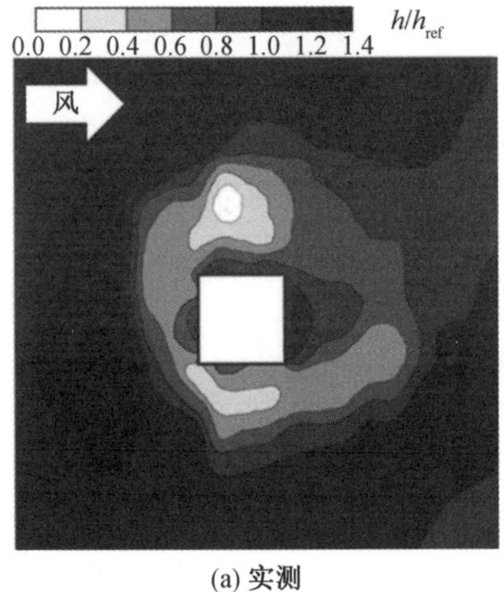

(a) 实测

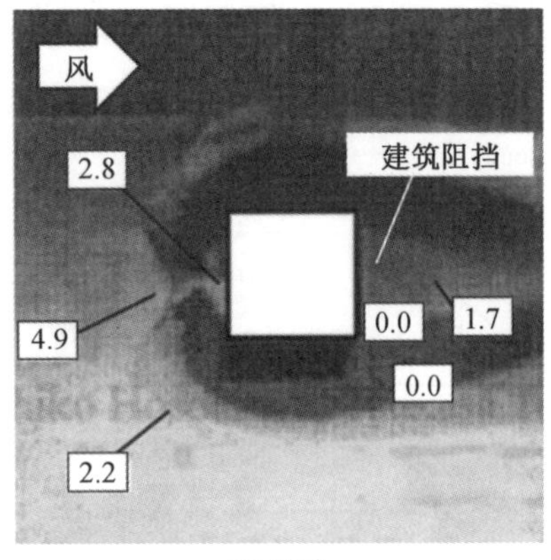

(b) 试验

图 10.10　实测与试验立方体周边无量纲积雪分布

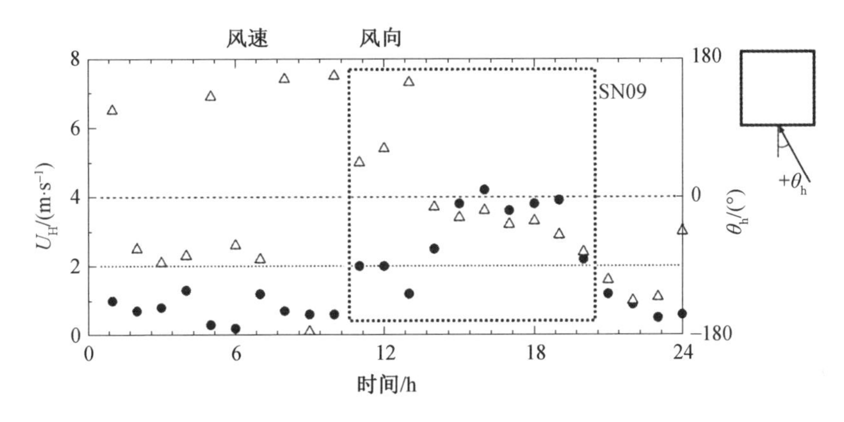

图 10.11　SN09 观测日的风速风向时程

2.几何建模与网格划分

数值模型为边长 $H=1.0$ m的立方体。计算域尺寸为 $21H(x)\times11H(y)\times6H(z)$，如图 10.12 所示。采用结构化网格，底部边界的首层网格高度 h_p 取 0.1 m，约等于跃移层高度 h_{sal}。立方体模型其他各边网格尺寸为 0.05 m。计算域整体沿各向划分为 240(x)、130(y) 和 74(z) 个网格，整体网格数量为 2 301 200 个。

3.边界条件与计算参数

入流边界条件参考 Tominaga 于 2011 年发表的文章 *CFD modeling of snowdrift around a building: An overview of models and evaluation of a new approach*，见表 10.1。空气相仅考虑顺风向速度 $U_{a,x}$，横风向速度 $U_{a,y}$ 和竖向速度 $U_{a,z}$(默认为 0 m/s)。假设模型上游空间足够大，风雪运动已达到平衡状态，风雪间水平相对速度为 0 m/s，则雪颗粒速度 $U_{s,x}$ 约等于空气相速度 $U_{a,x}$；竖直方向雪颗粒速度达到稳定沉降速度，即 $U_{s,z}=w_f=-0.2$ m/s。湍流方面，参考 AIJ 规范，对入流湍动能 k 和湍流耗散率 ε 剖面进

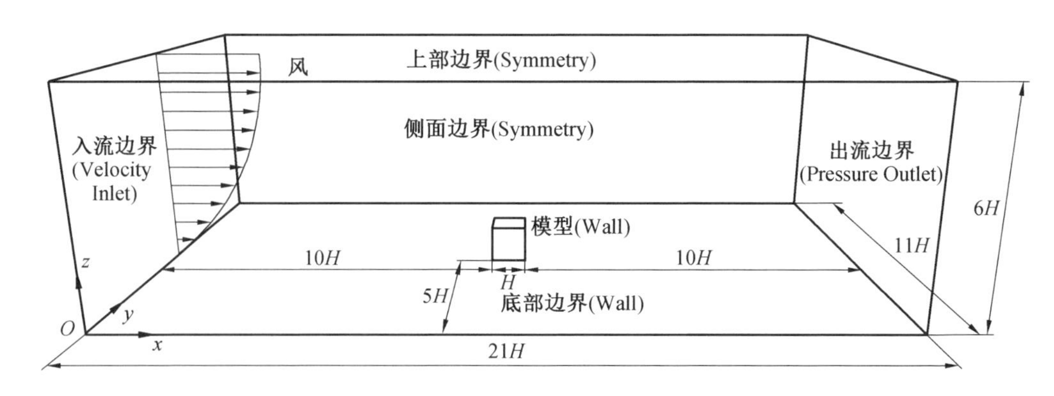

图 10.12　计算域与边界条件

行定义。入流雪浓度取值参见 Tominaga 的文章。由于混合流模型采用雪相体积分数 α_s 进行雪颗粒的引入,而非浓度扩散方法中的雪浓度 Φ,因此须将入流雪浓度 Φ 转化为体积分数 α_s 入流,转化方程为 $\alpha_s = \Phi/\rho_s$。

表 10.1　入流边界条件

参数		条件
入流风速	空气相	顺风向平均风速剖面采用指数率:$U_{a,x} = U_H(z/H)^{0.25}$。屋檐高度处的平均风速 $U_H = 2.5$ m/s。竖向风速 $U_{a,z} = 0.0$ m/s
	雪相	顺风向平均风速剖面采用指数率:$U_{s,x} = U_H(z/H)^{0.25}$。屋檐高度处的平均风速 $U_H = 2.5$ m/s。竖向风速 $U_{s,z} = -0.2$ m/s
	混合相	参考 AIJ 规范中的湍流强度 I 给出入流湍动能 k,基于局部平衡假设给出入流处湍流耗散率 ε
入流雪浓度	空气相	根据雪相入流体积分数计算得到
	雪相	跃移层入流雪浓度 $\Phi_{sal} = 0.4$ kg/m³ 悬移层入流雪浓度 $\Phi_{sus} = 0.05$ kg/m³

模拟所用雪颗粒参数见表 10.2。其中积雪堆积密度为降雪后无人为干扰情况下,测量得到的地面积雪密度;雪颗粒密度指单一雪颗粒的密度,即不包括堆积密度中颗粒间空气对密度的削弱作用。雪颗粒密度主要用于颗粒入流的定义、扩散方程的求解和沉积量的计算。本书参考 Zhou 和 Zhu(参考文献[183] 和[184]) 的模拟设置,取积雪堆积密度(表观密度) 为150 kg/m³,雪颗粒密度为 250 kg/m³。其他颗粒参数参考 Tominaga 的文章进行选取。

表 10.2　雪颗粒参数

参数	最终沉降速度 w_f	阈值摩擦速度 u_t^*	颗粒直径 d_s	雪颗粒密度 ρ_s	积雪堆积密度 $\rho_{s,0}$
取值	0.2 m/s	0.15 m/s	1.5×10^{-4} m	250 kg/m³	150 kg/m³

为探讨非平衡态混合流模型的有效性,设置了以下计算工况,见表 10.3。其中,工况 2－0 为未考虑吹雪环境的单一空气流体,用以对比分析雪颗粒对风场的影响;工况 2－1 采用原始混合流模型来模拟风雪运动,即未向雪相连续方程中引入考虑跃移层雪浓度变

化的源项，该工况用以对比分析源项对跃移层雪浓度修正的效果；工况 2－2 采用本书提出的非平衡态混合流模型，即目标工况。

表 10.3　计算工况

工况	湍流模型	吹雪模型
工况 2－0	Realizable $k-\varepsilon$	无
工况 2－1	Realizable $k-\varepsilon$	原始混合流模型
工况 2－2	Realizable $k-\varepsilon$	改进混合流模型

10.3.3　雪浓度预测精度分析

由于流场受雪浓度的影响较大，在研究雪浓度对流场影响前，需首先对雪浓度 Φ 的空间分布进行对比分析。工况 2－1 和工况 2－2 的雪浓度 Φ 取雪相体积分数 α_s 和雪颗粒密度 ρ_s 的乘积，见式(9.61)。除此之外，根据经验公式估算得到的雪浓度也被引入对比。由于整个流域的摩擦速度 u^* 均超过阈值摩擦速度 u_t^*，估算雪浓度通过合并飘落雪浓度(0.05 kg/m^3)和地面漂移雪浓度得到。地面漂移雪浓度的竖向分布根据 Shiotani 的湍流扩散理论计算，计算方法见式(9.73)。

图 10.13 为工况 2－1 和工况 2－2 中心竖向截面处雪浓度 Φ 剖面与经验值对比图。图中点线为根据经验公式计算得到的平衡状态下饱和雪浓度。由图可知，在远离建筑的悬移层，三者数值基本一致；在建筑物周边，受建筑阻挡，迎风面雪浓度增加，而背风面雪浓度减小。在跃移层内，三者数值存在明显差异。工况 2－1 的预测值远远高于经验值。图 10.14 进一步探讨了跃移层内漂移雪浓度 Φ 和地面水平发展距离 x 之间的关系。由图知，入流处的漂移雪浓度 Φ_{in} 远远大于经验值，即当前风速下空气所能容纳雪颗粒的饱和值 Φ_{sat}。正常情况下，多余雪颗粒会脱离流体域沉积到地面，然而由于原始混合流模型在壁面处按零通量计算，并未考虑颗粒沉降造成的负通量，故工况 2－1 未能对入流处的雪浓度误差进行修正，Φ 值随流向进一步增大。非平衡态混合流模型通过向雪相连续方程中引入源项实现了对跃移层中由于沉积 / 侵蚀造成雪浓度变化的模拟。通过对比，原始模型中(工况 2－1) 的高估值被修正。工况 2－2 中的漂移雪浓度在经过约 6 m 的发展距离后与经验值得到了统一，即达到平衡状态。该距离与 Okaze 的试验结果接近。在邻近建筑的非稳定区可以看出，流域内颗粒浓度与经验值存在较大差异，进一步说明了基于跃移层雪颗粒质量传输率 Q_{sal} 经验公式的传统风雪运动模型对于建筑四周非平衡状态下的雪浓度预测结果与现实存在很大差异，需慎重选用。

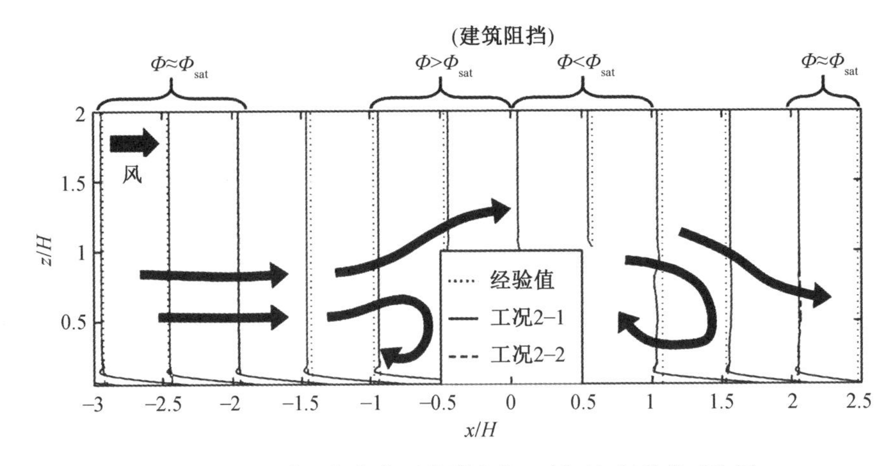

图 10.13　中心竖向截面处雪浓度 Φ 剖面与经验值对比图

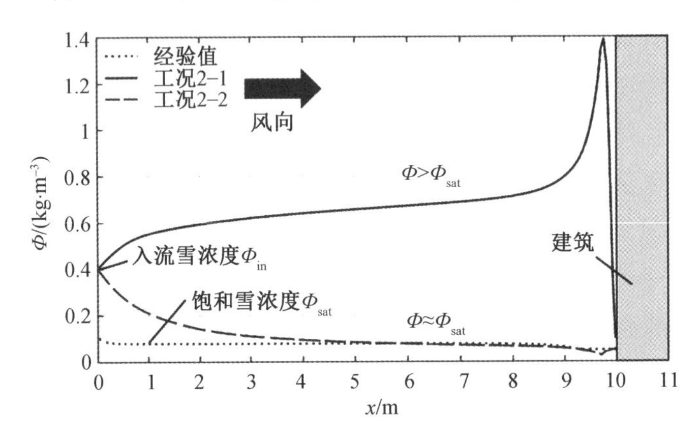

图 10.14　工况 2－1、工况 2－2 和经验关系得到的跃移层内漂移雪浓度 Φ 与地面水平发展距离 x 之间的关系

10.3.4　积雪分布预测精度分析

雪深 h 根据式(10.42)计算。其中，q_{total} 为总积雪沉积通量；ρ_s 为雪颗粒密度；Δt 代表降雪时间。因为实测原型并未给出具体降雪时间，故 Δt 取单位时间。讨论积雪分布时，建筑周边积雪深度 h 根据不受建筑影响的参考点处雪深 h_{ref} 进行归一化处理。工况 2－1 和工况 2－2 的地面积雪分布系数 h/h_{ref} 如图 10.15(a) 和图 10.15(b) 所示，此外利用 Tominaga 改进浓度扩散方法模拟得到的分布结果也被引入进行对比，如图 10.15(c) 所示。实测原型和风洞试验结果如图 10.10 所示。试验结果中，在建筑背风面仅有少量积雪堆积，相比之下，实测结果的背风面出现了大量积雪堆积。此处堆积主要是由于真实降雪环境中风向波动带动雪颗粒进入尾流区域。由于试验过程中无法对风向的变化进行精准模拟，因此，邻近建筑背风面的积雪量较少。除此之外，实测和试验中建筑迎风向的沉积和迎风向边缘气流分离处的侵蚀较好吻合。

$$h = \frac{q_{\text{total}} \Delta t}{\rho_s} \tag{10.42}$$

积雪空间分布特征方面，由于工况 2－1 过高估计了跃移层内漂移雪浓度，导致建筑周围的沉积情况被严重高估，整体积雪分布形式与试验原型存在显著差异。Tominaga 提出的改进浓度扩散方法很好地还原了建筑背风面的雪深，但由于未能充分模拟建筑迎风面的雪颗粒聚集和夸大了气流分离处的侵蚀作用，导致其迎风向和侧向的积雪分布形式仍与试验存在较大偏差。相较而言，改进的非平衡态混合流模型通过对跃移层雪浓度的修正，更好地还原了由于建筑阻挡和高速气流冲击侵蚀引起的迎风向和侧向的雪浓度增加。其迎风面的积雪沉积和侧向的积雪侵蚀形式与试验结果基本完全一致。唯一不同的是建筑尾流处的沉积区未被模拟出来，其主要原因是 CFD 模拟中未考虑风向波动对尾流处雪颗粒的迁移作用。

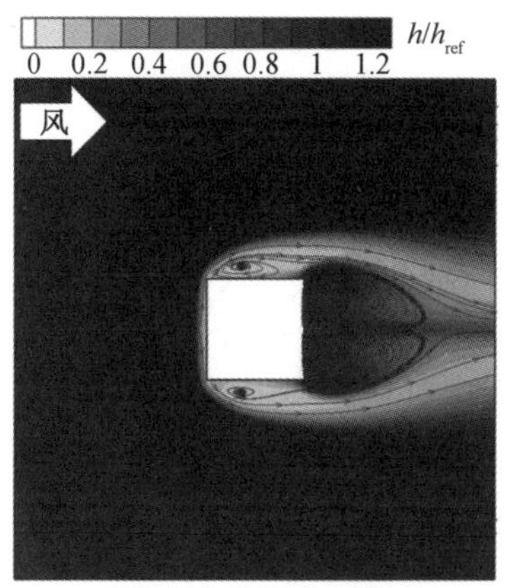

(a) 原始混合流模型 (工况2-1)

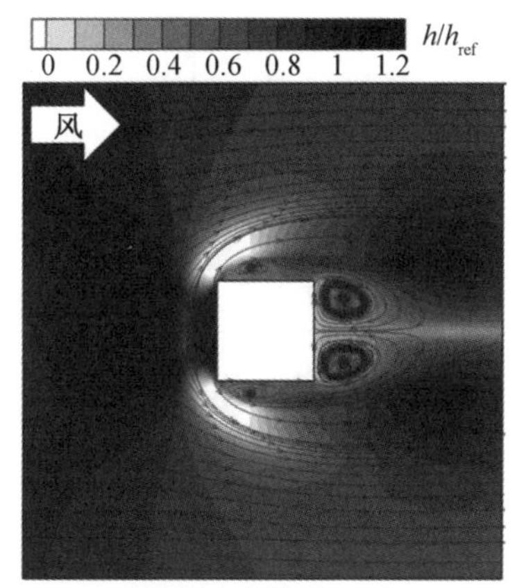

(b) 改进混合流模型 (工况2-2)

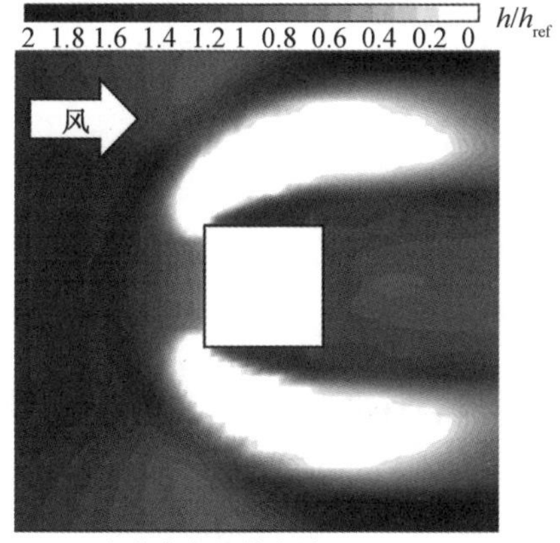

(c) 改进浓度扩散方法 (Tominaga)

图 10.15　数值模拟无量纲积雪分布系数 h/h_{ref}

图 10.16 对比了模拟无量纲与实测值对应的顺风向和横风向建筑中心竖向截面处的雪深剖面。如上所述，工况 2－1 中，建筑顺风向和横风向的积雪沉积量均大大超过实测值。考虑到工况 2－1 中被高估的雪浓度，工况 2－1 预测得到的积雪深度会被进一步夸

大。浓度扩散方法计算得到的积雪剖面在建筑尾流区域与实测结果吻合较好，然而迎风向的积雪发展趋势存在很大出入，远离建筑处的雪深回落并未被还原。此外，建筑物侧面的侵蚀和紧邻建筑的沉积均被高估。总体而言，非平衡态混合流模型更准确地预测了迎风向的雪深剖面，包括紧邻建筑的沉积和驻涡区的侵蚀；侧向的雪深剖面与实测结果也实现了更好的吻合；但在紧邻建筑物的背风面，由于墙体的阻挡，在 $0.5 < x/H \leqslant 1.5$ 的区域，堆雪量小于实测值，而在 $x/H > 1.5$ 的区域，雪深剖面与实测值逐渐趋于一致。通过上述对不同风雪运动数值模型预测精度的对比可知，非平衡态混合流模型能更好地还原建筑周边的雪浓度和雪深分布，进而证明了改进模型的有效性。

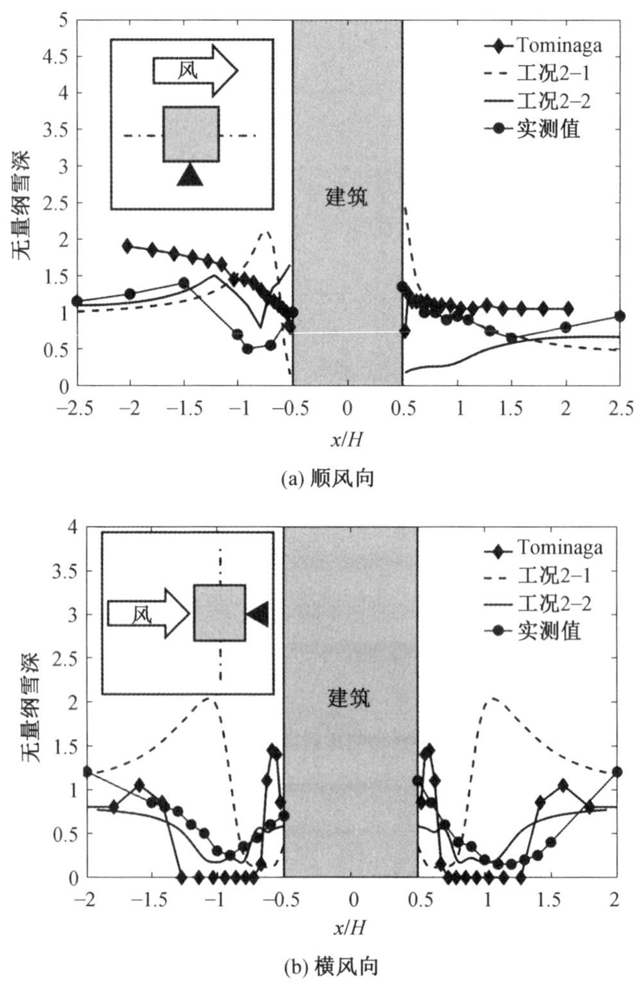

图 10.16　模拟无量纲与实测值雪深剖面对比

10.4　无漂移情况下非平衡态混合流模型

对于地面积雪，由于场地广阔，无障碍物干扰，飘落雪颗粒的分布呈现极强的均匀性，地面积雪的不均匀分布主要受积雪漂移发展情况影响。有漂移情况下的非平衡态混合流模型可以有效地还原此类积雪不均匀分布。然而，对于带局部突出物（高低跨、楼梯间和女儿墙）的建筑屋面，受局部突出物影响，流场结构发生明显变化，飘落雪颗粒的沉降轨迹呈现不规则的特点，极易造成屋面积雪的不均匀分布。飘落雪颗粒轨迹差异造成的屋面积雪不均匀分布由于不受剪应力影响，因此在低风速情况下（u/u_t）也会发生，如图 10.17 所示。为还原无漂移情况下带局部突出物屋面积雪的不均匀分布，现对混合流模型进行进一步修改。

(a) 带女儿墙屋面积雪分布

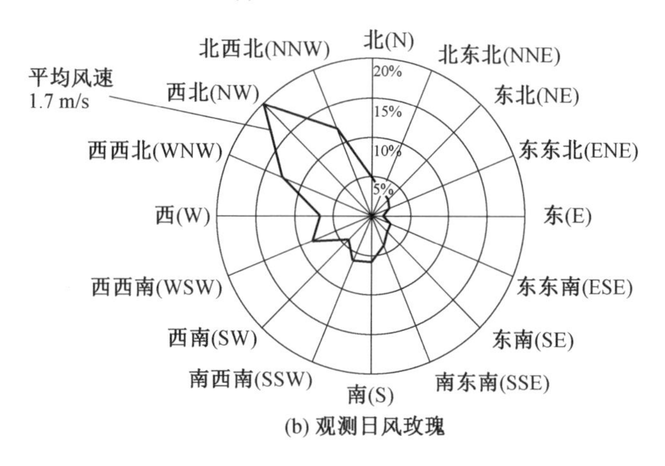

(b) 观测日风玫瑰

图 10.17　2015.03.01 实测带女儿墙屋面积雪分布与风玫瑰

10.4.1　改进混合流模型理论

对于自由飘落雪颗粒，由于输运过程与悬移颗粒一致，故采用与有漂移情况下非平衡态混合流模型相同的悬移层扩散方程，见式(10.24)～(10.33)。然而由于无积雪漂移发生，颗粒的堆雪机制发生变化，故须对积雪的沉积/侵蚀模型进行修改。

无漂移情况下屋面雪颗粒堆积机理如图 10.18 所示。由于摩擦速度没有达到阈值，无法带动地面雪颗粒运动，因此由漂移产生的雪颗粒沉积和侵蚀可忽略不计。对于飘落雪颗粒，也不存在气动产生的积雪侵蚀。积雪沉积方面，本书假设天空飘落的树枝状雪颗粒与雪面发生碰撞后，其树枝状结构会立即破碎，不会有雪粒子从雪面重新跃起。图10.18所示机理即基于该假设。

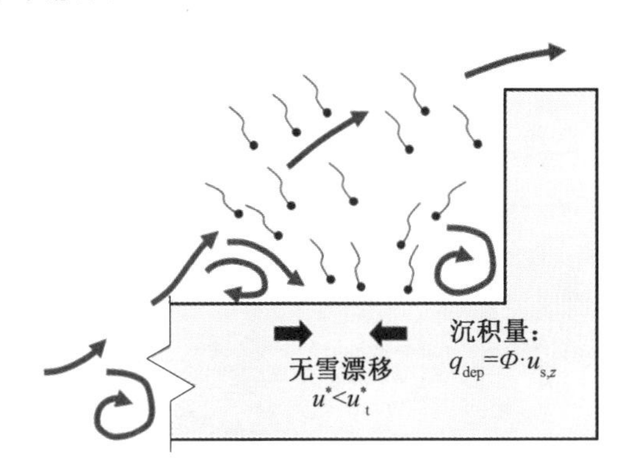

图 10.18　无漂移情况下屋面雪颗粒堆积机理示意图

首先，根据混合流模型中混合相和雪相的连续方程和动量方程（式(10.24)～(10.33)）计算得到自由飘落雪颗粒的速度矢量 $\boldsymbol{u}_s$。基于雪颗粒速度的积雪总沉积通量 q_{total} 可按下式计算：

$$q_{total}=\begin{cases}\dfrac{\rho_s\alpha_s\boldsymbol{u}_s\boldsymbol{n}}{|\boldsymbol{n}|}, & \boldsymbol{u}_s\boldsymbol{n}>0\\ 0, & \boldsymbol{u}_s\boldsymbol{n}\leqslant 0\end{cases}\tag{10.43}$$

式中，α_s 为雪相体积分数；ρ_s 为雪颗粒密度；$\boldsymbol{n}$ 为屋面的法向向量，自流域指向屋面，如图10.19所示。计算中，当雪颗粒落向建筑屋面($\boldsymbol{u}_s\boldsymbol{n}>0$)时，积雪总沉积通量 q_{total} 取建筑屋面处雪通量的法向投影值；当雪颗粒远离建筑屋面($\boldsymbol{u}_s\boldsymbol{n}\leqslant 0$)时，将不发生沉积，积雪总沉积通量 q_{total} 取0。当发生积雪沉积时，沉积雪浓度通过雪相连续方程中源项 S_s 从流体域中剔除，见式(10.44)。

$$\begin{aligned}&\frac{\partial\alpha_s}{\partial t}+\nabla\cdot(\alpha_s\boldsymbol{u}_m-D_{Ms}\nabla\alpha_s)=-\nabla\cdot(\alpha_s(1-c_s)\boldsymbol{u}_{as})+S_s=\\&-\nabla\cdot(\alpha_s(1-c_s)\boldsymbol{u}_{as})+\frac{-q_{total}}{h_p\rho_s}\end{aligned}\tag{10.44}$$

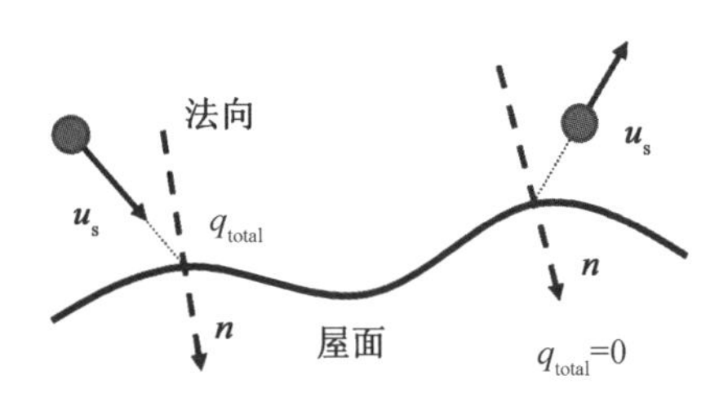

图 10.19　沉积量计算方法示意图

10.4.2　无漂移情况下高低跨屋面积雪分布实测

为验证无漂移情况下混合流模型的准确性，本书采用2018年冬季高低跨缩尺建筑模型上积雪分布实测结果作为验证原型。为尽量符合《地面气象观测规范　雪深与雪压》(GB/T 35229－2017) 对观测场地"平坦,开阔"的要求,在综合考虑可行性和可靠性的基础上,选取哈尔滨工业大学二校区的网球场开展高低跨屋面积雪分布实测。该地区冬季的主导风向为南风(图 10.20),稳定的风向非常适合积雪分布的测量。在以往建筑物周围积雪分布研究中,通常选择小降水条件进行积雪分布测量,只研究风对地面雪颗粒运动的影响。然而在高降水条件下,屋顶积雪的主要来源局限于飘落雪颗粒,建筑物周围复杂的流场也会严重影响下落雪颗粒的输运过程,进而影响积雪的不均匀分布。因此,本次测量选择在高降水条件下进行。

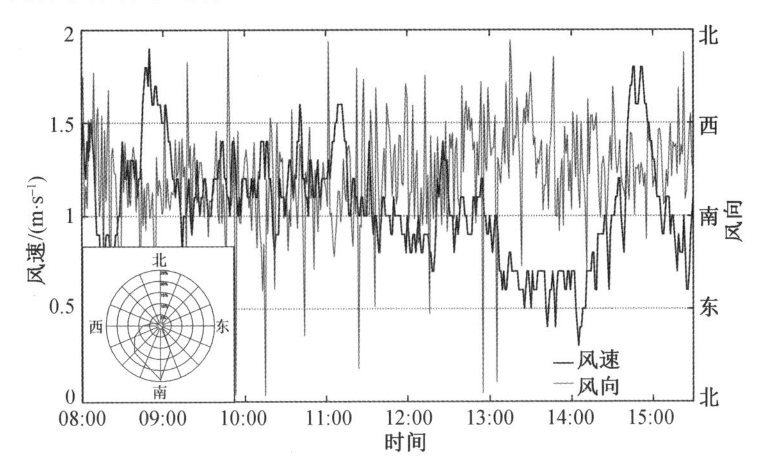

图 10.20　3 m 高度观测日风速风向时程

降雪前,高低跨缩尺建筑模型被放置于实测场地,屋檐垂直于当季主导风向,如图 10.21(a) 所示。高跨屋面尺寸为 1.0 m(x) × 3.0 m(y) × 1.0 m(z),低跨屋面尺寸为 1.5 m(x) ×3.0 m(y) ×0.5 m(z)。风剖面由 3 个杯式风速计测量。风速计安装在 3 m 高的桅杆上,并分别固定在 0.5 m、1.0 m 和 3.0 m 高度处。采样间隔为 10 min。空气温度和湿度由 PC－4 自动气象站测量,精度分别为 0.1 ℃ 和 0.1%。采用雪尺来测量建筑屋面各点的积雪深度后,利用空间插值的方法生成雪面。实测屋面积雪分布如图 10.21(b) 所示。

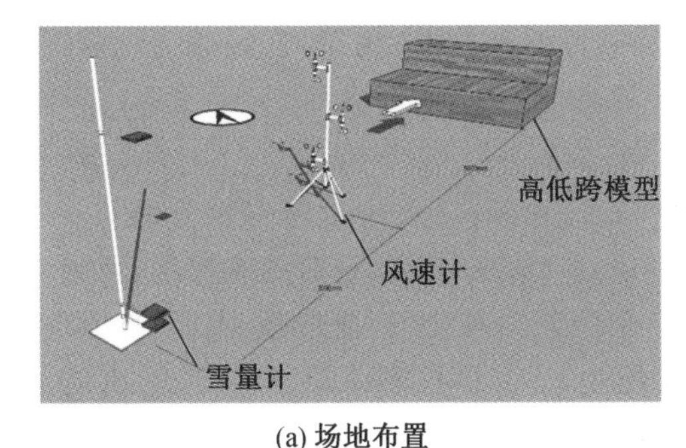

(a) 场地布置

(b) 实测屋面积雪分布

图 10.21　高低跨屋面积雪分布实测

试验以 2018 年 12 月 21 日的积雪分布实测结果为验证原型。观测期间的平均风速为

1.06 m/s(1.0 m 高度)。根据式(9.62)计算得到的降雪体积分数为 6×10^{-7}。近壁面摩擦速度可按下式确定：

$$u^* = u(z)\kappa/\ln(z/z_0) \tag{10.45}$$

其中，z_0 可由两个高度处的风速测量值计算得到，表达式为

$$z_0 = \exp\left(\frac{u(z_2)\ln z_1 - u(z_1)\ln z_2}{u(z_2) - u(z_1)}\right) \tag{10.46}$$

图 10.22 为观测期间根据式(10.45)计算得到的摩擦速度 u^* 时程。根据 Tominaga 给出的雪颗粒阈值摩擦速度 u_t^* 估算公式，观测日期间雪颗粒的阈值摩擦速度为 0.45 m/s。由此可知，多数情况下，近壁面的摩擦速度远小于颗粒的阈值摩擦速度；仅在上午 9 点和下午 3 点短时间内出现了积雪漂移。总体来说，整个降雪期间无明显积雪漂移发生。实测结果可用来验证无漂移情况下的混合流模型。

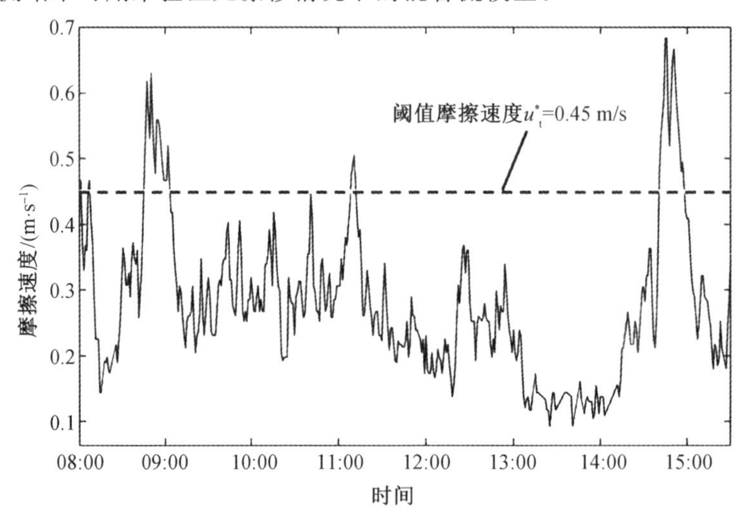

图 10.22　观测期间摩擦速度时程

10.4.3　基于实测结果的模拟参数设置

高低跨层面计算域与边界条件设置如图 10.23 所示。计算域尺寸为 $14L(x)\times 11B(y)\times 6B(z)$，其中 L 代表高低跨建筑模型的顺风向总长度($L=2.5$ m)，B 代表高低跨建筑模型的横风向总宽度($B=3.0$ m)。计算域沿各向划分为 201(x)、172(y) 和 100(z) 个网格，最小网格尺寸是 0.01 m。首层网格高度 $h_p=0.01$ m。

入流边界条件见表 10.4。积雪表观密度 $\rho_{s,0}$ 为 115 kg/m^3；雪颗粒密度 ρ_s 为 185 kg/m^3；雪颗粒粒径 d_s 为 150 μm。选取 Realizable $k-\varepsilon$ 模型进行湍流模拟，该湍流模型对此类高低跨屋面流场的预测精度已被充分验证。压力－速度耦合方程组采用 SIMPLE 解法。其他方程的离散格式则分别为：压力——STANDARD 格式；动量、湍动能——二阶迎风格式；体积分数——QUICK 格式。为分析源项对积雪分布的影响，同样引入无源项的原始混合流模型进行对比。该模型曾被 Sun 应用于大跨膜结构屋面积雪分布模拟中。

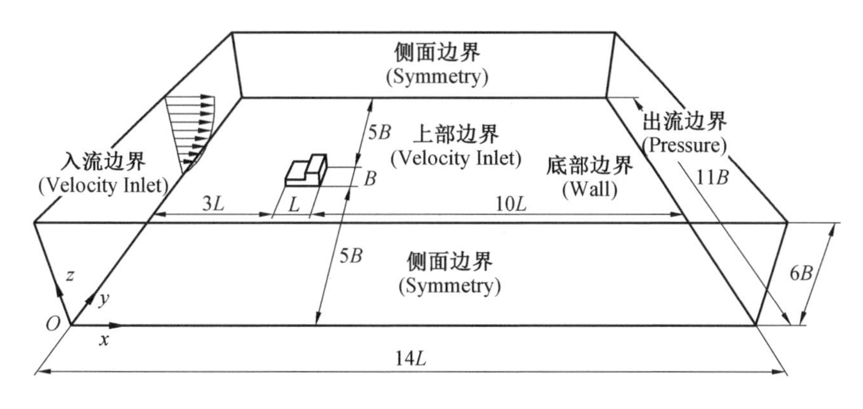

图 10.23　高低跨屋面计算域与边界条件设置

表 10.4　入流边界条件

参数		条件
入流风速	空气相	顺风向平均风速剖面采用指数率:$U_{a,x}=U_H(z/H)^{0.2}$。屋檐高度处的平均风速 $U_H=1.06$ m/s。竖向风速 $U_{a,z}=0.0$ m/s
	雪相	顺风向平均风速剖面采用指数率:$U_{s,x}=U_H(z/H)^{0.2}$。屋檐高度处的平均风速 $U_H=1.06$ m/s。竖向风速 $U_{s,z}=-0.2$ m/s
	混合相	参考 AIJ 规范中的湍流强度 I 给出入流湍动能 k,基于局部平衡假设给出入流处湍流耗散率 ε
入流雪浓度	空气相	根据入流雪相体积分数计算得到
	雪相	入流雪相体积分数为 $\alpha_{s,sus}=6\times10^{-7}$

10.4.4　积雪分布预测精度分析

图 10.24 为有源项和无源项混合流模型工况下,中心竖向截面处空气相和雪相的速度分布云图。由于自由流场中的扩散方程一致,故不同混合流模型间的速度分布差异很小,但是气流和雪颗粒的运动轨迹存在很大差异。受到低跨屋面的阻挡,气流向上移动,在低跨屋檐处产生微弱气流分离。之后受高跨屋面影响,部分气流向上偏转,从而发生流线的向上弯曲,其余气流向下运动,在高低跨交接处形成驻涡。总体来看,气流受建筑阻挡效应影响,整体呈现向上运动趋势。相较而言,在气动拖曳力和重力作用下,雪颗粒斜向下落向建筑屋面,且受高跨屋面的阻挡,在高低跨交接处,雪颗粒几乎竖直落向屋面。通过空气相和雪相顺风向流速的对比可以看出,混合流模型可对风雪之间的相对运动进行有效模拟。

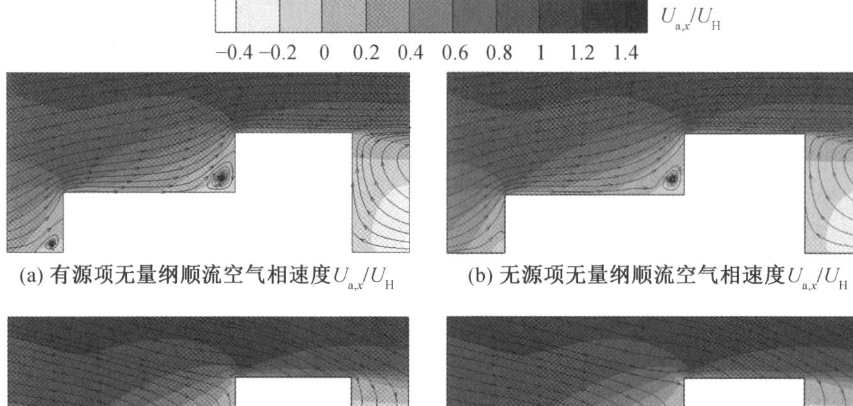

(a) 有源项无量纲顺流空气相速度$U_{a,x}/U_H$　(b) 无源项无量纲顺流空气相速度$U_{a,x}/U_H$

(c) 有源项无量纲顺流雪相速度$U_{a,x}/U_H$　(d) 无源项无量纲顺流雪相速度$U_{a,x}/U_H$

图 10.24　不同混合流模型工况下空气相与雪相顺流速度分布云图

图 10.25 为有源项和无源项混合流模型工况下，高低跨建筑周边无量纲雪浓度 Φ/Φ_{in} 分布云图。其中，雪浓度根据入流雪浓度 Φ_{in} 进行归一化处理。对于有源项混合流模型，由于低跨和高跨屋面的阻挡，大量雪颗粒聚集于建筑迎风面屋檐前缘。大量的雪颗粒聚集也会导致在变跨处形成局部积雪堆积。对于无源项混合流模型，由于未考虑积雪沉积引起的空气中雪颗粒数量减少，近壁面雪浓度被严重高估。雪颗粒随气流方向一直向下游移动，最终在高跨屋面前端主气流和回流交汇处聚集并达到峰值。

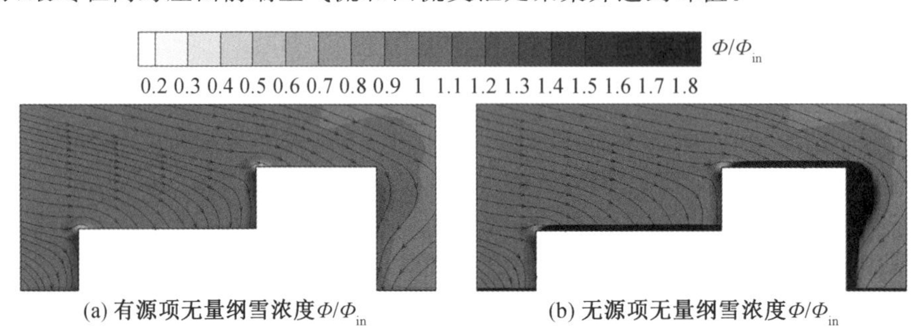

(a) 有源项无量纲雪浓度Φ/Φ_{in}　(b) 无源项无量纲雪浓度Φ/Φ_{in}

图 10.25　不同混合流模型工况下高低跨建筑周边无量纲雪浓度 Φ/Φ_{in} 分布云图
（Φ— 雪浓度，kg/m³；Φ_{in}— 入流雪浓度，kg/m³）

基于飘落雪浓度 Φ 和雪颗粒速度 U_s，利用式(10.43)计算得积雪总沉积量 q_{total}。图 10.26 为计算得到的高低跨屋面无量纲积雪分布 h/h_{ref} 对比。其中，无量纲雪深取屋面雪深 h 和不受建筑影响的参考点处地面雪深 h_{ref} 的比值。对于无源项混合流模型，积雪主要堆积于主气流和回流交汇处，其分布形式与实测原型差异较大。对于有源项混合流模型，在变跨处雪浓度和颗粒竖向速度高值区形成了大量积雪堆积。此外，由于驻涡搬移作用，在变跨处前缘形成了积雪侵蚀。图 10.26(d) 进一步对比了实测和模拟中心竖向截面处的雪深剖面。对于无源项工况，由于雪颗粒沿流向不断向下游移动，导致低跨屋面上游区域的雪深被严重低估，大量雪颗粒沉积在高跨屋面前部驻涡区。低跨和高跨屋面上积雪分布形式与实测值差异巨大。对于有源项混合流模型，实测中低跨和高跨屋面上的雪深剖面均被完美还原，然而由于改进模型中未考虑驻涡区下冲气流对邻近高跨建筑处雪面的侵蚀作用，因此在 $x/H=1.3$ 处，雪深数值相较实测结果略微偏大。总体而言，无漂移情况下的改进混合流模型可对低风速情况下带局部突出物屋面积雪不均匀分布进行准确模拟。

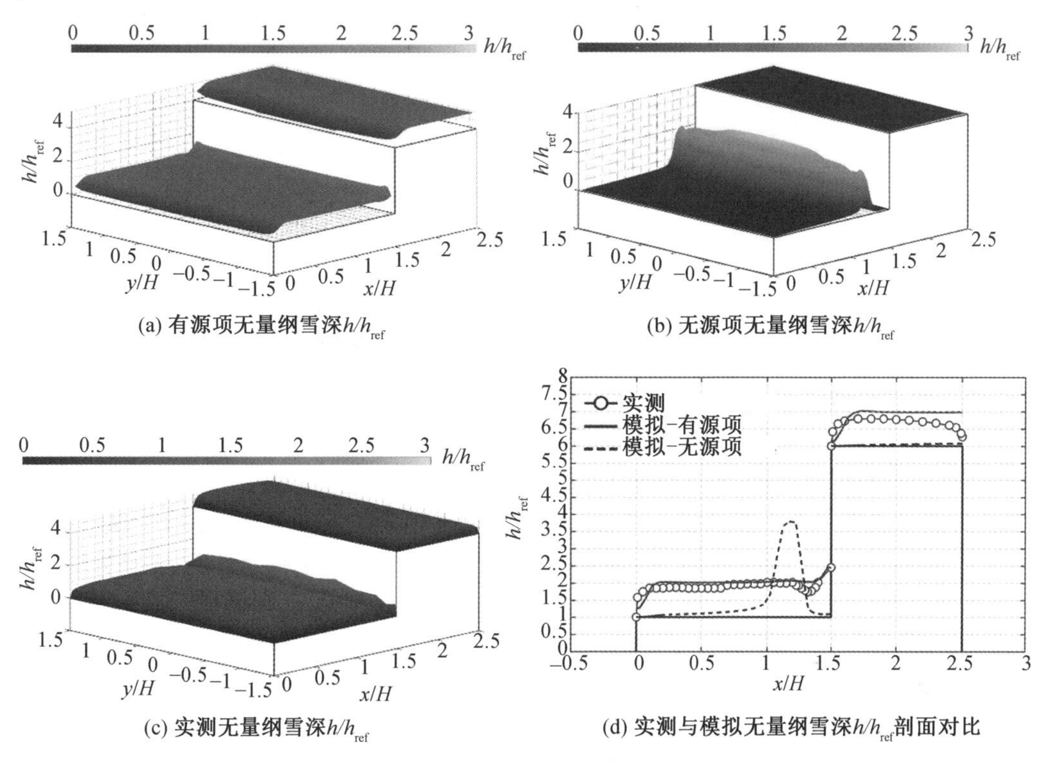

(a) 有源项无量纲雪深 h/h_{ref}　(b) 无源项无量纲雪深 h/h_{ref}

(c) 实测无量纲雪深 h/h_{ref}　(d) 实测与模拟无量纲雪深 h/h_{ref} 剖面对比

图 10.26　高低跨屋面无量纲积雪分布 h/h_{ref} 对比

第 11 章　风雪运动模拟关键参数研究

11.1　引　言

上一章对风雪运动数值模型进行了分析介绍。由于混合流模型是将雪相作为类似空气的连续介质进行处理，因此材性参数（雪颗粒密度 ρ_s、雪颗粒粒径 d_s 和雪相动力黏度系数 μ_s）的合理取值是正确模拟雪颗粒运动的基础。其中，雪颗粒密度 ρ_s 和雪颗粒粒径 d_s 直接决定雪颗粒所受重力和拖曳力大小，进而影响风雪间相对运动和沉积侵蚀形态。因此对雪颗粒密度和粒径的取值应额外重视。考虑到雪密度时空变异性较强，故本章首先对雪颗粒密度 ρ_s 的取值及其对风雪运动的影响进行分析。雪相动力黏度系数 μ_s 的取值关系到雪颗粒阻力系数 C_D 和混合相方程中扩散项的计算，然而浓度扩散方法并未考虑此因素，仅通过定义 Schmidt 常数（式(9.2)）来进行扩散分析。为明确雪相动力黏度的影响，本章基于实测结果对雪相动力黏度进行灵敏性分析。除雪颗粒属性外，入流风速 U_H 也对积雪漂移发展程度和积雪分布形式起着决定性作用。为进一步探究改进混合流模型对积雪漂移发展过程中风雪相互作用机制的还原程度，本章最后对不同风速下积雪漂移发展情况进行了模拟研究。

11.2　雪颗粒密度取值及对风雪运动的影响

11.2.1　雪颗粒密度估算方法

1.雪颗粒密度影响

由第 9 章风雪运动数值理论可知，雪颗粒密度 ρ_s 对风雪运动的影响是全方位的，包括扩散方程和颗粒运动属性（颗粒最终沉降速度 w_f 和阈值摩擦速度 u_t^*）。扩散方程方面，由于多数情况下风雪相对运动缓慢，空气密度远小于雪颗粒密度，因此重力作用普遍强于其他作用力（如拖曳力、浮力、附加质量力、压力梯度力和 Basset 力（巴塞特力）等）；基于颗粒受力平衡的相对运动方程受雪颗粒密度影响最大。颗粒运动属性方面，假设一个静止雪颗粒从空中下落，则在下落初期，其受重力、拖曳力和浮力作用做加速运动；当下落速度达到某一临界值时，气流施加的拖曳力会与重力和浮力达到平衡，颗粒自此匀速下降，该临界速度便为雪颗粒沉降速度，可按式(11.1) 计算。由式(11.1) 可知，随着雪颗粒密度增加，稳定后的颗粒沉降速度不断增大。

$$w_f = \sqrt{\frac{4}{3}\,\frac{(\rho_s - \rho_a)}{\rho_a}\,\frac{d_s}{C_D}g} \tag{11.1}$$

阈值摩擦速度 u_t^* 是表征积雪漂移运动发生与否的特征量。当摩擦速度大于阈值摩擦速度时，雪颗粒便开始在风力作用下运动。若假设静止的雪颗粒在起动的瞬间围绕着下游方向和底部雪颗粒的接触点发生转动，则根据转动时的角动量守恒可得雪颗粒的阈值摩擦速度 u_t^* 的估算公式如下：

$$u_t^* = \sqrt{\frac{\pi\sin\beta_s}{12\phi\xi\cos\beta_s}}\sqrt{\left(\frac{\rho_s - \rho_a}{\rho_a}\right)gd_s} \tag{11.2}$$

式中，β_s 为雪颗粒休止角；ϕ 为雪颗粒地面投影面积的比例修正系数；ξ 为考虑气动力作用点偏离球状雪颗粒球心时引入的修正系数。由式(11.2)可知，随着雪颗粒密度增加，雪颗粒的阈值摩擦速度不断增大。

2.我国积雪密度分布

由于我国地域广阔，涵盖各类地貌类型，因此各地区的雪颗粒密度差异很大。我国《建筑结构荷载规范》(GB 50009—2012)规定：东北及新疆北部地区的平均表观雪密度为 150 kg/m^3；华北及西北地区的平均表观雪密度为 130 kg/m^3；青海省的平均表观雪密度为 120 kg/m^3；秦岭 — 淮河一线以南地区的平均表观雪密度一般为150 kg/m^3，但江西省、浙江省的平均表观雪密度取 200 kg/m^3。除受地域影响外，积雪表观密度也受时间影响。未受扰动的疏松新雪，平均表观密度可低至 50 kg/m^3。随着时间增加，在重力作用下积雪会更加密实，积雪密度进一步增加。因此，我国雪颗粒密度的地域和时域变异性很大。

3.雪颗粒密度估算方法

尽管以往研究中学者们对积雪密度进行了大量实测分析，得出了雪颗粒密度的变化规律，然而需要指出的是，以往采用量筒、直尺和天平进行雪颗粒密度测量，如图 11.1 所示，由于测量过程是在不干扰雪层结构的前提下对积雪进行取样测量，测得的质量和体积中除包含雪颗粒成分外还包含空气组分，因此测量得到的是积雪表观密度 $\rho_{s,0}$。考虑到数值模型中雪颗粒重力、混合相密度和侵蚀量等的计算均采用雪颗粒密度 ρ_s，因此大量实测结果不能直接应用于模拟研究，造成了巨大浪费；加之雪颗粒粒径较小、结构脆弱，无法排除空气和其余雪颗粒对单一雪颗粒的质量和体积进行测量，故而 Tominaga 和 Okaze 等学者保守地采用冰密度(900 kg/m^3)代替雪颗粒密度来计算积雪侵蚀量。该假设在一定程度上帮助解决了雪颗粒密度难以测量的难题，但取值的合理性仍待确认。

图 11.2 分别展示了冰颗粒和雪颗粒的微观结构。由于雪的分子结构以六角形为主，其面上、边上和角上的曲率不同，相应地具有不同的饱和水汽压。在水汽压相同的情况下，各部分因凝华增长程度不同，进而形成了雪花。相比之下，冰颗粒是通过高压喷水形成雾状环境后，借助低温迅速凝结而成。雪颗粒结构疏松，内部空隙大，新积雪的表观密度通常小于 150 kg/m^3；而冰颗粒结构更加密实，内部气泡较少，表观密度可达 500 kg/m^3。由此可见，雪颗粒密度远小于纯冰的密度，即 900 kg/m^3。若采用冰密度直

图 11.1　雪颗粒密度测量

接代替雪颗粒密度进行模拟，颗粒的重力作用和侵蚀量会被大大高估。考虑到冰密度取值过大且现有仪器设备无法对单一雪颗粒的质量进行测定，故本节尝试利用积雪表观密度 $\rho_{s,0}$ 间接推算雪颗粒密度 ρ_s，进而探究颗粒密度对风雪运动模拟精度的影响。

(a) 冰颗粒

(b) 雪颗粒

图 11.2　冰颗粒和雪颗粒的微观结构

由于雪颗粒结构松散，飘落过程中因碰撞会发生结构破坏，故学者们普遍将雪颗粒近似成球形颗粒进行模拟研究。当球形雪颗粒降落到屋面或地面时，彼此堆叠，形成积雪层。若假设飘落雪颗粒的粒径均匀，忽略堆积过程中的重力压实和融化凝结过程，则积雪堆积过程可简化为均匀球形颗粒的堆叠过程。

从几何形态上讲，球堆叠(Sphere Packing)或最密堆积是指在一定范围内放入足够多不重叠球体的堆积方式。在三维欧几里得空间中，最密堆积是由若干二维密置层叠合起来的，密置层中相邻等径球体彼此相切。其中最常见的最密堆积方式包括面心立方堆积(图 11.3(a))和六方最密堆积(图 11.3(b))。此外还有简单立方堆积(图 11.3(c))、体心立方堆积(图 11.3(d))和随机堆积。

堆积范围内，球体总体积占空间大小的比例称为颗粒体积率 β_p，其计算方法见式(11.3)。常见堆积方式的颗粒体积率 β_p 见表 11.1。其中，最小的颗粒体积率为 52%；最大的颗粒体积率可达 74%。此外，学者们利用试验和数值模拟计算得到随机堆积情况下的颗粒体积率在 59% ～ 64% 之间波动。考虑到雪颗粒在飘落后也是随机堆积状态，故

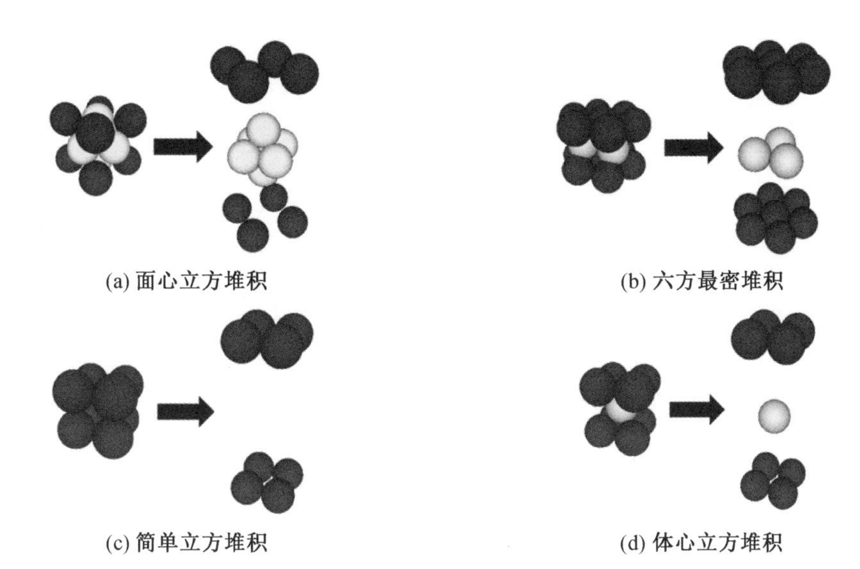

(a) 面心立方堆积　(b) 六方最密堆积

(c) 简单立方堆积　(d) 体心立方堆积

图 11.3　最密堆积

可利用该模拟结果估算雪颗粒密度。基于积雪表观密度 $\rho_{s,0}$ 和颗粒体积率 β_p 的雪颗粒密度 ρ_s 可按式(11.3) 计算。

表 11.1　常见堆积方式的颗粒体积率 β_p

堆积方式	面心立方堆积	六方最密堆积	简单立方堆积	体心立方堆积	随机堆积
颗粒体积率 β_p/%	74	74	52	68	59 ~ 64

$$\rho_s = \frac{\rho_{s,0} - (1 - \beta_p)\rho_a}{\beta_p} \tag{11.3}$$

其中

$$\beta_p = \frac{V_p}{V_p + V_a} \tag{11.4}$$

式中,V_p 为所有球体体积;V_a 为空气体积。

11.2.2　模拟参数与对比工况设置

为验证不同雪颗粒密度的合理性,选取本篇 10.3 节中 Nakashizu 的风洞试验结果进行堆雪形态对比,如图 10.10(b) 所示。工况设置方面,基于式(11.3) 的雪颗粒密度验证工况设置见表 11.2。其中,冰密度(900 kg/m^3) 被设置为对照工况,用以分析以往研究中冰密度造成的误差。积雪表观密度取值参考日本学者模拟时普遍采用的堆积雪密度值,取 $\rho_{s,0}=150$ kg/m^3。由于降雪和漂雪过程中颗粒堆积是随机的,故选取颗粒体积率 $\beta_p=62\%$。根据该体积率和表观密度计算得到的雪颗粒密度为 $\rho_s=243$ kg/m^3。此外,取 $\rho_{s,0}=150$ kg/m^3 作为雪颗粒密度分析的下限值。模拟风速参考试验入流,取 $U_H=5.0$ m/s,除此以外,计算域、网格划分和其他参数设置与本篇 10.3 节相同。

表 11.2　工况设置

工况	工况 150	工况 243	工况 900
雪颗粒密度 ρ_s/(kg·m^{-3})	150	243	900

11.2.3　雪颗粒密度对流场的影响

图 11.4 对比了水平($z/H=0.05$)和竖向($y/H=0.0$)截面上无量纲雪颗粒竖向速度 $U_{s,z}/w_f$ 分布,其中,w_f 为跃移层雪颗粒的沉降速度,取 0.2 m/s。由图可知,当风以垂直于屋檐的方向吹向建筑物时,受墙体阻挡,部分气流将向上偏转,带动雪颗粒向上运动($U_{s,z}/w_f>0$);在尾流处,由于边界层的分离,在建筑物后部形成旋涡,旋涡向中心截面回旋时同样产生向上运动气流,带动雪颗粒向上运动($U_{s,z}/w_f>0$)。总体上,建筑物周边存在两个颗粒向上运动区域。随着雪颗粒密度的增加,颗粒的重力作用不断增强。当雪颗粒密度增加到 243 kg/m^3 时,建筑迎风向的雪颗粒向上运动趋势略有减弱。当采用冰密度(900 kg/m^3)时,由于密度增大了 500%,颗粒的重力作用被显著增强。建筑迎风向和尾流处的向上运动被急剧压缩到屋檐附近。

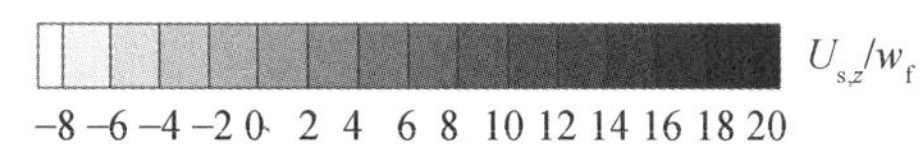

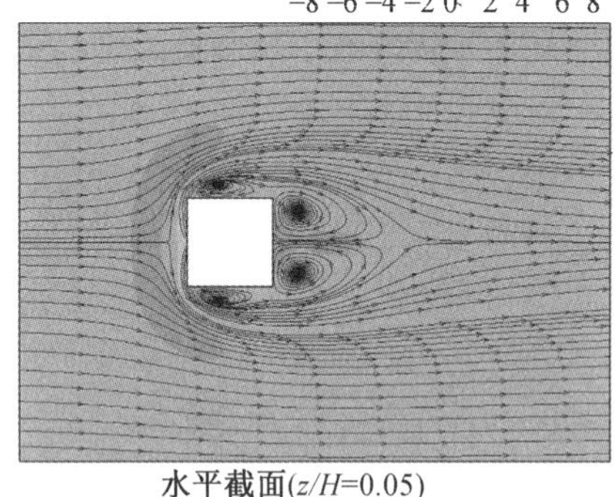

水平截面(z/H=0.05)

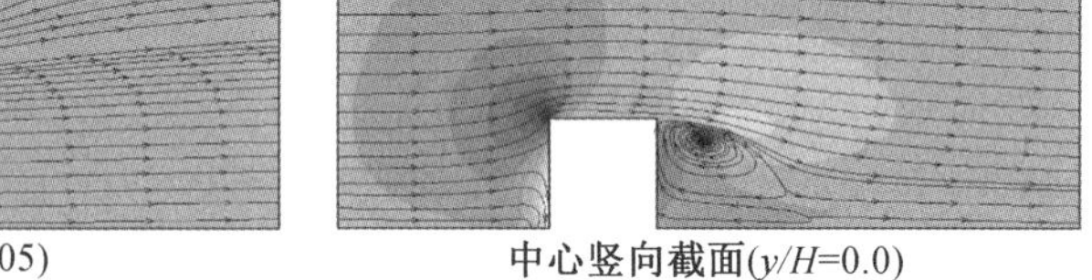

中心竖向截面(y/H=0.0)

(a) 雪颗粒密度ρ_s=150 kg/m^3 (工况150)

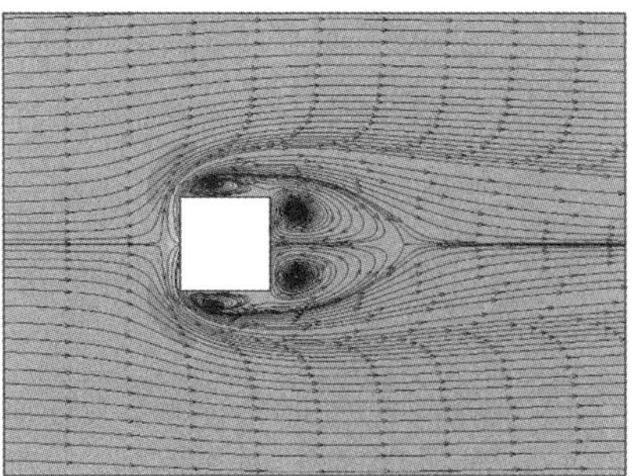

水平截面(z/H=0.05)

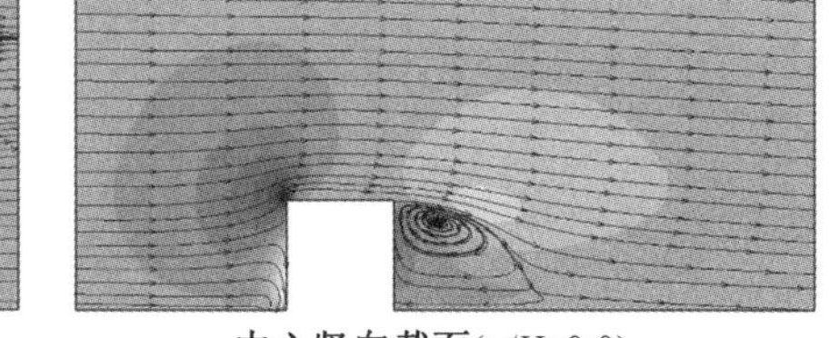

中心竖向截面(y/H=0.0)

(b) 雪颗粒密度ρ_s=243 kg/m^3 (工况243)

图 11.4　水平($z/H=0.05$)和竖向($y/H=0.0$)截面上无量纲雪颗粒竖向速度 $U_{s,z}/w_f$ 分布

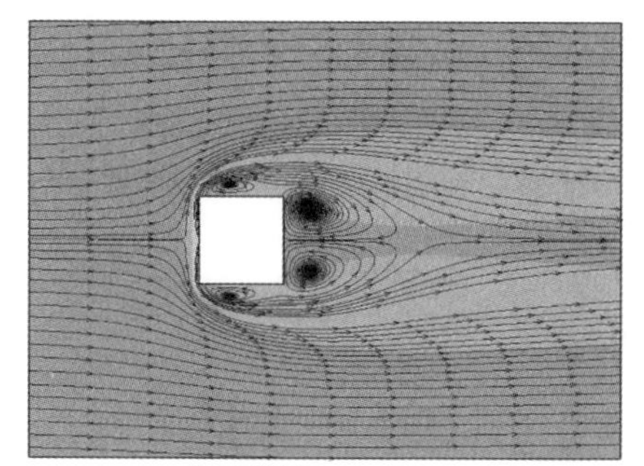
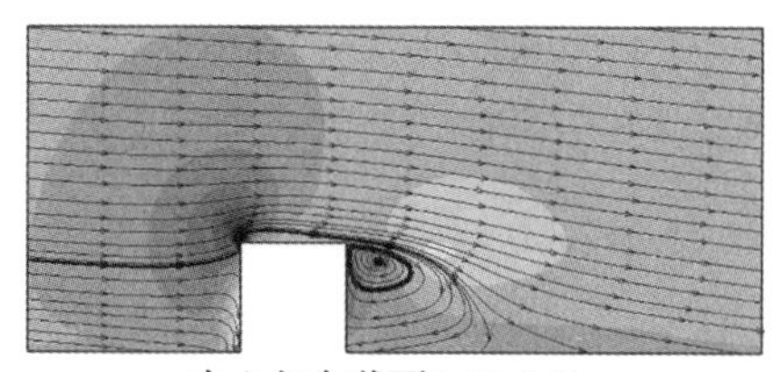

水平截面(z/H=0.03)　　中心竖向截面(y/H=0.0)

(c) 雪颗粒密度ρ_s=900 kg/m³ (工况900)

续图 11.4

图 11.5 对比了不同雪颗粒密度情况下跃移层水平($z/H=0.05$)截面处无量纲顺流风速 $U_{a,x}/U_H$。其中,风速根据入流风速进行归一化处理。通过对比,3 种工况下的流场结构基本一致,但对于冰密度,建筑周边的气流运动有所增强,如图 11.5(c)所示。其原因主要是梯度风的存在使上层风速普遍大于下层风速;同时雪颗粒密度的增大增强了颗粒所受的重力作用,竖向运动加强,飘落雪通量增大,上层更多高速运动颗粒在沉降过程中会带动下层低速风加速运动,最终导致跃移层风速提高,如图 11.6 所示。

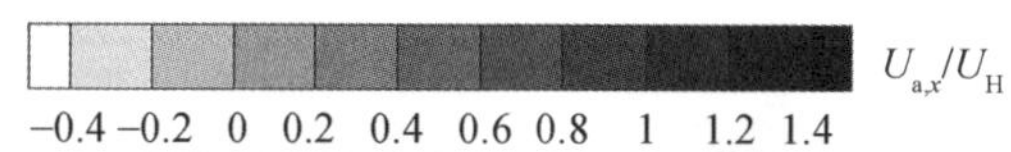

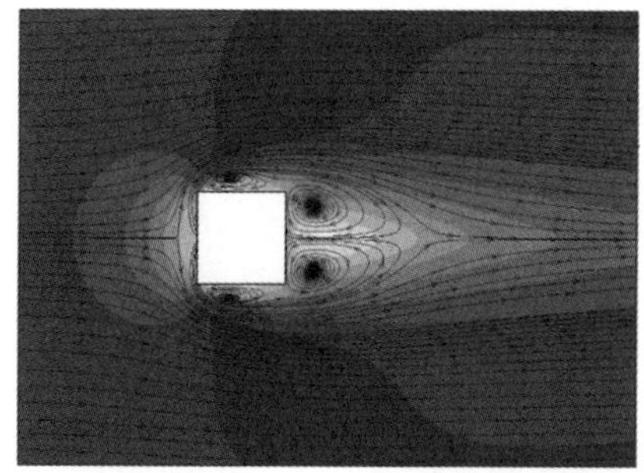

(a) 雪颗粒密度ρ_s=150 kg/m³ (工况150)

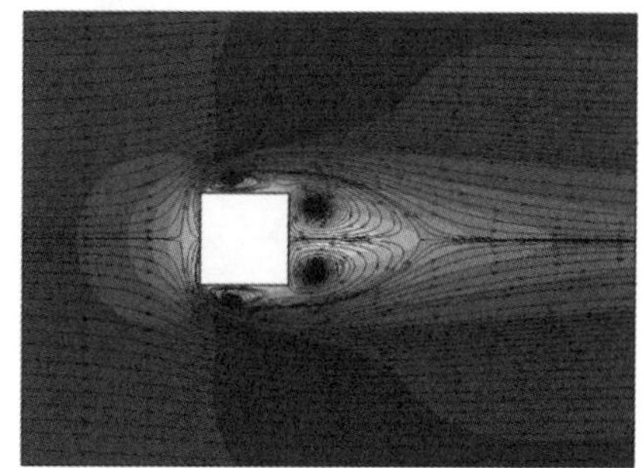

(b) 雪颗粒密度ρ_s=243 kg/m³ (工况243)

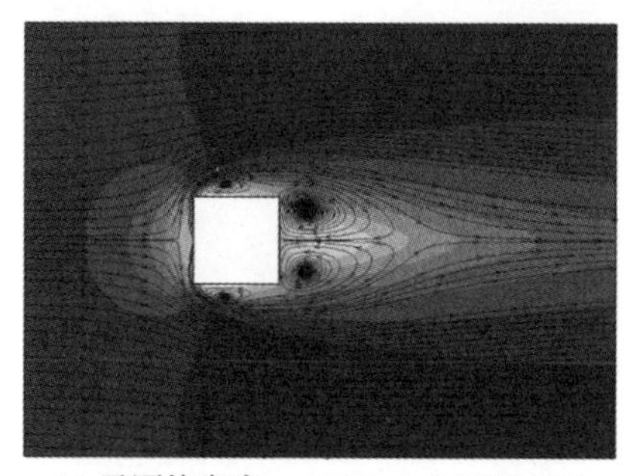

(c) 雪颗粒密度ρ_s=900 kg/m³ (工况900)

图 11.5　水平($z/H=0.05$)截面处无量纲顺流风速 $U_{a,x}/U_H$

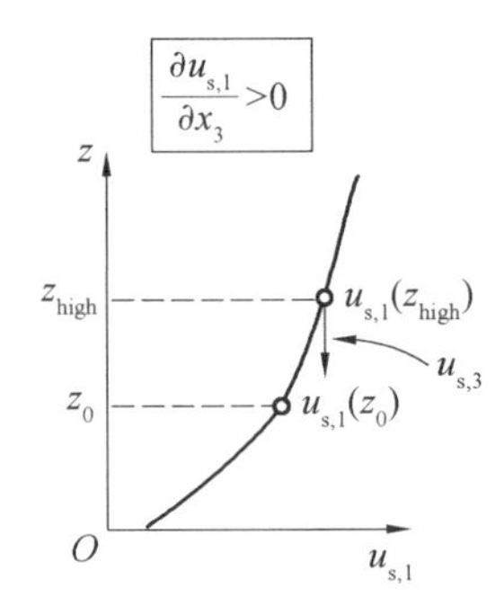

图 11.6　上下层间运动单元动能传递示意图

（$u_{s,1}$— 雪相顺风向速度；$u_{s,2}$— 雪相横风向速度；$u_{s,3}$— 雪相竖向速度；z_0— 某竖向高度；z_{high}— 较 z_0 高一点的高度）

11.2.4　雪颗粒密度对雪场的影响

图 11.7 对比了不同雪颗粒密度情况下跃移层(水平($z/H=0.05$) 截面处) 漂移雪浓度。随着雪颗粒重力作用的增强,更多雪颗粒会积聚在地面附近。同样由于工况 243 中雪颗粒密度增幅有限,因此雪浓度变化不大;但对于工况 900,雪浓度在整个流域内均显著增加,如图 11.7(c) 所示。随着上游跃移层雪浓度的普遍增加,更多颗粒被气流带向下游。受建筑物阻挡,在建筑迎风面和侧向形成“马蹄形” 的高浓度区,数值远远大于当前风速下的饱和雪浓度。由此可见,选取冰密度的模拟结果会大大高估雪颗粒的重力作用,导致雪浓度预测结果偏大。

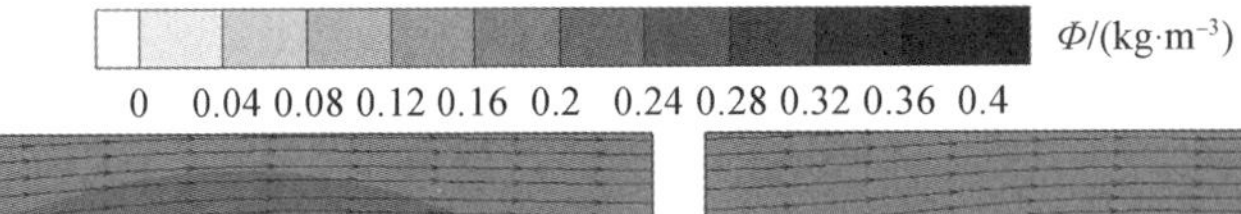

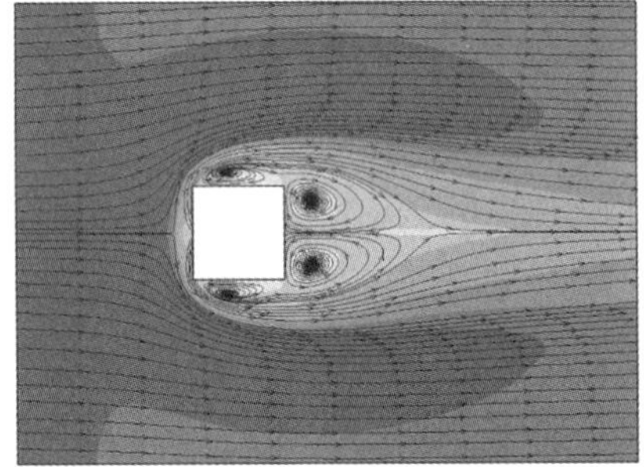

(a) 雪颗粒密度ρ_s=150 kg/m^3 (工况150)

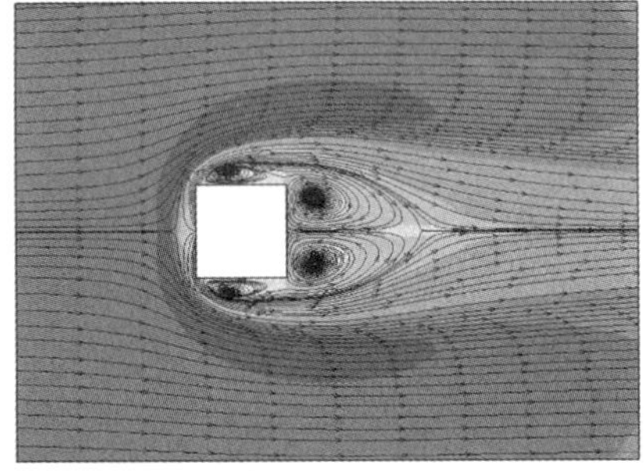

(b) 雪颗粒密度ρ_s=243 kg/m^3 (工况243)

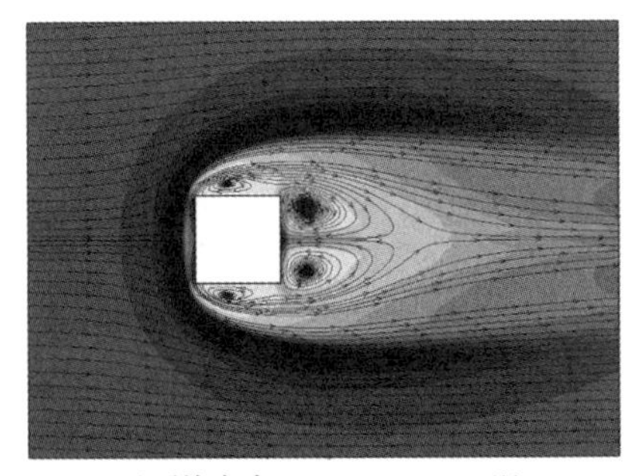

(c) 雪颗粒密度ρ_s=900 kg/m^3 (工况900)

图 11.7　水平($z/H=0.05$) 截面处漂移雪浓度 Φ

图 11.8 对比了不同雪颗粒密度条件下的建筑周边地面积雪分布，并将 CFD 模拟结果与风洞试验原型进行了对比。其中，无量纲雪深 h/h_{ref} 取单位时间地面积雪深度 h 与不受建筑影响的参考点处积雪深度 h_{ref} 的比值。工况 150 的模拟结果整体还原了试验中的积雪分布形式。建筑迎风向前端的积雪分布系数峰值（$h/h_{\mathrm{ref}}=5.0$）和尾流处的侵蚀（$h/h_{\mathrm{ref}}=0.0$）等细部堆雪形式也与试验结果很好地拟合。但需要指出的是，建筑迎风向的“马蹄形”沉积区预测面积过小且沉积区出现中断，与风洞试验原型存在出入。工况 900 中，迎风向沉积区连接成整体，但分布过于狭长，整体分布形式与风洞试验原型出入巨大。相较之下，当雪颗粒密度取 243 kg/m³ 时，整体的积雪分布形式和局部的分布特征均与风洞试验原型结果吻合。由此可见，采用基于随机堆积的雪颗粒密度计算方法（式(11.3)）可更准确地还原积雪漂移过程中的雪浓度和积雪分布。

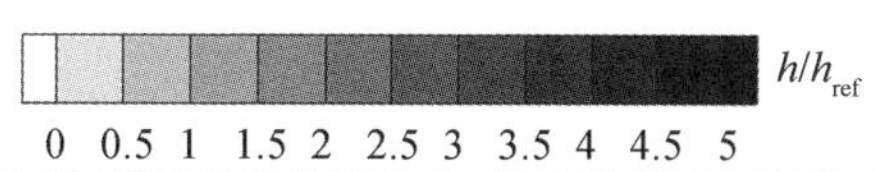

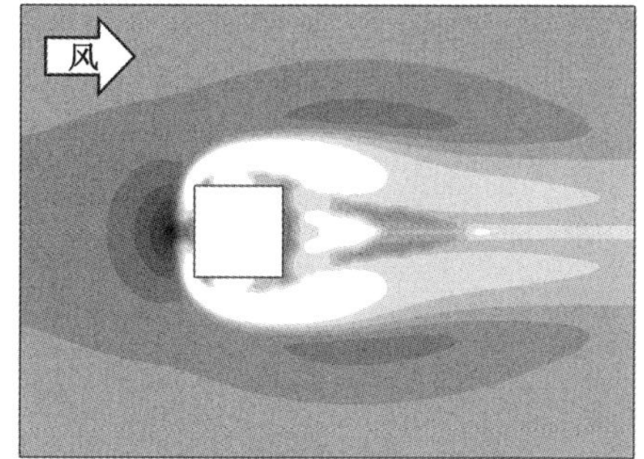

(a) 雪颗粒密度ρ_s=150 kg/m³ (工况150)

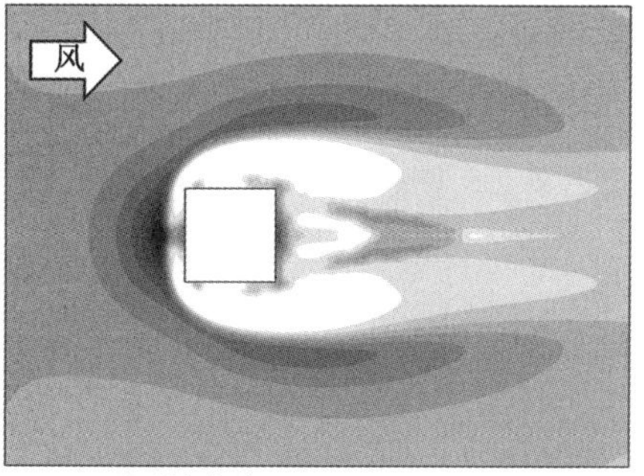

(b) 雪颗粒密度ρ_s=243 kg/m³ (工况243)

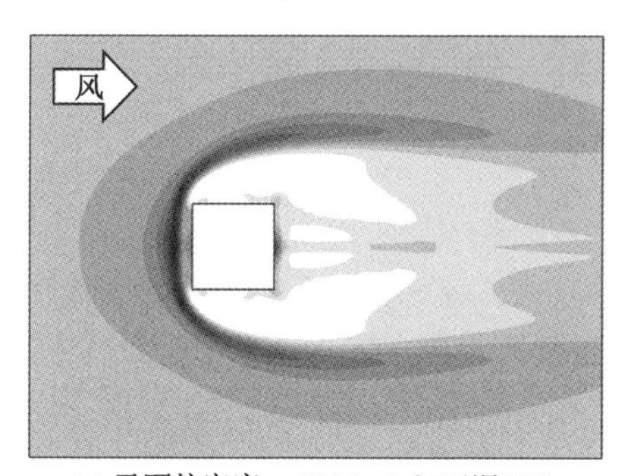

(c) 雪颗粒密度ρ_s=900 kg/m³ (工况900)

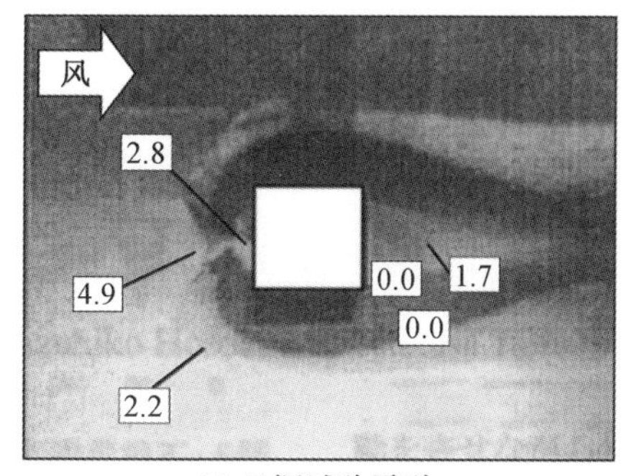

(d) 风洞试验原型

图 11.8　CFD 模拟和试验无量纲建筑周边地面积雪分布 h/h_{ref}

11.3 雪相动力黏度取值及对风雪运动的影响

11.3.1 雪相动力黏度经验值与实测值

1.雪相动力黏度对混合相扩散方程的影响

混合流模型中，通过整合空气相和雪相的动力黏度(μ_a 和 μ_s)来考虑混合流中产生的广义剪应力 $\boldsymbol{\tau}_{Gm}$：

$$\frac{\partial}{\partial t}\rho_m \boldsymbol{u}_m + \nabla\cdot(\rho_m \boldsymbol{u}_m \boldsymbol{u}_m) = -\nabla p_m - \nabla\cdot(\rho_m c_p(1-c_p)\boldsymbol{u}_{cp0}\boldsymbol{u}_{cp0}) + \nabla\cdot\boldsymbol{\tau}_{Gm} + \rho_m \boldsymbol{g} \tag{11.5}$$

$$\boldsymbol{\tau}_{Gm} = (\mu_m + \mu_{Tm})(\nabla \boldsymbol{u}_m + (\nabla \boldsymbol{u}_m)^T) - \frac{2}{3}\rho_m k_m \boldsymbol{I} \tag{11.6}$$

$$\mu_m = \sum_{k=1}^{n} \alpha_k \mu_k \tag{11.7}$$

除此之外，随着颗粒浓度 α_s 的增加，颗粒所受气动拖曳力 $\boldsymbol{F}_D$ 也会增大，进而导致阻力系数 C_D 增大。模型中通过修改黏度来进行考虑，即将原有阻力系数计算方程中连续相黏度 μ_c 替换成混合相黏度 μ_m。修正后的颗粒阻力系数 C_D 为

$$C_D = \begin{cases} \dfrac{24}{Re_p}(1 + 0.1Re_p^{0.75}), & Re_p \leqslant 1\ 000 \\ 0.45\dfrac{1 + 17.67(f(\alpha_p))^{6/7}}{18.67 f(\alpha_p)}, & Re_p > 1\ 000 \end{cases} \tag{11.8}$$

$$f(\alpha_p) = \sqrt{1-\alpha_p}\left(\frac{\mu_c}{\mu_m}\right) \tag{11.9}$$

$$Re_p = \frac{d_p |\boldsymbol{u}_{cp}| \rho_c}{\mu_m} \tag{11.10}$$

通过分析可知，雪相黏度不仅影响流场结构，也影响颗粒受力和雪浓度空间分布。遗憾的是，以往浓度扩散方法仅通过调节 Schmidt 常数来考虑雪相动力黏度的影响，未能深入探讨雪相动力黏度的具体数值对风雪场的影响。故本节对此进行了详细研究。

2.雪相动力黏度估算

由于以往风雪模拟研究中缺乏雪相动力黏度 μ_s 的资料，故部分学者通过公式推导来反算雪相动力黏度。对于平衡状态下跃移层中的风雪混合流，混合相的动力黏度可由壁面临界剪应力计算得到。假设混合相为牛顿流体，则平衡状态下混合相的动力黏度系数可表述为

$$\mu_m = \frac{\rho_a u_t^{*2}}{\mathrm{d}u/\mathrm{d}z_{surf}} \tag{11.11}$$

对于近壁面，混合相的竖向速度梯度满足对数律。取阈值摩擦速度 u_t^* 为 0.15 m/s，

则计算得到的混合相动力黏度系数$\mu_m = 2.2 \times 10^{-6}$ N·s/m²。在压强为 101 kPa 情况下，空气的动力黏度系数$\mu_a = 17.9 \times 10^{-6}$ N·s/m²，因此雪相的动力黏度系数μ_s应小于2.2×10^{-6} N·s/m²。为简化计算，模拟时部分学者近似取雪相的动力黏度系数$\mu_s = 2.2 \times 10^{-6}$ N·s/m²。

3.雪相黏度实测

1995 年，Kouichi Nishimura 利用改进的黏度计对流化雪颗粒黏度进行了测量。试验分别对 A、B、C、D 4 组样本的雪颗粒属性进行了实测。A 组和 B 组是在日本札幌郊外收集的自然细小雪颗粒，其中 A 组为在 −10 ℃ 的冷库中存放了 8 个月的雪颗粒，B 组为在冷库中存放了 20 个月的雪颗粒，C 组为在冷库中存放了 2 年以上的雪颗粒，D 组为通过将水流喷射到冷空气中凝结得到的微小冰粒。不同组别雪颗粒的属性见表 11.3。

表 11.3　雪颗粒属性

组别	样本数 / 粒	存储时间 / 月	粒径 /mm		
			平均值	标准差	中位值
A	355	8	0.59	0.24	0.57
B	314	20	0.78	0.42	0.67
C	478	> 24	2.06	0.58	2.11
D	360	—	2.60	0.33	2.60

根据雪颗粒黏度的测量结果，流化雪颗粒的运动整体表现为宾汉流体（Bingham Fluid，属于非牛顿流体）。雪相的动力黏性系数μ_s取值在 0.01 ～ 0.1 N·s/m² 之间，屈服应力$\boldsymbol{\tau}_0$取值在 0 ～ 0.01 N/m² 范围内波动。

11.3.2　雪相黏度的数值模型

宾汉流体在低应力情况下表现为刚性体，但在高应力情况下会像黏性流体一样流动，其流动性为线性。流体应力应变曲线如图 11.9 所示。具体应力 − 应变关系满足式（11.12）要求：

$$\frac{\partial u_s}{\partial z} = \begin{cases} 0, & \boldsymbol{\tau} < \boldsymbol{\tau}_0 \\ (\boldsymbol{\tau} - \boldsymbol{\tau}_0)/\mu_s, & \boldsymbol{\tau} \geqslant \boldsymbol{\tau}_0 \end{cases} \tag{11.12}$$

Fluent 软件中可通过 Herschel − Bulkley 模型对宾汉塑性流体进行定义。模型方程为

$$\boldsymbol{\tau} = \eta \boldsymbol{D} \tag{11.13}$$

$$\eta = \frac{\boldsymbol{\tau}_0}{\dot{\gamma}} + \dot{k}\left(\frac{\dot{\gamma}}{\dot{\gamma}_c}\right)^{n-1} \quad \dot{\gamma} > \dot{\gamma}_c \tag{11.14}$$

式中，η 为非牛顿流体广义动力黏度；$\boldsymbol{D}$ 为应变张量；$\boldsymbol{\tau}_0$ 为屈服应力；$\dot{k}$ 为稠度；$\dot{\gamma}$ 为应变率；$\dot{\gamma}_c$ 为临界应变率；n 为指数系数。当 n 取 1.0 时，式（11.14）可表示宾汉塑性流体的本构关系，即

Bingham 流体：

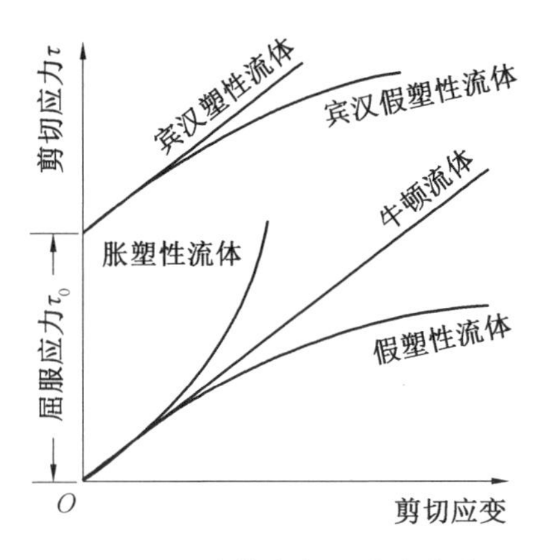

图 11.9　流体应力－应变曲线

$$\tau = \tau_0 + \mu_s \varepsilon \tag{11.15}$$

$$\tau = \tau_0 + \dot{k}\dot{\gamma} \tag{11.16}$$

因为 $\dot{\gamma} = \varepsilon$，故 $\mu_s = \dot{k}$，$\dot{k}$ 对应宾汉流体的动力黏度系数 μ_s。

11.3.3　自由流场中雪相黏度对风雪场的影响

为充分探讨雪相黏度对风雪运动的影响。选取 Okaze 在日本新庄实验室的试验结果进行对比分析。

1.风洞试验原型

图 11.10 为风洞试验示意图。风洞试验段截面尺寸为 1.0 m(y)×1.0 m(z)。试验段底部铺设 0.02 m 厚的雪层。在试验段 －1.0 ～ 0.0 m 范围内铺设了硬质雪层，在 0.0 ～ 12.0 m 范围内通过播散铺设松散雪层以还原积雪漂移的发展过程。试验中，沿流向分别测量了 5 个剖面处的风剖面和雪通量剖面(x ＝1.0 m、3.0 m、6.0 m、9.0 m、11.5 m)。图 11.11 给出了试验入流边界剖面，其中 U_H 为参考高度处的顺流风速，取 7 m/s。流场在 x =11.5 m 处达到稳定，故模拟重点对 x ＝11.5 m 处的风雪剖面进行对比研究。

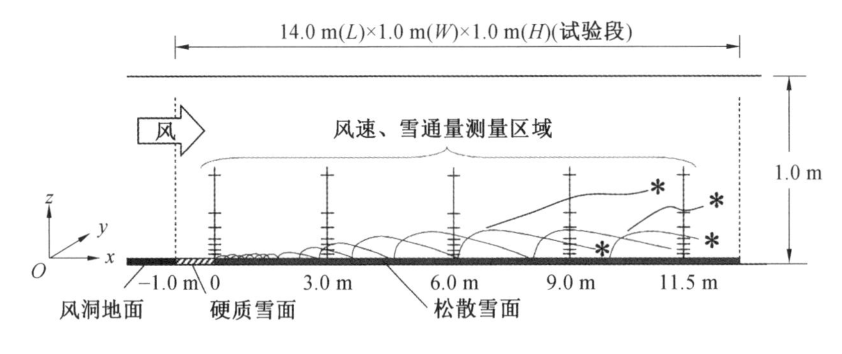

图 11.10　风洞试验示意图

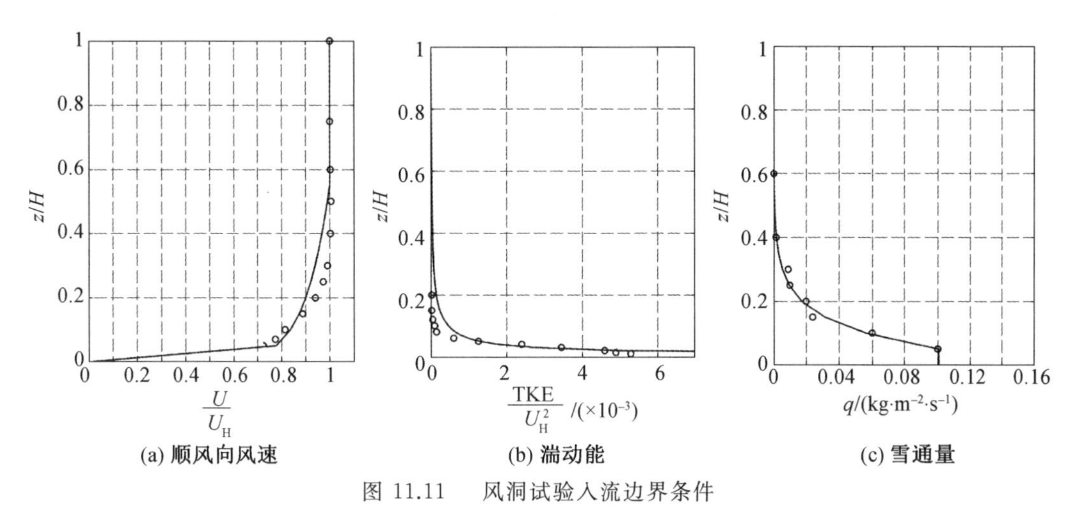

图 11.11　风洞试验入流边界条件

2.网格划分与边界条件

模拟计算域尺寸为 13.0 m(x)×1.0 m(y)×1.0 m(z)，与风洞试验段尺寸一致。网格采用结构化网格。计算域整体沿各向划分为128(x)、48(y)和36(z)个网格，整体网格总数为211 184个。首层网格高度为0.03 m，约等于跃移层高度。边界条件见表11.4。模拟雪颗粒参数见表11.5。

表 11.4　边界条件

参数		条件
入流速度	空气相	风洞测量风速剖面，如图 11.11(a) 所示
	雪相	风洞测量风速剖面，如图 11.11(a) 所示
	混合相	风洞测量湍动能剖面，如图 11.11(b) 所示
入流雪浓度	空气相	根据入流雪相体积分数计算得到
	雪相	风洞测量雪通量剖面，如图 11.11(c) 所示
侧面和顶部边界		壁面边界(Wall)
出流边界		压力出口(Pressure Outlet)
模型壁面		光滑壁面(Wall)，采用标准壁面函数

表 11.5　模拟雪颗粒参数

参数	最终沉降速度 w_f	阈值摩擦速度 u_t^*	颗粒直径 d_s	雪颗粒密度 ρ_s	积雪表观密度 $\rho_{s,0}$
取值	0.2 m/s	0.15 m/s	1.5×10^{-4} m	250 kg/m^3	150 kg/m^3

3.对比工况

为探讨雪相黏度的影响，共设置5种模拟工况，见表11.6。工况N−2.2为牛顿流体，动力黏度系数μ_s取估算值2.2×10^{-6} N·s/m^2；工况B−0.01−0.01和工况B−0.01−0.1为宾汉流体，具体数值参考Kouichi Nishimura的实测数据。此外，因实测过程中也存在$\tau_0=0$ N/m^{2}的情况，故引入工况N−0.01和工况N−0.1来探讨小屈服应力($\tau_0=$

0 N/m²）对模拟结果的影响。

表 11.6　模拟工况

工况	雪相黏度		描述
	动力黏度系数 μ_s /(N·s·m^{-2})	屈服应力 τ_0 /(N·m^{-2})	
工况 N－2.2	2.2×10^{-6}	—	牛顿流体
工况 N－0.01	0.01	—	牛顿流体
工况 N－0.1	0.1	—	牛顿流体
工况 B－0.01－0.01	0.01	0.01	宾汉流体
工况 B－0.1－0.01	0.1	0.01	宾汉流体

4.结果对比

（1）雪相黏度对风雪场的影响。

图 11.12 给出了不同黏度情况下稳定段（x ＝11.5 m）风场和雪场的竖向分布剖面。由于宾汉流体的屈服应力（τ_0＝0.01 N/m²）较小，工况 N－0.01 和工况 B－0.01－0.01 以及工况 N－0.1 和工况 B－0.1－0.01 的曲线完全重合。雪相黏度系数 μ_s 对风速和湍动能分布有明显影响，但对雪浓度空间分布的影响微乎其微。其中，顺风向风速的竖向梯度随雪相黏度系数的增加而减小。由于风洞试验采用的是储存后的雪颗粒，因此趋势上高黏度的结果与风洞试验结果更加吻合。此外，随着雪浓度沿高度向下递增，不同工况间风速剖面的差异逐渐增大，继而表明随着雪浓度的增加，雪相黏度对风速的影响程度存在增强趋势。湍流影响方面，随着雪相黏度的增加，湍动能存在递减趋势。随着雪浓度的增加，雪相黏度对湍动能的影响同样存在增强趋势。然而，相较于黏度对风场的显著影响，黏度对雪浓度的影响几乎为零。

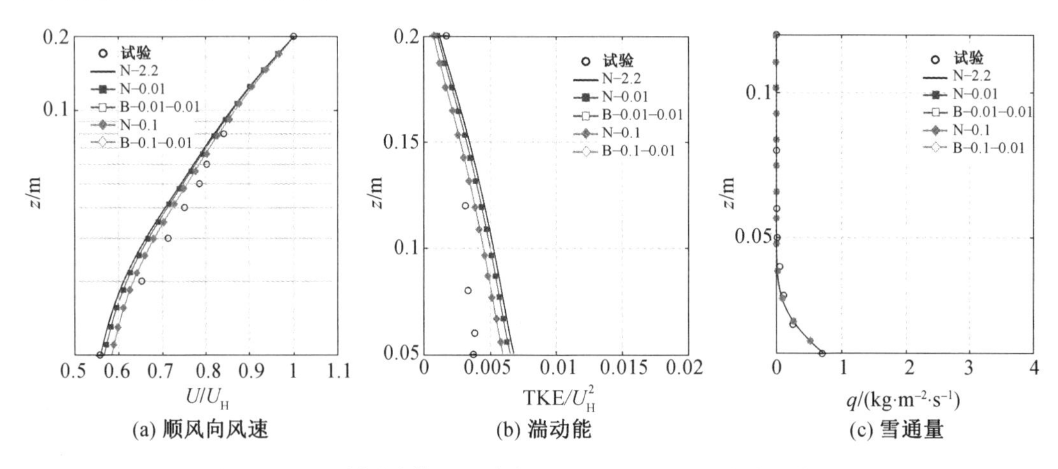

图 11.12　不同黏度情况下稳定段（x ＝ 11.5 m）风场与雪场剖面

（2）不同降雪量下雪相黏度的影响分析。

由上述分析知，雪浓度会严重制约雪相黏度对风雪场的影响程度。为探讨实际降雪情况中雪相黏度对风雪场的影响，这里对不同降雪量情况下雪相黏度的影响程度进行了分析。

参考我国《规范》和日本 AIJ 规范，给出了 3 种情况下的降雪量，即 12 h 内的地面基本雪压分别达到 0.45 kN/m^2、1.0 kN/m^2 和 30.0 kN/m^2 时的降雪量。其中，0.45 kN/m^2 为我国哈尔滨市 50 年重现期内的地面基本雪压；1.0 kN/m^2 为我国城市地区最大的地面基本雪压；30.0 kN/m^2 为日本最大地面基本雪压（山区），由于实际中无法达到此降雪深度，故在此仅作为上限值来探讨浓度对风雪场的影响。假定雪颗粒密度为 250 kg/m^3，沉降速度为0.2 m/s，则不同基本雪压情况下的降雪浓度参数可按式(9.62) 计算，入流雪浓度取空中降落雪浓度，结果见表 11.7。模拟时采用雪浓度均匀入流来考虑不同降雪情况。其他模拟设置和雪相黏度工况设置同上，以探究不同降雪条件下雪黏度对风雪场的影响。

表 11.7　不同地面基本雪压情况下降雪浓度参数

地面基本雪压 s_0/(kN·m^{-2})	降雪浓度 Φ_{in}/(kg·m^{-3})	降雪相体积分数 $\alpha_{s,in}$
0.45	0.005	0.000 035
1.0	0.012	0.000 08
30.0	0.35	0.002 3

图 11.13 为不同降雪量情况下雪相黏度对风速分布的影响。由图可知，随着降雪浓度的增加，不同黏度曲线的差异更加明显，继而验证了降雪浓度对雪相黏度影响程度的增强作用，但对于降雪浓度Φ_{in} <0.012 kg/m^3($s_0 \leqslant 1.0$ kN/m^2) 的情况，雪相黏度对湍动能分布的影响基本稳定。图11.14 为不同降雪量情况下雪相黏度对湍动能分布的影响，其规律与风速分布完全一致，即对于一般降雪情况，雪相黏度对湍动能分布的影响基本稳定。图11.15 为不同降雪量情况下雪相黏度对雪浓度分布的影响。其中，对于Φ_{in} < 0.012 kg/m^3 的情况，由于颗粒受到侵蚀，重新进入流场，进而生成典型吹雪条件下的雪浓度剖面；对于Φ_{in} =0.35 kg/m^3(s_0 =30.0 kN/m^2) 的情况，由于流域内雪颗粒浓度过大，导致沉积量大于侵蚀量，进而形成上大下小的以降雪为主导的雪剖面。由于整个流域内雪颗粒浓度较大，雪相黏度对雪浓度的分布产生了部分影响。

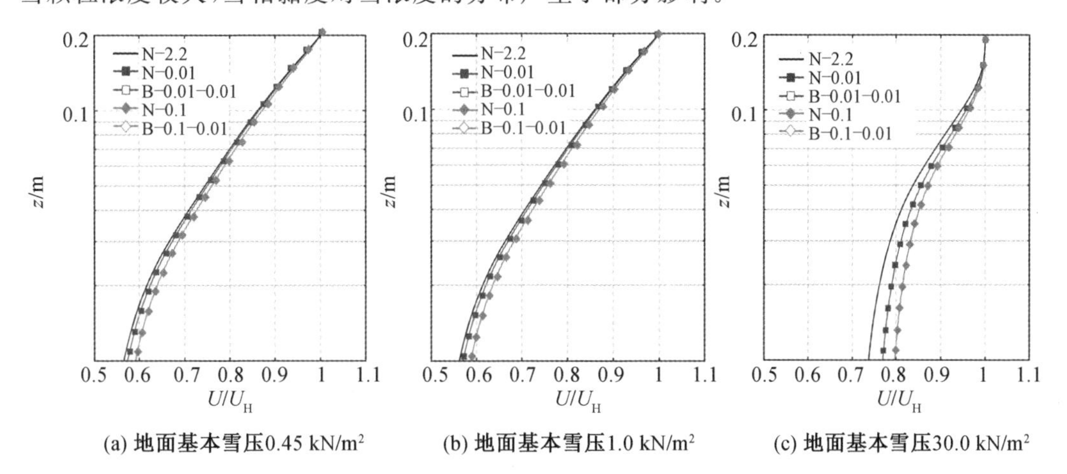

(a) 地面基本雪压0.45 kN/m^2　(b) 地面基本雪压1.0 kN/m^2　(c) 地面基本雪压30.0 kN/m^2

图 11.13　不同降雪量情况下雪相黏度对风速分布的影响

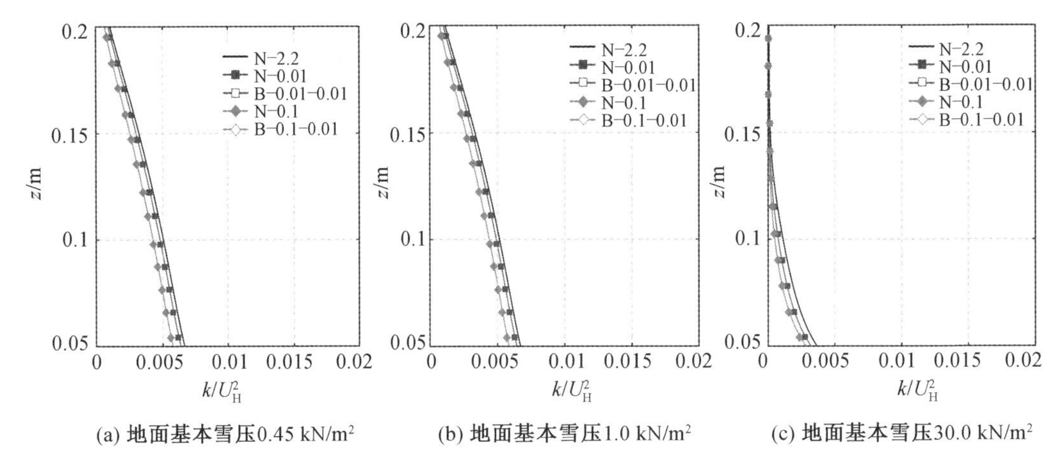

(a) 地面基本雪压0.45 kN/m² (b) 地面基本雪压1.0 kN/m² (c) 地面基本雪压30.0 kN/m²

图 11.14 不同降雪量情况下雪相黏度对湍动能分布的影响

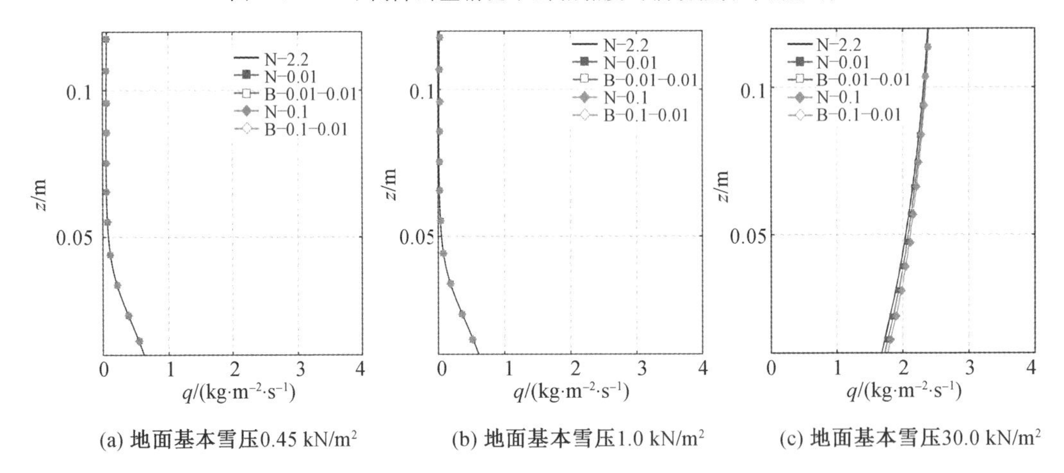

(a) 地面基本雪压0.45 kN/m² (b) 地面基本雪压1.0 kN/m² (c) 地面基本雪压30.0 kN/m²

图 11.15 不同降雪量情况下雪相黏度对雪浓度分布的影响

通过上述分析可知，由于实测宾汉流体的屈服应力较小，其风雪场剖面与不考虑屈服应力的剖面重合，因此该屈服应力对风雪场的影响可忽略不计。模拟时，可将雪相简化为牛顿流体进行分析。此外，随着流域内雪颗粒浓度的增加，雪相黏度对风场存在较大的影响；当雪浓度足够大时，雪相黏度对雪浓度的影响才会体现出来。然而目前存在的降雪环境无法达到此降雪浓度限值。但需要注意的是，对于钝体绕流的情况，由于气流分离，分离点处颗粒浓度骤增，进而会增强雪黏度的影响力度。因此下文对于存在钝体绕流情况的局部高浓度雪颗粒运动进行分析。

11.3.4 钝体绕流中雪相黏度对风雪场的影响

1.工况设置

为讨论钝体周边流场中高浓度区域内雪相黏度对风雪场的影响，这里对标准立方体周边风雪运动进行讨论。模拟设置同本篇 11.2.2 节。雪相黏度设置方面，分别定义了动力黏度系数 $\mu_s = 2.2\times10^{-6}$ N·s/m² 的牛顿流体，以及屈服应力 $\tau_0 = 0.01$ N/m²、动力黏度

系数 $\mu_s=0.01\ \mathrm{N\cdot s/m^2}$ 和 $0.1\ \mathrm{N\cdot s/m^2}$ 的宾汉流体。

2.结果分析

图 11.16 对比了不同雪相黏度情况下跃移层（$z/H=0.05$）内建筑周边风速 $U_{a,x}/U_H$ 和湍动能 k/U_H^2 分布。通过对比可以看出，在建筑迎风面存在明显的气流分离。对于高黏度的雪颗粒，在相同强度分离气流的情况下，湍动能方程中的湍动能扩散项会被放大，导致建筑迎风面前缘混合相湍动能增大。

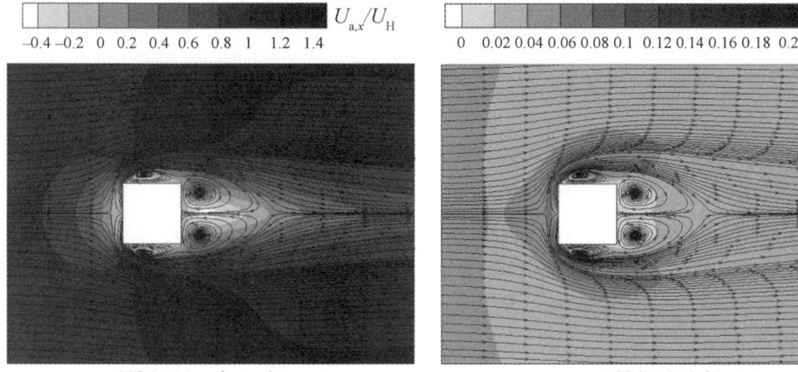

无量纲顺风向风速 $U_{a,x}/U_H$　　无量纲湍动能 k/U_H^2

(a) 牛顿流体 $\mu_s=2.2\times10^{-6}\ \mathrm{N\cdot s/m^2}$

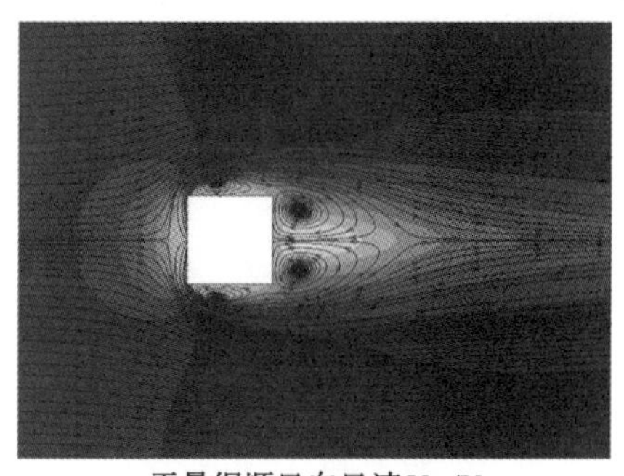
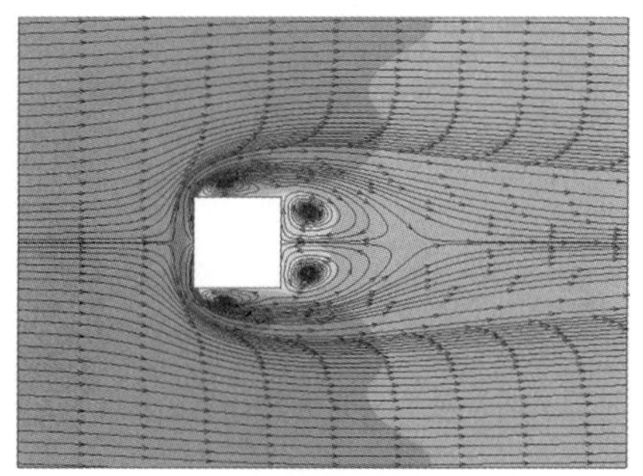

无量纲顺风向风速 $U_{a,x}/U_H$　　无量纲湍动能 k/U_H^2

(b) 宾汉流体 $\mu_s=0.01\ \mathrm{N\cdot s/m^2},\tau_0=0.01\ \mathrm{N/m^2}$

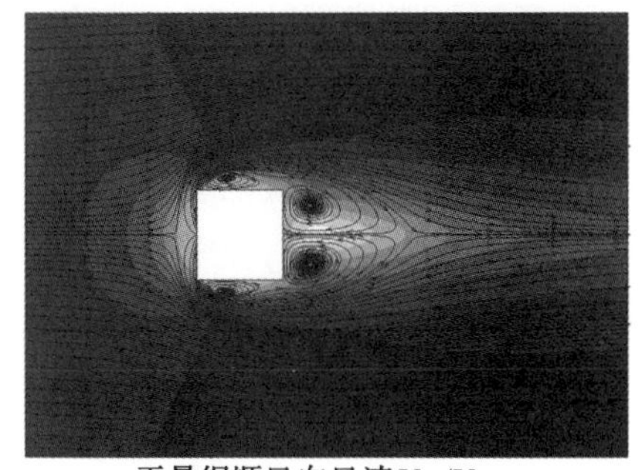
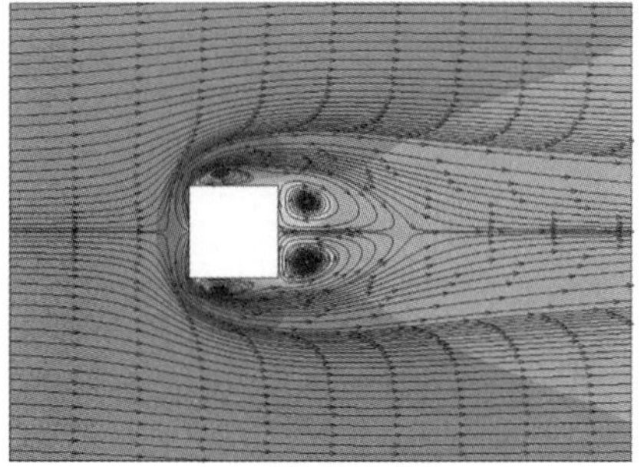

无量纲顺风向风速 $U_{a,x}/U_H$　　无量纲湍动能 k/U_H^2

(c) 宾汉流体 $\mu_s=0.1\ \mathrm{N\cdot s/m^2},\tau_0=0.01\ \mathrm{N/m^2}$

图 11.16　不同雪相黏度情况下跃移层（$z/H=0.05$）内建筑周边风速 $U_{a,x}/U_H$ 和湍动能 k/U_H^2 分布

图 11.17 对比了不同雪相黏度情况下跃移层($z/H=0.05$)内建筑周边的摩擦速度 u^*/u_t^* 和漂移雪浓度 Φ 分布。对于高黏度工况，建筑迎风向角部气流分离处的摩擦速度明显增大，远大于雪颗粒的阈值摩擦速度。由于更多颗粒发生侵蚀，在两侧分离气流的下风向，颗粒漂移浓度明显增加。通过分析可以看出，对于降雪环境下的自由流场，由于流域中颗粒浓度相对较小，雪相黏度仅对风速和湍动能分布造成影响。但对于存在明显气流分离的钝体绕流，雪相黏度的增加会导致气流分离点处局部摩擦速度的增大，进而造成局部雪浓度突变。因此对于钝体绕流，应充分考虑雪相黏度对风雪场的影响。

u^*/u_t^* 0.2 0.4 0.6 0.8 1 1.2 1.4 1.6 1.8 2 2.2 2.4 2.6 2.8 3 3.2 3.4

$\Phi/(\mathrm{kg \cdot m^{-3}})$ 0 0.04 0.08 0.12 0.16 0.2 0.24 0.28 0.32 0.36 0.4

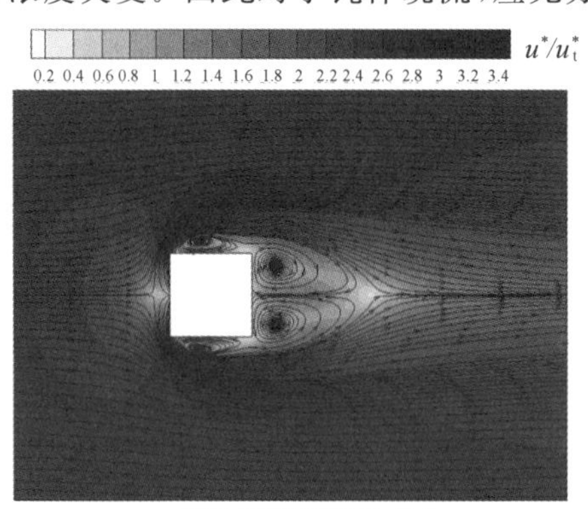

无量纲摩擦速度u^*/u_t^*　　漂移雪浓度Φ

(a) 牛顿流体$\mu_s=2.2\times10^{-6}$ N·s/m^2

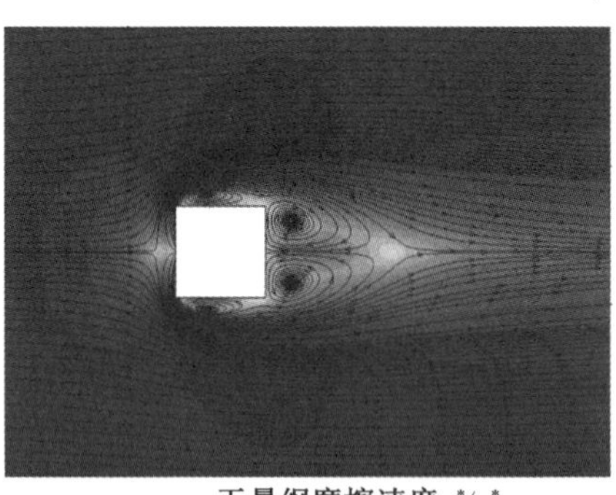

无量纲摩擦速度u^*/u_t^*　　漂移雪浓度Φ

(b) 宾汉流体$\mu_s=0.01$ N·s/m^2,$\tau_0=0.01$ N/m^2

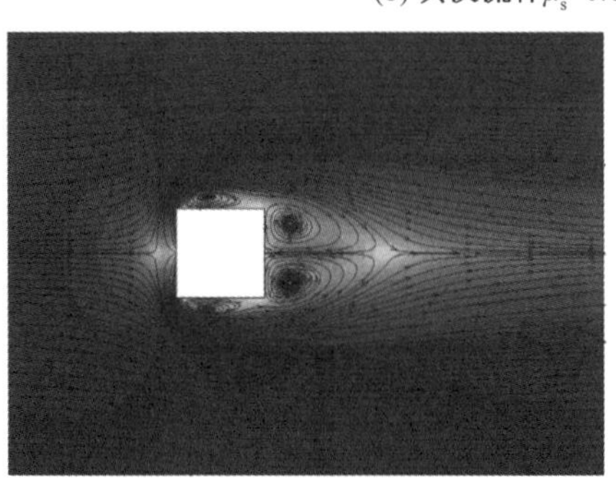

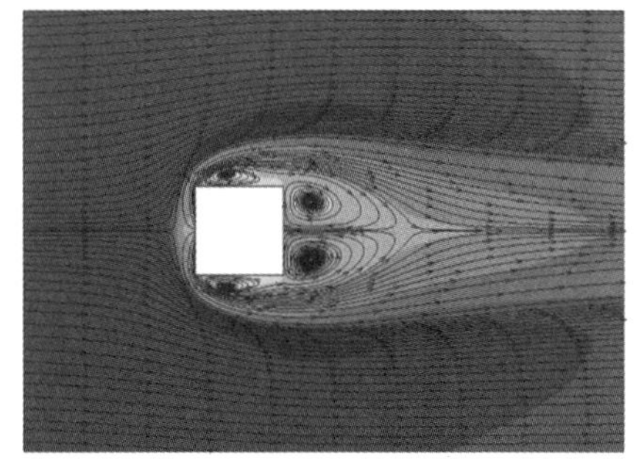

无量纲摩擦速度u^*/u_t^*　　漂移雪深度Φ

(c) 宾汉流体$\mu_s=0.1$ N·s/m^2,$\tau_0=0.01$ N/m^2

图 11.17　不同雪相黏度情况下跃移层($z/H=0.05$)内建筑周边的摩擦速度 u^*/u_t^* 和漂移浓度 Φ 分布

11.4　入流风速对风雪运动的影响

11.4.1　模拟参数与对比工况设置

风雪运动过程中，对于平坦开阔地面，当代表气动剪应力的摩擦速度小于阈值摩擦速度时，雪面将保持静止，没有雪颗粒会被气流带起发生跃移运动；但当入流风速增加，以致摩擦速度大于阈值摩擦速度时，雪颗粒将会被气流带起。运动的雪颗粒会从气流中吸取动能，并在与地面的碰撞过程中耗散。损失动能的气流速度会进一步降低，导致空气中饱和雪浓度降低，颗粒沉降并脱离流体域。因此，在风雪运动过程中存在某种“自平衡机制”来自动调整流体域内的雪浓度和近壁面摩擦速度。该机制的正确还原对大跨屋面积雪漂移发展过程的模拟至关重要。“自平衡机制”的模拟涉及风雪双向耦合和跃移层雪浓度的自我修正机制。为进一步检验非平衡态混合流模型对“自平衡机制”的还原程度，本节对不同风速条件下风雪漂移发展过程进行了模拟研究。

由本篇 10.3.1 节知，非平衡态混合流模型通过向雪相连续方程中引入源项 S_s（式(10.41)）来考虑由颗粒沉积侵蚀引起的跃移层内雪浓度变化。为便于分析积雪漂移发展过程中雪浓度的变化量，此处定义因颗粒沉积侵蚀造成的跃移层雪浓度变化量为地面漂移雪浓度 Φ_{surf}，即

$$\Phi_{surf}=S_s=-\frac{M_{total}}{h_p\Delta x\Delta y} \tag{11.17}$$

式中，Φ_{surf} 为地面漂移雪浓度，当雪面总体呈现沉积时为负值，流域内雪颗粒会脱离计算域进入地面，当雪面总体呈现侵蚀时为正值，地面侵蚀颗粒会重新进入计算域。

工况设置方面，同样选取本篇 10.3 节立方体周边积雪分布进行积雪漂移发展过程分析。由于本篇 10.3 节工况中入流雪浓度 Φ_{in} 远大于当前风速下的饱和雪浓度 Φ_{sat}（图 10.14），大量雪颗粒沉积于入口边界。为进一步探讨积雪漂移过程中雪颗粒的传输机制，分析不同风速对建筑周边积雪漂移的影响，拟对 6 种更大风速下积雪漂移过程进行模拟，模拟工况见表 11.8。除入流风速外，其他参数均与本篇 10.3 节表 10.1 相同。

表 11.8　模拟工况

工况	工况 2－5	工况 2－7	工况 2－9	工况 2－11	工况 2－13	工况 2－15
入流风速 /(m·s^{-1})	5	7	9	11	13	15

11.4.2　不同风速下风雪运动自平衡机制分析

自平衡机制的作用主要表现在壁面摩擦速度 u^* 和跃移层雪浓度 Φ 的变化上，故本节结合这两个变量对有漂移情况下非平衡态混合流模型进行了进一步讨论。

1.摩擦速度

基于阈值摩擦速度 u_t^* 的不同风速下归一化近壁面无量纲摩擦速度 u^*/u_t^* 分布如图 11.18 所示。对于不同工况，除建筑迎风向驻涡区和背风向尾流区的摩擦速度小于阈值摩

擦速度外，其余近壁面区域的摩擦速度均大于阈值摩擦速度，即雪面上均有漂移发生。此外，整体摩擦速度随入流风速的增加而增大。细节方面，当入流风速小于 9 m/s 时，在入流边界处，摩擦速度先减小，之后在模型上游区域逐渐增加，最后达到平衡；当入流风速大于11 m/s 时，摩擦速度不断减小，最后趋近于平稳；当入流风速介于 9 ～ 11 m/s 之间时，模型上游摩擦速度基本稳定。不同风速下，上游摩擦速度的变化与跃移层内雪浓度变化有密切联系，下文将进行讨论。

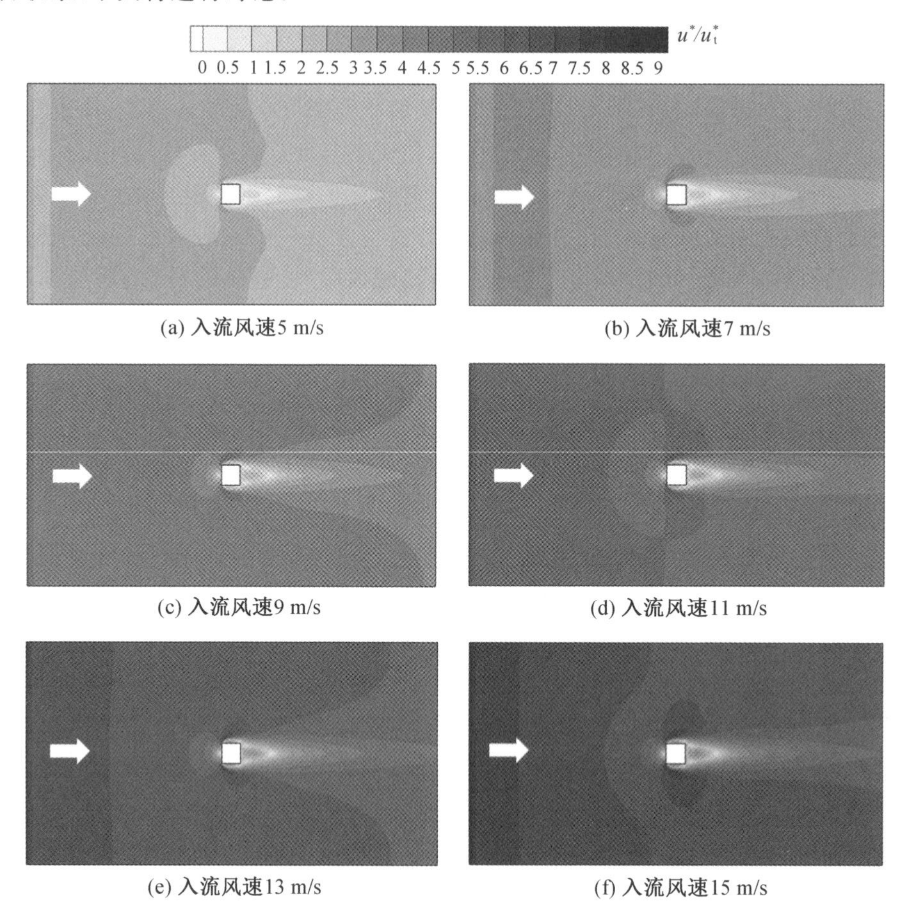

(a) 入流风速5 m/s　(b) 入流风速7 m/s

(c) 入流风速9 m/s　(d) 入流风速11 m/s

(e) 入流风速13 m/s　(f) 入流风速15 m/s

图 11.18　不同风速下归一化近壁面无量纲摩擦速度 u^*/u^*_t 分布

2.雪浓度

图 11.19 为不同风速下中心竖向截面处($y/H=0.0$)雪浓度剖面。不同工况下，悬移层的雪浓度相同，而近壁面区域的漂移雪浓度差异较大，尤其在跃移层($z<0.1$ m)。漂移雪浓度值随入流风速的增加而迅速增大。

图 11.20 给出了不同风速下上游跃移层内无量纲漂移雪浓度 Φ/Φ_{in} 随距离发展关系对比图。图 11.21 为不同风速下上游跃移层($z/H=0.05$)内无量纲地面漂移雪浓度 Φ_{surf}/Φ 随距离发展关系对比图，该浓度由积雪表面发生沉积和侵蚀造成，参照式(11.17)计算。当 $\Phi_{surf}/\Phi\geqslant0$ 时，侵蚀效应大于沉积效应，即雪颗粒被重新吹入流场；当 $\Phi_{surf}/\Phi<$

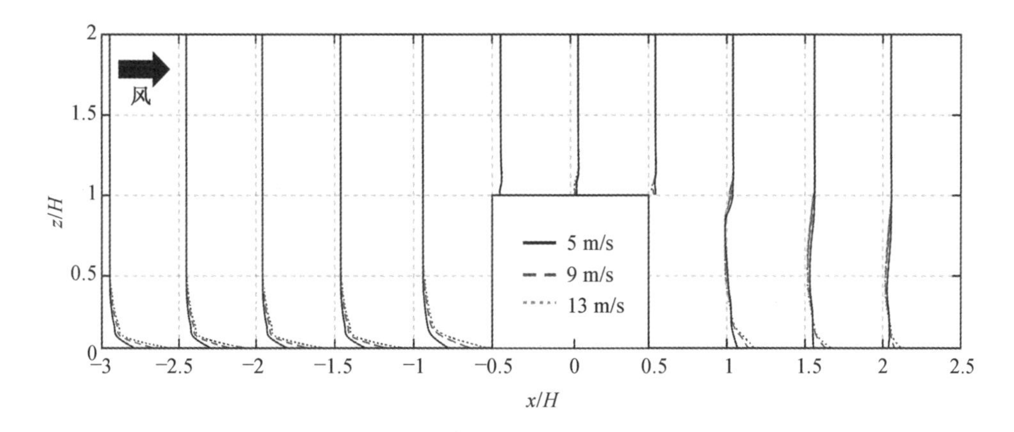

图 11.19　不同风速下中心竖向截面处($y/H=0.0$)雪浓度剖面

0 时,沉积效应起主导作用,雪颗粒会脱离流场。漂移雪浓度 Φ 根据跃移层入流漂移雪浓度进行归一化处理($\Phi_{in}=0.4\ kg/m^3$);地面漂移雪浓度 Φ_{surf} 根据同一网格内漂移雪浓度 Φ 进行归一化。由图 11.20 可知,当入流风速小于 9 m/s 时,由于入流风速小于当前饱和浓度对应的风速,漂移雪浓度 Φ 从入口附近开始减小,大部分雪颗粒沉积并脱离流体域($\Phi_{surf}/\Phi<0$),随着雪浓度减小,雪颗粒的阻尼效应减弱,摩擦速度增大(图 11.18),雪浓度下降速度减慢,漂移过程逐渐趋于平衡。当入流风速大于 11 m/s 时,入口边界附近的摩擦速度远高于阈值摩擦速度,大量雪颗粒被气流重新带入流场($\Phi_{surf}/\Phi>0$)。增加的雪浓度增强了颗粒的阻尼作用,进而导致摩擦速度减小。对于入流风速在 9～11 m/s 之间的情况,漂移过程基本处于平衡状态,摩擦速度和雪浓度波动不大。因此可以看出,模拟结果很好地再现了不同风速条件下积雪漂移的“自平衡机制”。此外,由于跃移层入流雪浓度较高,达到平衡状态后,所有工况总体表现为沉积,因此跃移层中漂移雪颗粒主要来自上游区域。地面漂移雪浓度 Φ_{surf} 占漂移雪浓度 Φ 的 30%～60%,如图 11.21 所示。

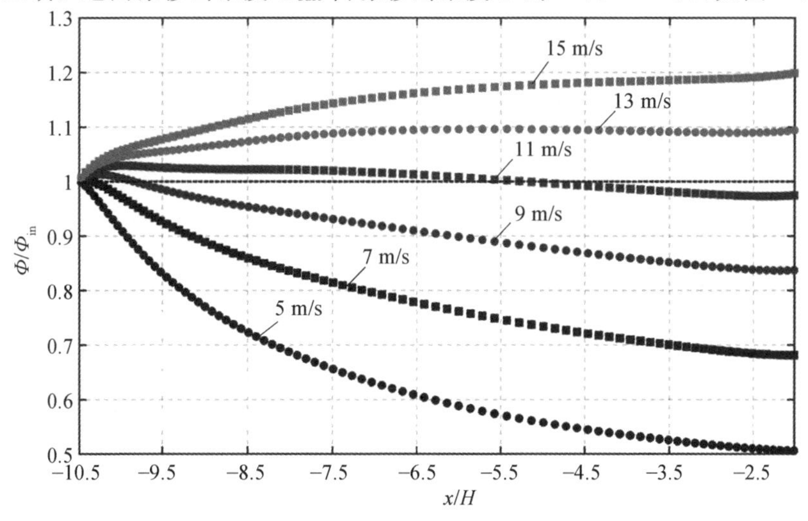

图 11.20　不同风速下上游跃移层内无量纲漂移雪浓度 Φ/Φ_{in} 随距离发展关系对比图

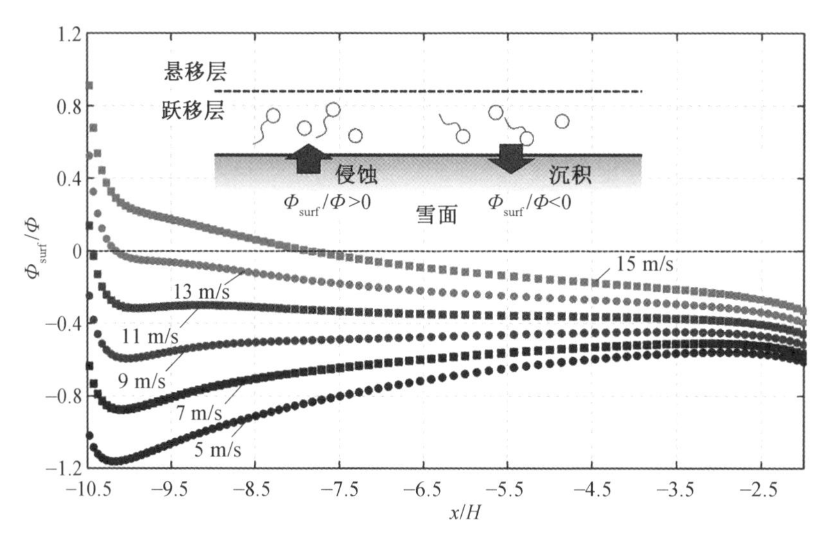

图 11.21　不同风速下上游跃移层($z/H=0.05$)内无量纲地面漂移雪浓度 Φ_{surf}/Φ 随距离发展关系对比图

图 11.22 给出了不同风速下建筑周边跃移层($z/H=0.05$)内漂移雪浓度 Φ 和地面漂移雪浓度 Φ_{surf} 局部分布图。所有工况下的漂移雪浓度 Φ 分布形式相似,即在建筑迎风向前端形成了一个漂移雪浓度 Φ 高值区,并向建筑两侧延伸。随着风速的增加,漂移浓度 Φ 不断增大。对于地面漂移雪浓度 Φ_{surf},在远离建筑的积雪漂移发展平衡区,Φ_{surf} 值趋于相同,约为 $-0.2\ kg/m^3$,而在建筑周围分离区内,Φ_{surf} 值随入流风速的增加而迅速增大,且与 Φ 值相近。因此,地面漂移雪浓度 Φ_{surf} 对积雪漂移发展的影响主要集中在建筑周围非平衡区,且风速越大影响越大。

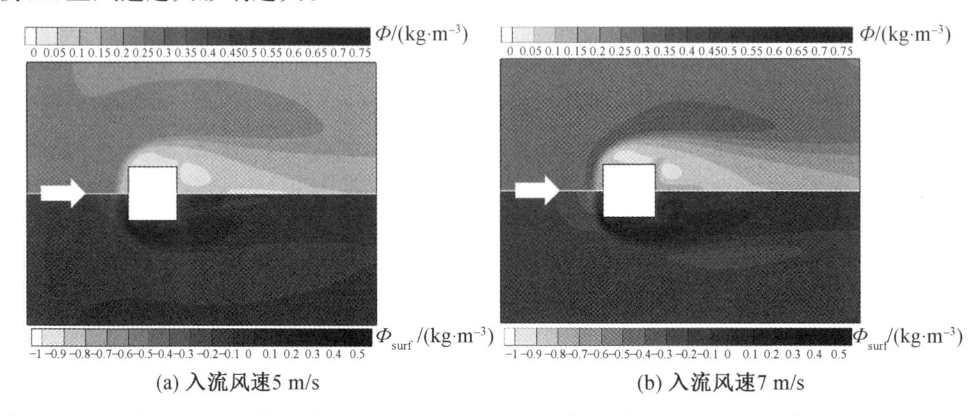

图 11.22　不同风速下建筑周边跃移层($z/H=0.05$)内漂移雪浓度 Φ 和地面漂移雪浓度 Φ_{surf} 局部分布图

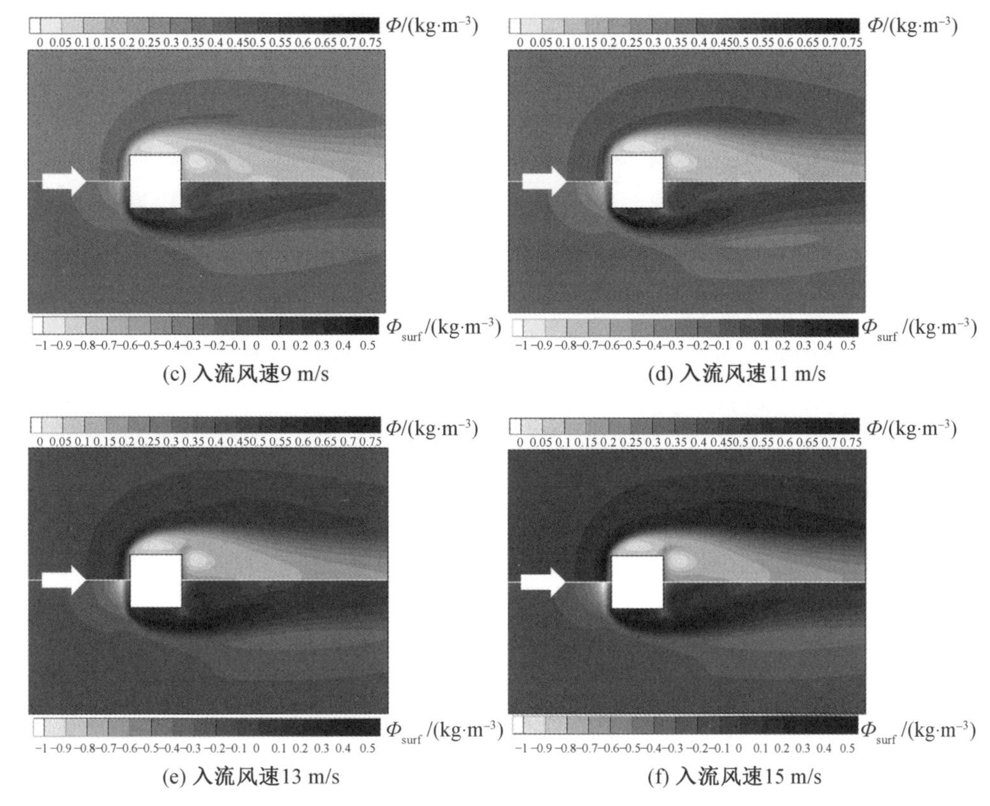

(c) 入流风速9 m/s　　(d) 入流风速11 m/s

(e) 入流风速13 m/s　　(f) 入流风速15 m/s

续图 11.22

11.4.3　不同风速下积雪分布形式分析

图 11.23 为不同风速下无量纲雪深分布图。基准雪深 q_{standard} 取悬移层颗粒浓度和颗粒沉降速度的乘积，即 $\Phi_{\text{in\_sus}} w_{\text{f}} = 0.05\ \text{kg/m}^3 \times 0.2\ \text{m/s}$。由图可知，不同工况下建筑周边积雪分布形式类似(迎风向角部的侵蚀区和建筑前后的沉积区)。但在入流风速较低的情况下($U_{\text{H}} \leqslant 7$ m/s)，由于入流边界处的雪浓度超过饱和雪浓度，沉积主要发生在入流边界，只有少量雪颗粒向下游移动，因此建筑周围的沉积量相对较小。当入流风速较高时($U_{\text{H}} \geqslant 13$ m/s)，上游发生严重侵蚀，更多雪颗粒被吹向下游，从而导致建筑前方和下游周边区域堆雪量显著增加。当入流风速介于 7 ~ 13 m/s 之间时，建筑上游区域积雪分布变化相对平缓。总体来说，较高的入流风速会加速颗粒向下游移动，促使不均匀堆积形成。

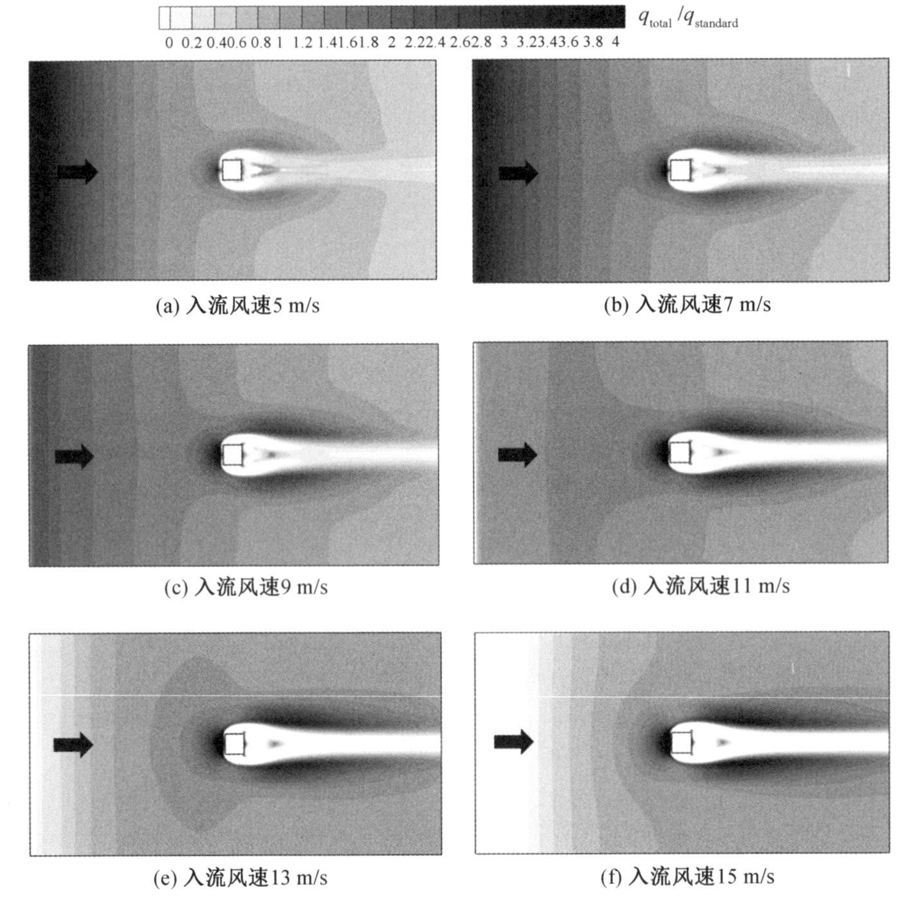

(a) 入流风速5 m/s (b) 入流风速7 m/s

(c) 入流风速9 m/s (d) 入流风速11 m/s

(e) 入流风速13 m/s (f) 入流风速15 m/s

图 11.23 不同风速下无量纲雪深分布图

图 11.24 为不同入流风速条件下中心竖向截面无量纲雪深剖面对比图。为对比不同入流风速条件下的堆雪量，无量纲雪深取各工况的总沉积通量 $q_{\text{total,工况}2-i}$ 与工况 2－5 中建筑迎风向最大总沉积通量 $q_{\text{total,工况}2-5}$ 的比值。通过对比，建筑前方的雪深剖面形式相似，而积雪的峰值深度随着入流风速的增加而迅速增大。在紧邻建筑物背风侧 ($0.5 < x/H < 1.0$) 也观察到类似规律；而在 $1.0 \leqslant x/H < 3.0$ 的区域，当入流风速较低 ($U_H \leqslant 9$ m/s) 时，积雪剖面为无明显峰值点的面状荷载，当入流风速较高 ($U_H \geqslant 11$ m/s) 时，积雪剖面为三角形荷载。

图 11.25 定量对比分析了不同入流风速条件下建筑迎 / 背风向的峰值雪深 ($\mu_{\text{peak,wind}}$，$\mu_{\text{peak,lee}}$) 和堆雪量 ($\mu_{\text{mass,wind}}$，$\mu_{\text{mass,lee}}$)。$\mu_{\text{peak,wind}}$ 和 $\mu_{\text{peak,lee}}$ 分别为根据工况 2－5 归一化后的迎风向和背风向无量纲峰值雪深；$\mu_{\text{mass,wind}}$，$\mu_{\text{mass,lee}}$ 分别为根据工况 2－5 归一化后的迎风向和背风向无量纲堆雪量。具体计算方法如图 11.25 所示。通过对比可知，随着风速的增加，更多漂移雪颗粒被建筑物阻挡发生沉积。迎风向峰值雪深 $\mu_{\text{peak,wind}}$ 随入流风速线性增大。迎风向堆雪量 $\mu_{\text{mass,wind}}$ 随风速的提高迅速增加，但增长趋势逐渐减缓。与之相比，背风向的峰值雪深 $\mu_{\text{peak,lee}}$ 和堆雪量 $\mu_{\text{mass,lee}}$ 对风速的敏感性较低。

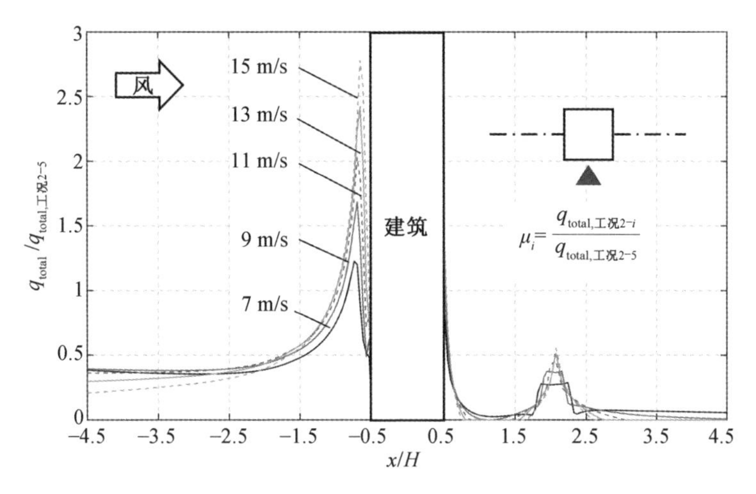

图 11.24　不同入流风速条件下中心竖向截面无量纲雪深剖面对比图

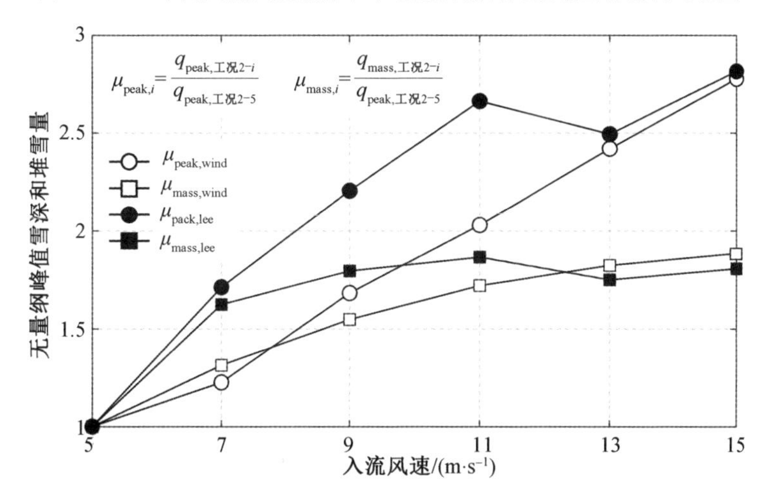

图 11.25　不同入流风速条件下建筑迎 / 背风向峰值雪深和堆雪量对比图

第12章　大跨球壳屋面雪荷载模拟研究

12.1　引　言

在特定降雪和风场条件下，建筑物来流方向的雪颗粒会在屋面低风速区沉降堆积。当屋面形成的局部雪荷载大于结构承载力时，便会发生结构开裂或倒塌。为有效解决建筑环境中存在的堆雪问题，需首先对建筑屋面和周边积雪的空间分布进行准确预测。现有研究方法中，实地观测和风洞试验因受气象条件和相似准则制约，无法开展屋面雪荷载精细化研究。相较之下，数值模拟凭借较高的预测精度和计算效率，更多地被应用于建筑雪环境模拟中，成为学者们的研究热点。

数值模拟在建筑环境风雪运动研究领域中的应用开始于20世纪90年代初。起初的研究重点是平坦开阔地面和建筑周边的积雪漂移过程。由于屋面雪荷载预测涉及雪颗粒运动和风雪间复杂的相互作用，目前仅有少数学者尝试利用数值模拟研究屋面雪荷载分布。其中，Thiis对挪威奥斯陆拱形体育馆屋面上积雪分布进行了模拟研究，并将模拟结果与现场实测结果进行了对比。模拟的积雪分布趋势与实测雪分布得到较好吻合。Tominaga采用改进的浓度扩散方法研究了不同坡度双坡屋面上积雪分布，并将不同入流风速下的屋面积雪分布系数与实测结果和ISO荷载规范进行了对比分析。模拟结果与实测数据基本吻合。Zhou提出了一种准稳态方法来模拟平屋面建筑上积雪重分布。该方法根据气象资料，将积雪漂移过程分为若干阶段。在各阶段，积雪的沉积或侵蚀被认为是在稳定状态下发生。利用该方法得到的积雪重分布与风洞试验结果基本一致。

虽然上述学者陆续开展了建筑屋面雪荷载研究，但数值模型并未充分考虑建筑屋面积雪分布的形成特点（如：风雪双向耦合和积雪漂移非平衡发展过程）。此外，研究的主体也局限于小尺度、简单、规则体形的建筑（如：双坡屋面和平屋面建筑），对大跨度空间结构屋面雪荷载的模拟研究相对较少。考虑到我国建筑屋面荷载标准仅对部分大跨屋面形式（柱壳屋面、单曲下凹屋面、碟形屋面、伞形屋面和椭圆平面马鞍形屋面）雪荷载取值进行了规定，唯独缺乏球壳屋面雪荷载分布条文，故本章利用改进的非平衡态混合流模型对大跨球壳屋面雪荷载分布进行了研究。

12.2　球壳屋面雪荷载对比分析

12.2.1　球壳屋面雪荷载研究现状

目前针对大跨球壳屋面积雪分布的研究相对较少。李跃利用浓度扩散方法对球壳屋面雪荷载分布系数进行了模拟研究，但模拟结果与规范和实测结果存在较大出入。Wang 在考虑屋面雪深实时变化的情况下，同样利用浓度扩散方法对球壳屋面积雪分布进行了研究。由于计算量巨大，模拟工作简化为二维球壳竖向截面上的积雪分布，因此其研究主体更接近柱壳屋面，而非球壳屋面。加拿大荷载规范 *National building code of Canada*（NBCC：2015）和 ISO 荷载规范 *Base for design of structures — Determination of snow loads on roofs*（ISO 4355：2013）根据实测结果对球壳屋面雪荷载分布形式进行了规定。其中，ISO 荷载规范给出了两种球壳屋面雪荷载分布形式，即基本雪荷载（满跨均匀分布）和漂移雪荷载（半跨不均匀分布）。具体计算方法如下：

（1）屋面雪荷载。

$$s = s_b + s_d + s_s \tag{12.1}$$

（2）基本雪荷载。

$$s_b = 0.8 s_0 C_e C_t \mu_b \tag{12.2}$$

（3）漂移雪荷载。

$$s_b = 0 \tag{12.3}$$

其中

$$s_d = s_0 \mu_b \mu_d(x) \tag{12.4}$$

当 $h/b > 0.12$ 时

$$\begin{cases} \mu_d = 2x/x_{30}, & x \leqslant x_{30} \\ \mu_d = 2, & x > x_{30} \end{cases} \tag{12.5}$$

当 $0.05 \leqslant h/b \leqslant 0.12$ 时

$$\begin{cases} \mu_d = 16.7(x/x_{30})(h/b), & x \leqslant x_{30} \\ \mu_d = 16.7(h/b), & x > x_{30} \end{cases} \tag{12.6}$$

$$\mu_d(x,y) = \mu_d(x,0)\left(1 - \frac{y}{r}\right) \tag{12.7}$$

式中，s 为屋面雪荷载；s_b 为基本雪荷载；s_d 为漂移雪荷载；s_s 为滑落雪荷载；s_0 为地面雪荷载；C_e 为暴露系数；C_t 为热力系数；μ_b 为与屋面坡度和材料有关的积雪分布系数；μ_d 为表征风力作用下积雪漂移造成的不均匀分布系数；x_{30} 为屋面坡度等于 30° 时对应的位置距离，x_{30} 小于半跨长度；r 为球壳水平投影半径。当矢跨比 $h/l \geqslant 0.05$ 时，须同时考虑基本雪荷载和漂移雪荷载；当矢跨比 $h/l < 0.05$ 时，须参考双坡屋面进行雪荷载计算。相较于 ISO 荷载规范，我国《建筑结构荷载规范》（GB 50009—2012）则采用统一的大跨屋面雪荷

载分布条文来计算球壳屋面积雪分布系数，如图 12.1 所示。通过对比可知，我国《规范》中球壳屋面雪荷载与基于实测结果的 ISO 荷载规范中球壳屋面漂移雪荷载（半跨不均匀分布）存在较大不同。考虑到屋面积雪分布形式受屋面形状影响巨大，需针对具体球壳屋面形式进行专门研究。

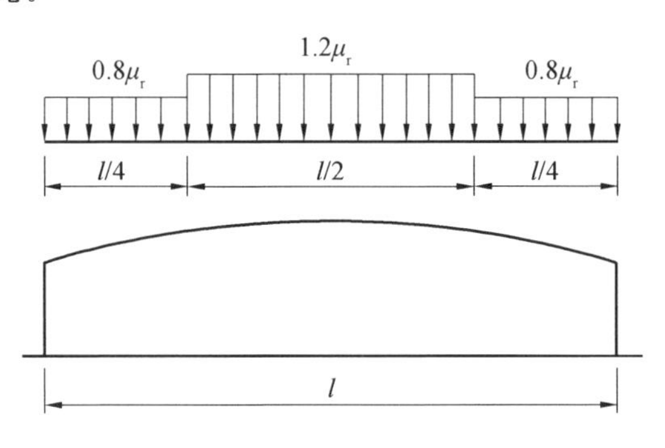

图 12.1　大跨屋面积雪分布系数 μ_r

12.2.2　验证原型选取与模拟参数设置

由于目前缺乏球壳屋面积雪分布实测和试验数据，故模拟选取 ISO 荷载规范中均匀和不均匀雪荷载分布进行对比验证。由本篇 11.4 节知，积雪分布形式主要受入流风速影响，故针对均匀和不均匀分布需分别采用不同入流风速。由于目前各国荷载规范中，仅日本 AIJ 规范对积雪分布和风速之间的关系进行了详细介绍，故入流风速重点参考 AIJ 规范进行选取。

1.入流风速

AIJ 规范中屋面雪荷载 S 同样根据地面雪荷载 S_0 和屋面积雪分布系数 μ_0 计算得到，见式(12.8)。屋面积雪分布系数 μ_0 包括基本形状系数 μ_b、漂移形状系数 μ_d 和滑落形状系数 μ_{sl}。其中基本形状系数 μ_b 与屋面坡度和风速有关，具体关系如图 12.2 所示。图中风速为 1 ～ 2 月期间的平均风速。当风速(u) 小于等于 2.0 m/s 时，不同坡度上的基本形状系数保持不变，即当前风速对积雪分布无影响；当风速增加至 3.0 m/s 时，基本形状系数开始降低；当风速达到 4.0 m/s 时，基本形状系数会大幅度减小；当风速增大到4.5 m/s 时，基本形状系数减小的趋势会减弱。

$$S = \mu_0 S_0 \tag{12.8}$$

表 12.1 和表 12.2 分别为不同风速条件下多跨坡屋面和高低跨屋面的漂移形状系数 μ_d。当风速小于 2.0 m/s 时，漂移雪量接近于零，即当前风速对积雪漂移无影响；当风速增加至 4.0 m/s 时，积雪漂移量显著增大。由于积雪滑落仅与重力作用和屋面材质有关，故滑落形状系数 μ_s 不受风速影响。

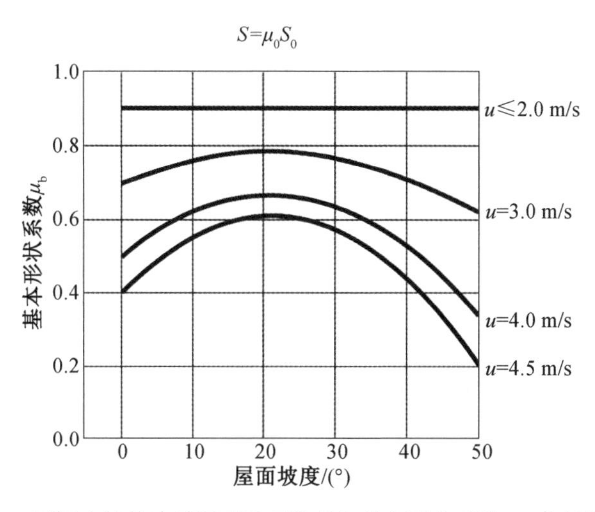

图 12.2　不同入流风速情况下屋面坡度与基本形状系数 μ_b 之间关系图

表 12.1　多跨坡屋面漂移形状系数 μ_d

屋面坡度	1～2 月平均风速			
	< 2.0 m/s	3.0 m/s	4.0 m/s	> 4.5 m/s
< 10°	0	0	0	0
25°	0	0	0.15	0.20
40°	0	0.20	0.35	0.45
> 50°	0	0.30	0.55	0.70

表 12.2　高低跨屋面漂移形状系数 μ_d

屋面坡度	1～2 月平均风速			
	< 2.0 m/s	3.0 m/s	4.0 m/s	> 4.5 m/s
< 10°	0	0	0	0
25°	0.10	0.20	0.35	0.55
40°	0.10	0.30	0.45	0.70
> 50°	0.10	0.40	0.65	0.80

总体看来，当风速小于 2.0 m/s 时，基本形状系数 μ_b 随坡度的变化可忽略不计，漂移形状系数 μ_d 始终保持为 0，即呈现均匀分布形式；当风速增加到 4.0 m/s 时，基本形状系数 μ_b 大幅度减小，漂移形状系数 μ_d 迅速增大，屋面积雪不均匀分布显著。故针对 ISO 荷载规范中的均匀和不均匀积雪分布形式分别采用 2.0 m/s 和 4.0 m/s 的入流风速。

2.降雪浓度

除入流风速外，降雪浓度也对积雪分布系数存在一定影响。由于积雪分布系数代表了屋面积雪深度 h 和空旷地面积雪深度 h_{ref} 的比值，因此当降雪浓度 Φ_{in} 较大时，通过气流搬移造成的局部堆雪量与地面积雪沉降量的比值会显著降低，屋面积雪分布系数随即减小；而当

降雪浓度 Φ_{in} 较小时，通过气流搬移造成的局部堆雪量与地面积雪沉降量的比值增大，屋面积雪分布系数随即增大。故需对 ISO 荷载规范中均匀和不均匀分布情况下的模拟降雪浓度进行合理筛选。

根据式(9.62)，降雪浓度 Φ_{sky} 由积雪深度 h^*、降雪时间 Δt_s 和雪颗粒沉降速度 $w_{f,sky}$ 综合确定。考虑到各国规范中雪荷载取值均代表极端降雪条件，因此本章模拟的降雪条件主要参考 2007 年沈阳雪灾，如图 12.3 所示。降雪发生在 2007 年 3 月 3 日夜间至 4 日晚。最大积雪深度介于 2 m 和 3 m 之间。由于暴雪积压，大量轻质钢结构建筑发生倒塌，因此该日降雪条件满足我国《规范》对极端降雪条件的要求。因降雪体积分数 = 空中飘落雪浓度 / 雪密度，故可由式(9.62) 计算得到的该日降雪体积分数为 $\alpha_s = 1.3 \times 10^{-5}$。

(a) 建筑倒塌

(b) 交通阻塞

图 12.3　2007 年沈阳雪灾

3.几何建模与模拟设置

图 12.4 为本研究中球壳屋面雪荷载模拟示意图。球壳屋檐高度 $H_e = 10$ m，跨度 $L = 50$ m，拱顶高度 $H_r = 10$ m，矢跨比为 1/5。计算域尺寸为 250 m(x) × 250 m(y) × 70 m(z)。由于积雪漂移的模拟精度受网格划分影响较大，故针对球壳屋面特点，沿弯曲弧面布置了足够数量的六面体网格以提高预测精度。图 12.5 显示了划分后的建筑物、地面以及计算域横截面上的网格分布。靠近屋顶表面的首层网格高度设置为 0.01 m，以模拟跃移层内颗粒漂移过程。整体网格数量为 4 681 360 个。为模拟降雪过程，计算域前部和顶部采用速度入流(Velocity Inlet)；尾部为压力出口(Pressure Outlet)；侧面为对称边界(Symmetry)；其他均采用壁面边界(Wall)。

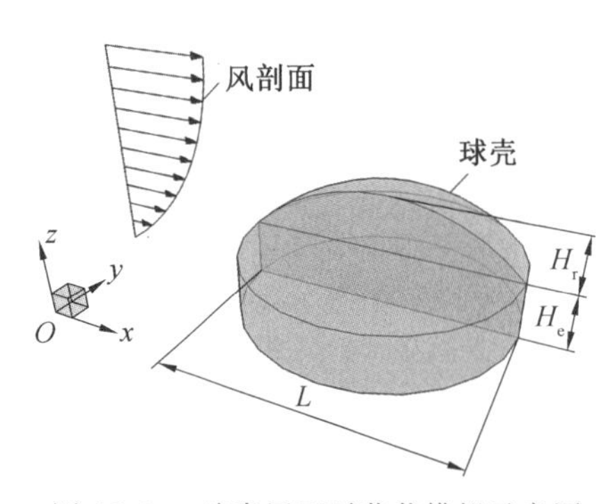

图 12.4　球壳屋面雪荷载模拟示意图

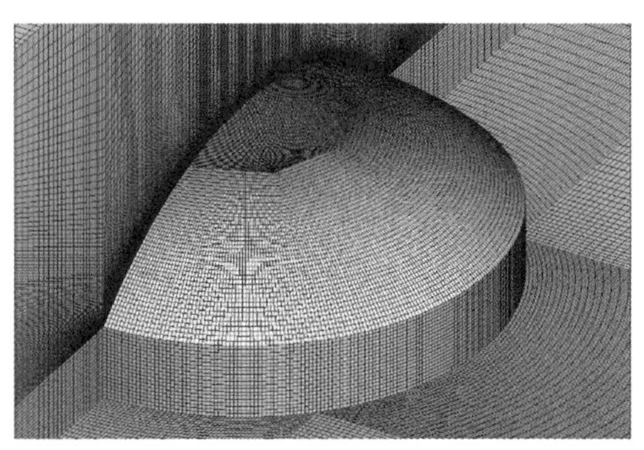

图 12.5　球壳屋面网格划分

4.模拟参数与工况设置

针对均匀和不均匀积雪分布，分别在无漂移(如本篇 10.4 节所述)和有漂移(如本篇 10.3 节所述)情况下改进混合流模型。湍流模型选用 Realizable $k-\varepsilon$ 模型。为模拟降雪过程，在计算域前部和顶部入口处定义雪颗粒入流，入流雪相体积分数 $\alpha_{s,in}=1.3\times10^{-5}$。入流风速 U_H、湍动能 k 和湍流耗散率 ε 剖面参考 AIJ 规范进行定义。选取 B 类地貌。对于均匀分布情况，入流风速 $U_H=2.0$ m/s；对于不均匀分布情况，入流风速 $U_H=4.0$ m/s。模拟雪颗粒属性见表 12.3。

表 12.3　模拟雪颗粒属性

参数	最终沉降速度 w_f	阈值摩擦速度 u_t^*	颗粒直径 d_s	雪颗粒密度 ρ_s	雪颗粒休止角 β_s
取值	0.2 m/s	0.2 m/s	5×10^{-4} m	250 kg/m^3	50°

根据 Taylor 的实测结果，弧形屋面(如球壳屋面、拱形屋面和锥形屋面等)边缘大坡度位置处极易发生积雪滑落。在仅考虑重力作用情况下，Kang 和 Wang 提出利用颗粒休止角来计算屋面积雪滑落量。具体思路为：当临近屋檐处的雪面倾斜角等于雪颗粒休止角时，便发生积雪滑落。为模拟球壳屋面边缘的积雪滑落效应，本章参考 Wang 的文章(参考文献[212])采用如下积雪滑落量计算方法：

(1) 根据式(10.42)，计算 Δt 降雪周期内，屋面 i 点处的积雪深度 h_i，如图 12.6 所示。

(2) 计算 i 点处雪面与屋面水平方向夹角(即雪面夹角)α，其中，$h_{r,i}$ 为 i 点处屋面矢高，$x_{r,i}$ 为 i 点距离屋面边缘的水平距离。

(3) 判定是否发生积雪滑落。当 i 点处的雪面夹角 α 大于雪颗粒休止角 β_s 时，发生积雪滑落。调整 i 点处雪深 $h_{r,i}$，直至 $\alpha=\beta_s$。当 i 点处的雪面夹角 α 小于雪颗粒休止角 β_s 时，则无积雪滑落发生，无须调整积雪深度。

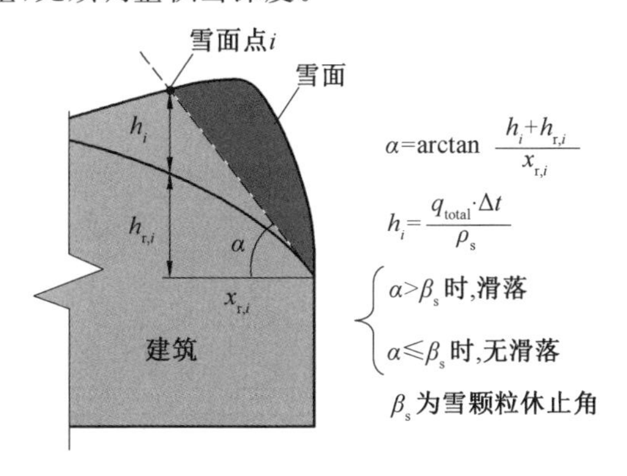

图 12.6　屋面积雪滑落判定流程示意图

12.2.3 均匀分布雪荷载验证

1.流场和雪场分析

图 12.27 为屋面无量纲摩擦速度 u^*/u_t^* 分布云图,其中摩擦速度 u^* 根据阈值摩擦速度 u_t^* 进行归一化处理。由图可知,整个球壳屋面的摩擦速度均小于阈值摩擦速度,即屋面无积雪漂移发生。分布特征方面,摩擦速度与风速类似,在迎风向和背风向屋檐处,摩擦速度约为阈值摩擦速度的 1/2。总体上,迎风向的气动剪应力较大,气动迁移作用也更强。

图 12.8 为近壁面无量纲雪浓度 Φ/Φ_{in} 分布云图,其中,雪浓度 Φ 根据入流雪浓度 Φ_{in} 进行归一化处理。总体上,飘落雪颗粒在气流作用下逐渐向下游运动并聚集。在屋面迎风向前缘和侧向部分地区形成了“月牙形”的低浓度区。雪浓度峰值出现在屋顶区域附近。

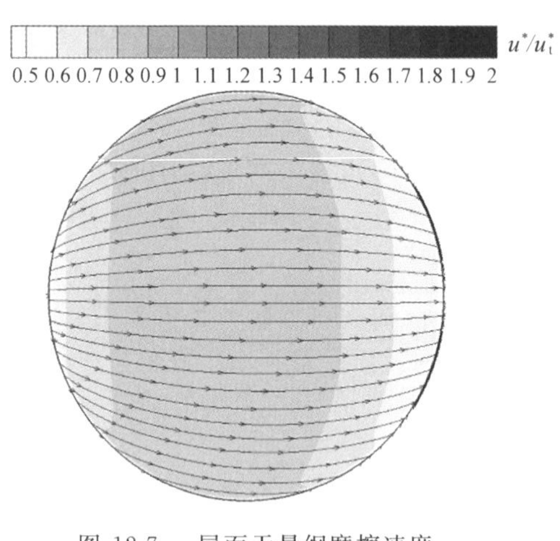

图 12.7 屋面无量纲摩擦速度 u^*/u_t^* 分布云图

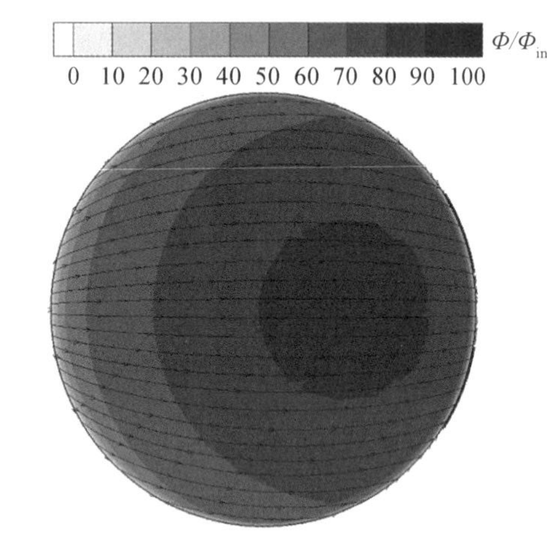

图 12.8 近壁面无量纲雪浓度 Φ/Φ_{in} 分布云图

2.雪深分析

图 12.9 为 CFD 模拟中发生积雪滑落后屋面无量纲积雪深度分布系数 h/h_{ref} 分布云图。其中,积雪分布系数取屋面积雪深度 h 和对应地面积雪深度 h_{ref} 的比值。雪深根据式(10.42) 计算得到,降雪周期 Δt 取 1 h。整体上,除屋面边缘由于积雪滑落造成雪深骤降外,屋面整体积雪分布系数变化不大,数值在 1.0 左右波动。顶部积雪分布系数相对较大,而向四周屋檐发展时,积雪分布系数逐渐减小。该模拟分布形式与 ISO 荷载规范中均匀分布形式一致,如图 12.10 所示。由于 ISO 荷载规范中均匀分布对应的是静风条件(风速约为 0 m/s),因此积雪分布呈中心对称形式;但模拟在小风速条件下进行,故而积雪分布沿气流向下游移动了部分距离。除去由入流风速导致的轻微误差外,无漂移情况下改进混合流模型可对球壳屋面均匀积雪分布进行准确模拟。

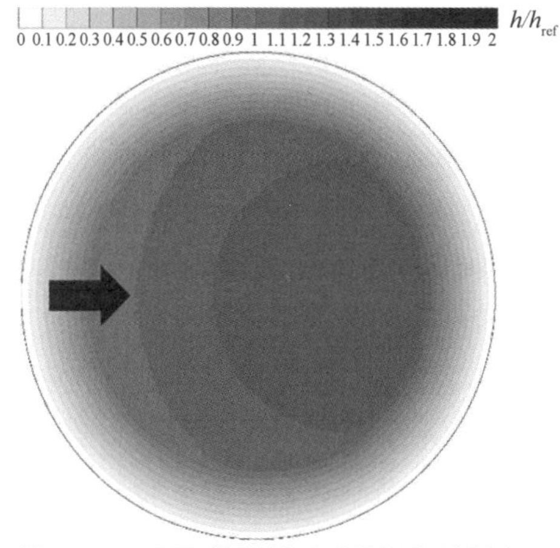

图 12.9　CFD 模拟屋面无量纲积雪深度分布系数 h/h_{ref} 分布云图

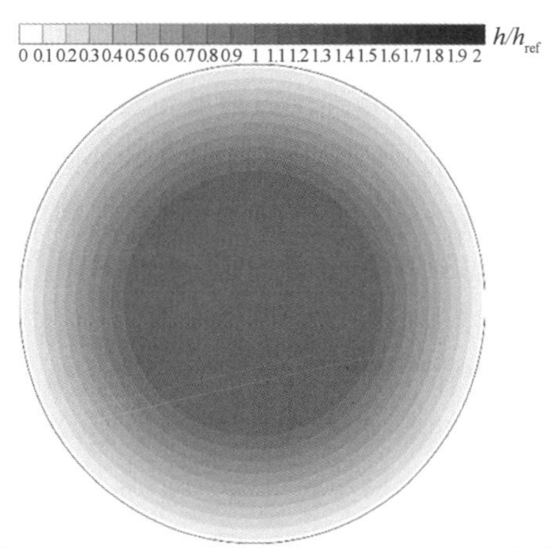

图 12.10　ISO 荷载规范屋面无量纲积雪深度分布系数 h/h_{ref} 分布云图

12.2.4　不均匀分布雪荷载验证

1.流场和雪场分析

图 12.11 为 4.0 m/s 入流条件下的近壁面无量纲摩擦速度 u^*/u_t^* 分布云图。相较于 2.0 m/s 的入流情况，摩擦速度同样呈带状分布，但数值显著增加。除迎 / 背风向屋檐附近区域外，整个屋面摩擦速度均超过阈值摩擦速度。具体分布特征方面，由于受建筑阻挡，气流向上偏转发生分离再附，在邻近屋檐的回流区摩擦速度略高于阈值摩擦速度；气流再附后摩擦速度继续增大，从再附点到屋顶之间形成了高摩擦速度区，数值可达阈值摩擦速度的 1.5 倍；然而在背风面，摩擦速度开始逐渐减小，在邻近屋檐处减小至阈值摩擦速度以下。因此，在屋面上游会发生严重的积雪侵蚀，而在下游积雪侵蚀会减弱。图 12.12 为屋面跃移层内无量纲雪浓度 Φ/Φ_{in} 分布云图。相较于 2.0 m/s 的情况，随着风速的增加，更多的雪颗粒被吹至下游更远处。上游“月牙形”低浓度区进一步扩大；高浓度区则迁移至背风向边缘附近。

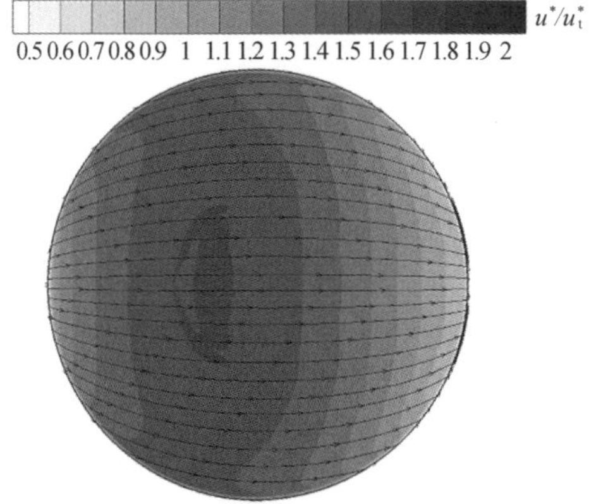

图 12.11　近壁面无量纲摩擦速度 u^*/u_t^* 分布云图

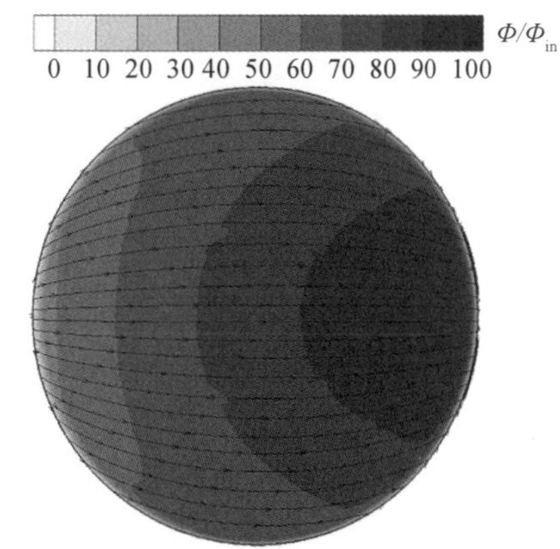

图 12.12　屋面跃移层内无量纲雪浓度 Φ/Φ_{in} 分布云图

2.雪深分析

随着屋面摩擦速度的增加和雪浓度的顺流迁移，屋面的积雪分布发生了剧烈变化。图 12.13 展示了 CFD 模拟中发生积雪滑落后的无量纲积雪分布系数 h/h_{ref} 分布云图。积雪分布系数取屋面积雪深度 h 和对应地面积雪深度 h_{ref} 的比值。雪深根据式(10.42)计算得到，降雪周期 Δt 取 1 h。由图可知，由于迎风面摩擦速度远大于阈值摩擦速度，上游屋面积雪被大量吹起并搬移至下游。迎风面前缘积雪被完全侵蚀之后，雪深顺流逐渐增加。由于背风向“月牙形”低摩擦速度区的存在，积雪侵蚀量为零，在背风面形成了积雪沉积。由于发生积雪滑落，背风向雪深在邻近屋檐处迅速减小，背风面积雪分布系数峰值约为 1.5。屋面雪荷载总体呈现“半跨分布形式”，与 ISO 荷载规范中的不均匀分布形式基本一致(图 12.14)。通过与 ISO 荷载规范中球壳屋面均匀和不均匀雪荷载分布形式的对比，证明了无漂移和有漂移情况下改进混合流模型可有效地对球壳屋面积雪分布进行准确模拟。因此下文将基于改进的混合流模型对大跨球壳屋面积雪分布形式进行系统研究。

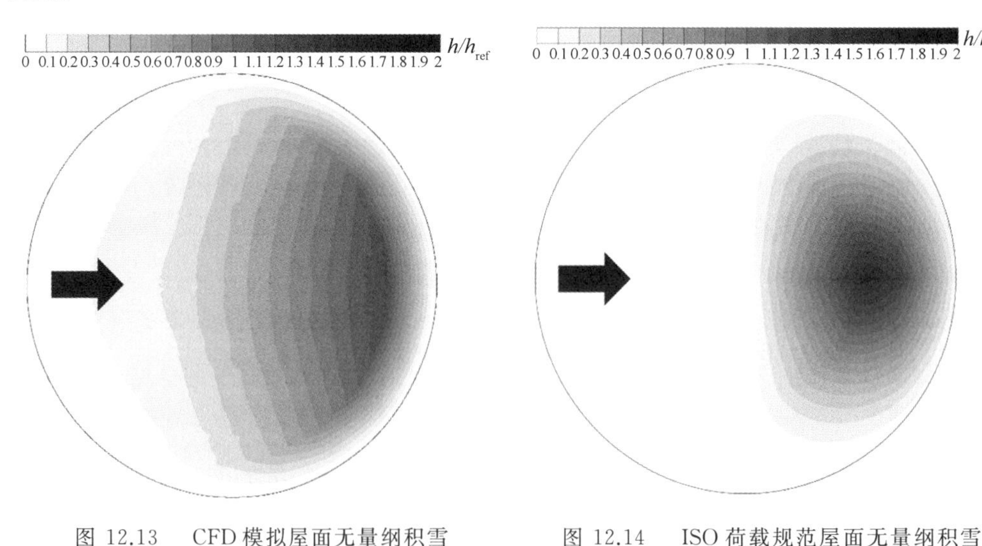

图 12.13　CFD 模拟屋面无量纲积雪分布系数 h/h_{ref} 分布云图

图 12.14　ISO 荷载规范屋面无量纲积雪分布系数 h/h_{ref} 分布云图

12.3　入流风速对球壳屋面雪荷载的影响

基于验证的改进混合流模型，本章对球壳屋面积雪分布形式进行了系统研究。如本篇 11.4 节所述，积雪分布形式主要受入流风速控制，因此本节对不同风速下球壳屋面雪荷载分布进行了分析。

12.3.1　模拟参数与对比工况设置

AIJ 规范通过对基本形状系数 μ_b 和漂移形状系数 μ_d 的规定指出：当风速 $U_H <$ 2.0 m/s时，屋面雪荷载呈均匀分布形式；当风速 $U_H =3.0$ m/s时，屋面雪荷载不均匀分布开始出现；当风速 $U_H =4.0$ m/s时，屋面不均匀分布雪荷载会发生巨大变化；当风速 $U_H =$ 4.5 m/s时，屋面积雪不均匀分布开始稳定。此外，Tominaga 对不同风速下双坡屋面积雪分布进行了 CFD 模拟，结果如图 12.15 所示：对于风速 $U_H =2.0$ m/s 的情况，侵蚀仅发生在屋脊附近；当风速 $U_H =3.0$ m/s 时，屋脊处的侵蚀开始向上游扩展；当风速 $U_H \geqslant$ 4.0 m/s 时，屋面迎风向积雪被大量侵蚀，与此同时，在背风向形成了积雪堆积。通过对上述结果的分析可知，对于较平坦屋面，当风速范围在 2.0 ～ 5.0 m/s 之间时，屋面积雪分布会发生明显变化，因此本节选取了 2 m/s、3 m/s、4 m/s 和 5 m/s 共 4 种入流风速。具体计算工况见表 12.4。其他模拟设置同 12.2 节。

图 12.15　不同风速下双坡屋面积雪分布系数 CFD 模拟结果

表 12.4　计算工况

工况	工况 50－2	工况 50－3	工况 50－4	工况 50－5
跨度 L/m	50	50	50	50
入流风速 U_H /(m·s^{-1})	2	3	4	5

12.3.2 不同风速下球壳屋面流场分析

1.流场对比

图 12.16 为不同入流风速条件下球壳屋面附近无量纲顺流风速 $U_{a,x}/U_H$ 分布云图，其中，风速根据屋檐处入流风速 U_H 进行归一化处理。由图可知，风速大致呈带状分布。迎风向和背风向屋檐处风速较小，屋顶处风速较大。随着入流风速的增加，屋面风速的变化梯度有所减小。图 12.17 为不同入流风速条件下球壳屋面附近无量纲湍动能 k/U_H^2 分布云图。由图可知，因建筑阻挡，迎风向气流向上偏转，流速波动较大，湍动能显著增高。此外，随着风速的增加，屋面迎风向的气流波动存在增强趋势。

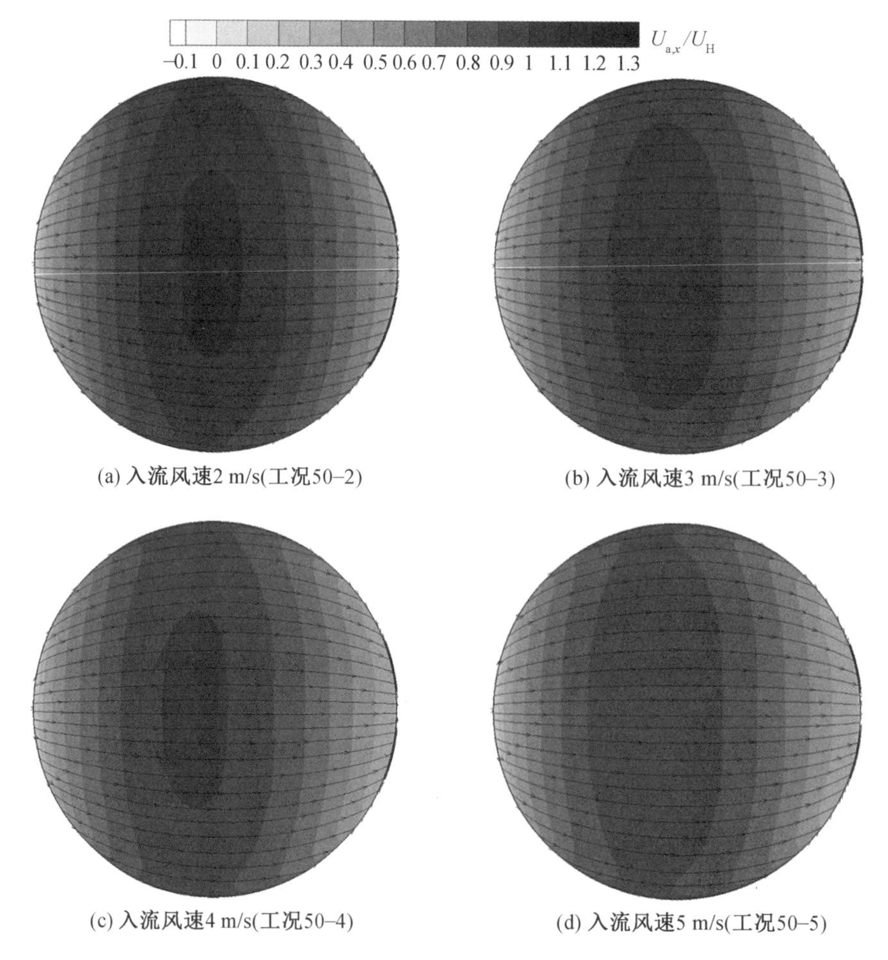

图 12.16 不同入流风速条件下球壳屋面附近无量纲顺流风速 $U_{a,x}/U_H$ 分布云图

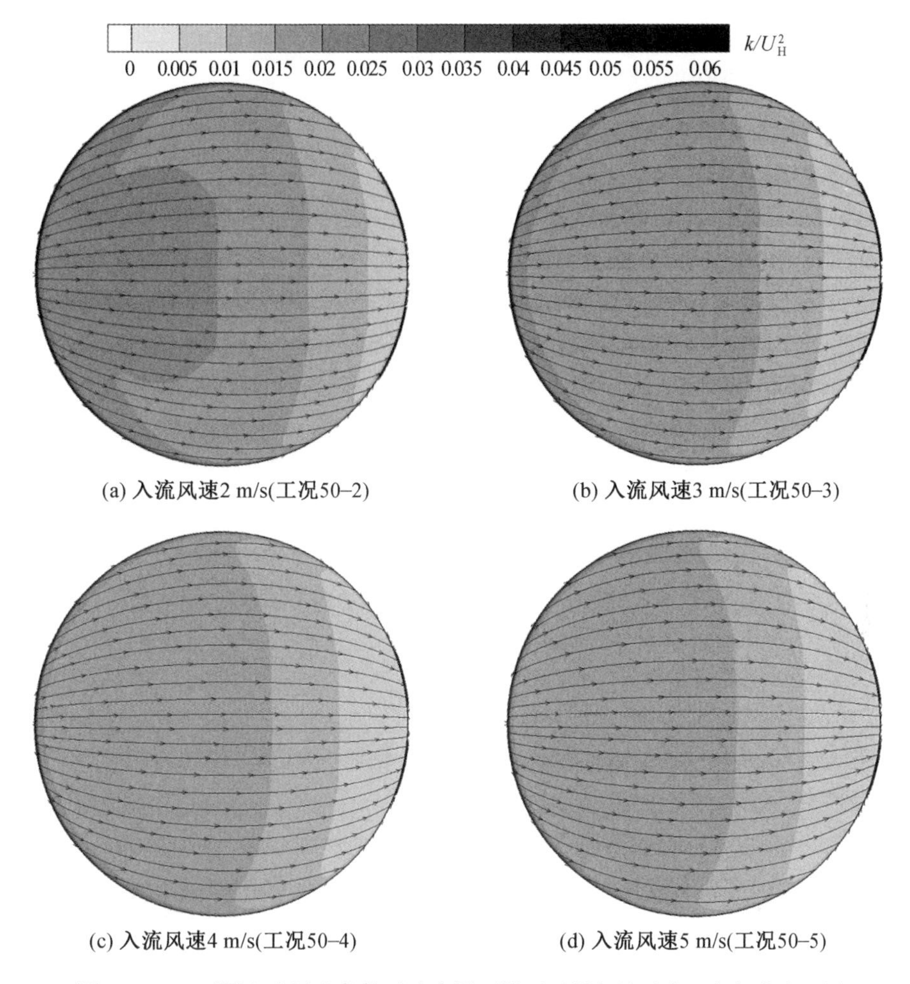

图 12.17　不同入流风速条件下球壳屋面附近无量纲湍动能 k/U_H^2 分布云图

2.摩擦速度对比

图 12.18 为不同风速条件下近壁面无量纲摩擦速度 u^*/u_t^* 分布云图。其中，摩擦速度 u^* 按阈值摩擦速度 u_t^* 进行归一化处理。数值方面，摩擦速度随着入流风速的增加而增大。当风速 $U_H=2.0$ m/s 时，总体摩擦速度低于阈值摩擦速度，即屋面无积雪漂移发生；当 $U_H=3.0$ m/s 时，屋面迎风向部分区域的摩擦速度开始超过阈值摩擦速度，但迎风面前缘和背风面的摩擦速度依然很小；当 $U_H=4.0$ m/s 时，大部分屋面的摩擦速度均超过阈值摩擦速度，尤其迎风面中段的摩擦速度远超阈值摩擦速度，因此在该区域可能发生大量的积雪侵蚀，然而背风面屋檐处的“月牙形”低摩擦速度区依旧存在，由于风速足够低，易形成堆雪；当 $U_H=5.0$ m/s时，迎风向的高摩擦速度区进一步扩大，直至覆盖整个屋面，仅在背风向边缘留有“月牙形”的低摩擦速度区。由此可以看出，随着入流风速 U_H 的增加，球壳屋面摩擦速度不断增大。高摩擦速度区从顶部开始向上游和下游扩展，直至整个屋面的摩擦速度均超过阈值摩擦速度，但在背风面边缘会保留一个“月牙形”的低摩擦速度区。

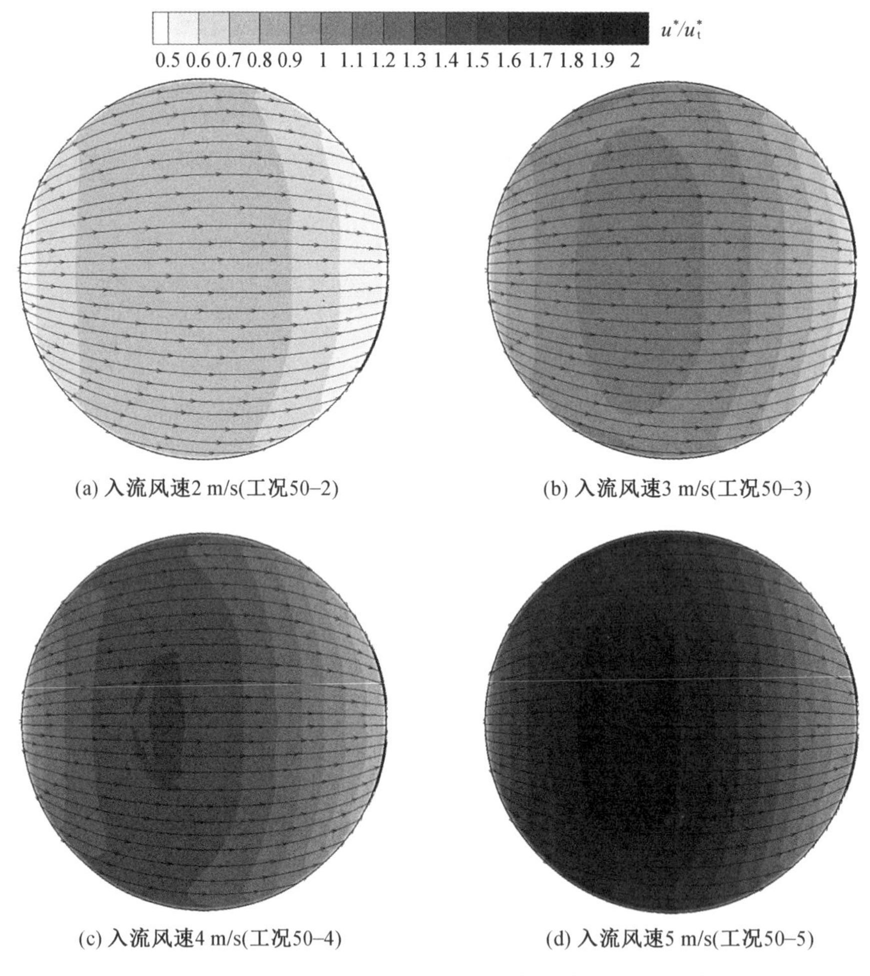

(a) 入流风速2 m/s(工况50–2)　(b) 入流风速3 m/s(工况50–3)

(c) 入流风速4 m/s(工况50–4)　(d) 入流风速5 m/s(工况50–5)

图 12.18　不同风速下近壁面无量纲摩擦速度 u^*/u_t^* 分布云图

12.3.3　不同风速下球壳屋面雪场分析

1.雪浓度对比

图 12.19 为不同入流风速条件下屋面跃移层无量纲雪浓度 Φ/Φ_{in} 分布云图，其中，雪浓度 Φ 根据入流雪浓度 Φ_{in} 进行归一化处理。总体上，雪颗粒在气流作用下逐渐向下游运动并聚集。在屋面迎风向前缘和侧向部分地区形成了“月牙形”的低浓度区。此外，随着风速的增加，更多雪颗粒被吹至下游更远处，尤其当风速 $U_H=5.0$ m/s 时，由于上游屋面积雪侵蚀加剧，更多屋面积雪因侵蚀被带至屋面下游，造成雪浓度进一步增加。需指出的是，高浓度区集中出现在“月牙形”的低摩擦速度区。

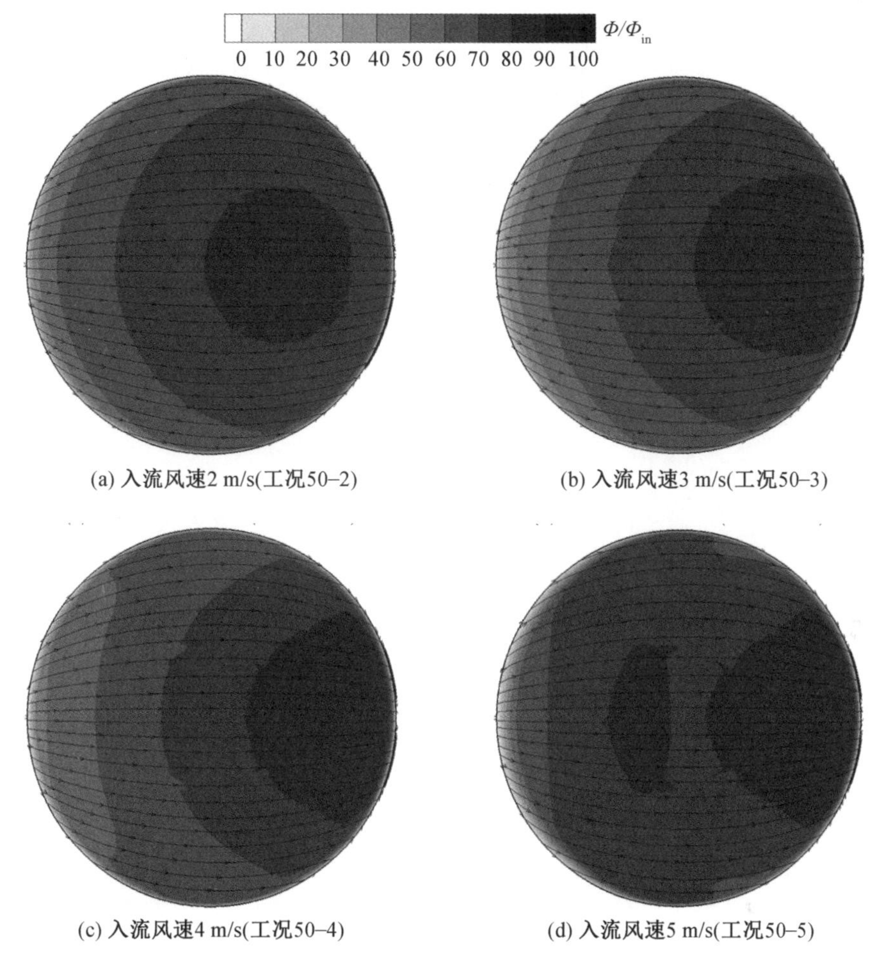

图 12.19　不同风速下屋面跃移层内无量纲雪浓度 Φ/Φ_{in} 分布云图

2.雪深对比

图 12.20 为 4 种入流风速条件下发生积雪滑落后的屋面无量纲积雪分布系数 h/h_{ref} 分布云图。其中,屋面积雪分布系数取屋面积雪深度 h 和对应地面积雪深度 h_{ref} 的比值。雪深根据式(10.42)计算得到,降雪周期 Δt 取 1 h。对于较低入流风速($U_H=2.0$ m/s),由于摩擦速度较低,屋面无明显的积雪漂移发生,屋面雪荷载分布基本均匀;当风速 U_H 增大到 3 m/s 时,侵蚀开始发生在迎风区,并延伸到屋面后缘,然而迎风面仍积累了少量积雪;当 $U_H=4.0$ m/s时,因为高摩擦速度区的扩展,沿迎风向屋檐的沉积消失,迎风侵蚀区继续向下游扩展,屋面积雪分布不均匀现象更加明显,呈"半跨不均匀分布";当 $U_H=5.0$ m/s 时,伴随更多雪颗粒被吹下屋面,屋面积雪的不均匀分布开始减弱,屋面雪荷载开始减小。

通过对上述积雪分布的分析可以看出,球壳屋面雪荷载呈现出 3 种分布形式:"满跨均匀分布"($U_H\leqslant 2.0$ m/s)、"半跨不均匀分布"($U_H=4.0$ m/s) 以及它们之间的"过渡分布”($U_H = 3.0$ m/s)。当入流风速不超过5.0 m/s时，屋面背风侧的积雪分布系数随入流风速的增加而增大。其中，将积雪分布由均匀向不均匀转变时的入流风速($U_H \approx 2.0$ m/s)定义为“下临界风速”；将屋面雪荷载由增转降时的入流风速($U_H \approx 5.0$ m/s)定义为“上临界风速”。对于该球壳建筑，风险风速范围为2～5 m/s，超过该范围，屋面雪荷载开始减小，对建筑结构的威胁降低。

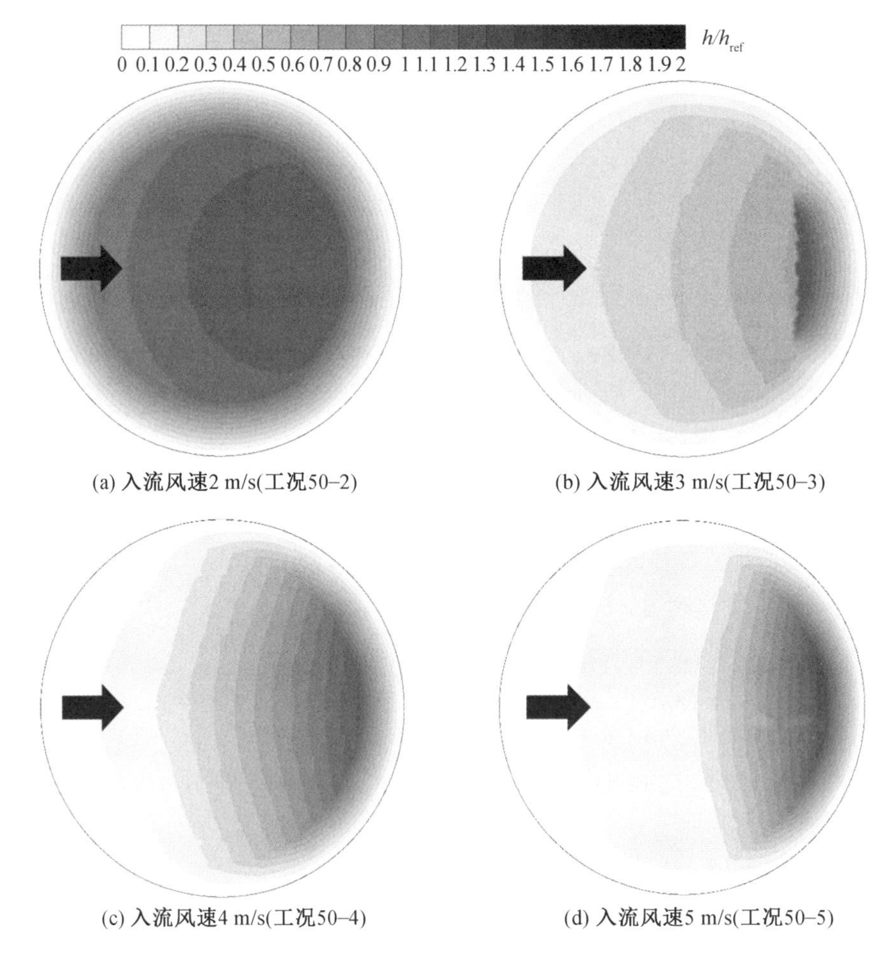

(a) 入流风速2 m/s(工况50-2)　　(b) 入流风速3 m/s(工况50-3)

(c) 入流风速4 m/s(工况50-4)　　(d) 入流风速5 m/s(工况50-5)

图 12.20　不同入流风速下屋面无量纲积雪分布系数 h/h_{ref} 分布云图

12.4　球壳外形对屋面雪荷载的影响

12.4.1　模拟参数与对比工况设置

1.球壳外形的影响

对于建筑周边地面积雪漂移，由于场地平坦广阔，漂移雪量不受上游存雪量和地貌限制，跃移层内雪颗粒质量传输率仅由壁面摩擦速度决定，见式(9.3)。对于屋面积雪漂移，

O'rourke 和 Auren 通过实测指出：除了入流风速对积雪分布有严重影响外，屋面形状参数（如屋面坡度和宽度等）对雪荷载分布也有显著影响。Tominaga 通过不同坡度双坡屋面积雪分布模拟指出：随着屋面坡度的增加，相同风速下的屋面积雪不均匀分布会增强。美国荷载规范 ASCE 在双坡屋面雪荷载计算时，通过在背风面屋脊处施加附加雪荷载来考虑由迎风面迁移至背风面的积雪。该附加雪荷载随上游屋面宽度和降雪量的增加而增大。因此对建筑屋面雪荷载，在气动输运作用足够（大风速）的情况下，更大的屋面坡度会促进气流加速，继而造成积雪不均匀分布加剧；更大的屋面尺寸会存储更多雪颗粒，继而在下游低风速区形成更多的积雪堆积。除此之外，如本篇 11.4 节所述，积雪漂移前期存在一个非平衡发展过程，其间颗粒传输率始终处于变动状态。Takeuchi 和 Tabler 通过户外实测发现，积雪漂移一般需要数百米才能达到平衡状态。实际建筑屋面由于尺寸限制和屋面形状变化，积雪漂移完全处于非平衡发展状态。不同跨度和坡度屋面积雪漂移发展情况必然存在差异，进而影响到屋面雪荷载分布。考虑到球壳屋面多用于大跨度结构且对雪荷载敏感，有必要探讨矢跨比和跨度对球壳屋面雪荷载的影响。

2.工况与模拟设置

图 12.21 为不同矢跨比球壳建筑模型网格划分示意图。所有建筑物的跨度均为 50 m，檐口高度为 10 m。参考我国《网壳结构技术规程》(JGJ 61—2003) 中球形网壳的矢跨比限值(1/7 ～ 1/3)，选取了 3 个矢跨比，分别为 1/3、1/5 和 1/7。计算条件方面，入流风速选取积雪不均匀分布较为明显时的 4.0 m/s。除此之外，所有计算设置同本篇12.3 节。

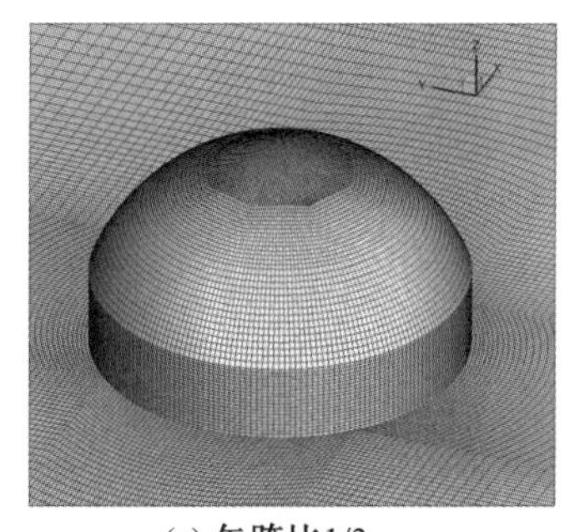
(a) 矢跨比1/3

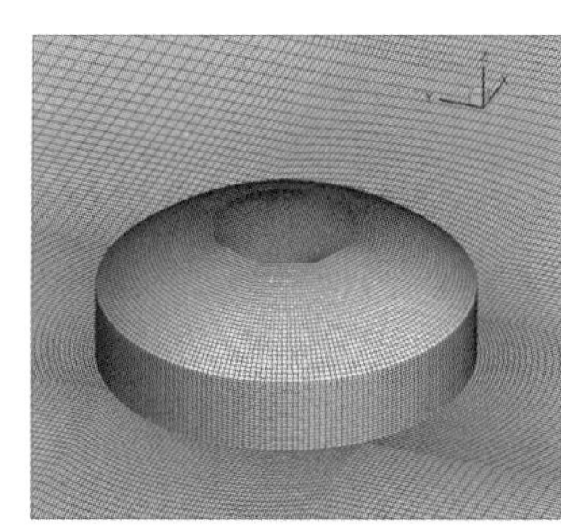
(b) 矢跨比1/5

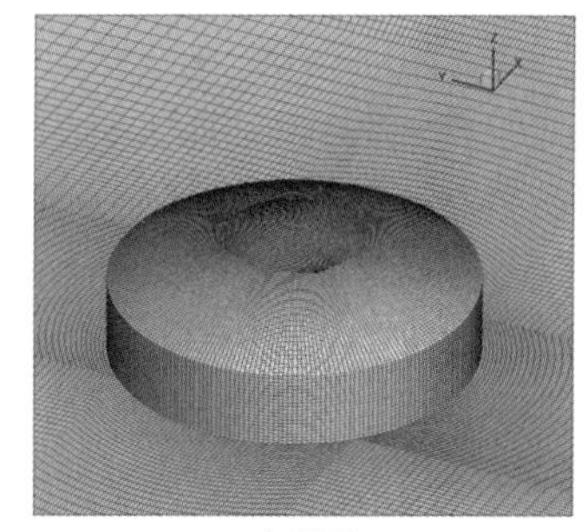
(c) 矢跨比1/7

图 12.21　不同矢跨比球壳建筑模型网格划分示意图

图 12.22 为本研究中不同跨度屋面网格划分示意图。所有建筑物的矢跨比均为 1/5，檐口高度均为 10 m。3 种工况的区别在于考虑了 3 个不同跨度，分别为 30 m、70 m 和 110 m。计算条件方面，入流风速选取积雪不均匀分布较为明显时的 4.0 m/s。除此之外，所有计算设置同本篇 12.3 节。

(a) 工况30–4(跨度30 m)

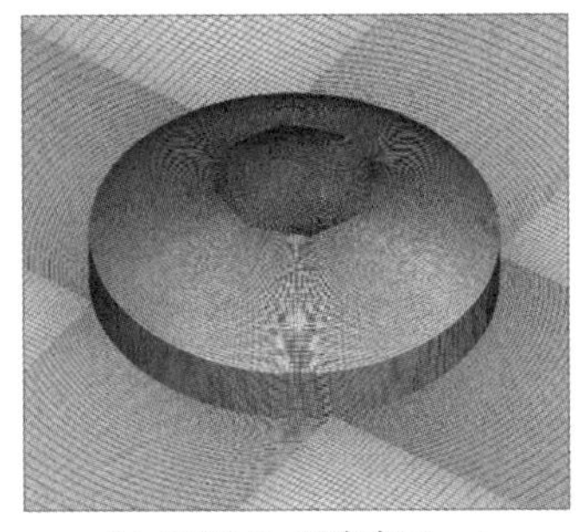
(b) 工况70–4(跨度70 m)

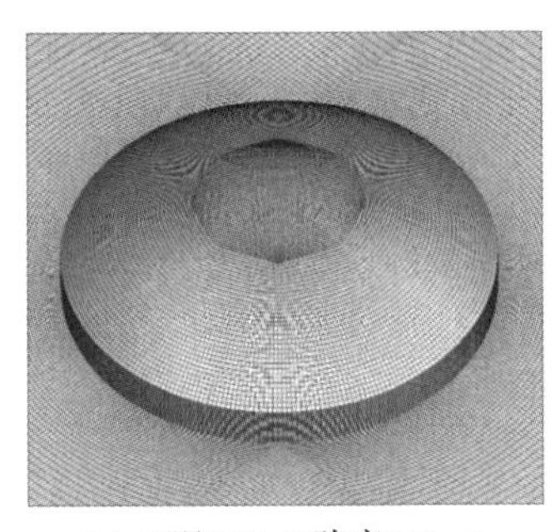
(c) 工况110–4(跨度110 m)

图 12.22　不同跨度屋面网格划分示意图

12.4.2　矢跨比对球壳屋面雪荷载的影响

1.摩擦速度对比

图 12.23 为不同矢跨比条件下近壁面无量纲摩擦速度 u^*/u_t^* 分布云图。其中，摩擦速度 u^* 按阈值摩擦速度 u_t^* 进行归一化处理。通过对比可知，不同矢跨比屋面摩擦速度分布形式存在较大差异。对于 1/3 矢跨比，由于屋面较陡，气流分离作用显著，在迎风面和背风面形成了明显的高摩擦速度区（$u^*/u_t^*>1$）和低摩擦速度区（$u^*/u_t^*<0$）。对于 1/5 矢跨比，由于屋面坡度减缓，气流分离作用减弱，迎 / 背风向高摩擦速度区与低摩擦速度区的分界线向下游移动。对于 1/7 矢跨比，由于屋面坡度已趋于平缓，屋面气流加速作用明显减弱，高摩擦速度区面积和数值远小于 1/3 和 1/5 矢跨比屋面，沿迎风向和背风向屋檐形成大面积低摩擦速度区，易造成局部积雪堆积。

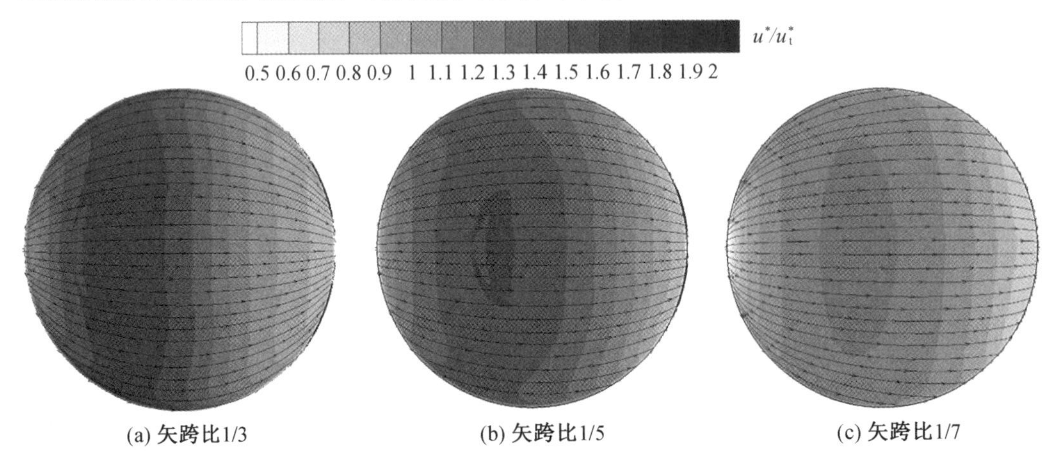

(a) 矢跨比1/3　(b) 矢跨比1/5　(c) 矢跨比1/7

图 12.23　不同矢跨比条件下近壁面无量纲摩擦速度 u^*/u_t^* 分布云图

2.雪浓度对比

图 12.24 为不同矢跨比条件下屋面跃移层内无量纲雪浓度 Φ/Φ_{in} 分布云图。对于 1/3 矢跨比，由于上游高摩擦速度区的存在（图 12.23），上游大量雪颗粒发生侵蚀并迁移至屋

面下游，最终聚集于穹顶下游背风面处；对于 1/5 矢跨比，由于屋面坡度的减小，雪颗粒受气流夹带不断向下游移动，最终聚集于屋面背风向边缘；对于 1/7 矢跨比，由于摩擦速度的减小，风致雪漂移作用明显减弱，随气流发生迁移的颗粒数量减少，导致背风面雪浓度远小于 1/3 和 1/5 矢跨比屋面。总体上，低矢跨比屋面的雪浓度分布更加均匀。

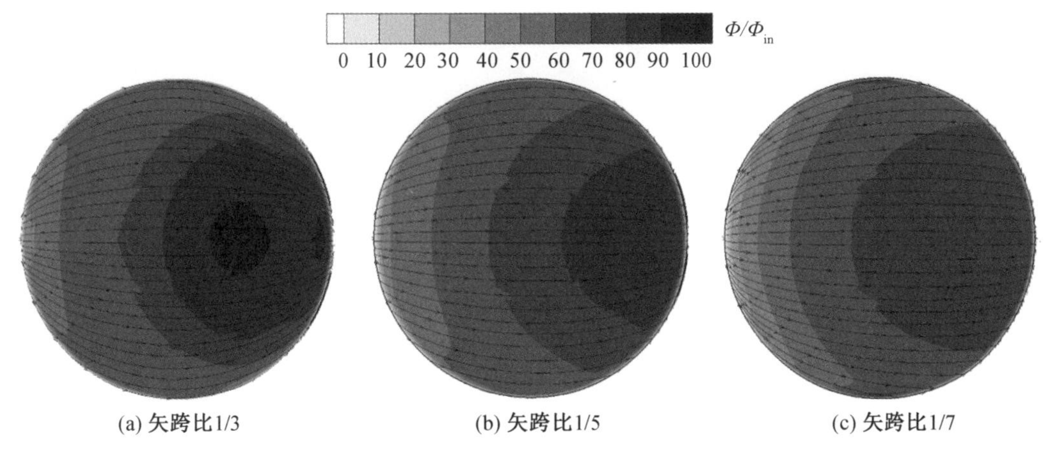

图 12.24　不同矢跨比条件下屋面跃移层内无量纲雪浓度 Φ/Φ_{in} 分布云图

3.雪深对比

图 12.25 为不同矢跨比条件下发生积雪滑落后的屋面无量纲积雪分布系数 h/h_{ref} 分布云图。其中，屋面积雪分布系数取屋面积雪深度 h 和对应地面积雪深度 h_{ref} 的比值。雪深根据式(10.42)计算得到，降雪周期 Δt 取 1 h。总体而言，3 种矢跨比条件下的屋面积雪分布均呈现背风向的不均匀堆积形式。对于 1/3 矢跨比，由于气流侵蚀作用最强，在建筑迎风面和侧向位置处未形成明显积雪沉积。此外，由于屋檐处坡度增大，大量积雪滑落，仅在穹顶背风向附近形成少量积雪堆积。对于 1/5 矢跨比，由于气流侵蚀作用减弱，下游积雪沉积量明显增加，同时由于屋檐处坡度减缓，积雪滑落效应减弱，屋面整体呈现背风面半跨雪荷载。对于 1/7 矢跨比，由于气流侵蚀作用和滑落效应的进一步减弱，积雪不均匀分布现象显著减弱，同时由于迎 / 背风向屋檐附近低摩擦速度区的存在，形成了局部积雪堆积，易造成结构局部失稳。表 12.5 统计了积雪滑落后不同矢跨比下球壳屋面的平均和最大积雪分布系数。由表可知，随着矢跨比的增加，球壳屋面单位面积承受的雪荷载和峰值雪荷载均存在递减趋势。因此，对于低矢跨比球壳屋面，其承受的雪荷载更大，屋面结构设计时需谨慎对待。

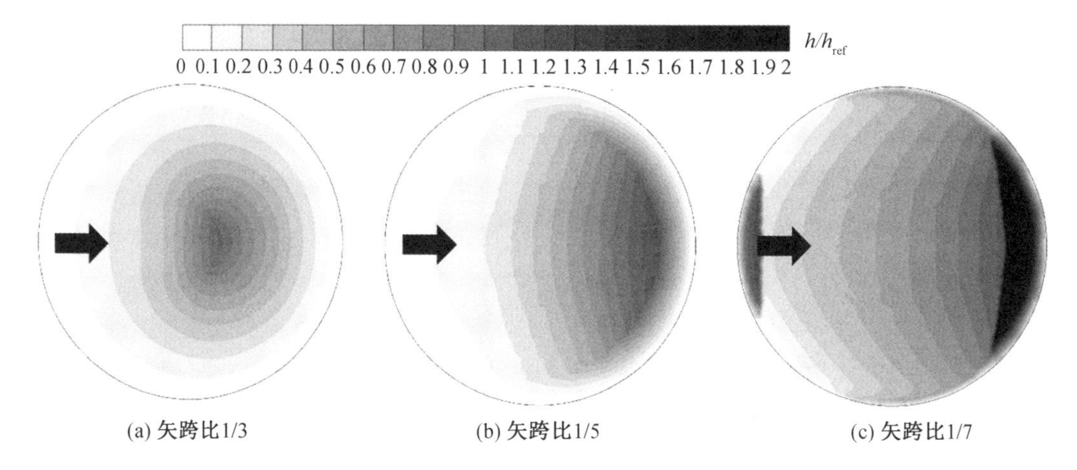

(a) 矢跨比1/3　　(b) 矢跨比1/5　　(c) 矢跨比1/7

图 12.25　不同矢跨比条件下发生积雪滑落后的屋面无量纲积雪分布系数 h/h_{ref} 分布云图

表 12.5　积雪滑落后不同矢跨比下球壳屋面的平均和最大积雪分布系数

参数	数值		
矢跨比	1/3	1/5	1/7
平均积雪分布系数	0.32	0.41	0.69
最大积雪分布系数	1.0	1.2	2.3

12.4.3　跨度对球壳屋面雪荷载的影响

1.摩擦速度对比

图 12.26 为不同跨度下近壁面无量纲摩擦速度 u^*/u_t^* 分布云图。其中，摩擦速度 u^* 按阈值摩擦速度 u_t^* 进行归一化处理。通过对比可知，尽管不同跨度屋面空气流场存在些许差异，但摩擦速度的分布形式基本一致。不同屋面跨度条件下低摩擦速度区和高摩擦速度区的分布位置和尺寸相似，数值也相同，因此对应屋面比例位置处的气动搬移作用一致。考虑到更大屋面尺寸会存储更多雪颗粒，在气动搬移作用一致的情况下，会有更多漂移雪颗粒发生沉积。

2.雪浓度对比

图 12.27 为不同跨度下屋面跃移层无量纲雪浓度 Φ/Φ_{in} 分布云图。由于气流作用，雪颗粒均向下游聚集。对于 30 m 跨度屋面，由于屋面尺寸有限和上游高摩擦速度区的存在（图 12.26），上游大量雪颗粒发生侵蚀并迁移至屋面背风向边缘；对于 70 m 跨度屋面，跨度的增加为积雪漂移的发展提供了更大空间，在对应 30 m 跨度相似位置处雪浓度明显增加，浓度聚集区扩展至整个背风面；当屋面跨度增至 110 m 时，由于上游屋面尺度的进一步增加，背风面的雪颗粒聚集现象更加显著，高浓度区占总体的 50% 以上。由此可见，随着屋面跨度的增加，相同风速情况下的近壁面颗粒传输率会增大，雪浓度分布更加均匀。

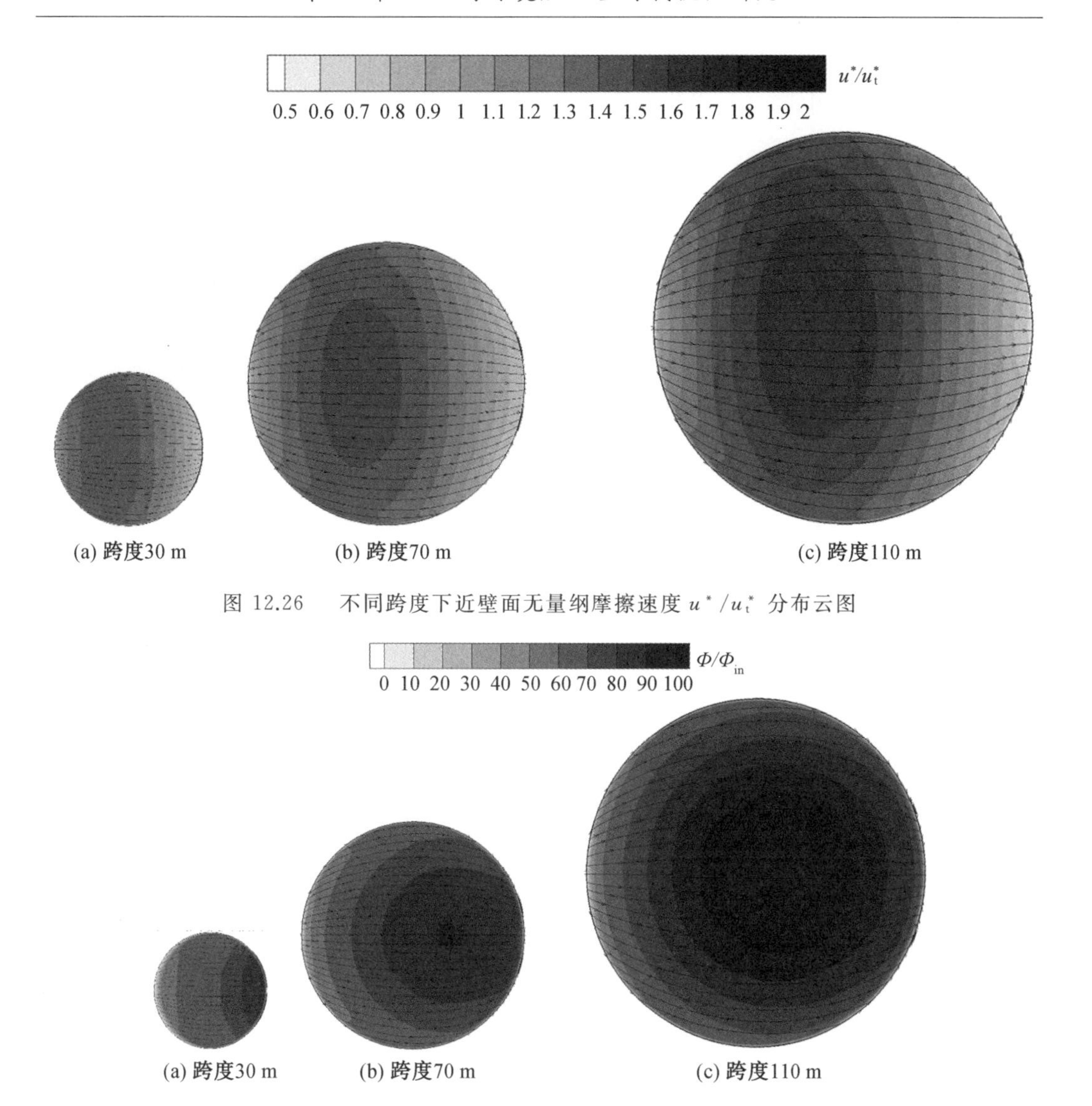

图 12.26　不同跨度下近壁面无量纲摩擦速度 u^*/u_t^* 分布云图

图 12.27　不同跨度下屋面跃移层内无量纲雪浓度 Φ/Φ_{in} 分布云图

3.雪深对比

图 12.28 给出了不同跨度下发生积雪滑落后的屋面无量纲积雪分布系数 h/h_{ref} 分布云图。其中,屋面积雪分布系数取屋面积雪深度 h 和对应地面积雪深度 h_{ref} 的比值。雪深根据式(10.42)计算得到,降雪周期 Δt 取 1 h。由图可知,当跨度 $L=30$ m 时,在相似气动侵蚀作用情况下,由于雪浓度分布表现出较强不均匀性(迎风向低浓度区过大,高浓度区仅局限在背风向边缘),因此总体积雪分布呈现"半跨分布形式";当跨度 $L=70$ m 时,伴随背风面聚集更多雪颗粒,屋面积雪的不均匀分布减弱,上游屋面开始沉积少量积雪,但在迎风向气流分离区和侧向区域仍然存在"月牙形"的侵蚀区;当屋面跨度 L 增至 110 m 时,迎风面的"月牙形"侵蚀区进一步缩小,90% 以上屋面出现积雪沉积,不均匀分布进一步减弱。因此,在相同风速下,随着屋面跨度的增加,屋面会存储更多雪颗粒,伴随迎风面

的积雪侵蚀，更多积雪会沉积于下游低摩擦速度区。同时由于更大的屋面尺寸为积雪漂移发展提供了更广阔的空间，因此屋面积雪的不均匀分布会减弱。

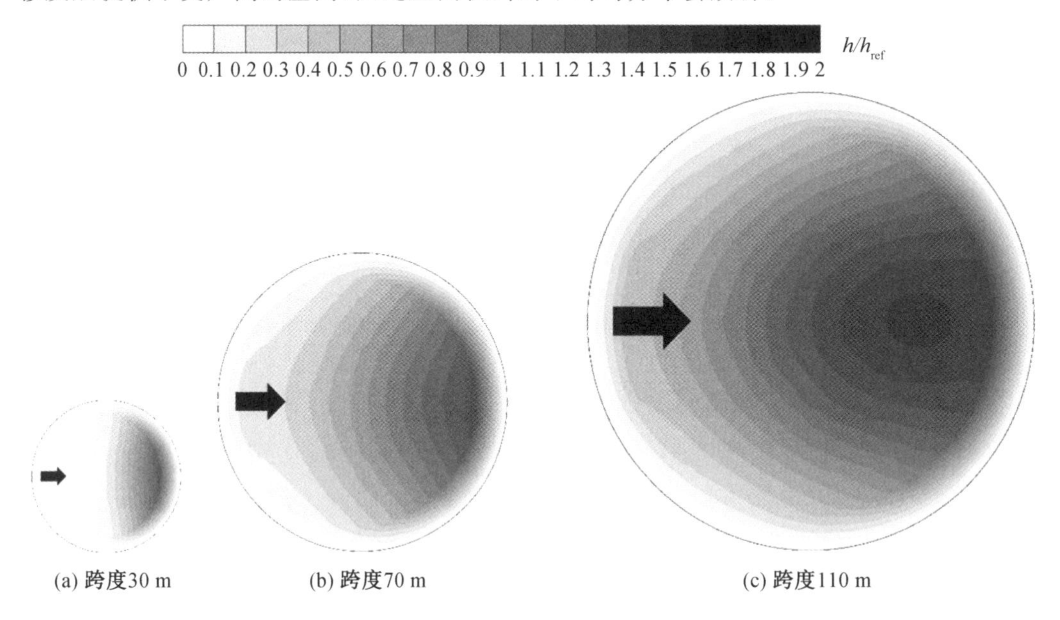

图 12.28　不同跨度下屋面无量纲积雪分布系数 h/h_{ref} 分布云图

表 12.6 统计了积雪滑落后不同跨度下球壳屋面的平均和最大积雪分布系数。由表可知，随着跨度的增加，球壳屋面单位面积承受的雪荷载和峰值雪荷载均存在递增趋势。对于 110 m 跨度球壳屋面，其平均积雪分布系数($h/h_{ref}=0.8$) 已基本接近均匀分布的 1.0。此外，根据本篇 12.3 节知，屋面积雪分布存在风险风速范围，即当风速大于上临界风速时，屋面雪荷载会由增转降。考虑到该模拟工况条件下的风速(4.0 m/s) 属于微风级别，110 m 跨屋面雪荷载由增转降时对应的上临界风速会更高。因此，对于更大跨度的球壳屋面，其风险风速范围更宽，承受的雪荷载更大，屋面结构设计时需谨慎对待。

表 12.6　积雪滑落后不同跨度下球壳屋面的平均和最大积雪分布系数

参数	数值		
跨度 L/m	30	70	110
平均积雪分布系数	0.33	0.55	0.80
最大积雪分布系数	1.2	1.3	1.5

参考文献

[1] 方研.雪灾是如何形成的[J].生命与灾害,2018(2):12-13.

[2] 中华人民共和国住房和城乡建设部.建筑结构荷载规范:GB 50009—2012[S].北京:中国建筑工业出版社,2012.

[3] 李雪峰.风致建筑屋盖表面及其周边积雪分布研究[D].上海:同济大学,2011.

[4] 舒兴平,彭力,袁智深.2008 年南方特大冰雪灾害对钢结构工程破坏的典型实例及原因分析[J].钢结构,2008(5):467-472.

[5] 孙晓伟,张德海,张栓.雪灾对轻钢厂房破坏的原因分析及减灾措施的研究[J].土木工程建造管理,2009(4):246-249.

[6] 陈氏风.浅析雪灾中轻钢结构的受损原因与设计建议[J].浙江建筑,2010,27(7):34-36.

[7] 肖艳,杨易.拱形屋盖结构不平衡雪荷载的模拟研究[J].浙江建筑,2018,35(10):152-161.

[8] 周庆荣,付小超,熊进刚.拱形钢棚在冰雪荷载作用下倒塌事故分析[J].建筑科学,2009,25(5):81-84.

[9] 费立连,钱叶照,王玛瑙.钢棚雪荷载倒塌事故分析[J].矿业快报,2005(437):49-50.

[10] 张延年,王元清,石永久.大跨度轻钢结构风雪灾害原因与实例分析[J].沈阳建筑大学学报,2011,27(2):272-280.

[11] 杨海波,李冬,王晓刚,等.暴风雪对轻钢结构工程破坏的原因分析及启示[J].煤炭工程,2006(9):41-42.

[12] 李跃.大跨空间结构屋面雪荷载研究[D].杭州:浙江大学,2014.

[13] 洪财滨.典型形式大跨度屋盖风致雪漂移的数值模拟研究[D].哈尔滨:哈尔滨工业大学,2012.

[14] 吴鹏程.典型开合屋盖积雪分布规律研究[D].哈尔滨:哈尔滨工业大学,2017.

[15] 荷载规范修订组.荷载规范中的雪荷载问题[J].冶金建筑,1977(2):55-60.

[16] 全国气象仪器与观测方法标准化技术委员会.地面气象观测规范 雪深与雪压:GB/T 35229—2017[S].北京:中国标准出版社,2017.

[17] LOWERY M D,NASH J E.A comparison of methods of fitting the double exponential distribution[J].Journal of Hydrology,1970,10(3):259-275.

[18] 中华人民共和国住房和城乡建设部.索结构技术规程:JGJ 257—2012[S].北京:中国建筑工业出版社,2012.

[19] ASCE.Minimum design loads for buildings and other structures:ASCE/SEI 7-05 [S].Reston,VA:ASCE,2006.

[20] AIJ.AIJ recommendations for loads on buildings:AIJ 2004[S].Tokyo:AIJ,2004.

[21] 张清文,章博睿,刘盟盟.中外荷载规范雪荷载取值及控制影响因素对比分析[J].建筑结构学报,2019,40(6):14-23.

[22] 刘庆宽,赵善博,孟绍军.雪荷载规范比较与风致雪漂移风洞试验方法研究[J].工程力学,2015,32(1):50-56.

[23] 李恺轩,马啸晨,李兴.漂移雪荷载的各国规范比较及减灾设计初探[J].结构工程师,2015,31(5):18-23.

[24] 陈文洁.哈尔滨市低矮屋盖雪荷载特性研究[D].哈尔滨:黑龙江大学,2018.

[25] BAGNOLD R A.The physics of blown sand and desert dunes[M].New York:William Morrow,1941.

[26] KIND R J.Mechanics of aeolian transport of snow and sand[J].Journal of Wind Engineering and Industry Aerodynamic,1990,36(1-3):855-866.

[27] KIND R J.Snow drifting:a review of modelling methods [J].Cold Regions Science and Technology,1986,12(3):217-228.

[28] IVERSEN J D,GREELEY R,WHITE B R,et al.Eolian erosion of the Martian surface,part 1: erosion rate similitude[J].Icarus,1980,26(3):321-331.

[29] ANDERSON R S,HAFF P K.Simulation of eolian saltation[J].Science,1988,241:820-823.

[30] POMEROY J W,MALE D H.Steady-state suspension of snow[J].Journal of Hydrology,1992,136(1-4):275-301.

[31] THIIS T K.Large scale studies of development of snowdrifts around buildings[J].Journal of Wind Engineering and Industrial Aerodynamics,2003,91(6):829-839.

[32] BEYERS J H M,HARMS T M.Outdoors modelling of snowdrift at SANAE IV research station,Antarctica[J].Journal of Wind Engineering and Industrial Aerodynamics,2003,91(4):551-569.

[33] OIKAWA S,TOMABECHI T,ISHIHARA T.One-day observations of snowdrifts around a model cube[J].Journal of Snow Engineering,1999,15(4):283-291.

[34] 莫华美.典型屋面积雪分布的数值模拟与实测研究[D].哈尔滨:哈尔滨工业大学,2012.

[35] 王世玉.屋面积雪的实测与风洞实验基础研究[D].哈尔滨:哈尔滨工业大学,2013.

[36] 张国龙.雪荷载实测与风洞实验模拟方法研究[D].哈尔滨:哈尔滨工业大学,2015.

[37] HØIBØ H.Snow loads on the sloped roof:report on a pilot survey carried out in the Ottawa area during the winter of 1965-66:NRC-IRC-7515[R].Ottawa:National Research Council Canada,1966.

[38] TAYLOR D A.Roof snow loads in Canada[J].Canadian Journal of Civil Engineering,1980,7(1):1-18.

[39] TAYLOR D A,SCHRIEVER W R.Unbalanced snow distributions for the design of arch-shaped roofs in Canada[J].Canadian Journal of Civil Engineering,1980,7(4):651-656.

[40] TAYLOR D A.Snow loads for the design of cylindrical curved roofs in Canada,1953—1980[J].Canadian Journal of Civil Engineering,1981,8(1):63-76.

[41] TAYLOR D A.Snow loads in the 1985 National Building Code of Canada:curved roofs[J].Canadian Journal of Civil Engineering,1985,12(3):427-438.

[42] IRWIN P A,GAMBLE S L,TAYLOR D A.Effects of roof size,heat transfer,and climate on snow loads:studies for the 1995 NBC[J].Canadian Journal of Civil Engineering,1995,22(2):770-784.

[43] ISYUMOV N,MIKITIKU M.Climatology of snowfall and related meteorological variables with application to roof snow load specifications[J].Canadian Journal of Civil Engineering,1977,4(2):240-256.

[44] NRCC.National Building Code of Canada 2015:NBCC 2015 [S].Ottawa:National Research Council Canada,2015.

[45] O'ROURKE M,KOCH P,REDFIELD R K.Analysis of roof snow load case studics:uniform loads[R].Hanover:Army Cold Regions Research and Engineering Laboratory,1983.

[46] O'ROURKE M,TOBIASSON W,WOOD E.Proposed code provisions for drifted snow loads [J].Journal of Structural Engineering,1986,112(9):2080-2092.

[47] O'ROURKE M,DEGAETANO A,TOKARCZYK J D.Analytical simulation of snow drift loading[J].Journal of Structural Engineering,2005,131(4):660-667.

[48] O'ROURKE M,COCCA J.Improved design relations for roof snow drifts [C]// 8th International Conference on Snow Engineering.Nantes:Le futuren constncction CSTB,2006.

[49] O'ROURKE M,POTAC J,THIIS T.Analysis of snow drifts on arch roofs[C]// 8th International Conference on Snow Engineering.Nantes:Le futuren constncction CSTB,2006.

[50] THIIS T K,O'ROURKE M.Model for snow loading on gable roofs[J].Journal of Structural Engineering,1986,141(12):04015051-1—04015051-8.

[51] POTAC J,O'ROURKE M,THIIS T.Capture of windward drift snow[C]// 8th International Conference on Snow Engineering. Nantes: Le futuren constncction CSTB,2006.

[52] TSUTSUMI T, TOMABECHI T, CHIBA T. Field measurement of snowdrift around a building using full-scale model[J].Summaries of JSSI & JSSE Joint Conference on Snow and Ice Research,2010,26(4):184-185.

[53] 张国龙,张清文,莫华美,等.基于规范对比的女儿墙屋面雪荷载实测分析[J].建筑结构学报,2019,40(6):32-39.

[54] KIND R J.A critical examination of the requirements for model simulation of wind-induced erosion/deposition phenomena such as snow drifting[J].Atmospheric Environment,1976,10(3):219-227.

[55] ANNO Y.Requirements for modeling of a snowdrift[J].Cold Regions Science and Technology,1984,8(3):241-252.

[56] ISYUMOV N,MIKITIUK M.Wind tunnel model tests of snow drifting on a two-level flat roof[J].Journal of Wind Engineering and Industrial Aerodynamics,1990,36(Part 2):893-904.

[57] DELPECH P, PALIER P, GANDEMER J. Snowdrifting simulation around Antarctic buildings[J].Journal of Wind Engineering and Industrial Aerodynamics,1998,74(98):567-576.

[58] STROM G,KELLY G R,KEITZ E L,et al.Scale model studies on snow drifting [R].Hanover:U.S.Army Snow,Ice and Permafrost Establishment,1962.

[59] IVERSEN J D.Drifting snow similitude-transport rate and roughness modeling[J].Journal of Glaciology,1980,26(94):393-403.

[60] IVERSEN J D.Comparison of wind-tunnel model and full-scale snow fence drifts [J].Journal of Wind Engineering & Industrial Aerodynamics,1981,8(3):231-249.

[61] 王卫华,廖海黎,李明水.风致屋面积雪分布风洞试验研究[J].建筑结构学报,2014,35(5):135-141.

[62] SMEDLEY D J,KWOK K C S,KIM D H.Snowdrifting simulation around Davis Station workshop,Antarctica[J].Journal of Wind Engineering and Industrial Aerodynamics,1993,50:153-162.

[63] TSUCHIYA M,TOMABECHI T,HONGO T,et al.Wind effects on snowdrift on stepped flat roofs[J].Journal of Wind Engineering and Industrial Aerodynamics,2002,90(12):1881-1892.

[64] ZHOU X Y,KANG L Y,YUAN X M.Wind tunnel test of snow redistribution on flat roofs[J]. Cold Regions Science and Technology,2016,127:49-56.

[65] BOISSON-KOUZNETZOFF S,PALIER P.Caractérisation de la neige produite en soufflerie climatique [J]. International Journal of Refrigeration, 2001, 24 (4): 302-324.

[66] NAAIM F,NAAIM M,MICHAUX J L.Snow fences on slopes at high wind speed: physical modelling in the CSTB cold wind tunnel[J].Natural Hazards and Earth System Sciences,2002,2(3-4):137-145.

[67] THIIS T K,BARFOED P,DELPECH P.Penetration of snow into roof constructions—Wind tunnel testing of different eave cover designs[J].Journal of Wind Engineering and Industrial Aerodynamics,2007,95(9-11):1476-1485.

[68] SATO T,KOSUGI K,SATO A.Saltation-layer structure of drifting snow observed in wind tunnel[J].Annals of Glaciology,2001,32(1):203-208.

[69] OKAZE T, TOMINAGA Y, MOCHIDA A. Numerical modelling of drifting snow around buildings [C]// 6th International Symposium on Turbulence, Heat and Mass Transfer. Rome: Begell House, 2009.

[70] TOMINAGA Y, OKAZE T, MOCHIDA A. PIV measurements of snow particle velocity in a boundary layer developed in a wind tunnel [C]// Proceedings of the 7th International Conference of Snow Engineering. Fukui: Snow Engineering VII Organizing Committee, 2012.

[71] 刘盟盟.风雪联合试验系统与屋面积雪分布研究[D].哈尔滨:哈尔滨工业大学,2020.

[72] LIU M M, ZHANG Q W, FAN F, et al. Experiments on natural snow distribution around simplified building models based on open air snow-wind combined experimental facility[J]. Journal of Wind Engineering & Industrial Aerodynamics, 2018, 173, 1-13.

[73] LIU M M, ZHANG Q W, FAN F, et al. Modeling of the snowdrift in cold regions: introduction and evaluation of a new approach [J]. Applied Sciences, 2019, 9(16): 3393.

[74] LIU M M, ZHANG Q W, FAN F. Experimental investigation of unbalanced snow loads on isolated gable-roof with or without scuttle[J]. Advances in Structural Engineering, 2020, 23(9): 1-12.

[75] 刘盟盟,张清文,钱逸伟,等.基于风雪联合试验系统的风致雪漂移试验相似准则研究[J].建筑结构学报,2019,40(6):40-47.

[76] ZHANG G, ZHANG Q, FAN F, et al. Research on snow load characteristics on a complex long-span roof based on snow-wind tunnel tests[J]. Applied Sciences, 2019, 9(20): 4369.

[77] BLOCKEN B. 50 years of computational wind engineering: past, present and future [J]. Journal of Wind Engineering and Industrial Aerodynamics, 2014, 129: 69-102.

[78] TOMINAGA Y. Computational fluid dynamics simulation of snowdrift around buildings: past achievements and future perspectives [J]. Cold Regions Science and Technology, 2018, 150: 2-14.

[79] UEMATSU T, KANEDA Y, TAKEUCHI K, et al. Numerical simulation of snowdrift development[J]. Annals of Glaciology, 1989, 13: 265-268.

[80] LISTON G E, BROWN R L, DENT J D. A two-dimensional computational model of turbulent atmospheric surface flows with drifting snow [J]. Annals of Glaciology, 1993, 18: 281-286.

[81] NAAIM M, NAAIM-BOUVET F, MARTINEZ H. Numerical simulation of drifting snow: erosion and deposition models[J]. Annals of Glaciology, 1998, 26: 191-196.

[82] TOMINAGA Y, MOCHIDA A. CFD prediction of flowfield and snowdrift around a building complex in a snowy region[J]. Journal of Wind Engineering and Industrial Aerodynamics, 1999, 81: 273-282.

[83] TOMINAGA Y, OKAZE T, MOCHIDA A. CFD modeling of snowdrift around a building: an overview of models and evaluation of a new approach[J]. Building Environment, 2011, 46(4): 899-910.
[84] OKAZE T, TAKANO Y, MOCHIDA A, et al. Development of a new k-ε model to reproduce the aerodynamic effects of snow particles on a flow field[J]. Journal of Wind Engineering and Industrial Aerodynamics, 2015, 144: 118-124.
[85] BANG B, NIELSEN A, SUNDSBØ P, et al. Computer simulation of wind speed, wind pressure and snow accumulation around buildings (SNOW-SIM)[J]. Energy & Buildings, 1994, 21(3): 235-243.
[86] SUNDSBØ P A. Numerical simulations of wind deflection fins to control snow accumulation in building steps[J]. Journal of Wind Engineering and Industrial Aerodynamics, 1998, 74-76: 543-552.
[87] THIIS T K. A comparison of numerical simulations and full-scale measurements of snowdrifts around buildings[J]. Wind and Structures, 2000, 3(2): 73-81.
[88] BEYERS J H M, SUNDSBØ P A, HARMS T M. Numerical simulation of three-dimensional transient snow drifting around a cube[J]. Journal of Wind Engineering and Industrial Aerodynamics, 2004, 92: 725-747.
[89] LEE B, TU J, FLETCHER C. On numerical modeling of particle-wall impaction in relation to erosion prediction: Eulerian versus Lagrangian method[J]. Wear, 2002, 252(3-4): 179-188.
[90] SEKINE A, SHIMURA M, MARUOKA A, et al. The numerical simulation of snowdrift around a building[J]. International Journal of Computational Fluid Dynamics, 1999, 12: 249-255.
[91] WANG Z S, HUANG N. Numerical simulation of the falling snow deposition over complex terrain[J]. Journal of Geophysical Research-Atmospheres, 2017, 122(2): 980-1000.
[92] HUANG N, WANG Z S. The formation of snow streamers in the turbulent atmosphere boundary layer[J]. Aeolian Research, 2016, 23: 1-10.
[93] WANG Z S, HUANG N, PÄHTZ T. The effect of turbulence on drifting snow sublimation[J]. Geophysical Research Letters, 2019, 46(20): 11568-11575.
[94] ZHOU X, ZHANG Y, KANG L, et al. CFD simulation of snow redistribution on gable roofs: impact of roof slope[J]. Journal of Wind Engineering and Industrial Aerodynamics, 2019, 185: 16-32.
[95] ZHOU X, ZHANG Y, GU M. Coupling a snowmelt model with a snowdrift model for the study of snow distribution on roofs[J]. Journal of Wind Engineering and Industrial Aerodynamics, 2018, 182: 235-251.
[96] KANG L, ZHOU X, HOOFF T, et al. CFD simulation of snow transport over flat, uniformly rough, open terrain: impact of physical and computational parameters

[J].Journal of Wind Engineering and Industrial Aerodynamics,2018,177:213-226.

[97] THIIS T K,GJESSING Y.Large-scale measurements of snowdrifts around flat-roofed and single-pitch-roofed buildings[J].Cold Regions Science and Technology,1999,30(1-3):175-181.

[98] HUMPHREY J A C.Fundamentals of fluid motion in erosion by solid particle impact[J].International Journal of Heat and Fluid Flow,1990,11(3):170-195.

[99] 建筑结构设计统一规范编委会荷载组.雪荷载的统计分析[J].冶金建筑,1982,(2):61-64.

[100] BSI.Eurocode 1:Actions on structures—Part 1-3:General actions—Snow loads:EN 1991-1-3:2003 [S].London:BSI,2003.

[101] ELLINGWOOD B,REDFIELD R.Ground snow loads for structural design[J].Journal of Structural Engineering,1983,109(4):950-964.

[102] COLES S.An introduction to statistical modeling of extreme values[M].London:Springer,2001.

[103] ANG A H S,TANG W H.Probability concepts in engineering[M].New York:Wiley,2007.

[104] MARTY C,BLANCHET J.Long-term changes in annual maximum snow depth and snowfall in Switzerland based on extreme value statistics [J]. Climatic Change,2012,111(3-4):705-721.

[105] 盛骤,谢式千,潘承毅.概率论与数理统计[M].北京:高等教育出版社,2008.

[106] MADSEN H,RASMUSSEN P F,ROSBJERG D.Comparison of annual maximum series and partial duration series methods for modeling extreme hydrologic events:1.At-site modeling[J].Water Resources Research,1997,33(4):747-757.

[107] MARTINS E S,STEDINGER J R.Generalized maximum-likelihood generalized extreme-value quantile estimators for hydrologic data[J].Water Resources Research,2000,36(3):737-744.

[108]HOSKING J R M.L-moments:analysis and estimation of distributions using linear combinations of order statistics[J].Journal of the Royal Statistical Society.Series B (Methodological),1990,52(1):105-124.

[109] HOSKING J R M,WALLIS J R.Regional frequency analysis:an approach based on L-moments[M].Cambridge:Cambridge University Press,1997.

[110] BILKOVA D.Estimating parameters of lognormal distribution using the method of L-moments[J].Research Journal of Economics Business and Ict,2011,4:4-9.

[111] HOSKING J,WALLIS J R,WOOD E F.Estimation of the generalized extreme-value distribution by the method of probability-weighted moments[J].Technometrics,1985,27(3):251-261.

[112] HONG H P,LI S H,MARA T G.Performance of the generalized least-squares method for the Gumbel distribution and its application to annual maximum wind

speeds[J].Journal of Wind Engineering and Industrial Aerodynamics,2013,119(8):121-132.

[113] 戴礼云,车涛.1999—2008年中国地区雪密度的时空分布及其影响特征[J].冰川冻土,2010,(5):861-866.

[114] CHE T,XIN L,JIN R,et al.Snow depth derived from passive microwave remote-sensing data in China[J].Annals of Glaciology,2008,49(1):145-154.

[115] DAI L,CHE T,WANG J,et al.Snow depth and snow water equivalent estimation from AMSR-E data based on a priori snow characteristics in Xinjiang,China[J].Remote Sensing of Environment,2012,127:14-29.

[116] DAI L,CHE T.Spatiotemporal variability in snow cover from 1987 to 2011 in northern China[J].Journal of Applied Remote Sensing,2014,8(1):84693.

[117] MASSEY J R F J.The Kolmogorov-Smirnov test for goodness of fit[J].Journal of the American Statistical Association,1951,46(253):68-78.

[118] AKAIKE H.A new look at the statistical model identification[J].IEEE Transactions on Automatic Control,1974,19(6):716-723.

[119] LIMPERT E,STAHEL W A,ABBT M.Log-normal distributions across the sciences:keys and clues[J].BioScience,2001,51(5):341-352.

[120] CLAUSEN B,PEARSON C P.Regional frequency analysis of annual maximum streamflow drought[J].Journal of Hydrology,1995,173(1):111-130.

[121] NGUYEN V,NGUYEN T,ASHKAR F.Regional frequency analysis of extreme rainfalls[J].Water Science & Technology,2002,45(2):75-81.

[122] FOWLER H J,KILSBY C G.A regional frequency analysis of United Kingdom extreme rainfall from 1961 to 2000[J].International Journal of Climatology,2003,23(11):1313-1334.

[123] ZHANG J,HALL M J.Regional flood frequency analysis for the Gan-Ming River basin in China[J].Journal of Hydrology,2004,296(1):98-117.

[124] HONG H P,YE W.Estimating extreme wind speed based on regional frequency analysis[J].Structural Safety,2014,47:67-77.

[125] CUNNANE C.Methods and merits of regional flood frequency analysis[J].Journal of Hydrology,1988,100(1):269-290.

[126] PEARSON C.New Zealand regional flood frequency analysis using L-moments[J].Journal of Hydrology,1991,30(2):53-64.

[127] NOTO L,LA L G.Use of L-moments approach for regional flood frequency analysis in Sicily,Italy[J].Water Resources Management,2009,23(11):2207-2229.

[128] JAIN A K,MURTY M N,FLYNN P J.Data clustering:a review[J].ACM computing surveys(CSUR),1999,31(3):264-323.

[129] HASTIE T,TIBSHIRANI R,FRIEDMAN J.The elements of statistical learning:data mining, inference and prediction: the mathematical intelligencer[M]. New

York:Springer,2009.

[130] MACQUEEN J.Some methods for classification and analysis of multivariate observations[C]//Proceedings of the Fifth Berkeley Symposium on Mathematical Statistics and Probability. Oakland: The Regents of the University of California,1967.

[131] KOHONEN T.Self-organizing maps[M].Berlin:Springer,2001.

[132] LIN G,CHEN L.Identification of homogeneous regions for regional frequency analysis using the self-organizing map[J].Journal of Hydrology,2006,324(1):1-9.

[133] STURM M,TARAS B,LISTON G E,et al.Estimating snow water equivalent using snow depth data and climate classes[J].Journal of Hydrometeorology,2010,11(6):1380-1394.

[134] ACREMAN M C.Regional flood frequency analysis in the UK:recent research-new ideas[R].Wallingford:Institute of Hydrology,1987.

[135] ACREMAN M C,WILTSHIRE S E.Identification of regions for regional flood frequency analysis[J].Eos,1987,68(44):1262.

[136] BURN D H.Evaluation of regional flood frequency analysis with a region[J].Water Resources Research,1990,26(10):2257-2265.

[137] SACK R L.Ground snow loads for the Western United States:state of the art[J].Journal of Structural Engineering,2015,142(1):4015082.

[138] LEE K H,ROSOWSKY D V.Site-specific snow load models and hazard curves for probabilistic design[J].Natural Hazards Review,2005,6(3):109-120.

[139] NEWARK M J,WELSH L E,MORRIS R J,et al.Revised ground snow loads for the 1990 National Building Code of Canada[J].Canadian Journal of Civil Engineering,1989,16(3):267-278.

[140] HONG H P,YE W.Analysis of extreme ground snow loads for Canada using snow depth records[J].Natural Hazards,2014,73(2):355-371.

[141] 金新阳.《建筑结构荷载规范》修订原则与要点[J].建筑结构学报,2011(12):79-85.

[142] 金新阳,陈凯,唐意.国家标准《建筑结构荷载规范》修订概要[J].建筑结构,2011(11):12-15.

[143] JIN X,ZHAO J.Development of the design code for building structures in China[J].Structural Engineering International,2012,22(2):195-201.

[144] 马丽娟,秦大河.1957—2009 年中国台站观测的关键积雪参数时空变化特征[J].冰川冻土,2012,34(1):1-11.

[145] LIU M M,ZHANG Q W,FAN F.Outdoors experiments of snowdrift on typical cubes based on axial flow fan matrix in Harbin [C].Nantes,France:8th International Conference on Snow Engineering,2016.

[146] LINGUA A,MARENCHINO D,NEX F.Performance analysis of the SIFT operator for automatic feature extraction and matching in photogrammetric applications

[J].Sensors,2009,9(5):3745-3766.

[147] 朱雷鸣,吴晓平,李建伟,等.直角坐标系的欧拉旋转变换及动力学方程[J].海洋测绘,2010,30(3):20-22.

[148] 严剑锋.地面 LiDAR 点云数据配准与影像融合方法研究[D].北京:中国矿业大学,2014.

[149] BOLANDZADEH N, BISCHOF W, FLORES-MIR C, et al. Multimodal registration of three-dimensional maxillodental cone beam CT and photogrammetry data over time[J].Dentomaxillofacial Radiology,2013,42(2):79-82.

[150] 唐国栋,柯长青.中国西部地区积雪深度的空间插值比较[J].遥感技术与应用,2007,22(1):39-44.

[151] 伍荣林,王振羽.风洞设计原理[M].北京:北京航空航天学院出版社,1985.

[152] 吴玮,秦其明,范一大,等.中国雪灾评估研究综述[J].灾害学,2013,28(4):152-158.

[153] 白媛,张建松,王静爱.基于灾害系统的中国南北方雪灾对比研究[J].灾害学,2011,26(1):14-19.

[154] 范峰,章博睿,张清文,等.建筑雪工程学研究方法综述[J].建筑结构学报,2019,40(6):1-13.

[155] 莫华美,范峰,洪汉平.积雪漂移风洞试验与数值模拟研究中输入风速的估算[J].建筑结构学报,2015,36(7):75-80.

[156] KIND R J.Mechanics of aeolian transport of snow and sand[J].Journal of Wind Engineering and Industrial Aerodynamics,1990,36(2):855-866.

[157] KWOK K C S,KIM D H,SMEDLEY D J,et al.Snowdrift around buildings for Antarctic environment[J].Journal of Wind Engineering and Industrial Aerodynamics,1992,44(1/2/3):2797-2808.

[158] 中华人民共和国住房和城乡建设部.建筑工程风洞试验方法标准:JGJ/T 338—2014[S].北京:中国建筑工业出版社,2014.

[159] 于佳,臧建彬,刘叶弟.小型直流式风力机试验风洞的流场特性研究[J].制冷空调与电力机械,2011(5):11-13.

[160] POMEROY J W.Wind transport of snow[D].Saskatoon:University of Saskatchewan,1988.

[161] OWEN P R.Saltation of uniform grains in air[J].Journal of Fluid Mechanics,1964,20:225-242.

[162] IVERSEN J D.Saltation threshold and deposition rate modeling[J].Developments in Sedimentology,1983,38:103-113.

[163] POMEROY J W,GRAY D M.Saltation of snow[J].Water Resources Research,1990,36(7):1583-1594.

[164] CROWE C T,SOMMERFELD M,TSUJI Y.Multiphase flows with droplets and particles[M].NY:CRC Press,1998:17-21.

[165] TABLER R D.Self-similarity of wind of profiles in blowing snow allows outdoor

modeling[J].Journal of Glaciology,1980,26(94):421-434.

[166] LANGHAAR H L.Dimensional analysis and theory of models[R].New York: John Wiley and Sons,1951.

[167] ISYUMOV N. An approach to the prediction of snow loads [D]. Ontario: University of Western Ontario,1971.

[168] TSUCHIYA M,TOMABECHI T,HONGO T,et al.Characteristics of wind flow acting on snowdrift on a stepped flat roof[J].Journal of Structural and Construction Engineering(Transactions of AIJ),2002,67(555):53-59.

[169] 赵雷.低矮建筑风雪流作用实测、试验与数值模拟[D].成都:西南交通大学,2017.

[170] 倪晋仁,李振山.风沙两相流理论及其应用[M].北京:科学出版社,2006.

[171] OWEN P.Sand movement mechanism[R].Trieste:Workshop on Physics of Desertification,International Centre for Theoretical Physics,1980.

[172] TOMINAGA Y,MOCHIDA A,OKAZE T,et al.Development of a system for predicting snow distribution in built-up environments:combining a mesoscale meteorological model and a CFD model[J].Journal of Wind Engineering and Industrial Aerodynamics,2011,99:460-468.

[173] 刘博雅.高低屋面积雪分布规律研究[D].哈尔滨:哈尔滨工业大学,2019.

[174] 张清文,刘盟盟,汤文,等.积雪深度3D识别与数字摄影测量[J].哈尔滨工业大学学报,2019,51(12):194-200.

[175] VERLOOP W C. The inertial coupling force [J]. International Journal of Multiphase Flow,1995,21:929-933.

[176] UNGARISH M.Hydrodynamics of suspensions:fundamentals of centrifugal and gravity separation[M].Berlin:Springer,1993.

[177] JOHANSEN S T,ANDERSON N M,DE SILVA S R.A two-phase model for particle local equilibrium applied to air classification of powers [J]. Power Technology,1990,63:121-132.

[178] PICART A, BERLEMONT A, GOUESBET G. Modelling and predicting turbulence fields and the dispersion of discrete particles transported by turbulent flows [J]. International Journal of Multiphase Flow, 1986, 12 (2): 237-261.

[179] BAKKER A,FASANO J B,MYERS K J.Effects of flow pattern on the solids distribution in a stirred tank[J].IChemE Symposium Series,1994,136:1-8.

[180] SHIOTANI M,ARAI H.On the vertical distribution of blowing snow,physics of snow and ice[D].Sapporo:Hokkaido University,1967.

[181] LAUNDER B E,SPALDING D B.Lectures in mathematical models of turbulence [M].London:Academic Press,1972.

[182] OKAZE T,MOCHIDA A,TOMINAGA Y,et al.Wind tunnel investigation of drifting snow development in a boundary layer[J].Journal of Wind Engineering

and Industrial Aerodynamics,2012,104-106:532-539.

[183] ZHOU X,KANG L,GU M,et al.Numerical simulation and wind tunnel test for redistribution of snow on a flat roof[J]. Journal of Wind Engineering and Industrial Aerodynamics,2016,153:92-105.

[184] ZHU F,YU Z X,ZHAO L,et al.Adaptive-mesh method using RBF Interpolation: a time-marching analysis of steady snow drifting on stepped flat roofs[J].Journal of Wind Engineering and Industrial Aerodynamics,2017,171:1-11.

[185] ZHANG G L,ZHANG Q W,FAN F,et al.Numerical simulations of development of snowdrifts on long-span spherical roofs[J].Cold Regions Science and Technology,2020,182:103211.

[186] SUN X Y,HE R J,WU Y.Numerical simulation of snowdrift on a membrane roof and the mechanical performance under snow loads[J].Cold Regions Science and Technology,2018,150:15-24.

[187] 周晅毅,刘长卿,顾明.跃移雪颗粒运动特性的数值模拟研究[J].同济大学学报,2013,41(4):522-529.

[188] SONG C M,WANG P,MAKSE H A.A phase diagram for jammed matter[J].Nature,2008,453:629-632.

[189] NISHIMURA K.Viscosity of fluidized snow[J].Cold Regions Science and Technology,1996,24:117-127.

[190] WANG J S,LIU H B,XU D,et al.Modeling snowdrift on roofs using immersed boundary method and wind tunnel test[J].Building and Environment,2019,160:1-15.

[191] O'ROURKE M J,AUREN M.Snow loads on gable roofs[J].Journal of Structural Engineering,1999,125(4):201-208.

[192]TAKEUCHI M.Vertical profiles and horizontal increase of drifting snow transport [J].Journal of Glaciology,2016,26(94):481-492.

[193] TABLER R D.Controlling blowing and drifting snow with snow fences and road design[R].Niwot,Colorado:Tabler and Associates,2003.

[194] 中华人民共和国建设部.网壳结构技术规程:JGJ 61—2003[S].北京:中国建筑工业出版社,2003.

[195] PAEK S Y,YOU J Y,YOU K P,et al.Evaluation of snow load using a wind tunnel on the arched house[J].Advanced Materials Research,2014,919-921:88-94.

[196] TAYLOR D A.A survey of snow loads on the roofs of arena-type buildings in Canada [J].Canadian Journal of Civil Engineering,1979,6:85-96.

名词索引

J

K

L

M

N

O

P

Q

附录1　基本雪压估算结果

将本书估算得到的基本雪压值及《规范》中给出的相应数值整理后，列于附表1；表中仅给出基本雪压值不为0且包含在《规范》表E.5和本书所用数据集中的台站。其中：

$s_{50}-1$——《规范》建议的基本雪压值(图1.6)。

d_{50}——本书采用影响区域法(ROI)估算得到的50年一遇最大雪深度值(图4.9(a))。

r_s-1——《规范》建议的地区平均积雪密度(图1.4)。

r_s-2——本书建议的地区平均积雪密度(图4.12(c))。

$s_{50}-2$——基于d_{50}与r_s-1估算得到的基本雪压(图4.15(a))。

$s_{50}-3$——基于d_{50}与r_s-2估算得到的基本雪压(图4.16(a))。

$s_{50}-4$——通过蒙特卡洛模拟、考虑积雪密度的不确定性后估算得到的基本雪压(图4.18(a))。

附表1　基本雪压估算结果

省市名	台站名	$s_{50}-1$ /kPa	d_{50} /cm	r_s-1 /(kg·m^{-3})	r_s-2 /(kg·m^{-3})	$s_{50}-2$ /kPa	$s_{50}-3$ /kPa	$s_{50}-4$ /kPa
安徽	安庆	0.35	21	150	173	0.35	0.40	0.45
安徽	蚌埠	0.45	34	130	133	0.45	0.45	0.55
安徽	亳州	0.40	22	130	133	0.30	0.30	0.35
安徽	巢湖	0.45	34	150	173	0.50	0.60	0.70
安徽	滁州	0.50	33	150	133	0.50	0.45	0.50
安徽	砀山	0.40	25	130	133	0.35	0.35	0.40
安徽	阜阳	0.55	31	130	133	0.40	0.45	0.50
安徽	合肥	0.60	34	150	133	0.50	0.45	0.55
安徽	黄山	0.45	31	150	173	0.50	0.55	0.70
安徽	霍山	0.65	43	150	173	0.65	0.75	0.90
安徽	六安	0.55	34	150	133	0.50	0.45	0.55
安徽	宁国	0.50	34	150	173	0.50	0.60	0.70
安徽	寿县	0.50	27	150	133	0.45	0.40	0.45
安徽	屯溪	0.45	22	150	173	0.35	0.40	0.45
安徽	宿州	0.40	25	130	133	0.35	0.35	0.40

续附表1

省市名	台站名	$s_{50}-1$ /kPa	d_{50} /cm	r_s-1 /(kg·m^{-3})	r_s-2 /(kg·m^{-3})	$s_{50}-2$ /kPa	$s_{50}-3$ /kPa	$s_{50}-4$ /kPa
北京	北京	0.40	20	130	121	0.30	0.25	0.30
甘肃	安西	0.20	12	130	121	0.20	0.15	0.20
甘肃	鼎新	0.10	10	130	121	0.15	0.15	0.15
甘肃	敦煌	0.15	8	130	121	0.15	0.10	0.15
甘肃	高台	0.15	11	130	121	0.15	0.15	0.15
甘肃	合作	0.40	19	130	130	0.25	0.25	0.30
甘肃	华家岭	0.40	22	130	130	0.30	0.30	0.35
甘肃	环县	0.25	15	130	121	0.20	0.20	0.25
甘肃	会宁	0.30	20	130	130	0.30	0.30	0.35
甘肃	景泰	0.15	10	130	130	0.15	0.15	0.15
甘肃	靖远	0.20	12	130	130	0.15	0.15	0.20
甘肃	酒泉	0.30	14	130	121	0.20	0.20	0.20
甘肃	兰州	0.15	10	130	130	0.15	0.15	0.20
甘肃	临洮	0.50	16	130	130	0.25	0.25	0.25
甘肃	临夏	0.25	16	130	130	0.25	0.25	0.30
甘肃	马鬃山	0.15	12	130	121	0.20	0.15	0.20
甘肃	玛曲	0.20	16	130	130	0.25	0.25	0.25
甘肃	民勤	0.10	9	130	121	0.15	0.15	0.15
甘肃	岷县	0.15	15	130	130	0.2	0.20	0.25
甘肃	平凉	0.25	15	130	121	0.20	0.20	0.25
甘肃	山丹	0.20	13	130	121	0.20	0.20	0.20
甘肃	天水	0.20	15	130	130	0.20	0.20	0.25
甘肃	乌鞘岭	0.55	25	130	130	0.35	0.35	0.40
甘肃	武威	0.20	12	130	121	0.20	0.15	0.20
甘肃	西峰	0.40	24	130	121	0.35	0.30	0.35
甘肃	永昌	0.15	11	130	121	0.15	0.15	0.20
甘肃	榆中	0.20	15	130	130	0.20	0.20	0.25
甘肃	玉门镇	0.20	14	130	121	0.20	0.20	0.20
甘肃	张掖	0.10	8	130	121	0.15	0.10	0.15
贵州	毕节	0.25	22	150	133	0.35	0.30	0.35
贵州	黔西	0.20	22	150	133	0.35	0.30	0.35

续附表1

省市名	台站名	$s_{50}-1$ /kPa	d_{50} /cm	r_s-1 /(kg·m^{-3})	r_s-2 /(kg·m^{-3})	$s_{50}-2$ /kPa	$s_{50}-3$ /kPa	$s_{50}-4$ /kPa
贵州	三穗	0.30	21	150	133	0.35	0.30	0.30
贵州	威宁	0.35	23	150	133	0.35	0.30	0.35
贵州	习水	0.20	19	150	133	0.30	0.30	0.30
河北	保定	0.35	19	130	121	0.25	0.25	0.30
河北	沧州	0.30	19	130	173	0.25	0.35	0.40
河北	丰宁	0.25	17	130	121	0.25	0.20	0.25
河北	怀来	0.20	16	130	121	0.20	0.20	0.25
河北	黄骅	0.30	17	130	173	0.25	0.30	0.35
河北	霸州	0.30	20	130	121	0.30	0.25	0.30
河北	乐亭	0.40	19	130	121	0.25	0.25	0.25
河北	秦皇岛	0.25	17	130	121	0.25	0.20	0.25
河北	青龙	0.40	22	130	121	0.30	0.30	0.30
河北	饶阳	0.30	22	130	121	0.30	0.30	0.30
河北	石家庄	0.30	19	130	121	0.25	0.25	0.25
河北	唐山	0.35	20	130	121	0.30	0.25	0.30
河北	围场	0.30	24	130	121	0.35	0.30	0.35
河北	蔚县	0.30	22	130	121	0.30	0.30	0.30
河北	邢台	0.35	25	130	121	0.35	0.30	0.35
河北	张家口	0.25	20	130	121	0.30	0.25	0.30
河北	遵化	0.40	22	130	121	0.30	0.30	0.30
河南	安阳	0.40	24	130	121	0.35	0.30	0.35
河南	宝丰	0.30	26	130	121	0.35	0.35	0.35
河南	固始	0.55	41	150	121	0.60	0.50	0.55
河南	开封	0.30	25	130	121	0.35	0.30	0.35
河南	卢氏	0.30	23	130	121	0.30	0.30	0.35
河南	栾川	0.40	25	130	121	0.35	0.35	0.35
河南	洛阳	0.35	27	130	121	0.35	0.35	0.40
河南	孟津	0.40	26	130	121	0.35	0.35	0.40
河南	南阳	0.45	24	130	121	0.35	0.30	0.35
河南	三门峡	0.20	17	130	121	0.25	0.20	0.25
河南	商丘	0.45	22	130	121	0.30	0.30	0.30

续附表1

省市名	台站名	$s_{50}-1$ /kPa	d_{50} /cm	r_s-1 /(kg·m^{-3})	r_s-2 /(kg·m^{-3})	$s_{50}-2$ /kPa	$s_{50}-3$ /kPa	$s_{50}-4$ /kPa
河南	西华	0.45	27	130	121	0.35	0.35	0.35
河南	西峡	0.30	19	130	121	0.25	0.25	0.30
河南	新乡	0.30	19	130	121	0.25	0.25	0.30
河南	信阳	0.55	39	150	121	0.60	0.50	0.55
河南	许昌	0.40	35	130	121	0.45	0.45	0.50
河南	郑州	0.40	30	130	121	0.40	0.40	0.40
河南	驻马店	0.45	27	130	121	0.35	0.35	0.40
黑龙江	安达	0.30	17	150	149	0.30	0.30	0.30
黑龙江	宝清	0.85	46	150	149	0.7	0.70	0.75
黑龙江	北安	0.55	35	150	149	0.55	0.55	0.60
黑龙江	加格达奇	0.65	42	150	121	0.65	0.50	0.60
黑龙江	富锦	0.55	33	150	149	0.50	0.50	0.55
黑龙江	富裕	0.35	18	150	149	0.30	0.30	0.30
黑龙江	哈尔滨	0.45	25	150	149	0.40	0.40	0.45
黑龙江	海伦	0.40	29	150	149	0.45	0.45	0.50
黑龙江	鹤岗	0.65	39	150	149	0.60	0.60	0.65
黑龙江	黑河	0.75	40	150	149	0.60	0.60	0.65
黑龙江	呼玛	0.60	43	150	149	0.65	0.65	0.70
黑龙江	虎林	1.40	63	150	149	0.95	0.95	1.00
黑龙江	鸡西	0.65	41	150	149	0.65	0.60	0.70
黑龙江	佳木斯	0.85	48	150	149	0.75	0.75	0.80
黑龙江	克山	0.50	23	150	149	0.35	0.35	0.40
黑龙江	明水	0.40	22	150	149	0.35	0.35	0.35
黑龙江	漠河	0.75	54	150	149	0.85	0.80	0.90
黑龙江	牡丹江	0.75	37	150	149	0.60	0.55	0.60
黑龙江	嫩江	0.55	31	150	149	0.50	0.50	0.55
黑龙江	齐齐哈尔	0.40	20	150	149	0.30	0.30	0.35
黑龙江	尚志	0.55	42	150	149	0.65	0.65	0.70
黑龙江	绥化	0.50	29	150	149	0.45	0.45	0.50
黑龙江	绥芬河	0.75	53	150	149	0.80	0.80	0.85
黑龙江	孙吴	0.60	43	150	149	0.65	0.65	0.70

续附表1

省市名	台站名	$s_{50}-1$ /kPa	d_{50} /cm	r_s-1 /(kg·m^{-3})	r_s-2 /(kg·m^{-3})	$s_{50}-2$ /kPa	$s_{50}-3$ /kPa	$s_{50}-4$ /kPa
黑龙江	塔河	0.65	47	150	149	0.70	0.70	0.80
黑龙江	泰来	0.30	16	130	149	0.25	0.25	0.30
黑龙江	铁力	0.75	43	150	149	0.65	0.65	0.70
黑龙江	通河	0.75	30	150	149	0.45	0.45	0.50
黑龙江	新林	0.65	45	150	149	0.70	0.70	0.75
黑龙江	伊春	0.65	44	150	149	0.65	0.65	0.75
黑龙江	依兰	0.45	31	150	149	0.50	0.50	0.50
湖北	房县	0.30	12	150	133	0.20	0.20	0.20
湖北	黄石	0.35	19	150	133	0.30	0.30	0.30
湖北	嘉鱼	0.35	17	150	133	0.30	0.25	0.30
湖北	荆州	0.40	17	150	133	0.25	0.25	0.30
湖北	来凤	0.20	12	150	133	0.20	0.20	0.20
湖北	老河口	0.35	29	150	133	0.45	0.40	0.45
湖北	绿葱坡	0.95	44	150	133	0.65	0.60	0.75
湖北	麻城	0.55	29	150	133	0.45	0.40	0.45
湖北	天门	0.35	23	150	133	0.35	0.30	0.35
湖北	五峰	0.35	14	150	133	0.25	0.20	0.25
湖北	武汉	0.50	19	150	133	0.30	0.25	0.30
湖北	宜昌	0.30	14	150	133	0.25	0.20	0.25
湖北	英山	0.40	18	150	133	0.30	0.25	0.30
湖北	陨阳	0.40	22	130	133	0.30	0.30	0.35
湖北	枣阳	0.40	24	150	133	0.40	0.35	0.40
湖北	钟祥	0.35	18	150	133	0.30	0.25	0.30
湖南	安化	0.45	30	150	133	0.45	0.40	0.45
湖南	常德	0.50	24	150	133	0.35	0.35	0.40
湖南	南县	0.45	20	150	133	0.35	0.30	0.35
湖南	南岳	0.75	51	150	133	0.80	0.70	0.75
湖南	桑植	0.35	12	150	133	0.20	0.20	0.20
湖南	邵阳	0.30	25	150	133	0.40	0.35	0.40
湖南	石门	0.35	16	150	133	0.25	0.25	0.25
湖南	双峰	0.40	25	150	133	0.40	0.35	0.40

续附表1

省市名	台站名	$s_{50}-1$ /kPa	d_{50} /cm	r_s-1 /(kg·m^{-3})	r_s-2 /(kg·m^{-3})	$s_{50}-2$ /kPa	$s_{50}-3$ /kPa	$s_{50}-4$ /kPa
湖南	岳阳	0.55	18	150	133	0.30	0.25	0.30
湖南	芷江	0.35	21	150	133	0.35	0.30	0.35
吉林	白城	0.20	15	130	149	0.20	0.25	0.25
吉林	东岗	1.15	68	150	149	1.00	1.00	1.10
吉林	敦化	0.50	39	150	149	0.60	0.60	0.65
吉林	桦甸	0.65	49	150	149	0.75	0.75	0.80
吉林	吉林	0.45	38	150	149	0.60	0.55	0.60
吉林	集安	0.70	51	150	149	0.75	0.75	0.85
吉林	蛟河	0.75	52	150	149	0.80	0.80	0.85
吉林	靖宇	0.60	47	150	149	0.70	0.70	0.80
吉林	临江	0.70	52	150	149	0.80	0.80	0.85
吉林	梅河口	0.45	35	150	149	0.55	0.55	0.60
吉林	前郭尔罗斯	0.25	15	150	149	0.25	0.25	0.25
吉林	乾安	0.20	12	150	149	0.20	0.20	0.20
吉林	三岔河	0.35	22	150	149	0.35	0.35	0.35
吉林	双辽	0.30	20	150	149	0.30	0.30	0.35
吉林	四平	0.35	26	150	149	0.40	0.40	0.45
吉林	通化	0.80	42	150	149	0.65	0.65	0.70
吉林	通榆	0.25	13	130	149	0.20	0.20	0.25
吉林	烟筒山	0.40	36	150	149	0.55	0.55	0.60
吉林	延吉	0.55	48	150	149	0.75	0.75	0.75
吉林	长白	0.60	46	150	149	0.70	0.70	0.75
吉林	长春	0.45	28	150	149	0.45	0.45	0.50
吉林	长岭	0.20	23	150	149	0.35	0.35	0.40
江苏	常州	0.35	27	150	173	0.40	0.50	0.55
江苏	东台	0.30	13	150	133	0.20	0.20	0.25
江苏	赣榆	0.35	20	130	133	0.30	0.30	0.35
江苏	高邮	0.35	23	150	133	0.35	0.35	0.35
江苏	溧阳	0.50	23	150	173	0.35	0.40	0.45
江苏	南京	0.65	30	150	173	0.45	0.55	0.60
江苏	南通	0.25	25	150	173	0.40	0.45	0.50

续附表1

省市名	台站名	$s_{50}-1$ /kPa	d_{50} /cm	r_s-1 /(kg·m^{-3})	r_s-2 /(kg·m^{-3})	$s_{50}-2$ /kPa	$s_{50}-3$ /kPa	$s_{50}-4$ /kPa
江苏	射阳	0.20	10	150	133	0.15	0.15	0.20
江苏	盱眙	0.30	18	150	133	0.30	0.25	0.30
江苏	徐州	0.35	20	130	133	0.30	0.30	0.35
江西	波阳	0.60	11	200	173	0.25	0.20	0.25
江西	景德镇	0.35	14	200	173	0.30	0.25	0.30
江西	庐山	0.95	47	200	173	0.95	0.85	1.00
江西	南昌	0.45	9	200	173	0.20	0.20	0.20
江西	修水	0.40	20	200	173	0.40	0.35	0.40
江西	宜春	0.40	15	200	173	0.30	0.30	0.30
江西	玉山	0.55	12	200	173	0.25	0.25	0.25
辽宁	鞍山	0.45	36	150	149	0.55	0.55	0.60
辽宁	本溪	0.55	40	150	149	0.60	0.60	0.65
辽宁	朝阳	0.45	19	130	149	0.25	0.30	0.30
辽宁	大连	0.40	24	150	149	0.40	0.35	0.40
辽宁	丹东	0.40	20	150	149	0.30	0.30	0.35
辽宁	阜新	0.40	17	130	149	0.25	0.25	0.30
辽宁	黑山	0.45	31	150	149	0.50	0.50	0.50
辽宁	桓仁	0.50	34	150	149	0.55	0.55	0.55
辽宁	锦州	0.40	26	130	149	0.35	0.40	0.45
辽宁	开原	0.45	33	150	149	0.50	0.50	0.55
辽宁	宽甸	0.60	33	150	149	0.50	0.50	0.55
辽宁	清原	0.70	45	150	149	0.70	0.70	0.75
辽宁	沈阳	0.50	35	150	149	0.55	0.55	0.55
辽宁	绥中	0.35	22	130	149	0.30	0.35	0.35
辽宁	瓦房店	0.30	18	150	149	0.30	0.30	0.30
辽宁	兴城	0.30	20	130	149	0.30	0.30	0.35
辽宁	熊岳	0.40	24	150	149	0.35	0.35	0.40
辽宁	岫岩	0.50	32	150	149	0.50	0.50	0.50
辽宁	叶柏寿	0.35	25	130	149	0.35	0.40	0.40
辽宁	营口	0.40	30	150	149	0.45	0.45	0.50
辽宁	章党	0.45	38	150	149	0.60	0.60	0.65

续附表1

省市名	台站名	$s_{50}-1$ /kPa	d_{50} /cm	r_s-1 /(kg·m^{-3})	r_s-2 /(kg·m^{-3})	$s_{50}-2$ /kPa	$s_{50}-3$ /kPa	$s_{50}-4$ /kPa
辽宁	彰武	0.30	20	150	149	0.30	0.30	0.35
辽宁	庄河	0.35	15	150	149	0.25	0.25	0.25
内蒙古	阿巴嘎旗	0.45	21	130	121	0.30	0.30	0.30
内蒙古	阿尔山	0.60	54	150	121	0.80	0.65	0.75
内蒙古	阿拉善右旗	0.10	8	130	121	0.15	0.10	0.15
内蒙古	阿拉善左旗	0.20	14	130	121	0.20	0.20	0.20
内蒙古	巴林左旗	0.30	20	130	121	0.30	0.25	0.30
内蒙古	巴彦诺尔公	0.15	9	130	121	0.15	0.15	0.15
内蒙古	包头	0.25	17	130	121	0.25	0.25	0.25
内蒙古	宝国图	0.40	15	130	121	0.20	0.20	0.20
内蒙古	博克图	0.55	30	150	121	0.45	0.40	0.45
内蒙古	赤峰	0.30	22	130	121	0.30	0.30	0.30
内蒙古	达茂旗	0.35	15	130	121	0.20	0.20	0.25
内蒙古	东胜	0.35	17	130	121	0.25	0.25	0.25
内蒙古	东乌珠穆沁旗	0.30	23	130	121	0.30	0.30	0.30
内蒙古	多伦	0.30	24	130	121	0.35	0.30	0.35
内蒙古	额尔古纳市	0.45	42	150	121	0.65	0.50	0.60
内蒙古	额济纳旗	0.10	8	130	121	0.10	0.10	0.15
内蒙古	鄂托克旗	0.20	14	130	121	0.20	0.20	0.20
内蒙古	二连浩特	0.25	13	130	121	0.20	0.20	0.20
内蒙古	拐子湖	0.10	9	130	121	0.15	0.15	0.15
内蒙古	海拉尔	0.45	41	150	121	0.65	0.50	0.60
内蒙古	海力素	0.15	16	130	121	0.25	0.20	0.25
内蒙古	杭锦后旗	0.20	13	130	121	0.20	0.20	0.20
内蒙古	呼和浩特	0.40	25	130	121	0.35	0.30	0.35
内蒙古	化德	0.25	18	130	121	0.25	0.25	0.25
内蒙古	吉兰泰	0.10	10	130	121	0.15	0.15	0.15
内蒙古	集宁	0.35	22	130	121	0.30	0.30	0.30
内蒙古	开鲁	0.30	23	130	121	0.30	0.30	0.30
内蒙古	林西	0.40	22	130	121	0.30	0.30	0.30
内蒙古	临河	0.25	11	130	121	0.15	0.15	0.20

续附表1

省市名	台站名	$s_{50}-1$ /kPa	d_{50} /cm	r_s-1 /(kg·m^{-3})	r_s-2 /(kg·m^{-3})	$s_{50}-2$ /kPa	$s_{50}-3$ /kPa	$s_{50}-4$ /kPa
内蒙古	满都拉	0.20	13	130	121	0.20	0.20	0.20
内蒙古	满洲里	0.30	24	150	121	0.35	0.30	0.35
内蒙古	那仁宝力格	0.30	19	130	121	0.25	0.25	0.25
内蒙古	四子王旗	0.45	22	130	121	0.30	0.30	0.30
内蒙古	苏尼特左旗	0.35	21	130	121	0.30	0.30	0.30
内蒙古	索伦	0.35	25	150	121	0.40	0.35	0.35
内蒙古	图里河	0.60	43	150	121	0.65	0.55	0.60
内蒙古	翁牛特旗	0.30	21	130	121	0.30	0.30	0.30
内蒙古	乌拉特中旗	0.30	11	130	121	0.15	0.15	0.20
内蒙古	乌兰浩特	0.30	20	130	121	0.30	0.25	0.30
内蒙古	西乌珠穆沁旗	0.40	27	130	121	0.35	0.35	0.40
内蒙古	锡林浩特	0.40	27	130	121	0.35	0.35	0.40
内蒙古	小二沟	0.50	40	150	121	0.60	0.50	0.55
内蒙古	新巴尔虎右旗	0.40	18	150	121	0.30	0.25	0.25
内蒙古	新巴尔虎左旗	0.35	26	150	121	0.40	0.35	0.40
内蒙古	扎兰屯	0.55	20	150	121	0.30	0.25	0.30
内蒙古	扎鲁特旗	0.30	17	130	121	0.25	0.20	0.25
内蒙古	朱日和	0.20	14	130	121	0.20	0.20	0.20
宁夏	固原	0.40	19	130	121	0.25	0.25	0.30
宁夏	海原	0.40	20	130	121	0.30	0.25	0.30
宁夏	惠农	0.10	9	130	121	0.15	0.15	0.15
宁夏	陶乐	0.10	9	130	121	0.15	0.15	0.15
宁夏	同心	0.10	13	130	121	0.20	0.20	0.20
宁夏	西吉	0.20	16	130	121	0.25	0.20	0.25
宁夏	盐池	0.30	15	130	121	0.20	0.20	0.20
宁夏	银川	0.20	15	130	121	0.20	0.20	0.20
宁夏	中宁	0.15	10	130	121	0.15	0.15	0.15
宁夏	中卫	0.10	10	130	121	0.15	0.15	0.15
青海	班玛	0.20	18	120	130	0.25	0.25	0.30
青海	茶卡	0.20	15	120	130	0.20	0.20	0.25
青海	达日	0.25	20	120	130	0.25	0.30	0.35

续附表1

省市名	台站名	$s_{50}-1$ /kPa	d_{50} /cm	r_s-1 /(kg·m^{-3})	r_s-2 /(kg·m^{-3})	$s_{50}-2$ /kPa	$s_{50}-3$ /kPa	$s_{50}-4$ /kPa
青海	德令哈	0.15	18	120	130	0.25	0.25	0.30
青海	都兰	0.25	15	120	130	0.20	0.20	0.25
青海	刚察	0.25	14	120	130	0.20	0.20	0.25
青海	格尔木	0.20	6	120	130	0.10	0.10	0.10
青海	贵德	0.10	4	120	130	0.05	0.05	0.10
青海	玛沁	0.30	18	120	130	0.25	0.25	0.30
青海	河南	0.25	18	120	130	0.25	0.25	0.30
青海	久治	0.25	22	120	130	0.30	0.30	0.35
青海	冷湖	0.10	8	120	130	0.10	0.15	0.15
青海	玛多	0.35	14	120	130	0.20	0.20	0.25
青海	茫崖	0.10	6	120	130	0.10	0.10	0.10
青海	门源	0.30	23	120	130	0.30	0.30	0.40
青海	民和	0.10	10	120	130	0.15	0.15	0.20
青海	囊谦	0.20	18	120	130	0.25	0.25	0.30
青海	诺木洪	0.10	6	120	130	0.10	0.10	0.10
青海	祁连	0.15	13	120	130	0.20	0.20	0.25
青海	恰卜恰	0.15	12	120	130	0.15	0.20	0.20
青海	清水河	0.30	23	120	130	0.30	0.30	0.40
青海	曲麻莱	0.25	18	120	130	0.25	0.25	0.30
青海	同德	0.30	17	120	130	0.25	0.25	0.30
青海	托勒	0.25	13	120	130	0.20	0.20	0.25
青海	沱沱河	0.35	16	120	130	0.20	0.25	0.25
青海	伍道梁	0.25	12	120	130	0.15	0.20	0.20
青海	西宁	0.20	12	120	130	0.15	0.15	0.20
青海	小灶火	0.10	5	120	130	0.10	0.10	0.10
青海	兴海	0.20	12	120	130	0.15	0.20	0.20
青海	野牛沟	0.20	16	120	130	0.20	0.25	0.30
青海	玉树	0.20	14	120	130	0.20	0.20	0.25
青海	杂多	0.25	21	120	130	0.25	0.30	0.35
青海	泽库	0.40	26	120	130	0.35	0.35	0.45
青海	治多	0.20	18	120	130	0.25	0.25	0.30

续附表1

省市名	台站名	$s_{50}-1$ /kPa	d_{50} /cm	r_s-1 /(kg·m^{-3})	r_s-2 /(kg·m^{-3})	$s_{50}-2$ /kPa	$s_{50}-3$ /kPa	$s_{50}-4$ /kPa
山东	莘县	0.35	21	130	121	0.30	0.25	0.30
山东	成山头	0.40	34	130	121	0.45	0.45	0.45
山东	海阳	0.15	14	130	121	0.20	0.20	0.20
山东	济南	0.30	19	130	173	0.25	0.35	0.40
山东	莒县	0.35	13	130	121	0.20	0.20	0.20
山东	莱阳	0.25	14	130	121	0.20	0.20	0.20
山东	龙口	0.35	26	130	121	0.35	0.35	0.35
山东	青岛	0.20	9	130	121	0.15	0.15	0.15
山东	石岛	0.15	12	130	121	0.20	0.15	0.20
山东	泰山	0.55	32	130	121	0.45	0.40	0.45
山东	威海	0.50	39	130	121	0.50	0.50	0.55
山东	潍坊	0.35	12	130	121	0.20	0.15	0.20
山东	兖州	0.35	12	130	121	0.20	0.15	0.20
山东	沂源	0.30	13	130	121	0.20	0.20	0.20
山西	大同	0.25	15	130	121	0.20	0.20	0.20
山西	河曲	0.30	16	130	121	0.25	0.20	0.25
山西	介休	0.30	20	130	121	0.30	0.25	0.30
山西	离石	0.30	19	130	121	0.25	0.25	0.25
山西	临汾	0.25	21	130	121	0.30	0.30	0.30
山西	太原	0.35	34	130	121	0.45	0.45	0.45
山西	五寨	0.25	24	130	121	0.35	0.30	0.35
山西	隰县	0.30	22	130	121	0.30	0.30	0.30
山西	兴县	0.25	17	130	121	0.25	0.25	0.25
山西	阳城	0.30	26	130	121	0.35	0.35	0.40
山西	阳泉	0.35	26	130	121	0.35	0.35	0.35
山西	右玉	0.30	21	130	121	0.30	0.25	0.30
山西	榆社	0.30	27	130	121	0.35	0.35	0.40
山西	原平	0.30	20	130	121	0.30	0.25	0.30
山西	运城	0.25	16	130	121	0.20	0.20	0.25
陕西	宝鸡	0.20	20	130	121	0.30	0.25	0.30
陕西	佛坪	0.25	14	130	121	0.20	0.20	0.20

续附表1

省市名	台站名	$s_{50}-1$ /kPa	d_{50} /cm	r_s-1 /(kg·m^{-3})	r_s-2 /(kg·m^{-3})	$s_{50}-2$ /kPa	$s_{50}-3$ /kPa	$s_{50}-4$ /kPa
陕西	汉中	0.20	16	150	121	0.25	0.20	0.25
陕西	横山	0.25	15	130	121	0.20	0.20	0.20
陕西	华山	0.70	50	130	121	0.65	0.60	0.70
陕西	洛川	0.35	25	130	121	0.35	0.30	0.35
陕西	略阳	0.15	10	150	121	0.20	0.15	0.15
陕西	商州	0.30	21	130	121	0.30	0.25	0.30
陕西	石泉	0.30	15	150	121	0.25	0.20	0.20
陕西	绥德	0.35	22	130	121	0.30	0.30	0.30
陕西	铜川	0.20	21	130	121	0.30	0.30	0.30
陕西	吴起	0.20	17	130	121	0.25	0.20	0.25
陕西	武功	0.25	19	130	121	0.25	0.25	0.30
陕西	西安	0.25	19	130	121	0.25	0.25	0.30
陕西	延安	0.25	17	130	121	0.25	0.25	0.25
陕西	榆林	0.25	17	130	121	0.25	0.20	0.25
陕西	长武	0.30	23	130	121	0.30	0.30	0.35
陕西	镇安	0.30	15	130	121	0.20	0.20	0.20
四川	阿坝	0.40	20	150	130	0.30	0.30	0.35
四川	道孚	0.20	13	150	130	0.20	0.20	0.20
四川	稻城	0.30	20	150	130	0.30	0.30	0.30
四川	德格	0.20	14	130	130	0.20	0.20	0.25
四川	峨眉山	0.55	36	150	130	0.55	0.50	0.60
四川	甘孜	0.50	21	150	130	0.35	0.30	0.35
四川	红原	0.40	27	150	130	0.40	0.35	0.45
四川	九龙	0.20	14	150	130	0.25	0.20	0.25
四川	康定	0.50	34	150	130	0.50	0.45	0.55
四川	雷波	0.30	19	150	130	0.30	0.25	0.30
四川	理塘	0.50	25	150	130	0.40	0.35	0.40
四川	马尔康	0.25	15	150	130	0.25	0.20	0.25
四川	若尔盖	0.40	22	150	130	0.35	0.30	0.40
四川	色达	0.40	26	150	130	0.40	0.35	0.45
四川	石渠	0.50	23	130	130	0.30	0.30	0.40

续附表1

省市名	台站名	$s_{50}-1$ /kPa	d_{50} /cm	r_s-1 /(kg·m^{-3})	r_s-2 /(kg·m^{-3})	$s_{50}-2$ /kPa	$s_{50}-3$ /kPa	$s_{50}-4$ /kPa
四川	松潘	0.30	17	150	130	0.25	0.25	0.30
四川	万源	0.10	3	150	130	0.10	0.05	0.10
四川	小金	0.15	17	150	130	0.25	0.25	0.25
四川	新龙	0.15	8	150	130	0.15	0.15	0.15
四川	越西	0.25	21	150	130	0.35	0.30	0.30
四川	昭觉	0.35	22	150	130	0.35	0.30	0.35
天津	塘沽	0.35	30	130	173	0.40	0.55	0.60
西藏	安多	0.40	19	130	121	0.25	0.25	0.30
西藏	班戈	0.25	17	130	121	0.25	0.20	0.25
西藏	波密	0.35	15	130	121	0.20	0.20	0.20
西藏	昌都	0.20	12	130	121	0.20	0.15	0.20
西藏	错那	0.90	53	130	121	0.70	0.65	0.75
西藏	当雄	0.45	16	130	121	0.25	0.20	0.25
西藏	丁青	0.35	26	130	121	0.35	0.35	0.35
西藏	定日	0.25	13	130	121	0.20	0.20	0.20
西藏	江孜	0.10	11	130	121	0.15	0.15	0.15
西藏	拉萨	0.15	12	130	121	0.20	0.15	0.20
西藏	林芝	0.15	12	130	121	0.15	0.15	0.2
西藏	那曲	0.40	21	130	121	0.30	0.25	0.30
西藏	聂拉木	3.30	180	130	121	2.3	2.15	2.40
西藏	普兰	0.70	44	130	121	0.60	0.55	0.60
西藏	申扎	0.20	14	130	121	0.20	0.20	0.20
西藏	索县	0.25	20	130	121	0.30	0.25	0.30
新疆	阿合奇	0.35	37	150	170	0.55	0.65	0.65
新疆	阿拉山口	0.25	17	150	170	0.25	0.30	0.35
新疆	阿勒泰	1.65	94	150	170	1.4	1.60	1.80
新疆	巴仑台	0.30	15	150	170	0.25	0.30	0.30
新疆	巴音布鲁克	0.75	35	150	170	0.55	0.60	0.65
新疆	拜城	0.30	26	150	170	0.40	0.45	0.50
新疆	北塔山	0.65	59	150	170	0.90	1.00	1.15
新疆	蔡家湖	0.50	41	150	170	0.65	0.70	0.80

续附表1

省市名	台站名	$s_{50}-1$ /kPa	d_{50} /cm	r_s-1 /(kg·m^{-3})	r_s-2 /(kg·m^{-3})	$s_{50}-2$ /kPa	$s_{50}-3$ /kPa	$s_{50}-4$ /kPa
新疆	达坂城	0.20	15	150	170	0.25	0.30	0.30
新疆	福海	0.45	37	150	170	0.60	0.65	0.75
新疆	富蕴	1.35	74	150	170	1.10	1.25	1.40
新疆	哈密	0.25	20	130	121	0.30	0.25	0.30
新疆	哈巴河	1.00	55	150	170	0.85	0.95	1.05
新疆	和布克赛尔	0.40	22	150	170	0.35	0.40	0.40
新疆	红柳河	0.15	11	130	121	0.15	0.15	0.15
新疆	吉木乃	1.15	62	150	170	0.95	1.05	1.20
新疆	精河	0.30	19	150	170	0.30	0.35	0.40
新疆	克拉玛依	0.30	21	150	170	0.35	0.40	0.40
新疆	库车	0.20	25	130	170	0.35	0.45	0.45
新疆	奇台	0.75	50	150	170	0.75	0.85	0.95
新疆	青河	1.30	74	150	170	1.10	1.25	1.40
新疆	石河子	0.70	53	150	170	0.80	0.90	1.00
新疆	塔城	1.55	73	150	170	1.10	1.25	1.40
新疆	吐尔尕特	0.55	40	150	170	0.60	0.70	0.80
新疆	托里	0.75	46	150	170	0.70	0.80	0.90
新疆	温泉	0.45	39	150	170	0.60	0.70	0.75
新疆	乌恰	0.50	35	150	170	0.55	0.60	0.65
新疆	乌苏	0.55	42	150	170	0.65	0.75	0.80
新疆	乌鲁木齐	0.90	58	150	170	0.90	1.00	1.15
新疆	焉耆	0.20	20	130	170	0.30	0.35	0.35
新疆	伊宁	1.40	61	150	170	0.95	1.05	1.20
新疆	昭苏	0.85	55	150	170	0.85	0.95	1.10
云南	德钦	0.90	51	150	133	0.80	0.70	0.85
云南	会泽	0.35	20	150	133	0.35	0.30	0.35
云南	维西	0.65	35	150	133	0.55	0.50	0.55
云南	昭通	0.25	23	150	133	0.35	0.35	0.35
云南	中甸	0.80	43	150	133	0.65	0.60	0.70
浙江	衢州	0.50	25	200	173	0.50	0.45	0.50
浙江	嵊州	0.55	31	200	173	0.65	0.55	0.60

续附表1

省市名	台站名	$s_{50}-1$ /kPa	d_{50} /cm	r_s-1 /(kg·m^{-3})	r_s-2 /(kg·m^{-3})	$s_{50}-2$ /kPa	$s_{50}-3$ /kPa	$s_{50}-4$ /kPa
重庆	金佛山	0.50	25	150	133	0.40	0.35	0.45

注：由于《规范》中对应的部分城市名行政区划发生调整，本表统一以其对应气象台站的最新台站名为准。

①安徽“滁州”对应《规范》中的“滁县”。

②安徽“屯溪”对应《规范》中的“黄山市”，黄山市的气象台站位于屯溪区且以屯溪命名，故写作“屯溪”以与上文“黄山”作区分。

③安徽“宿州”对应《规范》中的“宿县”。

④湖北“郧阳”对应《规范》中的“陨县”。

⑤内蒙古“阿拉善左旗”对应《规范》中的“巴彦浩特”，现已无此站，料已改名。

⑥内蒙古“巴彦诺尔公”对应《规范》中的“阿左旗巴彦毛道”，现已无此站，料已改名。

⑦内蒙古“达茂旗”对应《规范》中的“百灵庙”，现已无此站，料已改名。

⑧内蒙古“额尔古纳市”对应《规范》中的“额右旗拉布达林”，现已无此站，料已改名。

⑨内蒙古“杭锦后旗”对应《规范》中的“杭锦后旗陕坝”，现已无此站，料已改名。

⑩内蒙古“翁牛特旗”对应《规范》中的“翁牛特旗乌丹”，现已无此站，料已改名。

⑪内蒙古“乌拉特中旗”对应《规范》中的“乌拉特中旗海流图”，现已无此站，料已改名。

⑫内蒙古“新巴尔虎左旗”对应《规范》中的“新巴尔虎左旗阿木古朗”，现已无此站，料已改名。

⑬青海“达日”对应《规范》中的“达日县吉迈”，现已无此站，料已改名。

⑭青海玛沁”对应《规范》中的“玛沁县仁陕姆”，现已无此站，料已改名。

⑮山东“莘县”对应《规范》中的“莘县朝城”，现已无此站，料已改名。

附录 2　部分彩图

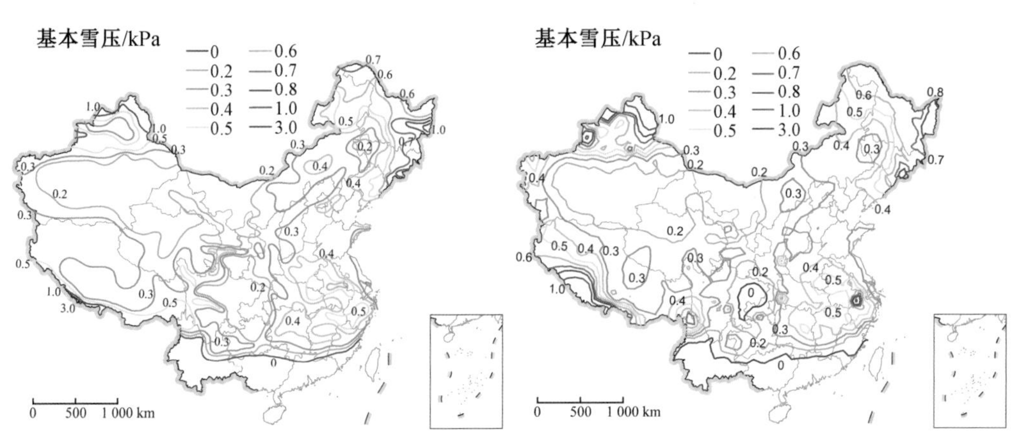

(a)《规范》直接给出的基本雪压分布图　　(b) 由列表值插值后得到的基本雪压分布图

图 1.5

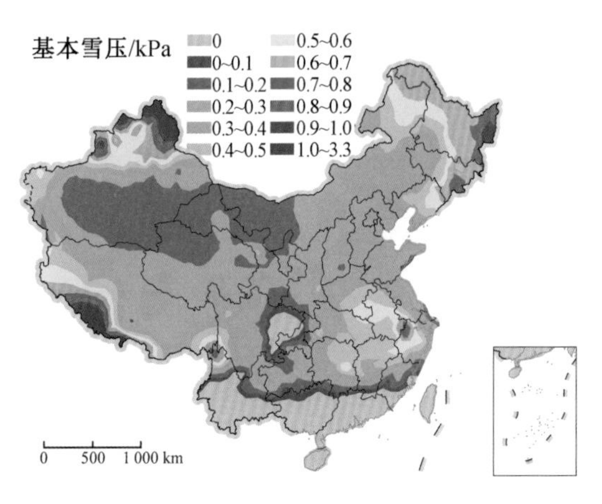

图 1.6

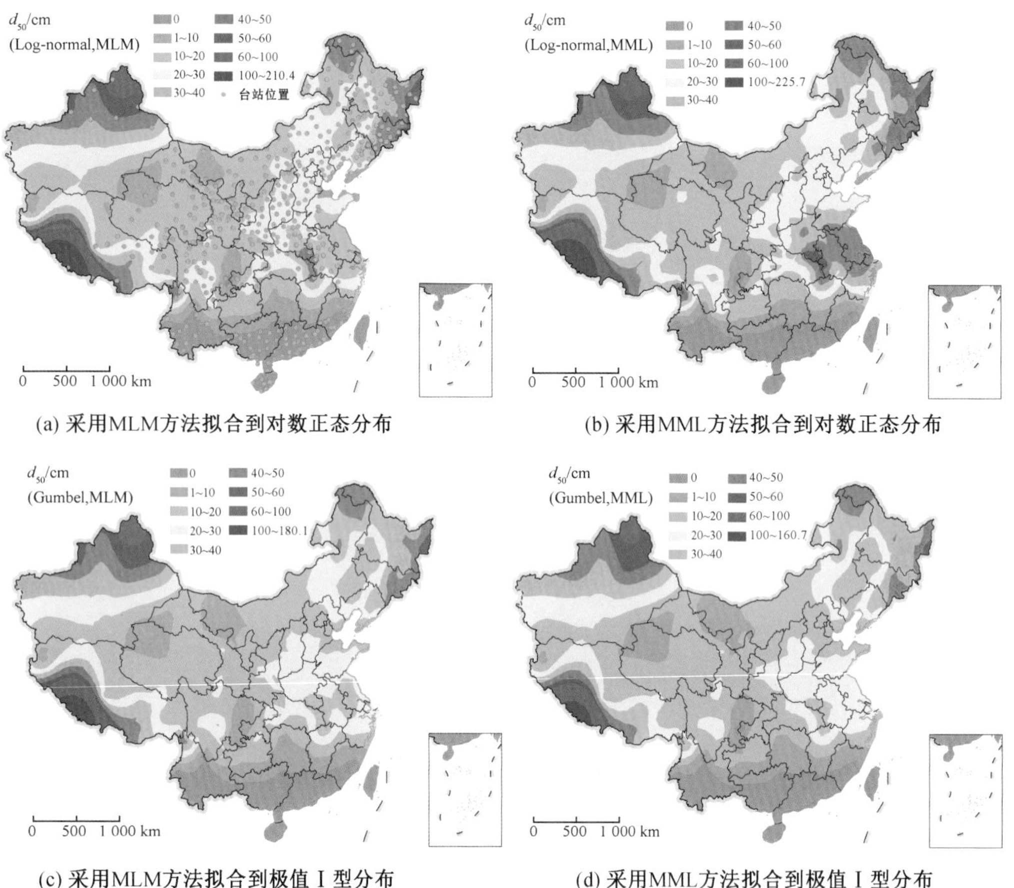

(a) 采用MLM方法拟合到对数正态分布　(b) 采用MML方法拟合到对数正态分布

(c) 采用MLM方法拟合到极值Ⅰ型分布　(d) 采用MML方法拟合到极值Ⅰ型分布

图 4.7

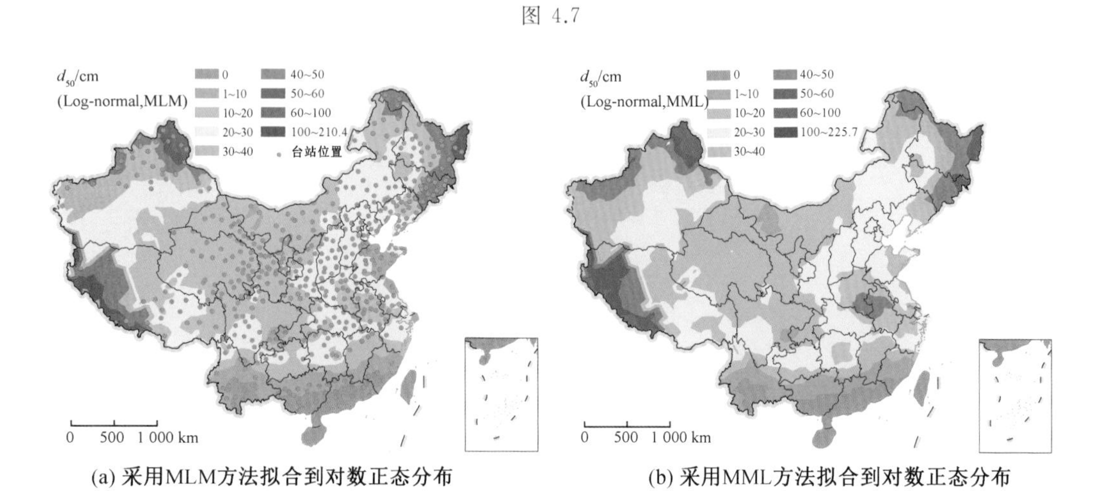

(a) 采用MLM方法拟合到对数正态分布　(b) 采用MML方法拟合到对数正态分布

图 4.8

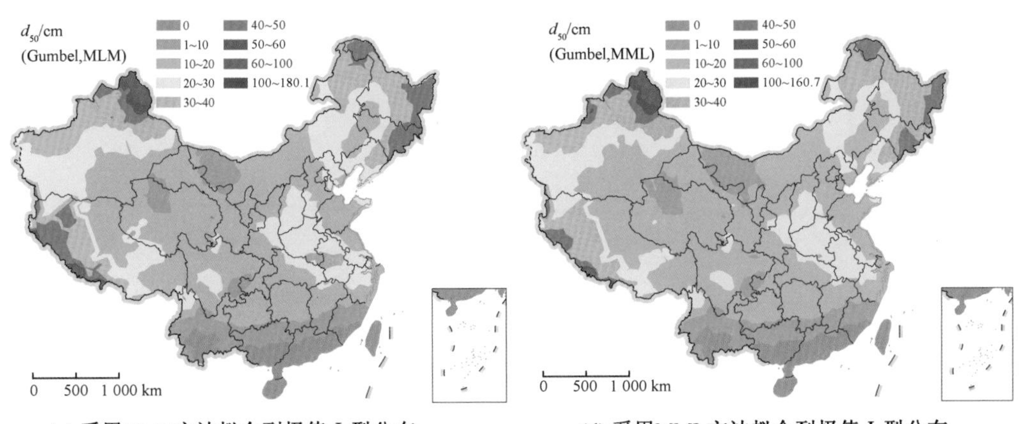

(c) 采用MLM方法拟合到极值Ⅰ型分布　　(d) 采用MML方法拟合到极值Ⅰ型分布

续图 4.8

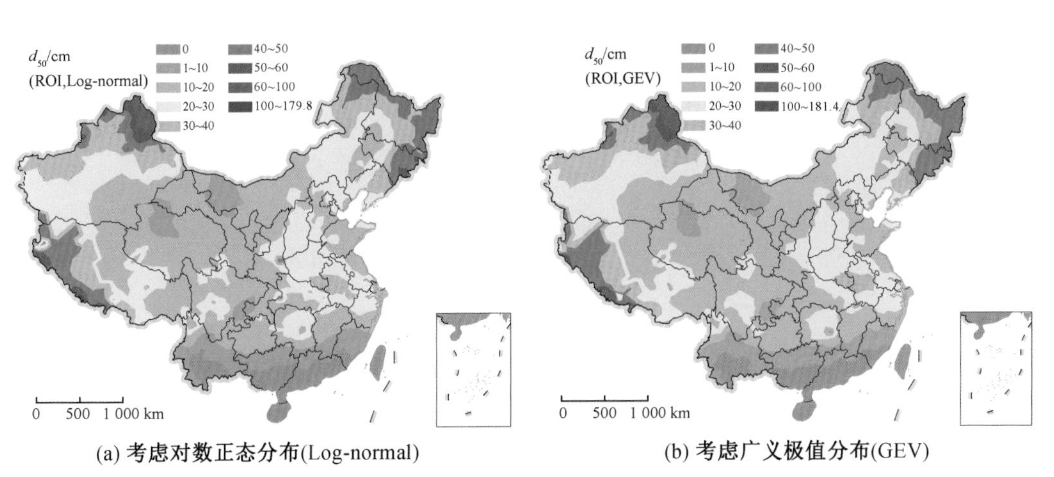

(a) 考虑对数正态分布(Log-normal)　　(b) 考虑广义极值分布(GEV)

图 4.9

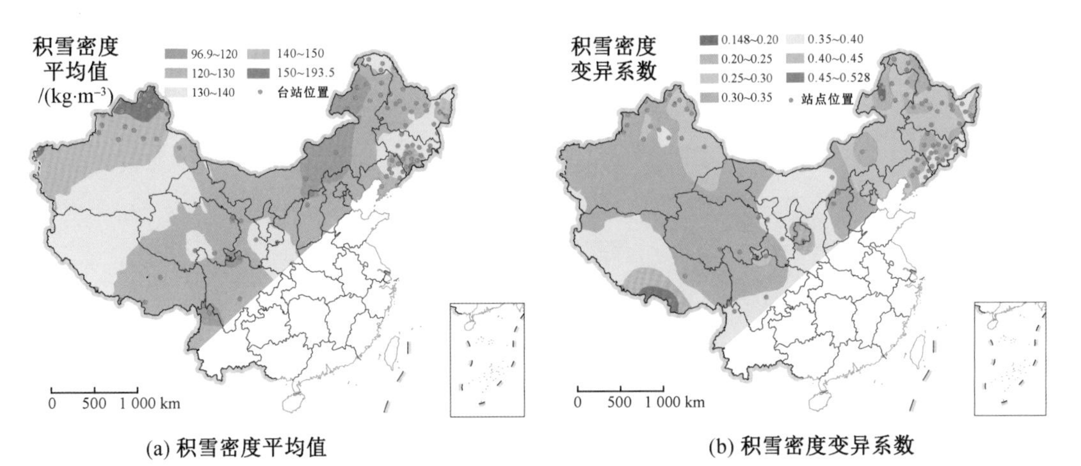

(a) 积雪密度平均值　　(b) 积雪密度变异系数

图 4.10

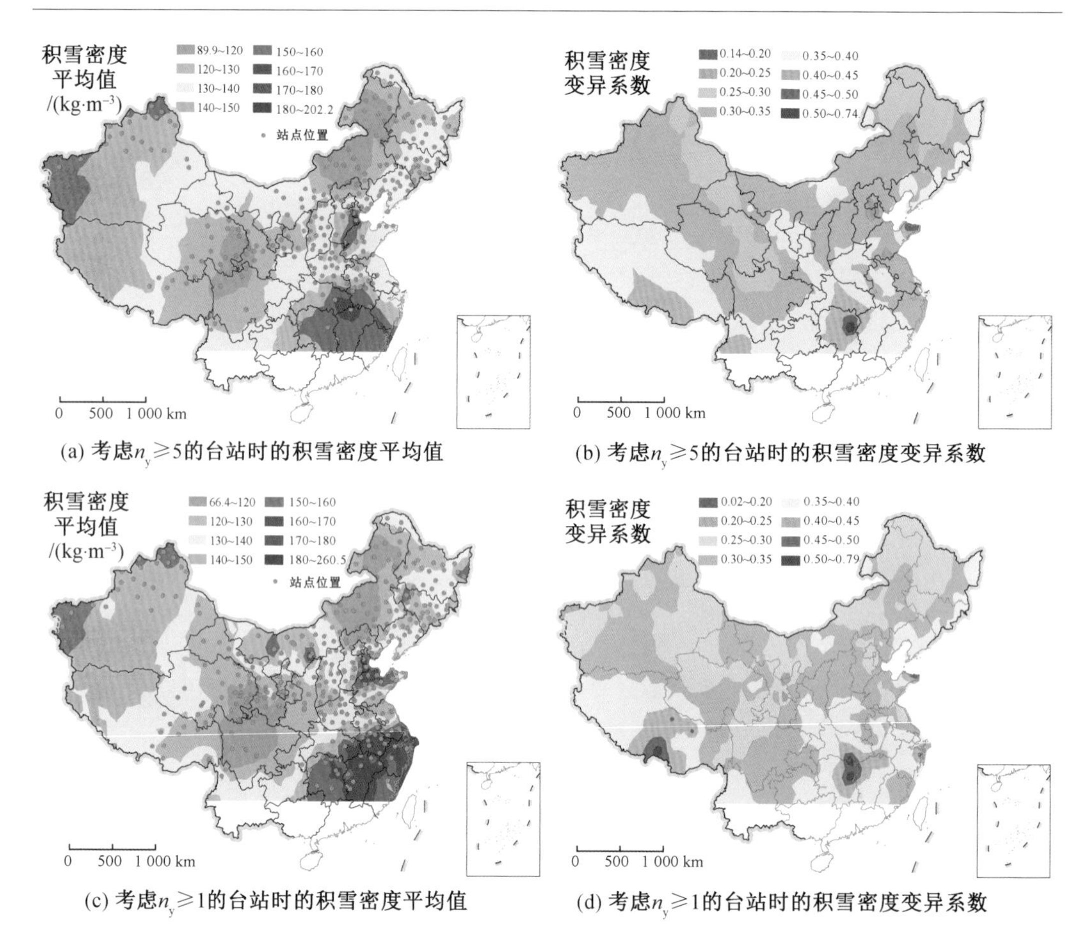

(a) 考虑$n_y \geq 5$的台站时的积雪密度平均值　(b) 考虑$n_y \geq 5$的台站时的积雪密度变异系数

(c) 考虑$n_y \geq 1$的台站时的积雪密度平均值　(d) 考虑$n_y \geq 1$的台站时的积雪密度变异系数

图 4.11

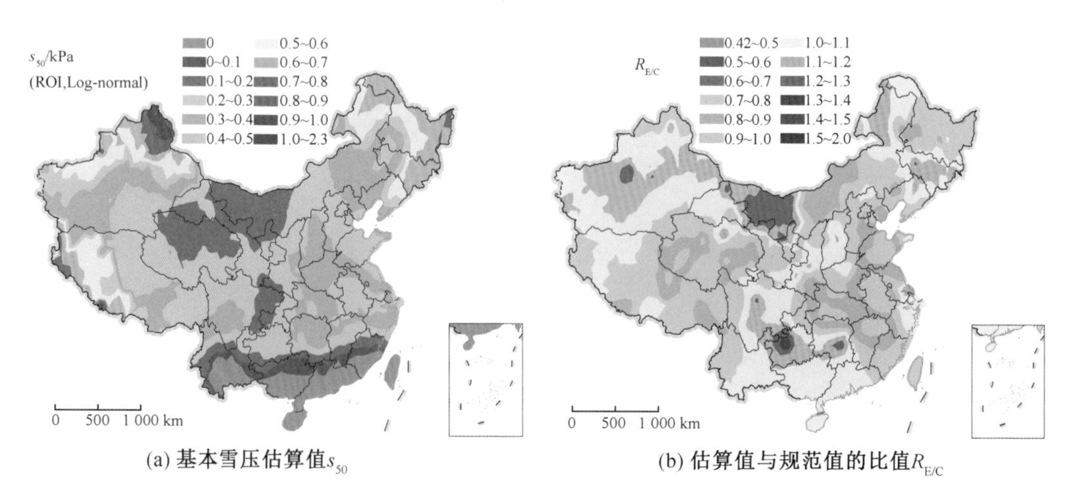

(a) 基本雪压估算值s_{50}　(b) 估算值与规范值的比值$R_{E/C}$

图 4.15

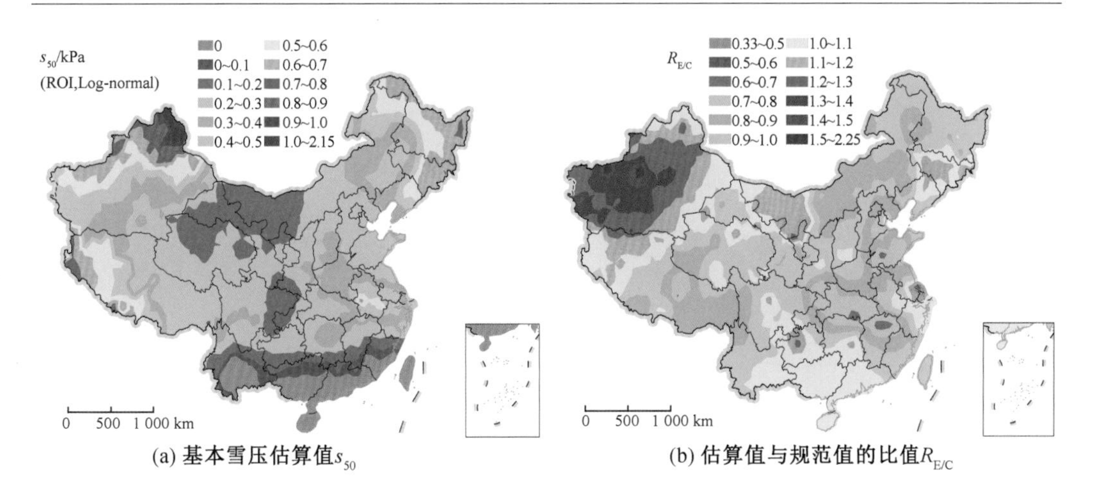

(a) 基本雪压估算值s_{50}　　(b) 估算值与规范值的比值$R_{E/C}$

图 4.16

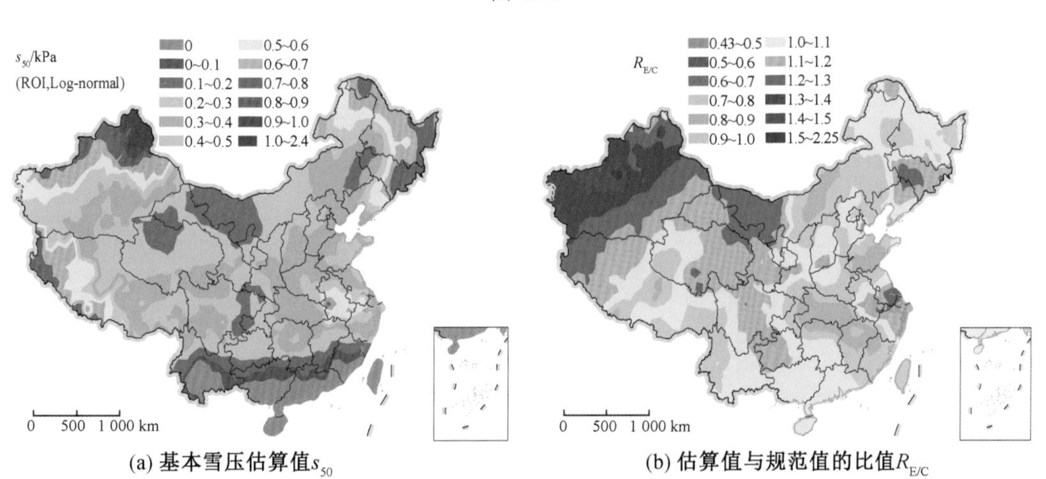

(a) 基本雪压估算值s_{50}　　(b) 估算值与规范值的比值$R_{E/C}$

图 4.18

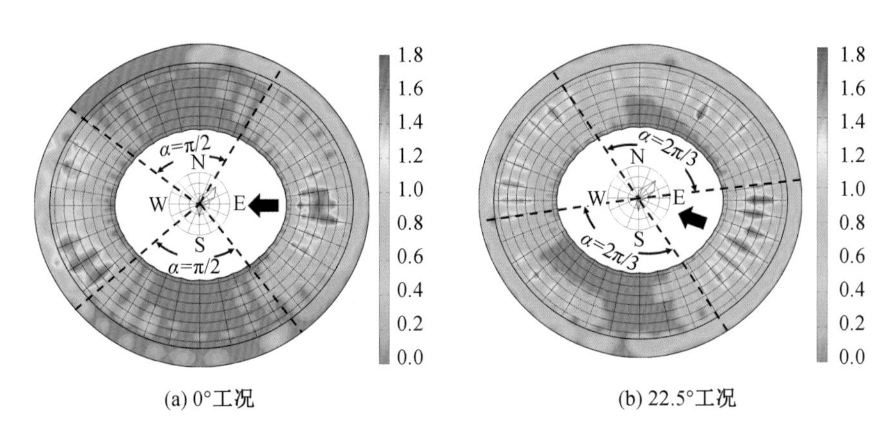

(a) 0°工况　　(b) 22.5°工况

图 8.34

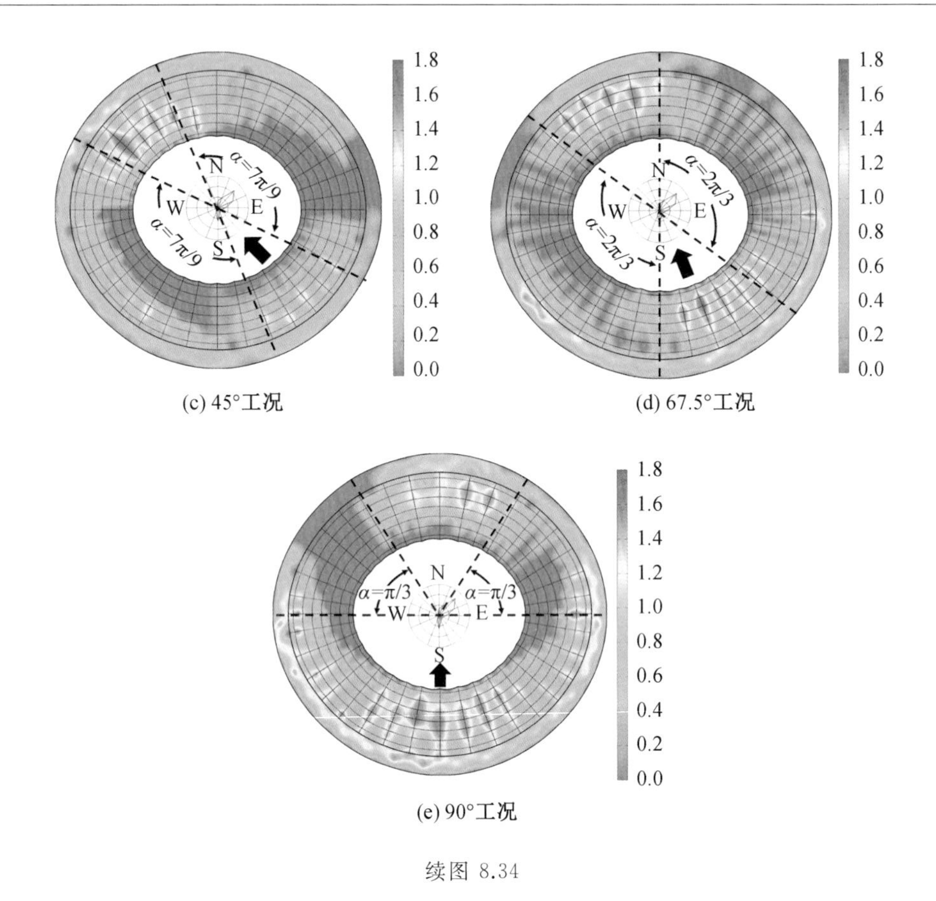

(c) 45°工况

(d) 67.5°工况

(e) 90°工况

续图 8.34